Panorama of Mathematics

数学概览 10.3

SHUXUE DE SHIJIE III

数学的世界 III

从阿默士到爱因斯坦
数学文献小型图书馆

— J.R. 纽曼 编

— 王耀东 李文林 袁向东 冯绪宁 译

高等教育出版社·北京

图书在版编目（CIP）数据

数学的世界 . 3 /（美）纽曼 (Newman, J. R.) 编；
王耀东等译 . -- 北京 ：高等教育出版社，2015. 10（2023. 2重印）
（数学概览 / 严加安，季理真主编）
ISBN 978-7-04-043699-0

Ⅰ. ①数… Ⅱ. ①纽… ②王… Ⅲ. ①数学 – 普及读
物 Ⅳ. ① O1-49

中国版本图书馆 CIP 数据核字（2015）第 188119 号

策划编辑 王丽萍 责任编辑 王丽萍 封面设计 王 琰 版式设计 杜微言
责任校对 杨凤玲 责任印制 刘思涵

出版发行	高等教育出版社	咨询电话	400-810-0598
社 址	北京市西城区德外大街4号	网 址	http://www.hep.edu.cn
邮政编码	100120		http://www.hep.com.cn
印 刷	唐山市润丰印务有限公司	网上订购	http://www.landraco.com
开 本	787mm×1092mm 1/16		http://www.landraco.com.cn
印 张	22.75	版 次	2015 年 10 月第 1 版
字 数	370 千字	印 次	2023 年 2 月第 2 次印刷
购书热线	010-58581118	定 价	59.00 元

本书如有缺页、倒页、脱页等质量问题，请到所购图书销售部门联系调换

物 料 号 43699-00

《数学概览》编委会

《数学概览》序言

当你使用卫星定位系统 (GPS) 引导汽车在城市中行驶, 或对医院的计算机层析成像深信不疑时, 你是否意识到其中用到什么数学? 当你兴致勃勃地在网上购物时, 你是否意识到是数学保证了网上交易的安全性? 数学从来就没有像现在这样与我们日常生活有如此密切的联系。的确, 数学无处不在, 但什么是数学, 一个貌似简单的问题, 却不易回答。伽利略说: "数学是上帝用来描述宇宙的语言。" 伽利略的话并没有解释什么是数学, 但他告诉我们, 解释自然界纷繁复杂的现象就要依赖数学。因此, 数学是人类文化的重要组成部分, 对数学本身以及对数学在人类文明发展中的角色的理解, 是我们每一个人应该接受的基本教育。

到 19 世纪中叶, 数学已经发展成为一门高深的理论。如今数学更是一门大学科, 每门子学科又包括很多分支。例如, 现代几何学就包括解析几何、微分几何、代数几何、射影几何、仿射几何、算术几何、谱几何、非交换几何、双曲几何、辛几何、复几何等众多分支。老的学科融入新学科, 新理论用来解决老问题。例如, 经典的费马大定理就是利用现代伽罗瓦表示论和自守形式得以攻破; 拓扑学领域中著名的庞加莱猜想就是用微分几何和硬分析得以证明。不同学科越来越相互交融, 2010 年国际数学家大会 4 个菲尔兹奖获得者的工作就是明证。

现代数学及其未来是那么神秘, 吸引我们不断地探索。借用希尔伯特的一句话: "有谁不想揭开数学未来的面纱, 探索新世纪里我们这门科学发展的前景和奥秘呢? 我们下一代的主要数学思潮将追求什么样的特殊目标? 在广阔而丰富的数学思想领域, 新世纪将会带来什么样的新方法和新成就?"

中国有句古话: 老马识途。为了探索这个复杂而又迷人的神秘数学世界, 我们需要数学大师们的经典论著来指点迷津。想象一下, 如果有机会倾听像希尔伯特或克莱因这些大师们的报告是多么激动人心的事情。这样的机会当然不多, 但是我们可以通过阅读数学大师们的高端科普读物来提升自己的数学素养。

作为本丛书的前几卷, 我们精心挑选了一些数学大师写的经典著作。例如, 希尔伯特的《直观几何》成书于他正给数学建立现代公理化系统的时期; 克莱因的《数学讲座》是他在 19 世纪末访问美国芝加哥世界博览会时在西北大学所做的系列通俗报告基础上整理而成的, 他的报告与当时的数学前沿密切相关, 对美国数学的发展起了巨大的推动作用; 李特尔伍德的《数学随笔集》收集了他对数学的精辟见解; 拉普拉斯不仅对天体力学有很大的贡献, 而且还是分析概率论的奠基人, 他的《概率哲学随笔》讲述了他对概率论的哲学思考。这些著作历久弥新, 写作风格堪称一流。我们希望这些著作能够传递这样一个重要观点, 良好的表述和沟通在数学上如同在人文学科中一样重要。

数学是一个整体, 数学的各个领域从来就是不可分割的, 我们要以整体的眼光看待数学的各个分支, 这样我们才能更好地理解数学的起源、发展和未来。除了大师们的经典的数学著作之外, 我们还将有计划地选择在数学重要领域有影响的现代数学专著翻译出版, 希望本译丛能够尽可能覆盖数学的各个领域。我们选书的唯一标准就是: 该书必须是对一些重要的理论或问题进行深入浅出的讨论, 具有历史价值, 有趣且易懂, 它们应当能够激发读者学习更多的数学。

作为人类文化一部分的数学, 它不仅具有科学性, 并且也具有艺术性。罗素说: “数学, 如果正确地看, 不但拥有真理, 而且也具有至高无上的美。” 数学家维纳认为“数学是一门精美的艺术”。数学的美主要在于它的抽象性、简洁性、对称性和雅致性, 数学的美还表现在它内部的和谐和统一。最基本的数学美是和谐美、对称美和简洁美, 它应该可以而且能够被我们理解和欣赏。怎么来培养数学的美感? 阅读数学大师们的经典论著和现代数学精品是一个有效途径。我们希望这套数学概览译丛能够成为在我们学习和欣赏数学的旅途中的良师益友。

严加安、季理真

2012 年秋于北京

在这个古代与现代研究相冲突的时期, 对某一个研究必定会有一些事情要谈论, 它不是从毕达哥拉斯开始, 也不是以爱因斯坦结束, 而是包括了所有最年老的和最年轻的.

哈代 (一个数学家的辩白)

引 言

引言既是问候, 也是告别. 我致力于本书如此长久, 以致难以割舍. 从我搜集选集的素材开始至今已经十五载有余, 这些素材要使人领略到数学的多样性、实用性和优美. 起初似乎感到任务不会太艰巨, 耗时也不会过分漫长, 因为我对本书所涉主题的一般文献还算熟悉, 再说我也不打算编纂一部庞大的原始资料集. 不久我发现我的估计错了. 关于数学的本质、用途和历史的通俗读物并没有带来我所期望的多样性. 于是我必须在浩如烟海的技术和学术文献中搜寻数学思想的范例, 使普通读者能够理解和喜欢. 关于数学的基础和哲学、数学同艺术和音乐的关系以及数学对于社会和经济问题的应用等容易理解的短文难以发现. 还有, 我并未计划对选集的每篇文章写引言, 但在工作的进展过程中, 显现出许多文章在结合其背景阅读时是发人深省的, 但是当单独阅读时却意味锐减. 因此必须对相关文章提供背景资料, 解释写它的动机以及它在数学思想的发展中的地位. 于是我原本打算两年完成的工作却延续了二十年中的大部分时光; 所设想的适度大小的篇幅最终呈现的规模即使是不够自我约束的作者也不得不承认是大大膨胀了.

我试图在本书中体现数学的广博、数学思想的丰富以及其层面的复杂. 数学是一个工具, 一种语言和一幅图像; 它是一件艺术作品, 是自身的终结; 它是对于完美的酷爱的实现过程. 它似乎被视为讽刺的对象, 或是幽默的元素和辩论的话题; 又似激发聪明才智的马刺和启发说书人想象力的酵母; 它使人们狂热并给大家带来愉悦. 普遍认为它是由人类所创建的但独立于人类单独存在的知识体. 我希望在这部选集中你能找到适合各种品位和接受力的素材.

选入本书的文章有许多篇幅较长, 这源于我厌恶残缺不全或支离破碎. 理解数学逻辑或相对论, 并不是有教养的人所必需的特质. 但是如果一个人希望了解这些科目的某些方面, 他就必须学习一些内容. 精通基本的语言, 掌握一项技术, 一步步地跟踪一个典型的推理序列, 以及理解一个问题的来龙去脉, 付出这种努力的读者将不会失望. 固然本选集中有些文章是难懂的, 但是令人感兴趣的是有多少文章即使没有超常才能或特殊训练也能够被理解. 自然, 那些有足够勇气挑战更加艰难主题的人将获赢得特殊的回报, 这有点像理解了某个论证和得到了证明后所获得的满足感. 对于每一个人这都是一种创造性活动, 就像他做出了此前从未有过的发现; 从而陶冶了人们的情操.

选集是颇具个人偏见的一类著作, 即使主题是数学, 也不见得比诗歌或小说这种个人偏见来得少. 例如我厌烦幻方, 但我从不厌烦概率论. 我更喜欢几何而非代数, 喜欢物理而非化学, 喜欢逻辑而非经济, 喜欢无穷数学而非数论. 我回避了某些主题, 淡化一些主题, 却对另外一些主题表现出了很高的热情. 我不为这些偏见愧疚; 我自认缺乏数学才能, 但我自由地介绍我所钟爱的数学.

许多人对本书的编纂提供了帮助. 对于我的朋友和过去的同事罗伯特 · 哈赤 (Robert Hatch) 在编辑方面的建议, 我难以表达我万分的感激. 这种帮助并非是无关紧要的或者仅仅是形式上的, 而是本书在本质上和风格上就接受了他的意见. 我的老师及朋友欧内斯特 · 内格尔 (Ernest Nagel) 不仅给出了不少建议和批评, 还特为本书提供了关于符号逻辑的精彩随笔. 萨姆 · 罗森堡 (Sam Rosenberg) 阅读了我所写的内容, 并且发挥他的智慧改善了它. 我的妻子以一如既往的聪明智慧和宽容大度鼓励我工作. Rutgers 大学文献学教授和农业系的前图书馆管理员拉尔夫 · 肖 (Ralph Shaw) 博士, 在原稿的准备中给了非常宝贵的帮助. 我还感谢我的出版者 —— 特别是杰克 · 古德曼 (Jack Goodman)、汤姆 · 托尔 · 贝文斯 (Tom Torre Bevans) 和彼得 · 施维德 (Peter Schwed) 的贡献 —— 他们的宽容, 本预定 1942 年出版的书一直等到了 1956 年, 以及他们在艰难的设计和制作工作中表现出的想象力和才能.

J. R. N.

目　录

第 12 部分*

概　观

*原书第 I 部分, 本部分译者为王耀东.

编者评注

菲利普 · E. B. 茹尔丹

菲利普 · E. B. 茹尔丹 (Philip E. B. Jourdain, 1879—1919) 的关于数学本质的小书完整地重新呈现在这里. 他是逻辑学家、哲学家和数学史家, 对于这些的每一个主题, 他都带来了鲜明的观点、引人注目的洞察力和创造性智慧. 他去世时还不满 40 岁, 从青年时期开始, 他就被可怕的瘫痪疾病 (弗雷德里克 (Friedrick) 共济失调) 所折磨, 疾病逐渐地限制了他的理解能力. 然而他身后留下的著作却影响了数理逻辑和科学史两个方面的发展.

茹尔丹是德贝郡 (Debyshire) 教区一个主教的儿子, 曾在切尔滕纳姆 (Cheltenham) 学院和剑桥接受教育. 在他的妹妹米利森特 (Millicent) 生动的回忆录中描写道, 这是他能够享受正常童年欢乐为数不多的几年, 长足是他的特殊爱好. 他妹妹也罹患同样的遗传病. 1900 年, 兄妹二人前往海德堡 (Heidelberg) 寻找医疗帮助. 在医院里, 他开始认真研究数学史. 米利森特写道: "在这里, 几乎是我们最后能并肩行走的短暂时光." 治疗毫无效果, 当他们返回英格兰时, 茹尔丹已经不再能够行走、站立, 甚至连握住一支铅笔都很困难. 尽管如此, 他以极大的干劲和热情撰写了使他赢得声望的系列数学论文的首批文章. 在他最早的著作中, 包括微分方程的拉格朗日应用、柯西和高斯的函数理论著作以及数学物理的概念问题的研究[1]. 在 1906 年至 1912 年间, 他为《数学和物理学资料》(*Archiv der mathematic und Physik*) 贡献了一系列关于超限数理论的文章, 涉及他一直深感兴趣的主题. 在同一时期,《数学季刊》(*Quarterly Journal of Mathematics*) 刊登了关于数理逻辑理论和数学原理进展的短文系列. 茹尔丹是《伊西斯》和《一元论者》(*Isis* 和 *Monist*) 的编辑, 在这两个刊物中刊登了他关于莱布尼茨、纳皮尔、胡克、牛顿、伽

[1] 茹尔丹著作的目录载于 *Isis*, Vol. 5, 1923, pp. 134—136, 以及 *Monist*, Vol. 30, 1920, pp. 161—182.

利略、庞加莱和戴德金的文章. 他曾编辑了德 · 莫根、布尔、乔治 · 康托、拉格朗日、雅可比、高斯和厄恩斯特著作的重印单行本; 并撰写了精彩诙谐的著作,《罗素先生的哲学》(*The Philosophy of Mr. Bertrand Russel*)[2]书中论述了伯特兰 · 罗素关于逻辑问题和数学基础的见解. 他曾获得了涉及 "无声发动机" 的一项专利 (我一直未能发现这是什么样的机器), 他还撰写诗歌和短篇小说, 但从未出版. 他在 1914 年精力最旺盛的时候创作颇丰, 能够 "让两名打字员全天都在忙碌."

茹尔丹思想与众不同的特质是其独立性和新锐性. 他在科学的历史和哲学方面的广博学识在当时学术界得到广泛认可, 但他不仅仅是一名学者. 关于某个问题他从不满足于仅理解其他人的结论, 而必须以他自己的方式理解它并用他自己的方法克服问题的困难, 从而得出专属于他自己的结论. 别人对问题的理解不总是令人满意的, 它们值得近距离的关注: 茹尔丹几乎从未忽略那些由于缺少精细和原创的研究而容易被忽视的要点.

《数学的本质》(*The Nature of Mathematics*) 反映了他对这个主题的深刻领悟, 他通过有时迂回但总能达到目的的方法, 对逻辑和数学进行了聪慧和清晰的表述. 他深化了他的关于最艰难、最令人困惑的哲学问题的思想, 厘清了对于这些问题的理解, 并且完全能够把这些问题传授给细心的读者. 本书不是方法和例题的教科书式的罗列, 而是 "怎样和为什么产生这些方法" 的回答. 本书讨论了那些即使在初等算术、几何和代数中, 比如负数, 也广泛使用的但是远未广泛理解的概念, 并对 "解析方法的发展和原理的某些考察" 进行了精心的处理. 还有至少两本优秀的数学普及读物, A. N. 怀特黑德 (Whitehead) 的《数学导论》(*Introduction to Mathematics*)[3] 和更近的蒂奇马什 (E. C. Titchmarsh) 的《针对普通读者的数学》(*Mathematics for General Reader*)[4]. 我们鼎力推荐这两本书. 第一本书的特点是非常通俗易懂, 由二十世纪最伟大哲学家之一所著; 而第二本书体现了一流数学家对从算术到微积分中的数既科学又透彻流畅的阐述. 茹尔丹的书则沿着不同的叙述道路, 强调数学和逻辑的关系. 它与另外两位的研究属同类, 它不公正地被忽视并且绝版这个事实, 对于选集的编纂者说来具有额外的吸引力. 茹尔丹在序言

---

[2]原文为 The Philosophy of Mr. B ∗ rtr ∗ nd R ∗ ss ∗ ll. —— 译注.

[3]牛津大学出版社, 纽约, 1948. —— 编注.

[4]哈钦森大学图书馆, 伦敦, 出版日期不详. ——编注.

中说到, “我希望我应该在表现数学发现的过程是鲜活的和渐进这一方面获得成功.” 在实现这个追求的过程中, 他未曾失败过.

纯粹数学完全由如下这样的断言组成, 如果某某命题关于任何事物为真, 则某某另一个命题关于那个事物亦为真. 它本质上没有讨论第一个命题是否确实为真, 也没有指出关于它假定命题为真的任何事物是什么 …… 如果我们的假设是关于任何事物的而不是关于某一个或更特殊的事物的, 那么我们的推理就构成了数学. 于是数学可以定义为这样的学科, 在其中我们从不知道我们在谈论什么, 也不知道我们所说的是否是真的.

—— 伯特兰 · 罗素

---

1 数学的本质

菲利普 · E. B. 茹尔丹

目 录

引 言

一位著名的数学家曾经注意到, 如果他不能将他对某一个数学理论的知识解释给大街上他所遇到的另一个人, 他将永远不能满意他对该数学理论的理解. 这并非言过其实; 不过, 我们必须意识到一个满意的解释应当把责任归于两方面. 我们每个人有权问数学家, "数学的用途是什么?" 我认为并且试图指出, 任何人可以认为一个满意的回答, 如果存在的话, 可以用十分简单的术语给出. 即使那些在数学和哲学那种最抽象科学领域的人们, 他们主要应对日常生活的事物, 当他们思考时, 其实像其他人一样, 他们从底层开始. 他们往往接受过更高等的教育, 并且拥有帮助思考的技术手段, 这些手段部分来自实践, 部分是由于使用了符号和规则赋予的正确和快速思考的方法, 而这些符号和规则是由数学和现代逻辑提供的. 但实际上应该有理由耐心地让普通人广义地理解数学家所做的事情, 他们为什么这样做, 以及目前我们所知的数学到底是什么.

那么, 耐心则是对于询问者的合理要求. 这实际上蕴含着, 问题不仅仅是一种质疑, 即一种以提问的形式达到某种想象效果的带有怀疑或生气的夸张表达. 如果 A 先生不喜欢高等数学, 是由于他觉得它们对于他的食品杂货店的生意没有帮助, 他会厌烦地质问 "数学有什么用?", 他并不求答案, 而是将他的注意力转移到抱怨午饭的延迟. 现在, 我们会立刻承认高等数学在食品杂货店行业的用途比不上食品杂货店行业在船舶航行中的用途; 但是这并不是宣布数学毫无用途的理由. 我记得曾读到一位著名外科医生的谈话, 他希望让大家了解基本的外科课程的重要性, 这无疑值得称赞. 他带着极大的满足感对自己说 "高等数学帮助不了你包扎一只断腿!" 这显然是做不到的; 但是同样显然的是, 外科手术不能帮助我们计账; …… 甚至不能帮助逻辑思考, 抑或不能帮助我们理解一个笑话当中紧密相关的技艺.

关于数学用途的问题, 我们可以通过指出数学应用之一的两个显然的结果来回应: 数学避免了海洋生命的大量减少, 并且增加了国家的商业繁荣. 仅仅少数人 —— 少数聪慧的哲学家和较多的不怎么聪慧的业余哲学家 —— 会怀疑这两件事情受益于数学. 或许, 我们都仍然可以按照我们原来对此的想象从事. 现在, 我不认为数学家应该像救生员那样拿着救生圈四处走动, 抑或像售货员那样站在柜台后面服务; 通常他们不做这些事情. 我现在就来解释我的意思是什么.

当我们为了这个或那个目的需要回忆起某些经验事实时, 自然科学可以很大程度上避免脑力和体力的浪费. 事实有时候是很有用的. 例如, 在没有大陆参照的情况下, 知道星星和太阳分别在夜间和白天的位置对于海员是有用的. 现在, 一些个人联合国家机构定期出版《航海天文年历》(*Nautical Almanac*), 其中包含你通过望远镜看到的星宿和其他天体在未来几年内每个白天和黑夜的位置. 这个年鉴显然增加了远洋贸易的可能性, 并且使得乘船旅行在远离陆地时更加安全. 如果没有天文学, 就没有《航海天文年历》; 如果不能够组织太阳、月亮和星宿的观测, 并且把几百个观测整理成方便的形式并放置在小的空间 —— 一言以蔽之, 如果我们不能够通过记忆或携带大约两个或三个小的公式代替充满细节的大部头书本, 节约我们的智力或体力的活动, 就没有天文学这门实用性很强的科学; 总之, 没有数学, 我们就不能经济地进行这些活动.

恰如天文学, 所有其他科学也一样 —— 自然科学和数学科学全体: 它们的特质都是避免体能和存储的浪费. 在科学的未知部分有大量的事情需要我们的大脑思考, 而我们可以做得如此有成效是由于合理地组织了我们的思想, 因而没有浪费我们的精力.

这本小书的目的不是像教科书一样给出数学方法和例证的汇集, 而要做的, 首先是教科书不曾做过的事情: 指出这些方法如何和为何产生的. 所有这些方法的目的意味着自觉地或不自觉地致力于节约脑力劳动, 以及恰当地处理长的和复杂的推理链. 这个推理, 当基于数学应用的基本原则运用到预言自然事件时, 像在第四章所描述的那样, 经常会给出引人注目的结果. 但是数学方法, 虽然往往受自然事件的启发, 却是纯逻辑的. 这里,"逻辑" 含义比由推理科学提取的一系列内容组成的传统学说的含义更广泛, 这里的推理科学是由天才的亚里士多德创立并由于他的学派缺乏天才而陷于教条主义. 现代逻辑则是一种科学, 它随着数学日臻成熟. 并且在自行套用数学模式的时期之后, 现代逻辑表明, 不仅数学的推理而且数学的概念在本质上是具有逻辑的.

在本书中, 我将不会把注意力放在许多教科书中的初等算术、几何和代数的细节, 而更关心其概念的讨论, 比如负数, 这些概念虽然耳熟能详却没有在这些书中得到充分讨论. 我还将给出分析方法的发展和某些原理的考察的稍微完整的阐述.

我希望我会成功地指出数学发现过程的鲜活性和渐进性. 某些数学家活得长久, 充满了平静和对于数学的坚定不移的信仰, 正如我将指出的那样, 这种信仰无论何时是不可或缺的; 一些数学家英年早逝, 其一生充满了燃烧的激情, 如此等等; 而在数学家的信仰当中, 一直也存在颇多谬误.

现在我们转向本书的第二个目标. 在历史部分我们将看到, 数学家在构建他们的方法时所做的实际的推理往往不符合逻辑规则. 我们怎样才能说数学推理本质上是逻辑的? 答案是, "数学" 一词习惯上在两种意义下运用, 这在最后一章里解释. 我将用于发现某些真理的方法的 "小数学" 与业已发现了真理的 "大数学"进行了区分. 当我们跨过了这样的阶段: 通过外在的迹象或猜想来发现数学是如何随着诸如石头落下之类的自然事件而启发的问题而发展, 以及十分抽象的且难以理解的但是十分实在的某种东西如何从这些问题中分离出来, 我们便把注意力转向数学的本质问题, 这样就不再有类似下面那样的问题来困扰我们自己: 从历史上看, 存在完全像数学这样的对象, 它的存在脱离了对于自然科学的应用, 这种现象是如何逐渐地并相当清晰地出现在我们面前. 历史对于启发研究者具有巨大价值, 但是符合逻辑地说, 其实是不相干的. 假定你是一个数学家; 你所吃的东西对于你的发现有重大影响. 但是立刻你会发现这将是多么荒谬, 比如重大发现 2 加 3 等于 5 是依赖吃羊肉片或吃面包和果酱的结果. 数学家们的工作方法和日常生活, 贯穿于他们工作中的相互提示的链条以及其他人的类似工作对他们工作的影响, 所有这些都会使研究者感兴趣, 这是因为这些事情给他提供了研究的例子和新思想的启发; 但是这些理由全是心理上的而非逻辑上的.

但是基于自然的事实是, 我们将发现熟悉新思想的最好方式是学习有关新思想的知识发展的方法. 而这正是我们首先要做的事情, 在这里我必须事先亮明我自己的观点. 简单说来, 这些观点如下所述. 我们这里即将涉及的数学的每一个大的进展或源于自然科学的需要, 或源于把描述不同自然现象的类似数学方法整合到一起, 从而成为方法论意义上的有条理的一个整体的需要. 逻辑在我们所描述系统上的应用, 立刻引导到对于那些老派数学家所睥睨的方法的现代提炼. 我们之所以进行这些逻辑应用, 或者出自满足智力需要的动机 (其渴望之强烈, 犹如一个饿汉对于食物), 或者为了满足我们自己的实际目的, 避免隐藏的错误根源, 而这些错误或许最终导致在计算未来或过去的事件中误入歧途.

在当前时代, 数学的真正本质表现得清晰明显, 以前还仅仅是被模模糊糊地猜测. 我将尝试给出与其有关的陈述, 并且指出, 由于就其本质说来数学是逻辑的, 而非心理的, 所有那些历史的、个人的和国家的细小问题 —— 有时好笑并且往往乏味 —— 与数学本身是毫不相干的. 数学需要几百年的挖掘, 而挖掘过程当然从来不会结束. 现在我们看到足够多的已经被挖掘出来的内容, 这些内容明显有别于为了挖掘一直或正在使用的工具. 应该注意到, 它们之间的混淆从未来自挖掘者本身, 而只是来自对那些已经做过的事情作出思考的某些哲学旁观者. 我希望并且期待我们的思考不会导致这种混淆.

第一章
古代数学科学的兴起

在人类行进的历史中, 诸如车轮、杠杆和楔子的发明很早就出现了 —— 从古埃及和亚述 (Assyrian) 古迹的图画得以判断. 这些发明产自对自然过程直觉和浅显的认识, 其唯一目的是满足身体的需要. 原始人必须修建棚屋以保护自己抵御恶劣天气, 为此目的必须举起和搬运重物, 等等. 之后, 通过对这些发明的反思, 可能是为了教育更年轻的族群成员或行会的新加入成员, 这些孤立的发明被按照某种相似性进行分门别类. 这样, 我们发现同样的要素出现在车轮半径与它的轴的关系以及杠杆的臂长与它的支点的关系当中 —— 同样的重量在与轴或支点同样的距离上施加同样的压力, 于是我们可以把两个装置因相似性归于一类. 这里, 我们所谓的 "科学" 分类开始了. 我们能够想象科学的这种追求正是它自身的魅力; 这不仅有助于以可理解的、紧凑的和合理的连贯方式来交流事实, 而且也激发纯粹的智力兴趣. 不承认我们身体需要这种显而易见的重要性是愚蠢的; 但是我们必须认识到两件事情: (1) 智力的需要非常强烈, 如饥似渴; 有时甚至超过身体的需要 —— 例如, 牛顿忙于他的发现时会忘记吃饭. (2) 有价值的实际结果往往伴随着智力需要的满足而产生. 正是麦克斯韦 (Maxwell) 和赫兹 (Hertz) 的智力需要最终促使无线电报的出现; 还有法拉第 (Farady) 对智力需要的某种满足使得发电机和电报有了可能被制造出来. 但是为了智力的满足而奋斗所获得的许多结果对于我们身体需要的满足并没有直接的影响. 不过, 不可能断定它们依据这种方式是否总会孕育出结果. 这给了我们考虑问题的一个新视角, "数学的用途是什么?" 因其结果不能够明显地应用到某种实际的目的从而对数学一些分支进行质疑的做法是目光短浅的.

科学的形成对于动物中的人类是特有的. 低等动物有时但是极少能做出某些孤立的发现, 而它们自己似乎从未对这些发现进行思考, 也从未为了智力的或间接促进实际目的的利益对这些发现进行理性的分类. 或许人和低等动物之间的最大差别在于: 人能够通过迂回的道路达到他们的目的; 而低等动物的脑子里充满的是它们的需要, 它们试图用直接的方式抓获对象, 或者离开打扰它们的对象. 于是, 猴子经常徒劳地夺取它们想要的东西, 而即使是野人, 也会使用石弩或陷阱或有意识地观察投石的特性.

知识的交流是迫使思考清晰化的首要机会, 这使得每个人得以冷静地观察自己. 再者, 行会的老成员机械从事的事情在新成员眼里是陌生的, 于是就有了清晰思考和调查研究的冲动.

当我们希望把自然界的任何现象或过程转化为一个人的知识时, 有两种方法可供选择: 我们可以让他在课程结束时自己亲自观察事件, 或者可以用某种方式给他描述现象, 以便省去他重新做每个实验的麻烦. 为了以最容易理解和紧凑的方式描述一个事件 —— 例如石头落向地面 —— 就需要我们发现在自然过程中什么是常量, 什么是变量, 我们将在眼泪的成型和行星运动中发现同样的规律. 这是几乎所有科学的本质, 并且以后我们还会回到这一问题上来.

这样, 我们就有了所谓 "科学的经济性功能" 的某些想法. 这听起来像是与企业管理相同的规律; 在某种意义下的确如此. 但是企业的目标至少直接说来不是涉及满足智力需要, 而科学 —— 包括自然科学、逻辑和数学 —— 通过自觉地使用企业的方法来达到这种目的. 方法的范围可以更广阔得多, 比普通的企业方法有更加合理的想法和更聪明的运用, 但原则是同样的. 这使某些人感到陌生, 但根本不是如此: 随着时间的推移, 在科学的这些企业方法中将日益显现出引人入胜的无与伦比的美来.

经济的功能最明显地出现在古代和现代科学中. 在开始阶段, 所有经济的直接意图只是满足身体的需要. 对于工匠, 尤其对于研究者, 自然现象的一个给定领域的最精炼和尽可能最简单的知识 —— 用最少的智力消耗得到的知识 —— 当然成为他们所追求的目标; 但是尽管知识首先是达到目的的一种手段, 当与之相联系的智力动机一旦发展了并且要求满足其需求时, 追求知识的原始目的想法就消失了. 伟大的科学目标是通过在头脑里重现或预期事实来代替或节省做实验的麻烦. 记忆比实验更方便, 而且经常适应同样的目的. 科学通过传授知识得以交流, 使得人们可以从别人的经验中受益, 并且减少自己累积这些经验中的麻烦; 因此, 为了节约子孙们的精力, 各代积累的经验都被储存在图书馆里. 进一步来说, 这种经济性的另一个功能是为新的研究做准备.

古希腊几何的经济性特征与现代代数科学的经济性特征相比不甚明显. 当我们对于古代和现代数学研究的历史发展有了些许了解时, 将能够领会这个事实.

几何在埃及的原始和早期发展中被人们普遍接受的理由是受惠于为了修复因尼罗河周期泛滥而被损坏的界碑而做的发明. 这些洪水卷走了河谷中的界碑, 由于河道的改变, 毗连土地的赋税值因此会增加或减少, 这使得颇为精确的勘测体系不可或缺, 于是导致牧师们对相关学科进行了系统的研究. 普罗克洛斯 (Proclus, 公元 412—485) 撰写了几何早期历史的摘要, 其中谈到了这些传说, 希罗多德 (Herodotus) 也谈到这些传说, 并且观察到, 绝不出乎所料, 科学发现应该起源于实际需要, 并且从五官的直觉到思考, 从思考到知识的过渡是意料之中的. 实际上, 源自意义为大地测量的两个希腊单词的名称 "几何学" (geometry) 表明几何学不是希腊土生土长的, 而是产生自勘测的必要性. 对于希腊几何学家来说, 正如我们即将看到的那样, 似乎总是把几何当作一种抽象科学 —— 考虑直线、圆以及球面, 等等, 而不是我们在周围世界所看到的这些抽象观念的粗糙图形 —— 从而寻觅绝对正确的命题, 而非其近似. 名称因此并未反映这个事实.

然而, 数学史必定不能够追溯到爱奥尼亚的希腊人之前的任何学派和时期. 埃及人的几何知识似乎完全是具有实际意义的. 例如, 埃及人十分专长于庙宇的定向; 因此他们可以精确地得到南北线以及东西线. 通过观察星星在平线上的升起和落下的点并且取在它们之间的平面, 他们能够得到南北线. 为了得到与南北线形成直角的东西线, 一些人曾经使用过以下的方法, 取一根绳子 $ABCD$, 用绳结或记号在 B 和 C 处分割, 使得 AB、BC、CD 的长度之比是 $3:4:5$. 长度 BC 沿南北线放置, 并将木桩 P 和 Q 插在绳结 B 和 C 点. BA 部分 (一直保持绷紧) 绕木桩 P 转动, 同时 CD 部分绕木桩 Q 向 BA 的同侧转动, 直到绳端 A 和 D 重合; 这样指出的点用木桩 R 标记. 结果形成一个三角形 PQR, 它在 P 的角是一个直角, 而线段 PR 将给出东西线. 现在, 类似的方法经常被注重实效的技师和场地师在画网球场地时测量直角所使用. 这个方法似乎中国人已经知道了近三千年, 但是中国人并未认真尝试分类或推广他们所熟悉的算术或几何的少数规则, 或解释他们观察到的现象的原因.

欧几里得 (Euclid) 的第一部书《几何原本》(*Elements*) 的读者都熟知

一个定理, 这个方法牵涉该定理的一个特殊情形. 埃及人很可能知道, 对于直角边相等的直角三角形, 这个定理是成立的, 因为如果用这种形状的砖块铺地板这是显然的. 但是这些事实并不足以说明几何学当时曾被作为科学来进行研究. 我们对埃及人的几何类型的真实知识主要依赖兰德 (Rhind) 纸草书.

古代埃及纸草书来自兰德的收藏, 它由埃及牧师阿默士 (Ahmes) 在远早于基督诞生前一千年时写成, 现藏于大英博物馆, 包含了相当完备的应用数学, 其中图形和立体的测量占主要部分; 书中没有真正的所谓定理; 每件事情都以问题形式陈述, 不采用一般术语, 而是用不同的数字例证. 例如: 测量长方形, 它的边包含二和十个长度单位; 求圆的面积, 其直径是六个单位. 我们还在其中发现立体测量的说明, 特别是棱锥体, 无论是完整的还是截断的. 在这个纸草书中处理的算术问题 —— 顺便提起, 这部分冠以标题 "了解所有神秘不可思议事物的指南"—— 包含一些十分有趣的问题. 用现代语言我们将这样表述, 其第一部分将分子为 2 的分数化成分子为 1 的一些分数之和. 例如 $\frac{2}{29}$ 是 $\frac{1}{24}$、$\frac{1}{58}$、$\frac{1}{174}$ 和 $\frac{1}{232}$ 之和. 阿姆斯可能并未形成求组成和的分数的规则, 其给出的答案表现了以前一些作者积累的经验. 但是在一种情形下, 他指出了他的方法, 在断言 $\frac{2}{3}$ 是 $\frac{1}{2}$ 和 $\frac{1}{6}$ 的和之后, 他附加提到: 因此 $\frac{1}{5}$ 的 $\frac{2}{3}$ 等于 $\frac{1}{5}$ 的一半与 $\frac{1}{5}$ 的 $\frac{1}{6}$ 之和, 也就是等于 $\frac{1}{10}+\frac{1}{30}$.

如此多的注意力用于分数, 可以用这样的事实解释. 在较早时代分数的处理显得十分困难, 埃及人和希腊人通过把分数化为几个分数的和来简化问题, 每一个的分子是单位一, 这样他们就仅需考虑不同的分母: 这个规则的仅有的例外是分数 $\frac{2}{3}$. 这个练习留给希腊人直至公元后六世纪. 在另一方面, 罗马人通常保持分母为十二, 把分数表示成许多个十二分之一.

在阿姆斯对乘法的处理中, 他似乎依赖于重复加法. 这样, 为了用 13 乘某个数, 该数用字母 "a" 表示, 他首先用 2 乘得 $2a$, 再二倍此结果得 $4a$, 再二倍此结果得 $8a$, 最后把 a、$4a$ 和 $8a$ 加在一起.

这里我们使用了记号 "a" 表示任何数: 不是像 3 那样的一个特定的数, 而是任何一个. 阿姆斯是这样做的, 也是在我们所称的 "代数" 中我们学习要做的. 当时阿姆斯希望求一个这样的数, 加它的七分之一得 19, 他用符号表示该数, 我们翻译该符号为 "许多". 他还使用了我们的 "+"、"−"、"=" 的符号[1]). 现在我们可以把阿姆斯的问题写成: 要求这样的数 x, 使得 $x+\frac{x}{7}=19$. 阿姆斯以形式 $16+\frac{1}{2}+\frac{1}{8}$ 给出答案.

我们发现, 那些希腊人几乎不接触代数, 他们认为几何是最重要的科学, 部分原因可能是算盘[2]) 的广泛使用使得没有任何理论算术知识的加法和减法对于他们来说是容易的. 这里我们必须记住, 阿姆斯的算术问题在我们看起来如此容易的主要原因, 是我们从儿时就使用这种记号系统, 这个系统由阿拉伯人引入欧洲, 而阿拉伯人起初则或从希腊人或从印度人获得这个系统. 在这个系统里, 一个整数用数字序列表示, 每个数字表示该数字和十的幂的乘积, 而整数等于这些乘积的和. 这样一来, 借助于依附于表示一至九的九个符号和一个表示零的符号的部分值, 任何数都可以用十进制记号表示. 重要的是要认识到, 为了给我们提供简单的和富于表现力的记号, 聪明头脑中漫长和勤奋的工作是必需的, 这些几乎在数学所有部分都出现的符号使得不怎么聪明的头脑也能懂得那些需要最伟大的天才才能发现的定理. 对于外行人说来, 记号的每一个改进是微不足道的: 而铅笔在计算中有时看起来比使用者更聪明. 我们的记号是经济性这一伟大精神的一种体现, 它避免了对已经系统化了的内容再下工夫, 这样我们的精力就可以专注于那些或者已经知道但尚未系统化的知识, 或者尚不知道的知识.

让我们考虑埃及的几何向希腊人手里的传递. 米利都 (Miletus) 的泰勒斯 (Thales, 约公元前 640—546), 在其生命早期部分从事商业, 部分从事公共事务, 他访问了埃及并首先把这些知识带入希腊. 他自己发现了许多内容, 并且把许多原始思想告诉其后继者. 我们无法确切获知泰勒斯是怎样进行他的几何教学的, 不过我们参考了普罗克洛斯之后了解到, 它由若干孤立的命题组成, 这些命题没有整理成一个逻辑序列, 不过证明是演绎的, 于是定理不仅仅是可能像埃及的几何学家那样由大量特殊实例归纳出的结果的陈述. 他因给科学带来演绎特征而声名卓著. 毕达哥拉斯 (Pythagoras, 约公元

[1]) 本书中, 我们需要特别注意区别符号与它们所表示的含义, 因此 2 是有别于 "2" 的: "2" 表法符号, 所写的符号若没有引号则表示符号的含义. 这一点, 不仅初学者, 即使是有声望的数学家也曾或会在符号及其含义间糊涂. 很多人甚至主张数字就是用于表达它们的符号. 通常, 为简洁起见, 我用有引号的符号 (如 "a") 表示 "我们所称的 'a' ", 上下文也会使表述比较清楚.

[2]) 算盘的原理是用放在一连串槽内的一排排算珠或穿在平行的线上的珠子表示数; 第一个槽内放多少算珠就表示多少个单位, 第二个槽内有多少算珠就表示多少个十, 以此类推. 加法、减法、乘法和除法的规则所遵循的规则在各种老的算术书里都有涉及.

前 580 年) 将几何学改成抽象科学的形式, 以纯粹抽象的形式考虑其原理, 用非物质及智力的观点来研究定理. 在这些人的后继者中, 最著名的是他林顿 (Tarentum) 的阿尔希塔斯 (Archytas, 公元前 428—347), 柏拉图 (Plato, 公元前 429—348), 希俄斯 (Chios) 的希波克拉底 (Hippocrates, 生于大约公元前 470 年), 梅内克缪斯 (Menaecchmus, 约公元前 375—325 年), 欧几里得 (Euclid, 大约公元前 330—275), 阿基米德 (Archimedes, 公元前 287—212) 和阿波罗尼奥斯 (Apollonius, 公元前 260—200).

埃及祭司们所熟知的仅有的几何知识是曲面以及立体的轮廓, 由某些简单平面和立体表面所包围的面积的知识, 而这些知识是他们通过实际试验获得的. 泰勒斯树立了一个目标: 通过严格的推理建立图形的不同部分的关系, 从而一些图形的面积可以借助其他图形求得. 这当时在世界上是比较新颖的, 实际上应归功于希腊的抽象精神. 与赋予几何学的新的推动力相关, 另一个抽象的科学分支, 即由希腊人开创的天文学因泰勒斯而成长起来. 希腊人的天文学在这些方面有别于东方的天文学: 东方的天文学完全是具体的和凭经验的, 由确定某些周期或借助力学方法指出太阳和行星的运动组成, 而希腊的天文学则是针对天体运动的几何规律的发现.

让我们考虑一个简单情形. 长 80 码、宽 50 码的矩形场地的面积是 4 000 平方码. 其他非矩形的场地则能够通过在头脑中对它们进行分割从而近似地测量 —— 这个过程需要极大的心智并且熟悉土地测量问题. 现在假定我们有一块圆形的场地要测量. 设想从圆心画许多的半径, 并且令每条半径与它两侧的半径构成等角, 依次联结半径与圆周的交点, 我们就得到大量的面积相等的三角形, 所有这些三角形的面积之和就给出圆面积的近似值. 经常用心思考这个和下面的例子会大受裨益, 还应该注意到, 我们称为 “直线”、“圆”、“半径”、“角” 的诸多抽象观念是多么有帮助. 我们大家知道它们, 能够识别它们, 并且可以容易地觉察到它们是一些可信和准确的观念. 打个比方说, 我们在房间里有了例如正方形的观念, 并且立刻给出关于这个观念的细节, 这些细节对于该观念完全是真实的, 那么对于我们认为十分近似于正方形的一块场地就十分接近地是真的. 这种在头脑里用一个抽象的几何对象进行具体的事物的替换, 通过引导我们把思想仅仅集中到接近我们目标的本质性的事情上来, 这样就节省了我们的脑力和想象力.

泰勒斯似乎发现了被看作是显而易见的一些事实的证明, 在借助直尺和圆规作出的图形上理解这些发现是不错的一件事情. 这些事实是: 圆被它的直径等分为两半, 等腰三角形底角相等, 两个顶点在直径的端点、而第三个顶点在圆周上的内接于半圆的所有三角形含有一个直角. 他测量了离开岸边的船的距离, 可能是通过离开已知距离的两个观测者测量他们与船之间的夹角来实现. 这后一个发现是以下事实的应用: 一个三角形由其底边和两个底角完全确定.

当阿尔希塔斯和梅内克缪斯利用力学手段解决某些几何问题时, 普鲁塔克 (Plutarch) 说 "柏拉图无比愤怒和坚持不懈地抨击他们摧毁并腐蚀几何里的所有美好的东西, 因为这种方法从非物质和智力的事物潜逃到了可感觉到的事物. 还有, 这种方法利用这些物体就像依赖粗俗的手艺一样: 这样力学便不同于几何, 被从几何中驱逐出去, 并长期以来被哲学家轻视, 变成了一种兵法." 事实上, 希腊人轻视体力劳动, 在下面现象中可以勾勒出奴隶和悠闲的上层阶级之间的明显差别: 前者从事体力劳动, 他们实际观察自然; 而后者则思索并经常单凭道听途说了解自然. 这就解释了古代自然科学的许多天真、模糊和梦幻的特征. 仅有少数人凭灵感去做实验, 从而突破了偏见. 但是一旦他们这样做了, 伟大的进步就产生了, 阿尔希塔斯和阿基米德就属这种情形. 阿基米德像柏拉图一样, 坚持作为一个哲学家追求把科学成果用于任何实际都是令人生厌的观点. 但是不管他实际持有的观点怎样, 他实际上确实做出了许多发明.

这里我们不再考虑其他古老民族的数学发展, 也不考虑希腊人研究过的主要问题; 有关的细节在书末文献列出的一些书中可以查到. 本章的目的是阐明几何科学的本质, 以及一些实际的需要是如何促进了研究, 这其中出现了一种抽象的科学, 这种科学出于自身目的是值得进一步发掘的, 也已经偶然地带来了一些具有实际性质的益处.

有两个数学分支是由希腊人开其先河, 并且建立了古代和现代数学精神之间的联系.

第一个是几何分析的方法, 柏拉图似乎直接关注过此. 证明的分析方法是事先假定定理或问题已经解决, 进而演绎出某个结果. 如果结果是假的, 定理就不是真的, 或问题就是不能解决: 如果结果是真的, 并且步骤是可逆的, 我们 (通过倒转步骤) 就得到综合的证明. 但是如果步骤不是可逆的, 则得不到什么结果. 我们注意到在分析中的导向性思想在代数中是基本的. 同时在阿姆斯的实例中注意到: 针对一个未知实体的计算或推理, 通过用一个适当的符号来表示该未知实体, 假定它是已知的, 而在演绎最后推导出某些关系以确定该实体是什么.

由此我们引出第二个分支: 后期希腊人创建的代数. 亚历山大 (Alexandria) 的丢番图 (Diophantus) 可能生活在公元后四世纪前半期, 并且可能是代数学的原始发明者, 他在算术中用字母表示未知量, 并且分析地处理算术问题. 表达我们现在书写 "+" "–" 和 "=" 的符号的单词也是用符号来表示. 所有这些符号无非是相应单词的缩写, 而符号化的最主要的益处 —— 使得推理的复杂系列变得几乎是机械化了 —— 丢番图并不怎么理解. 这里我们再次涉及符号化的经济价值: 它避免了智力和体力令人厌烦地耗费在机械性的操作上. 我们必须记住这种经济性着重于未被征服, 即未被系统化的科学问题上, 并且有一种自身的富有美感的魅力.

最后必须提一提 "不可公度量"、"轨迹" 和 "三角学" 的起源.

按照欧德莫斯 (Eudemus) 和普罗克洛斯的说法, 毕达哥拉斯是 "不可公度量" 的发现者. 据说他发现正方形的边和对角线是 "不可公度的". 例如, 假定正方形的边长是一个长度单位; 对角线比边更长, 但是其长度不是两个长度单位. 对角线长度超过一个单位的长度并不是整数个几分之一单位. 也可以算术地表示这个事实, 余数除以前一次的除数所得的余数不是前面那个作为除数的余数的几分之一的整数倍. 也就是说, 在算术和代数教科书中所给定求最大公约数的规则没有终结. 这个规则当用到整数时, 总能够终结; 但是当应用到某些长度时并非如此. 毕达哥拉斯证明了从任意长度的一条线段出发, 存在另一条线段, 无论怎样从所有整数中选取, 这两条线段的长度之比都不能表示为一个整数与另一个整数之比, 自然, 任何两个分数之比等于作为两个整数之比的另一个分数. 在上面的正方形的对角线情形, 如果对角线的长度是单位长的 x 倍, 我们将有 $x^2 = 2$, 并且可以证明 (下一章给出其意义) 没有一个分数 "乘以" 其本身可严格得 2, 虽然有分数越来越近似地给出这个结果.

由于这个原因, 希腊人发现了在 "数" 和 "大小"、"量" 或 "长度的测度" 之间的显著区别. 当人们发现等同数和长度的测度越来越多的益处时, 这种区别逐渐被掩盖. 第三章将阐述的解析几何的发明掩盖了绝大部分这个区别. 在相对现代的阶段, 数学家充分地认识到希腊人作出的这种在逻辑上有效的区别的重要性. 那是奇妙的事实, 严格的逻辑思想的放弃导致了某些结果, 这些结果超越了在逻辑里已经知道的结果, 但是现在知道这些结果确实可以用我们现在知道的逻辑术语翻译出来. 在第六章还要讨论这个主题.

轨迹的问题是与几何分析相关联的, 但是难以把它和运动中的点在头脑中的图像分离开来. 设想一个点受到限制仅在某条曲线上运动. 于是这个点可以这样运动, 使得它和一个定点的距离是常量; 一个角的顶点可以这样运动, 使得角的两条边通过两个固定的点滑动, 而角总是直角. 在这两种情形下, 动点保持在某个圆的圆周上. 这条曲线是一个 "轨迹". 显然, 设想一个点能够描绘出轨迹可以帮助我们解决问题.

我们已经看到, 泰勒斯发现了三角形如果其底边和底角给定则被确定. 当我们为了绘制地图要测量地球上的一个国家或天体的一部分时, 我们必须测量角 —— 例如通过转动一个像枪炮上所使用的那种瞄准器, 通过测得的在一个想象的圆弧上的角来确定星星或地球上的点的相对位置. 现在, 为了进行陆地测量, 一片国土可以近似为平的表面, 而天体被观测得好像散布在一个球面内, 我们似乎处在球面的中心. 其次, 对于平面的或球面的三角形网, 我们要测量角有时也测量边: 因为如果三角形的角已经知道, 边之间的比例关系也就知道了; 而对矩形来说, 这种比例关系是得不到的. 希帕克斯 (Hipparchus, 生于约公元前 160 年) 似乎发明了从某些数据出发对三角形进行完全测量这个实用的科学, 或统称的 "三角学", 由他整理出的原理是由亚历山大的托勒密 (Ptolemy, 死于公元前 168 年) 以及印度人和阿拉伯人等发现的. 通常, 只有角能够被精确测量, 于是问题提出来了: 给定了角的大小, 对于诸如边的比例的类型可以得出什么结论. 设想围绕中心 O 画出的一个圆, AP 是这个圆的弧, 由它测量角 AOP. 注意弧 AP 与半径之比等于角 AOP, 无论半径有怎样的值. 画 PM 垂直于 OA. 那么图形 $OPMAP$ 使人想起残缺的弓, 因此线段 PM 称为弧 AP 的 "正弦", 而 OM 称为弧 AP 的 "余弦". 弧 (或角, 因为如果半径已知, 则弧决定角) 的正弦和余弦的表已经制定, 于是边 PM 和 OM 当弧已知时就可以从半径求出. 显然, 这里的叙述就包含了求平面三角形边的比例的要领. 球面三角学包含更复杂的关系, 这些关系与一个天文学家的位置和他的测量直接相关.

在罗马人手里, 数学没有进展: 可能他们的才能太偏重实际. 尽管这样,数学还是经罗马传到了中世纪的欧洲. 在 1150—1450 年间, 阿拉伯的教科书和从阿拉伯文翻译过来的希腊人的书被摩尔人引进到了欧洲, 而在十三世纪末, 阿拉伯算术被完全引进欧洲, 并且和博伊西斯 (Boethius, 约 475—526) 的著作中发现的老的算术一起被熟悉. 此后来到了文艺复兴时期. 东罗马帝国崩溃时 (1453) 从君士坦丁堡 (Constantinople) 逃离的难民携带着原始著作和希腊科学的传统到了意大利. 数学家才终于彻底理解了从阿拉伯人那里获得的知识, 其中包括希腊学者翻译的内容. 这样在十五世纪中期希腊和阿拉伯数学的主要结果被欧洲大学生所理解.

大约同期印刷术的发明使得这些新发现比较容易地传播.

第二章
现代数学的兴起和发展 —— 代数

现代数学可以认为大致始于十七世纪. 众所周知, 公元纪年的头 1500 年, 至少在西欧仅仅产生了极少的有科学价值的知识. 西欧的精神表现出有别于古希腊的精神, 倒是跟东方民族的精神相差无几; 而当西方数学兴起时, 可以清楚地追溯到以不十分精确的形式使用作为现代数学特征的 —— 变量和函数 —— 概念的历史根源. 可以说, 正如所预料的那样, 通过如今所作的推理深入分析过的这些概念既构成了数学的现代观点同古希腊人观点的差别, 也导致了与后者的类似. 简短说来, 仿佛希腊人在他们所处的时代在数学方面所占据的地位, 类似于逻辑迫使我们今日面对更一般得多的数学所占据的地位. 变量和函数这些特征概念的普遍性是经过推动数学更多接触自然科学 —— 尤其是运动科学的努力而达到的. 当时主要的困难是, 为了达到这个目标, 数学家自己所表达的方式是不合理的. 因此, 哲学家从未能发现任何理由认为数学家所说的是真实的, 他们缺乏真正的同情和支持来激发所有中肯的批评, 全世界必须一直等到数学家自己开始逻辑地分析他们自己的概念. 从字母出现直到十九世纪中期, 从来没有什么人类的群体比数学家们更需要这种同情和支持, 因为没有一种科学比数学更缺乏逻辑.

古希腊人从未在他们系统性的著作中使用过运动的概念. 轨迹的概念似乎是指某些曲线能够看作是由运动的点产生的; 希腊人通过一些想象运动的点来帮助他们发挥想象力而发现一些事物, 但是他们从未把运动的使用引进到他们最终的证明中. 这可能是由于埃利亚 (Eleatic) 学派, 其主要代

表者之一是芝诺 (Zeno, 公元前 495—435), 他们编造了一些非常微妙的难题, 来强调运动概念中存在的困难. 我们将回到关于这些难题的某些细节, 从希腊人时代直到非常近代, 这些难题都未被领会. 由于缺乏这种微妙性, 变动性概念被自由地引进了数学. 从现在起我们将时常有机会谈到的常量、变量和函数等概念, 就是产生于运动观念, 而当它们被在逻辑上纯化后, 就催生了现代数学和现代逻辑, 数理逻辑学家 —— 莱布尼茨 (Leibniz), 兰伯特 (Lambert), 布尔 (Boole), 德 · 摩根 (De Morgan) 以及布尔和德 · 摩根的众多后继者从大约 1850 年起, 把这些概念转移到一个科学里, 这个科学比希腊人的数学科学的观念更普遍, 也与后者具有极高的相似性. 后面将会讨论一个"动点" 可能意味着什么.

现在让我们更深入地考虑近代数学的历史. 近代数学像近代哲学, 也像近代物理学的一部分, 当然是其推理部分而非实验部分, 可以认为起始于勒内 · 笛卡儿 (René Descartes, 1596—1650). 自然, 正如我们所期望的那样, 笛卡儿有众多相称的先辈. 或许他们当中最伟大的是法兰西数学家维特 (Viète, 1540—1603), 其更被熟悉的姓氏是维达 (Vieta). 但是为了简短起见, 我们仅局限于笛卡儿.

笛卡儿总是夸耀他思想的独立性, 他与亚里士多德旧思想的决裂, 以及他表达其思想的清晰性和简洁性. 但是我们务必不要低估传言所起的作用, 并且我们现在知道笛卡儿与旧秩序的决裂并不像他所认为的那样彻底.

当深思他年轻时的研究并描述这些研究时, 笛卡儿说 "我特别喜欢数学, 是由于其推理的确定性和清晰性: 但是直到现在我也没有弄清它们的真实应用; 但是想到它们对于机械工艺改进的贡献, 我为如此强大和坚固的基础却没有建立在其上的高耸的上层建筑而惊讶不已."

他还说道 "早期我所关注的, 在哲学分支当中是逻辑, 而在数学的分支中是几何分析和代数, 我认为我应该计划对这三个艺术或科学门类有所贡献. 但是, 经过考察我发现, 例如逻辑学, 其演绎推理和它的大多数规则虽说是有益的, 但仅仅是存在于我们已经知道的事情的交流中, 或存在于对于我们未知的事情没有判断的交谈中, 而非存在于对未知事物的研究中: 尽管这门科学事实上包含了一定数量的、正确的和非常优秀的规则, 但是还有许多其他的内容, 都是有害的或多余的, 与前者混杂在一起, 以致难以从错误中分离出真理来, 犹如要从一块粗糙的大理石雕刻出戴安娜和米纳瓦. 至于古老的分析学和近代的代数学: 除了它们仅偏爱的高度抽象和看起来无用的内容, 前者完全局限于图形, 这些图形仅在处于极大于想象的条件下才能通过演练得以理解. 而后者贯彻始终的主题是一些令人尴尬的计算规则和公式, 这样就产生一个充斥着混淆和晦涩的难堪技艺的科学, 而非本该开发心智的科学. 基于这些考虑, 我被引导到去寻找某种其他的方法, 它将包含三个优越性, 并且避免了前述的不足. · · ·"

"几何学家擅长于依靠系列长长的简单推理链条来达到其难以证明的结论, 这引导我设想, 人类有能力理解的所有事物总是以某种方式相互联系的. 只要我们为真理而拒绝谬误, 并且在头脑中存有从一个真理推论出另一个真理的必要次序, 那就没有什么事物能够远离我们, 使我们难以接近或藏匿至深以致发现不了. 在确定从哪个对象作为开始这一方面我有些许困难, 因为我已经说服自己必须从最简单、最容易了解的对象开始, 而考虑到截至目前在科学中寻找真理的所有人当中, 只有数学家有可能能发现事物的证明, 即确定的和显然的理由, 这必定是他们的研究规则, 对此我毫不怀疑. 因此我决心从遴选最简单的对象开始, 但是未曾料到, 我的优势只是我内心的适应真理的爱和营养, 并且厌恶所有无根据的推理. 我没有试图掌握公众称为 '数学' 的所有特殊学科; 但是我注意到, 尽管它们的对象各不相同, 但它们在只考虑存在于这些对象之中的各种关系或命题方面是一致的, 我想对于我来说最好的方式是在尽可能最一般的形式下考虑这些命题, 而无需针对任何特殊的对象. 除非有关它们的知识是最有用的, 而只要不局限于这些特殊对象, 就最有可能将这些命题应用到它们所适用的其他每个类的对象上. 我还进一步意识到, 为了理解这些关系, 我有时候会单个单个地考虑它们, 有时候则仅仅从整体上记住或接受它们, 我想, 为了更好地、个别性地考虑它们, 我会认为它们存在于直线之间. 这样我就能够发现, 没有什么对象会更简单或能够在我的想象里和感知里留下更清晰的印象. 另一方面, 为了把它们保留在记忆里, 或把许多对象汇总在一起加以接受, 我会用尽可能简短的某些特征来表达它们. 用这种方式, 我相信我能够采用所有在几何和代数中都是最好的一切, 并且通过借助别的对象的帮助来纠正所采用对象的所有瑕疵."

现在让我们考虑代数和几何的特征.

在第一章我们已经看到, 当给定阿梅斯和丢番图著作中的一个算题时,数学家很早就能发觉用字母或某个其他符号表示一个未知数的益处，用这种符号可以表示各种各样的任意数，非常像在几何分析里一样，根据问题的条件，写下这些数之间的关系，然后考虑这些关系. 如果问题是确定性的 —— 也就是说，如果存在一个或多个明确的解，可以证明它们仅涉及已经知道的数 —— 则可以考虑利用某些计算规则来求出一个或几个精确的或近似的解. 在某些情形下，即使存在的解依赖一个变数，我们依然可以根据一般的规则发现并且表示它，但是这里我们不予关注.

假定你知道我的年龄，我却不知道你的，但是我想知道. 你可以对我说："你出生时我 8 岁." 然后我应该这样想：设 x 是此时你的 (未知的) 年龄数，而比方说此时我的年龄是 33；那么本质上你的陈述可以翻译成 "$x-8=33$. 假定符号 "-"、"=" 和 "+" 的意义是知道的 —— 事实上现今大部分人对于它们了解的程度，对于理解我们当前的目标业已足够了. 现在，代数的规则之一是任何项可以从等式的一端移到另一端，只要把它的 "+" 号或 "-" 号相应地变成 "-" 号或 "+" 号. 于是在当前情形，我们就有 "$x = 33 + 8 = 41$." 这个简单得出奇的情形是有意选定的. 在数学中，本质上是要牢记，即使是将表面上微不足道的思想的节省累计起来，也会使得一个冗长且复杂的计算快捷地执行. 例如，由笛卡儿引进的用字母表后几个字母表示未知数而用前几个字母表示已知数的约定就是这种情形. 这个约定除了少数例外，已被当今代数学家所广泛采用，省去了许多解释和寻找方程中的未知量和已知量的麻烦. 还有，符号 "+"、"-"、"=" 具有那些不习惯冗长计算的人所不理解的巨大的价值. 把 "$x \times y$"(x 乘以 y) 写成 xy 所造成的空间上的节省是重要的，因为我们由此可以得到一个简短的和便于纵览整体的公式. 还有，笛卡儿养成了一个跟我们现在一样的书写 "幂" 或 "指数" 的习惯，于是 "x^3" 代表 "xxx"，而 "x^5" 这个缺乏启发性的符号则代表五个 "x" 连乘.

这种记号的一个巨大的好处是使得对数的解释十分容易，而对数是约翰 · 纳皮尔 (John Napier) 伟大且艰辛的发现. 我们从方程 "$x^m x^n = x^{m+n}$" 开始讨论. 现在，如果 $x^p = y$，则称 p 是 "y 对于底 x 的对数"，记作 "$p = \log_x y$"；如果用 "u" 表示 x^m，用 v 表示 x^n，则 $m = \log_x u$，且 $n = \log_x v$，作为出发点的方程则给出 $\log_x(uv) = \log_x u + \log_x v$. 这样，如果数对于一个给定的底 (比如 $x = 10$) 的对数列成表格，大数的计算将变得不那么艰难，因为在发现对数之后，加法代替了乘法. 还有对数的差给出两个数的商的对数.

让我们简短地考虑从丢番图到笛卡儿代数的历史.

"代数" 这个词是一个阿拉伯短语的变体, 该句子的意思是*恢复*和*约简* (restoration and reduction) —— 第一个词的意思是同样的量可以在方程两端加上或减去, 而第二个词的意思是化简过程. 代数科学由穆罕默德 · 本 · 穆萨 (Mohammed ben Musa) (穆罕默德 · 摩西 (Mahomet Moses) 的儿子), 更熟知的名字是花剌子密 (Alkarismi), 通过他大约写于公元 830 年的一部著作, 带入阿拉伯人中, 当然是通过他从印度人那里引入. 花剌子密的代数学在数学历史中占据最重要的位置, 因为我们可以说后继的阿拉伯的和中世纪早期的代数学著作都以它为基础, 十进计数的阿拉伯或印度体系也是通过它被引进到西方. 看来阿拉伯人会聪明地领会他人的著作, 特别是希腊大师和印度数学家的著作, 但是像古代中国人和埃及人一样, 他们没有系统地发展某一个主题到任何值得注意的程度.

代数学在 1202 年由比萨的莱昂纳多 (Leonardo, 约 1175—1230) 通过一部以花剌子密的专著为基础的著作引进到意大利, 由罗伯特 · 雷科德 (Robert Record, 约 1510—1558) 通过一部 1557 年出版的名为《维特的磨刀石》(*Whetstone of Witte*) 书引进到英国. 雷科德、阿尔伯特 · 吉拉德 (Albert Girard, 1595—1632)、托马斯 · 哈里奥特 (Thomas Harriot, 1560—1621)、笛卡儿和许多其他的人都曾对代数学的方法和记号作了改进.

我们在算术中使用*数的符号*. 一个符号是一个量的任何记号, 而不是量的本身. 如果一个人用石子数他的羊, 那么石子就是羊的符号. 在现今, 大多数人会阅读和书写, 我们养成了在纸上标记 "1、2、3、4" 等等代替像石子之类的东西的这种比较实用性的习惯. 我们的 "1+1" 被缩写为 "2","2+1" 被缩写为 "3","3+1" 被缩写为 "4", 等等, 例如 "1 英里"、"2 英里"、"3 英里" 等等相当不恰当地被称为*具体数*的记号. 而当我们剥离任何特殊事物的意义为一、二等等的所有概念 "1"、"2" 等等时, 正如我们说 "六加四得十" 那样, 其中的数就被称为*抽象数*. 初学者在算术著作中首次了解到这种抽象数, 并总是未能学习到正确区分抽象数与具体数. 算术运算中仅可以对具体数进行加法和减法, 并且不涉及多于 1 的一类的事物. 英里可以加上英里, 或从英里减去. 乘法涉及 1、2、3 等等的一种新的类别作为*重复* (或*乘以*, 正如在乘法中的称呼) 的类. 取 5 次 6 英里. 这里有两类单位, 英里和次. 在乘法中, 两个单位之一必须是重复的次数或倍数, 而谈论 6 英尺乘以 3 英尺则是荒唐的. 例如取 6 英尺的 "3 英尺" 次如何解释呢? 在下列问题的求解中,"如果 1 码价钱是 5 先令, 12 码价钱是多少?" 我们不用 5 先令乘 12 码, 而是如下进行: 因为每码的价钱是 5 先令, 卖家量多少次 1 码, 顾客必须付多少次 5 先令; 即付 12 次 5 先令. 在除法中, 我们必须有重复或划分的观念, 即分割一个量成几个相等的部分的观念. "18 英里除以 3 英里" 的意义是, 求为了得到 18 英里必须重复 3 英里多少次: 但是 "18 英里除以 3" 的意义则是把 18 英里分割成 3 个相等的部分, 求每一部分有多少英里.

算术符号有明确的联系; 例如, 2+2 总是 4, 不论提到的是什么东西, 可以是英里、英尺、英亩等等. 在代数里, 我们接受没有明确联系的数的符号. 像在算术里一样, 我们推导出关于 1、2、3 等等的结论, 它们对于 1 英尺、2 英尺等等以及 1 分钟、2 分钟等等同样是成立的; 这样在代数里, 我们对于一般形式的数进行推理, 而得出的结论对于所有的数是真的. 诚然, 在十九世纪发展起来的代数的一些分支里, 字母还用来表示不同于数的事物, 例如为了逻辑目的的具有某种性质的个体的类, 像 "有角动物"; 或空间中具有方向的几何或物理的事物, 例如 "力"—— 还有像 "+" 和 "−" 表示事物的组合方式, 它们类似于但是不等同于加法和减法. 如果 "a" 表示 "有角动物类", 而 "b" 表示 "役畜". 符号 "ab" 则用来表示 "有角的役畜的类". 我们看到这里有 "$ab = ba$" 恰似数的乘法, 部分地基于这个理由, 上述运算被称作 "逻辑乘法", 并且以上述方式表示. 这里我们遇到数学的惯例 —— 也是所有科学的惯例 —— 就是为了某种类似而在更广泛的意义下使用一些词. 这个习惯使得许多人困惑不解, 因为数学家经常无意识地去做这件事, 或者甚至有时候的谈论似乎他们想到的是归纳一些概念而非一些词. 但是, 当我们谈论 "家族树", 我们指的不是道路两边的树的概念的拓宽.

我们不需要考虑这些近世代数, 但是我们将经常遇到所谓的 "数的推广" 和相关方法向类似情形的转移. 事实上, 很难说在这种转移中有多少发现精神. 这种情形的一个例子是把 "数" 这个词延伸到也包含称为分数的对象. 这种推广的需要来自把算术应用于表示像距离这样的量. 阿基米德和其他许多人就曾经这样做过, 并且这已成为了十六世纪的数学家们的著作中通常的处理方法, 在笛卡儿的著作中也起着重要的作用.

数学家们, 甚至从他们开始把算术应用到几何伊始, 就注意到这样一个事实, 用数表示直线上的点和用直线上的点表示数是非常实用的. 它的含义如下所述. 我们选择一个长度单位, 就可以标注直线上对应的 0 个单位、1 个单位、2 个单位、3 个单位的点, 等等, 而对应 0 个单位的点称为“原点”, 从它开始计量, 这样“点 m”, 为了简短我们将如此称呼它们, 就是距离原点 m 个单位的点. 尔后我们可以分割直线, 标注对应分数 $\frac{1}{2}$、$\frac{2}{3}$、$\frac{7}{8}$、$\frac{1}{13}$、$\frac{3}{5}$ 的点, 或介于 1 和 2 之间的点, 它和 1 的距离跟 $\frac{2}{3}$ 和 0 的距离一样, 等等. 现在, 分数和整数没有任何区别. 二者按照完全同样的方式处理; 加法、减法、乘法和除法[3)]的结果是可以解释的, 解释的方式非常像新的点, 不论在“$a+b$”、“$a-b$”、“ab”等式子中的“a”和“b”是整数还是分数, 总有, 例如

$$a+b=b+a, \quad ab=ba, \quad a(b+c)=ab+ac.$$

因为这种非常强的相似性, 数学家把分数也称为“数”, 并且他们经常讨论和书写“数的推广”, 这里是其第一个例子, 由于巨大的、相近的和重要的类似性, 这似乎是数的概念被推广, 而不仅仅是“数”这个名称的推广.

一旦直线上的点被用来表示数, 承认对应于希腊人所发现的不可公度线段端点的某些“无理数”看来就没有太大困难了. 这个问题后面的部分还会提及: 有必要讨论所涉及的原则, 但是数学家们直到相当近代都还根本没有深入到原则性问题. 这样直到六十年前, 正如斯威夫特 (Swift) 对于《格列佛游记》(*Gulliver's Travels*)中的拉普塔岛的数学家所作的评论一样, 数学家们几乎全是拙劣的推理者, 他们对于基本原理有着不可饶恕的模糊不清. 他们经常求助于某种信心. 对于一个聪明的和有疑惑的初学者, 十八世纪的一位法国著名数学家曾说: “前进吧, 信心会降临于你.” 一个令人好奇的事实是, 数学家由于某种天资而往往达到真理.

现在让我们回到数的代数. 例如取数 8 和分数 $\frac{1}{8}$, 现在也可称后者为数. 对于两个数分别加 1; 所得的大者是小者的 8 倍. 任何数都具有这个性质, 而非仅适用于 8. 事实上, 如果用“a”表示开始的数, 利用代数规则, 我们有 $\dfrac{a+1}{\dfrac{1}{a}+1}=a$. 这是利用代数证明数的一般性质的一个实例.

[3)]为了相似, 称为分数“乘法”的运算以下面例子中所指出的方式定义. 如果 1 码的 $\frac{3}{4}$ 值 10 便士, $\frac{7}{8}$ 码值多少? 答案是 $\dfrac{10\times4\times7}{3\times8}$ 便士, 而我们定义 $\dfrac{4\times7}{3\times8}$ 作为 $\dfrac{1}{\frac{3}{4}}$ “乘以 $\frac{7}{8}$”的乘积, 这跟当 $\frac{3}{4}$ 是 1, 和 $\frac{7}{8}$ 例如是 3 时所面对的情形类似.

代数包含许多赖以把复杂的代数式化简为其最简单形式的规则. 由于有了富有启发性的和紧凑的记号, 我们比较容易地获得了处理代数符号的几乎是机械性的技巧, 这也就是为什么笛卡儿认为代数不是适于开发智力的科学. 另一方面, 这门技艺应该归功于思维经济原理. 正如笛卡儿所预见的那样, 机械化的方式变得十分有价值, 如果我们可以利用它来解决几何问题, 而不必由于对于几何图形的冗长推理使我们的想象力疲惫不堪.

我已经指出, 有价值的记号 "x^m" 出自笛卡儿. 这和他在代数中的其他改进一起刊载在他于 1637 年出版的《几何学》(*Geometry*) 的第三部分. 在下一章我将谈到这部著作前两部分所包含的重大发现; 这里我将继续叙述笛卡儿及其前辈所作的在记号和方法方面的改进, 这些改进使得《几何学》的代数部分颇像有关代数的近代书籍所述.

在算术中仍然沿用并列表示加法的习惯: "$2\,\frac{1}{2}$" 的意义是 "$2+\frac{1}{2}$". 在代数里, 现在我们总是用符号 "+" 表示加法, 而用并列或少有地用在要乘的数的记号之间放一个点或符号 "×" 表示乘法. 减法用 "−" 表示.

这里我们必须岔开话题指出 —— 由于担心打乱思路, 教科书经常是拒绝指出的 —— 当 "a" 和 "b" 表示数时, 仅当 a 等于或大于 b 时 "$a-b$" 才表示一个数. 如果 a 等于 b, 表示的数是零; 实在没有足够服人的理由排除这种情形, 例如说, 如果一个熟知的墓志铭是真的, 查理二世通过愚蠢言辞和聪明行为表达的数是相等的. 这里我们又遇到数学的陌生发展方式. 长达几个世纪, 数学家使用 "正" 和 "负" 数, 并且把正数和没有正负号的像 1、2、3 这样的数视作等同而毫无顾虑, 恰如他们使用分数和无理 "数" 一样. 而当一个富有逻辑头脑的人反对这类错误的表达方式时, 数学家要么不予理睬, 要么就说 "前进吧; 信心将降临于你." 而数学家是对的, 只不过没能够给出正确的理由, 或至少总是对于他们的所作所为给出错误的解释. 这再次证明了对于数学家的做法的批评, 如果希望它是中肯的, 必须建立在同情和理解的基础之上. 必须尝试说明数学观点的正确性的理由, 并且使这些观点符合逻辑. 数学家自己从未发现一个能够胜任的哲学解释者, 因而几乎所有数学的有趣部分一直保持晦涩, 直到十九世纪后半期, 数学家自己开始培养哲学的, 或更准确地说逻辑的素养.

这样, 我们必须违反历史次序来解释 "负数" 的意义. 首先我们必须确立这样的前提: 当一个代数表达式被括在括号里时, 这就表明该表达式的整个结果跟周围的符号的关系同它仅是一个字母一样. 于是, “$a-(b-c)$” 是从 a 减去 $b-c$, 后者是从 b 减去 c 的差. 因此, $a-(b-c)$ 跟 $a-b-c$ 不同. 事实上容易发现, $a-(b-c)$ 跟 $a-b+c$ 相等. 还要注意 “$(a+b)(c+d)$” 的意义是 $(a+b)$ 乘以 $(c+d)$.

现在, 假定 a 和 b 是数, 并且 a 大于 b. 令 $a-b$ 为 c. 为了从 a 得到 c, 我们进行减去 b 的运算. 这个运算是命令 “减 b” 的执行, 它是一个 “负数”. 数学家称它为一个 “数”, 并且用 “$-b$” 表示, 只不过是由于相似性: 当对 “负数” 和像 “$+b$” 那样的 “正数” 重新定义 “加法” 和 “减法” 等运算时, 跟无正负号的数同样的计算规则成立, 而 $+b$ 的意义现在也是清楚的. 当我们在直线上用点表示整数、分数和正数、负数时, 这些新定义必须遵从的方式就变得明显了. 0 的右侧是整数和分数, 0 的左侧是负数, 正数系列则绵延在 0 的右侧, $+a$ 同 a 重合, 和 $-a$ 一起相对于 0 对称地放置. 我们还决定, 这些新数的称之为 “加法” 等等的运算必须同早先同名运算给出同样结果. 这样同一符号用在不同的意义之下, 我们可写出

$$a+b-b=a+0=(+a)+(+b)+(-b)=+a=a.$$

这是一个值得注意的灵活改变的例子.

我们用到等号 “=”. 它原来的意义是 “跟某某同样”. 例如 3+1=4. 但是根据上面的约定, 我们写 “$a=+a$”, 这样做是为了保持我们预定的相似性以及为了简洁性, 但是牺牲了看起来有些迂腐的严格性.

让我们在心里接受看似费解实则合理的数学家的这种特质. 这种特质总是令聪明的初学者和哲学家困惑. 计算法则和符号表示的是一个数学家要考虑和面对的事情. 他看来是要把满足他认为重要的、同样规律的不同事物视作等同. 这恰如一个法官认为在 A 先生和 B 先生之间没有太大差别, A 先生是红发的杂务工, 并且进小教堂 (Chapel), 而 B 先生是棕发的马贩子, 进一般教堂 (Church), 他俩犯的都是盗窃罪. 但是他们各自教区的牧师或他们的妻子还是会区分他们的.

用等号联结起来的任意两个表达式形成一个 “方程”. 这里我们必须注意, 语句 “解方程 $x^2+ax=b$” 的意义是: 已知 a 和 b 为给定数, 求 x 的值, 使得 x^2+ax 成为 b. 于是, 如果 $a=2$ 且 $b=-1$, 则解是 $x=-1$.

正如我们上面说过的, 笛卡儿确立了这样的惯例, 用字母表中前面的字母表示已知量, 用后面的字母表示未知量. 这样, 在前例中, a 和 b 是假定给

定的某两个数, 而 x 是要求的数. 当 x 通过 a 和 b 被求出并且是固定的数 (像 1、2、3) 时, 则认为问题解决了. 这样, 当 a 和 b 被赋予任何固定的值时, x 就被确定了. 符号 "a" 和 "b" 表示任意的但非唯一的像 "2" 那样的数, 而当 a 和 b 确定时, "x" 不总是任意的. 这样, 在上述情形, 当 $a=2$, $b=-1$ 时, "x" 表示负数 -1. 上面所述的意思是: 对于由相互独立给定的 a 和 b 的确定值而得到的问题集合的每一个元素, 存在一个未知的 x, 它是否可以表示一个确定的数, 取决于方程是否有解. 现在考虑方程 $ax+by=c$, 其中 a、b 和 c 是已知量, 而 x 和 y 是未知的. 我们可以通过 a、b、c 和 y 求出 x, 或通过 a、b、c 和 x 求出 y; 但是 x 仅当 y 确定时才确定, y 仅当 x 确定时才确定. 这里在 a、b 和 c 为确定值的每种情形, x 是不确定的, 或者说是 "变动的", 也就是说, 它可以取值的一整类里的任何一个. 对应每一个 x, 一个 y 与之相关; y 也是依赖 "自变量" x 而 "变动的". "变动性" 的思想在下一章将会进一步说明. 这里我们仅仅指出, 数学家所谓的 y 对于 x 的 "函数依赖" 概念是如何引进的. 如果对于 x 的每一个值, 有 y 的一个或多个值与之对应, 则变量 y 称为变量 x 的 "函数". 在某种程度上, 日常语言中也采用这种说法. 如果我们说马干活的多少是它所吃的食物的函数, 我们就会明白是什么意思了.

笛卡儿采用了 —— 虽然不是他独自提出的 —— 由哈里奥特提倡的惯例: 把一个方程的所有的项移到等号的同一端. 例如, 把 "$x=1$"、"$ax+b=c$" 和 "$3x^2+g=hx$" 分别改写为 "$x-1=0$"、"$ax+(b-c)=0$" 和 "$3x^2-hx+g=0$". 这样做的目的在于, 一个未知量的所有同次方程容易识别, 下一章我们还必须考虑多于一个未知量的情形. 这里所谓同次方程指的是, 其中的 x 的最高次幂 (x 或 x^2 或 $x^3\cdots$) 是相同的. 再者, 能够像谈论方程一样谈论等于零的表达式是方便的. 方程中出现 x^2 但是没有 x 的更高次幂, 则称为 "二次" 方程 —— 这是二次函数和 0 相等的结果; 方程中出现 x^3 但是没有 x 的更高次幂, 则称为 "三次" 方程; 可类似定义 "四次、五次 $\cdots$" 方程. 现在, 例如, 二次方程 $3x^2+g=0, ax^2+bx+c=0, x^2-1=0$ 是不同的, 但是其差别相比同次这个共有的性质是不重要的: 全部可以用经过修改的一个普遍方法求解.

这里抛开历史次序来简短考虑所谓 "虚" 表达式的意义是适宜的. 如果给定方程 "$x^2-1=0$", 它的解显然是 $x=1$ 或 -1, 这是由于 $+1$ 的平方根是 $+1$ 和 -1. 但是如果我们给定方程 $x^2+1=0$, 类似性引导我们写出两个解 $x=+\sqrt{-1}$ 和 $x=-\sqrt{-1}$. 但是我们还没有遇见过正 "数" 或负 "数", 当自乘时得到一个负“数”. 于是笛卡儿及其后继者抛弃了“虚数”. 这样 $x^2-1=0$ 有两个解, 而 $x^2+1=0$ 一个解都没有; 进而, $x^3+x^2+x+1=0$ 有一个解 $(x=-1)$, 而 $x^3-x^2-x+1=0$ 有两个解 $(x=1,x=-1)$, $x^3-2x^2-x+2=0$ 有三个解 $(x=1,x=-1,x=2)$. 现在暂时假定我们可以有“虚”根, 并且 $(\sqrt{-1})(\sqrt{-1})=-1$, 还假定在类似方程 $x^2+2x+1=0$ 或 $(x+1)^2=0$ 有两个相等的根 $x=-1$ 的情形, 我们可以说有两个根. 这样, 在上述五个方程中, 前两个二次方程每个都有两个根 (分别是 $+1,-1$ 和 $+\sqrt{-1},-\sqrt{-1}$); 而三个三次方程每个有三个根 (分别是 $-1,+\sqrt{-1},-\sqrt{-1}$; $+1,-1,+1$ 和 $+1,-1,+2$). 在一般情形下, 已经证明了定理: 每一个方程有和其次数相同个数 (而非如笛卡儿所说的不多于其次数) 的根. 基于这个定理以及许多其他理由, 例如使得众多定理像这个定理一样能够更普遍地被陈述, 这样“虚数”就可以被普遍采用. 这极大地归功于一个令人困惑的境遇, 通过带虚 (构的) 数的计算过程可以发现真正的定理. 这种情形类似于引导数学家发现和计算“负数”的情形.

对于虚数情形, 令 a、b、c 和 d 是任何数, 则有

$$\begin{aligned}(a^2+b^2)(c^2+d^2) &= (a+b\sqrt{-1})(a-b\sqrt{-1})\\ &\quad (c+d\sqrt{-1})(c-d\sqrt{-1})\\ &= (a+b\sqrt{-1})(c+d\sqrt{-1})\\ &\quad (a-b\sqrt{-1})(c-d\sqrt{-1})\\ &= [(ac-bd)+\sqrt{-1}(ad+bc)]\\ &\quad [(ac-bd)-\sqrt{-1}(ad+bc)]\\ &= (ac-bd)^2+(ad+bc)^2.\end{aligned}$$

这样, 通过带虚数的计算, 我们得到了一个有趣的并且容易验证的关于数的定理, 而虚数从结论中消失了. 由此数学家想到, 虚数虽然看起来是不可解释的甚至是自相矛盾的, 但必定有其逻辑. 于是他们带着几乎是坚定不移的信心使用虚数, 并且很晚才予以验证. 数学家为了宣示他们日益增长的使用 $\sqrt{-1}$ 的信念, 把 $\sqrt{-1}$ 写成 i, 并且称之为“虚单位”, 这就暗示了拒绝存在关于它的任何虚幻的、不可能或荒谬的事情.

事情的真谛在于“i”并非不可解释. 它代表一个运算, 恰如负数那样, 但不是同一类型的. 它可以用几何方法解释, 虽然不是在直线上, 而是在平面

上. 对此我们必须参考有关文献; 这里必须指出, 在这种 “数的推广” 中,“加法”、“乘法” 等等虽然不是严格相同的, 但确是类似于以前所具有的意义, 并且 “复数” 形成一个类似于平面的区域, 表示整数、分数和无理数的直线包含于其中. 但是现在我们必须离开这些问题的进一步发展.

必须认识到代数的本质在于其普遍性. 在最一般的情形, 代数中的每一个符号和命题的每一个陈述都可以理解为对于诸如数、集合或命题等抽象事物进行的某些运算. 这些运算仅表示这些事物同另一个事物的关系. 如果代数过程的任何步骤的结果可以被判断为真的, 它们则表达真命题. 而判断过程经常受到符号表示的启发, 比方说, 把对于整数运算的运算看作对于整数的另一种运算. 例如 $(a+b)^2 = a^2 + 2ab + b^2$ 表示对于整数那些运算之间成立的一个关系, 我们认为其中的整数为 “分数”, 或整数之间的一个类似关系, 该等式仍然成立. 代数的语言是一种绝妙的工具, 可用以简短明了地和富有启示性地表达十分复杂的抽象事物的关系. 研究这类关系的动机起初是, 现在在许多情形仍然是, 某些抽象事物之间的关系与我们在周围的现实世界看到、听到和触到的事物之间的关系具有高度的类似性, 而在二维或三维空间中通过笛卡儿的 “解析几何” 作出的代数过程的美丽图画将帮助我们的头脑发现这种类似, 这将在下一章进行叙述.

第三章
现代数学的兴起和发展 —— 解析几何和不可分方法

我们现在将回到笛卡儿的 1637 年所著《几何学》一书的前两节.

在笛卡儿的书里, 我们必须收集我们所认识到的零星散布的他对于处理几何问题的新方法的要点. 这些要点不是由他表述的. 不过我将尝试把它们归纳在一起.

设想画在平面上的一条曲线. 这条曲线可以按下列方式看作是含有 x 和 y 的一个代数方程的图形. 在曲线上选择任意一个点, 并且称表示这个点与画在上述平面上的两条交成直角的直线 (称为 “轴”) 的距离相对长度单位的数为 “x” 和 “y”. 现在, 我们沿曲线从一点移动到另一个点,“x” 和 “y” 二者变动, 但是联系 “x” 和 “y” 的关系是不变的, 这个关系可以用一个称为 “曲线方程” 的代数方程表示, 正如在胚芽中所蕴含的, 所考虑的曲线的所有性质都包含在这个方程里. “x” 和 “y” 之间的这个恒定的关系像 $y^2 = 4ax$. 我们必须仔细区分变量之间的恒定关系和常量之间的恒定关系. 在数学中, 我们总是碰到第一类的关系; 我们称这样的关系为 x 和 y 的一个 "函数"——这个词在笛卡儿的《几何学》出版大约 50 年后由莱布尼茨首先使用——并将 x 和 y 的一个函数通常写成 "$f(x,y)$". 在这个记法中, 并没有暗示 x 和 y 具有的任何特殊关系, 而对于像 y^2-4ax 这类的特殊关系, 我们说 "函数的形式是恒定的", 这只不过是说 x 和 y 之间的关系是固定的又一种方式. 这还可以如下解释. 如果 x 被固定; 则 y 的一个或多个值被固定; 而如果 y 被固定, 则 x 的一个或多个值亦被固定. 方程 $ax+by+c=0$ 对于每一个 x 给定一个 y, 对于每一个 y 给定一个 x; 方程 $y^2-4ax=0$ 对于每个 x 给定两个 y, 而对于每个 y 给定一个 x.[4)]

考虑方程 $ax+by+c=0$, 或举例说更确定的特例 $x+2y-2=0$. 画出轴并且标出点; 选定一个长度单位, 在 x 轴上找到点 $x=1$, 在这个轴的垂直线上量出位置, 它由把 $x=1$ 代入上述方程得到的对应的 y 给出. 我们求得 $y=1/2$. 取 $x=1/2$, 则得 $y=5/8$, 等等. 我们发现在 y 轴的平行线上的所有的点都位于一条直线上. 这条直线由方程 $x+2y-2=0$ 确定; 该直线外的每个点的 x 和 y 不是由关系 $x+2y-2=0$ 联系的, 而该直线上的点 x 和 y 是由关系 $x+2y-2=0$ 联系的. 类似地, 我们确信半径为 c 个长度单位围绕坐标轴交点的圆周的每个点使得 $x^2+y^2=c^2$, 而每一个不在这个圆周上的点的 x 和 y 不满足这个关系.

在上述陈述中有两点要注意. 首先, 我们说到曲线 "可以被表示" 等等, 这意味着有可能这样考虑这条曲线 —— 但未必总是如此. 即可以设想曲线不能用有限的代数方程表示. 其次, 关于参考的基本直线, 即所谓的 "轴", 一个轴称为 "x 轴", 而由数 x 测量的距离有时称为 "横坐标"; 而在横坐标的离原点最远的端点长度为 y 单位的平行于另一个轴 ("y 轴") 的线段称为 "纵坐标". 纵坐标这个名称是古罗马的测量员所使用的. 用数 x 和 y 测量的线段称为确定它们并且被它们所确定的点的坐标. 有时数 x 和 y 本身就称为 "坐标", 这里我们将采用这个惯例.

有时候不选取相互垂直的坐标轴, 而选取相互垂直的坐标轴几乎总是

[4)] 我们还把 x 的函数表示成 "$f(x)$"、"$F(x)$" 或 "$\phi(x)$" 等等. 这里 "f" 是 "$\cdots$ 的函数" 的符号, 而非一个数, 正像后面将出现的 "sin"、"Δ"、"d" 代表函数而非数. 这可以看作早先的代数语言的延伸. 方程 $y=f(x)$ 是在下面就要解释的方式下图形表示的一种好的形式.

要简单得多, 因此在本书中我们总是假定坐标轴是成直角的. 整个平面被坐标轴分成四个部分, 测量坐标的起点是坐标轴的交点, 此点称为原点. 这里代数的负量的几何解释 —— 负量对于聪明的初学者经常是困惑不解的 —— 给了我们一个意义, 避免了来自于事实的含混不清: 即在平面分成的每一个象限中有一个点具有相同的坐标.

考虑 x 轴. 从原点开始测量长度, 于是数 0 对应于原点 (O). 设 OA, 沿 x 轴从左到右测量的长度是单位长度; 则数 1 对应于 A. 然后设线段 AB、BC 等, 全是从左向右测量长度等于 OA; 数 2、3 等等对应于点 B、C 等等. 进而, 令分数 $\frac{1}{2}$ 对应于 OA 的二等分点; 对于其余的分数类似处理. 按照这种方式, x 轴的一半轴上几乎充满了这种点. 但是存在类似这样的点 P, OP 的长度是直径为单位长的圆周的周长. 为了直观, 我们可以设想点 P 由这个圆沿 x 轴滚动一周得到. 点 P 将落在 $3\frac{1}{7}$ 左边一点, $3\frac{7}{50}$ 右边一点, 等等; 点 P 不能为用上述过程指定的分式名称上的点. 可以严格证明这个事实. 如果不是这样, 化圆为方将是非常容易的事情了.

像这样的点还有许多. 没有一个分数自乘以后得 2; 但是有一个长度是这样的, 即单位边长的正方形的对角线. 如果我们假定 OX 轴上的每一个点都对应一个数, 那么这个数 a 将满足 $a^2=2$. 我们将再回到点和直线与数的对应的重要问题上, 现在则简要回顾在笛卡儿的解析几何里,"负数" 是用原点左边的点表示的, 而在 y 轴上则是由原点下方的数表示的. 这在第二章已经解释过了.

代数几何提供了一个对于曲线进行分类的手段. 所有直线确定了 x 和 y 间的一次方程, 而所有这样的方程可以确定直线. x 和 y 间的所有二次方程, 也就是说, 所有形如

$$ax^2+bxy+cy^2+dx+ey+f=0$$

的方程所确定的曲线, 是古希腊人研究过的曲线, 它们由平面截直圆锥体或两个相等的共轴线的、并且仅有顶点是公共点的直圆锥体得到. 多少有些神秘, 为什么希腊几何学家选择这种特殊的曲线来研究, 我们仅仅可以说, 从现在的观点来看, 这是极大的幸运机会. 因为这些圆锥曲线 —— 自然, 圆周是其特例 —— 也只有这些曲线, 是用上述二次方程表示的. 这种曲线的三大类型 ——"抛物线"、"椭圆" 和 "双曲线"—— 全来自当其系数 a、b、c、d、e、f

满足某种特殊条件的上述方程. 例如, 圆周 —— 椭圆类的特例 —— 的方程总是从上述方程中令 $b=0$ 和 $c=a$ 得到的.

可以指出, 在这些曲线作为圆锥截线被引进之后很久, 巴普斯 (Pappus) 发现它们都可以在一张平面上定义成一个动点的轨迹, 该点与一个固定点的距离和与一条固定直线的垂直距离之比值是常数. 依照这个比值小于、等于或大于 1, 曲线分别是椭圆、抛物线和双曲线.

不要指望这里会详述由 x 和 y 的二次或更高次方程所产生的曲线. 我将只再次强调某几个在一定程度上通常被忽视或教科书里没有清晰叙述的点. 这里的字母 "$a, b, \cdots, x, y$" 在推广的意义下代表 "数". 我们已经看到在什么意义下, 我们可以跟随数学家谈论分数、正数和负数这样的 "数", 例如说把正数 $+2$ 和分数 $\frac{2}{1}$ 与不带符号的整数 2 看作等同. 那么, 上面的字母代表一类数, 该类在这个意义下包括分数、无理数、正数和负数, 但是不包括虚数. 我们称这个类的数为 "实" 数. 无理数的问题将以较大的篇幅在第六章讨论, 但是指出怎样引进它们就足够了. 我想, 这种情况在数学里总会发生, 即概念在被形式地引进之前, 在这种使用能够被逻辑地验证或其本质被清晰地界定之前, 已经被使用了很久.

这些数是某些点的横坐标和纵坐标的长度关于一个确定的像英寸这样的单位的测度. 我们谈论这样的点简单地用它们的坐标来命名, 例如,"点 (x, y) 离开点 (a, b) 的距离是 $(x-a)^2+(y-b)^2$ 的正的平方根".

例如, 注意 x^2 是一个线段的长度. 那是自然的, 像笛卡儿之前的代数学家说的, x^2 本来的是边长为 x 个长度单位的正方形面积的平方单位数, 但是没有必要非这样理解不可. 我们将在第四、五章经常使用后一类测量.

直线方程可以由满足两个给定的条件得到. 我们可以把方程写成形式

$$x+\frac{b}{a}y+\frac{c}{a}=0,$$

于是有两个比值 $\frac{b}{a}$ 和 $\frac{c}{a}$, 我们可以按照条件确定它们. 方程 $ax+by+c=0$ 表面上像所说的有三个 "任意常数", 但是我们看到这个更大的一般性仅是表面上的. 现在我们可以由所论直线所满足的两个条件确定这些常数. 假定这些条件中的一个是直线通过原点 —— 即点 (0,0). 这简单地说就是当 $x=0$ 时, $y=0$. 在上面的方程中令 $x=0$ 和 $y=0$, 我们得到 $\frac{c}{a}=0$ 这就确定了两个常数之一. 另一个常数由一个新条件确定, 例如直线还通过点 $\left(\frac{1}{3},2\right)$. 代入上面的方程, 由于我们已经知道 $\frac{c}{a}=0$, 我们得到 $\frac{1}{3}+\frac{2b}{a}=0$, 因此 $\frac{b}{a}=-\frac{1}{6}$. 因此通过 $(0,0)$ 和 $\left(\frac{1}{3},2\right)$ 的直线的方程是 $x-\frac{1}{6}y=0$, 或 $y-6x=0$. 如果不通过某个点, 有一个条件可以是, 例如, 从原点到直线的垂线应该具有某个长度, 或者直线和 x 轴的夹角应该形成某个角, 等等.

类似地, 圆的方程可写成形式

$$(x-a)^2+(y-b)^2=c^2,$$

其中半径为 c, 中心在 (a,b). 它可以由通过任意三个点确定, 或者, 例如, 通过半径的长度和中心的位置来确定. 中心的位置等同于两个条件. 因此假定半径是一个长度单位: 上述方程为 $(x-a)^2+(y-b)^2=1$. 如果中心是原点, a 和 b 都确定为 0, 例如. 这还可以由圆周通过点 $\left(\frac{1}{2},0\right)$ 和 $\left(-\frac{1}{2},0\right)$ 来实现.

现在, 如果我们要求直线 $2x+2y=1$ 和圆周 $x^2+y^2=1$ 的交点, 即求这两条曲线的公共点, 也就是说, 所有 x 和 y 的对应值满足上述两个方程. 这样我们不必为几何图形烦恼, 只需应用代数规则求出满足 x 和 y 的两个"联立" 的方程的 x 和 y 的值. 在上述情形, 如果 (X,Y) 是一个交点, 则有 $Y=\frac{1-2X}{2}$, 因此代入另一个方程得 $X^2+\left(\frac{1-2X}{2}\right)^2=1$, 这就给出对于 X 的一个二次方程

$$8X^2-4X-3=0.$$

根据规则我们发现, X 必须或者是 $\frac{1}{4}(1+\sqrt{7})$, 或者是 $\frac{1}{4}(1-\sqrt{7})$. 因此当我们求交点坐标时得到了两个横坐标值; 把它们带入方程 $2x+2y=1$, 就求得与每个 x 对应的 y 的值.

这样我们就再次发现了从图形可以显而易见的事实, 即一条直线交一个圆周至多在两个点上. 我们可以确定任意两条曲线的交点, 只要它们可以用代数方程表示出来, 但是当然在更一般情形下这个过程是极其复杂的. 这里我们将考虑一条直线相交的一个重要情形.

想象一条直线交一个圆周于两个点. 设想一个点固定, 而另一个点向着第一个点移动. 割线越来越逼近圆周在第一个点的切线位置, 通过使移动的点充分接近另一个点, 则割线将如我们所愿地逼近切线的位置. 现在, 希腊人

定义曲线在某一点的切线是过该点的直线，使得在它和曲线之间再也画不出其他直线. 注意，其他的曲线是可以画出的: 这样不同的圆在其圆周上的一个公共点可以有同一条切线，但是在初等数学里还没有碰到在一个点有多于一条切线的圆周和曲线. 笛卡儿和许多后继者采取不同形式的定义，它们实际上都涉及极限概念，这个概念大胆地出现在无穷小微积分里. 切线是当交点相互无限逼近一个定点时割线的极限，是将曲线假定为带无穷小边的多边形的而形成的边; 它具有在所考虑的曲线上的动点在某一个时刻的运动方向. 把相交直线方程中的 y 代入曲线方程，如果这条直线是切线的话，所得到的方程有两个相等的根. 在前面的例子中，这个方程是二次方程. 在圆的情形，容易推断出切线垂直于半径这一熟知的性质; 并且可以看到，在其他曲线的情况下，并不具有这个性质.

我们务必牢记，正如平面曲线确定有两个独立变量 x 和 y 的方程，并且由后者所确定，而在三维空间中的曲面，例如球面，则确定有三个独立变量 x、y 和 z 的方程，并且由后者所确定. 这里 x、y 和 z 是空间中一点的坐标; 也就是说，这个点与相互成直角的三张固定平面的距离的数值测度. 例如，半径为 d、中心在 (a,b,c) 的球面的方程是 $(x-a)^2+(y-b)^2+(z-c)^2=d^2$.

我们可以从另一个观点来审视解析几何，后面我们将会发现这个观点的重要性，即使在当前也会启示我们一些有趣的想法. 当我们采用方法介绍轨迹时，笛卡儿方法的本质还会显现. 考虑一个圆，它是在平面上运动的与一个定点 (O) 保持定常距离的点 (P) 的轨迹. 这里我们可以设想随着 P 的位置变动，形成我们在数学中所谓的变量的鲜明图形. 但是必须记住，我们为了言辞的形象生动而称之为 "变量"，其实不必使用某种变动的东西. 设想在信纸上移动的笔尖; 它在不同时刻占据纸上的不同位置，而我们会理所当然地说笔尖在运动. 但是我们现在设想在空间的一个点. 一个几何点 —— 它不是一个笔尖甚至物质的一个 "原子" 所占据的一小块空间 —— 它只不过是位置的一个标记. 我们不能够谈论一个点在运动; 点的本质在于它处于位置上. 空间的点的运动，有别于物质的点的运动，是一种虚构，是一种设想，即一个给定的点可以此时是这个点，彼时是另一个点. 运动，在通常的意义下，仅是相对于物质而言，而非相对于空间. 于是，当我们说 "变动的位置"，如果我们希望按原义理解我们的词，这种说法是荒谬的. 但是当我们想到它时，并不是真地希望这样. 我们要做的是这样的: 使用生动的句子是为了达到唤起富于想象的思维, 用以帮助我们直观地想象仅用冗长程序才可准确表述的数学命题. 古代的希腊人允许冗长, 它仅仅遭到了外行的反对. 现代数学为反对冗长已经成功地战斗了大约六十年; 因此基本概念和方法的晦涩成了它的伟大的战利品. 伟大的战利品是为了相似而作了重大牺牲得到的: 这样, 正如我们所知道的, 由于其某些方面的高度相似性, 像整数 2, 比值 2/1 和用 2 表示的实数这些对象是等同的. 这似乎是数学家的程序被逻辑学家甚至哲学家指责的主要理由. 事实上, 当数学家着手试图发现数学的本质时, 他们必须细致入微地审视其对象和处理这些对象的方法, 必须找出相似性在什么地方被破坏了, 以及辨别数学家通常疏于区分的地方. 有些人一点儿都不介意数学是什么, 仅对数学做什么感兴趣, 当他们说到 "哲学家" 时, 称这些热心的质疑者为 "学究", 而当说到 "逻辑学家" 时, 则称他们为 "逻辑板斧"—— 无论他们是不是. 我们试图说明为什么比值或分数等等被称为 "数", 显然是在说它们是某些它们并不是的东西; 我们现在必须试图寻求 "常量" 和 "变量" 的意义.

利用代数公式, 大量的有时是无限多的自然的事实所遵守的规则, 可以用非常简洁的或甚至是一个单独的公式表达. 此公式的本质在于, 它是在变动的量之间的一个固定的规则的表达式. "固定的" 和 "变动的" 这些表述是作为通常语言使用的. 我们说某个人每天行走的英里数是一个 "变量"; 这不意味着在特定的一天他行走的英里数不是固定的和确定的, 而是在不同的天, 一般说来, 他行走不同的英里数. 当在数学里我们说一个 "变量", 我们想说的是我们在考虑确定对象的一个集合 —— 例如此刻在世的人的类 —— 并且想说关于他们中的不确定的任何一个的某个事情. 假定我们说: "如果下雨, A 先生出门将带伞", 这里字母 "A" 是所谓的" 变量" 的记号. 我们不是说上面的命题是关于变化着的一个人. 没有这样的事情; 我们说一个人的健康随时间而变化, 但是, 无论这种说法是否严格正确, 我们必须给出上述句子中 "变量" 的意义, 即不是同一个人在其存活的不同时期, 而是不同的人中依次取出的人. 我们的意思是, 如果 "A" 代表任何人, 而不是史密斯、琼斯或罗宾逊等单独个人, 那么他在某种场合带伞. 陈述不总是真的; 它依赖于 A. 如果 "A" 代表一个银行经理, 陈述可能是真的, 如果代表一个流浪汉或野蛮人, 则陈述就可能是假的; 代替 "A", 可以取 "B"、"C" 或 "X"; 纸上的标记实际没有丝毫的重要性. 但是, 按照惯例, 我们对于某些记号赋予某种意义, 因此, 如果对于一个变量记号写下惊叹号, 我们可能会被误解甚至会被怀疑是在开玩笑. 在第七章我们会看到变量在逻辑学和数学中的重要性.

"自然规律" 表达了两个或多个变量相互的依赖性. 变量依赖性观念在所有科学思想中都是基本的, 并且在数学和逻辑学中在 "泛函" 的名称下达到其最深入的考察. 关于这一点我们必须参考前面的第二章. 函数和变量的观念在笛卡儿之前不曾被关注, 而这些观念的名称则很久以后才被引进.

解析几何中像平面的不同象限坐标的符号这样的约定对三角学从仅仅为附带内容到实际科学的转换有着重要的影响. 采用第一章末的记号, 我们可以方便地将数 $\frac{AP}{OP}$, 对于 OP 的所有长度这是同一个数, 简称为 "u", 并且定义 $\frac{PM}{OP}$ 和 $\frac{OM}{OP}$ 分别为 "u 的正弦" 和 "u 的余弦". 这样, 它们的缩写 $\sin u$ 和 $\cos u$ 就代表 u 的数值函数. O 是直角坐标系的原点, OA 是 x 轴, 而 u 测量角 POA, $\frac{x}{r}$ 和 $\frac{y}{r}$ 分别为 $\cos u$ 和 $\sin u$. 现在, 如果 u 变得如此之大, 以致 POA 依次成为钝角, 大于两个直角 $\cdots$, 如果我们注意到 x 和 y 在不同象限的正负号, 这些定义保持有效. 于是 $\sin u$ 和 $\cos u$ 就从几何学中分离出来, 作为变量 u 的数值函数而出现. 仔细考虑就会看出, 当 u 变得越来越大时, 它们的值在规则的区间内重复. 于是, 假定 OP 环绕 O 逆时针方向旋转. 在第一象限 $\sin u$ 和 $\cos u$ 是 $\frac{y}{r}$ 和 $\frac{x}{r}$; 在第二象限是 $\frac{y}{r}$ 和 $\frac{-x}{r}$, 在第三象限是 $\frac{-y}{r}$ 和 $\frac{-x}{r}$, 在第四象限是 $\frac{-y}{r}$ 和 $\frac{x}{r}$, 在第五象限又是 $\frac{y}{r}$ 和 $\frac{x}{r}$ (这里的 x、y 表示点与 y、x 轴的距离 —— 译者注); 如此等等. 三角学主要被约翰 · 伯努利 (John Bernoulli) 和欧拉 (Euler) 从几何学分离出来, 后面还会提到他们.

现在我们转到数学的各种不同的发展.

古代希腊人看似在某一方面接近于发现曲线图形的面积的一般方法. 事实上, 无穷小方法允许无限近似的逼近, 自然地启发了他们. 任何直线图形的面积可以归结为矩形的面积, 因此可以完全地求得其结果. 但是发现面积的过程 —— 或一般求积法 —— 未能求出分别由曲线或曲面界定的面积和体积. 那么下列考虑被派上用场. 当不可能求得问题的精确解时, 如果预见到被忽略的量由于其值的微小仅产生微不足道的误差, 就可通过忽略难以由简单图形的组合求积的量, 竭力尽可能近似地逼近它. 例如, 由于曲线与面积相关的某些性质是难于发现的, 自然可把曲线看作大量边形成的折线. 如果假定一个正多边形内接于一个圆, 显然这两个图形, 尽管总是不同的, 但却是随折线边数的增加而越来越接近重合. 它们的周长、面积、它们绕给定轴旋转而得的立体、由这些线形成的角, 随着边数的增加, 如果说不是分别相等的, 至少也是越来越接近于相等. 因此, 假定多边形的边数非常大, 就有可能在不存在任何可觉察的误差的情况下赋予这个一直认为是属于内接多边形的限定圆的性质. 于是, 如果打算求给定圆的面积, 我们假定这个曲线是有大量边数的正多边形: 任何正多边形的面积等于其周长和从中心到其一个边的垂线的一半的乘积; 因此, 这个考虑为有大量边数的正多边形的圆的面积应该等于周长和一半半径的乘积. 现在, 这个结果是严格成立的. 不过, 希腊人按照他们对于严格正确推理的偏好, 不能允许他们自己考虑曲线是 "无穷多" 边的折线. 他们还受芝诺论证的影响, 对于 "无穷小" 心存疑虑.

芝诺指出, 如果我们坚持时间和空间是无限可分的, 我们会遇到困难. 芝诺为了说明这个断言所提出的最著名的一个论据是阿基里斯 (Achilles)和乌龟难题. 芝诺如此论证, 如果阿基里斯的奔跑速度是乌龟的十倍, 还假设乌龟 (比方说) 提前爬行 1 000 码, 那么它绝不会被追上. 因为, 当阿基里斯行走 1 000 码后, 乌龟仍将超前他 100 码; 当他走完这 100 码时, 它仍旧在它前面 10 码; 如此下去到永远; 故此阿基里斯将与乌龟渐行渐近, 但是永远追不上它. 芝诺还为了差不多同样的目的发明了另外几个巧妙的难题, 很晚才被十分近代的数学家真正满意地加以讨论.

为了避免使用无穷小, 欧多克索斯 (Eudoxus, 公元前 408—355) 想出了一个方法, 这个方法被欧几里得在其《几何原本》12 卷中加以表述, 并被阿基米德用于他的许多伟大发现的证明, 而这些发现由受质疑的无穷小考虑所验证. 当希腊人希望发现由曲线界定的面积时, 他们把曲线看作是固定边界, 内接和外接的多边形连续逼近该边界, 并且随着其边数的不断增加, 如他们所愿越来越逼近. 这样, 他们在一定程度上穷竭了介于这些多边形和曲线之间的空间, 并且坚定地给这种运算取名 "穷竭法". 由于由直线围成的这些多边形是已知图形, 它们对于曲线的连续逼近提供了一个观念, 即逼近是越来越精确, 并且 "连续规律" 成为了一个导向, 使得希腊人终于获得了曲线性质的正确知识. 但是对于几何学家, 仅仅观察出和猜测出这些知识是不够的, 还必须依照普遍原则验证它们; 为此, 他们证明了每一个否定这些性质存在性的假设都势必导致矛盾. 因此, 通过无穷小考虑之后, 他们发现一个曲线图形的面积 (比方说) 是 a, 他们通过证明以下事实来验证它, 如果它不是 a, 那么它的面积就不会大于内接于该曲线图形的某个多边形的面积, 而曲线图形的面积显然大于该多边形的面积.

在十七世纪, 我们有了同希腊精神的完全对立. 发现的方法似乎远比证明的正确性重要. 大约在笛卡儿发明解析几何的同一时代, 发明了求曲面面积、各种曲面的重心位置等等的方法. 在 1635 年出版的一本书里以及其后的一些著作里, 波纳文彻尔 · 卡瓦列里 (Bonaventura Cavalieri,1598—1647) 给出了他的 "不可约方法", 其中, 他的前辈尤其是开普勒 (Kepler,1571—1630) 的粗略想法得以发展. 按照卡瓦列里所述, 一条曲线由无数个点构成, 每个点没有大小; 一张曲面由无数条曲线组成, 每条曲线没有粗细; 而一个立体则由无数张曲面构成, 每张曲面没有厚薄. 这个思想的运用可以用一个例子说明. 假定需要求一个直角三角形的面积. 设底边由 n 个点 (或不可分物) 构成, 类似地设垂直于底的边由 na 个点构成, 那么底边上的依次点的纵坐标线将含 $a, 2a, \cdots, na$ 个点. 因此, 在此面积中的点数为 $a + 2a + \cdots + na$, 其和是 $\frac{1}{2}(n^2a + na)$. 由于 n 十分大, 我们可以忽略 $\frac{1}{2}na$, 因为比较 $\frac{1}{2}n^2a$, 它是微不足道的. 因此面积由数目为 $\frac{1}{2}(na)n$ 的点组成, 于是面积可用高和底边的线性测度乘积的一半的平方单位数来度量. 从其他的事实我们可得知这个结论完全正确.

卡瓦列里用这个方法发现了许多面积、体积以及许多曲边图形的重心. 我们注意到, 卡瓦列里及其后继者十分明白, 曲线由点组成这个假定照字面解释是荒谬的, 但是可以用以作为直接且简洁的缩写方法的基础, 可有效地替代了古希腊人的间接的、冗长乏味的和严谨的方法. 这个方法以及与之关联一些方法的原理的逻辑困难被哲学家强烈地有时是机智地觉察到并加以评论; 也被数学家基于他们的强烈的和不无理由的自信觉察到并勇敢地克服了; 最终被数学家而非哲学家在比较近代满意地解决了.

不可分方法 —— 它的应用将在下一章的一个重要力学问题中指出 —— 原则上和 "积分法" 是同样的. 积分法发端于卡瓦列里及其后继者的著作, 其中最杰出的有罗贝瓦尔 (Roberval, 1602—1675)、布莱斯 · 帕斯卡 (Blaise

Pascal, 1623—1662) 和约翰 · 沃利斯 (John Wallis, 1616—1703), 主要包括了这个方法的一种方便的和富于提示的记号. 由于发现了求被曲线所围图形面积的反问题是画这些曲线的切线问题, 以及这个更简单的反问题方法的方便的并且富于提示的记号的规定, 微积分的发现完成了, 这种反问题的方法由于某些历史原因而被称为 "微分法".

解析几何和微积分二者是解决几何和物理问题的威力巨大的工具. 它们的威力的奥秘在于可以写下长而复杂的推理并且用以机械地解决问题. 对数学家忙忙碌碌, 有时甚至自觉自愿地从事节省思维的问题这种行为持鄙视观点是肤浅的. 如果我们不能够充分准备好经过深思和验证的推理系列, 以便将来容易地并且尽可能接近机械地加以应用, 那么我们当中的即使是最神奇的智慧的能力也是极其有限的, 并且我们当中没有谁能够发现多少真理. 在解析几何和微积分二者中, 数学家所处理的大多数对象的所有本质性质, 以及构想出来处理这些对象的大多数方法的本质特征, 都被以井然有序的 (从而便于快捷得到的) 和容易使用的方式加以整理.

第四章
数学应用于自然科学的开始 —— 动力学

许多数学的以及许多著名人物的著作的终点是简单地、尽其所能地精确描述围绕我们的、通过我们的感觉所感知的世界的事物.

在这些事物当中, 例如我们考虑一个特定人的面孔和一枚台球. 眼睛看到的球的外观显然比面孔的外观更容易描绘. 仅仅给出颜色和半径就能够在一个从未见过台球的人的头脑里唤起它的十分准确的形象. 如果我们并非从事显微镜研究, 那么这个描绘通常是足够的. 对面孔的描绘则更加困难: 如果不是熟练的塑像师, 即使近似地描绘一个面孔都是不可能的. 即便一幅好的图画也并不企求完全准确, 但仅传递一种正确的印象 —— 往往比蜡像这类模型更好.

在自然科学中, 我们的理想是建立由一类观念构建的宇宙的工作模型, 而这些观念是所有人随处装 "在其头脑中" 的, 正如我们所说, 是当我们试图讲授数学时所传授的. 这些观念是数、序、时间和距离的数值测度, 等等. 我们追求这个理想的一种理由是十分实际的. 如果我们有一个比如说利用太阳系的工作模型, 我们可以用几分钟说出, 在任何遥远的未来时刻我们相对于其他行星的位置是多少, 由此可以预见某些未来的事件. 每一个人都能够理解这是多么有用: 或许最清楚地理解这一点的人是海员, 他们使用《航海天文年历》. 我们不可能让地球停止绕轴运动以便给我们一个更长的白昼来完成某个重要的工作. 但是, 通过发现隐藏在地球、太阳和其他星球当中的运动现象的不变规律, 数学家就可以构造刚刚所谈论的模型. 而数学家是其模型的完全的主人; 他可以在他的宇宙中为所欲为地重复事件任意多次; 某些事情, 像约书亚 (Joshua) , 他能够使得他的 "太阳" 停止运动, 或加速, 以便他可以提前几年出版《航海天文年历》. 事实上, 我们在理论力学或数学力学中必须处理的 "世界" 只不过是一个数学体系, 其功能是通过用定义赋予它的性质的逻辑推论尽可能近似地模仿某些自然过程. 于是我们的 "动力世界" 可以称为现实的模型, 决不要同现实本身混淆.

这个现实的模型的构建源自并且仅仅源自逻辑概念这一事实将从我们的数学唯一地基于逻辑这一结论得出. 细细思忖, 这个模型的可能性确实令人惊奇. 在思想中掌握自然事实的需要无疑是首先感觉到实际的需要 —— 因为它能够方便地预见某些自然事件. 例如, 依靠太阳系的纯粹数学模型, 在依赖模型的完备程度的近似范围内, 我们可以提前几年告诉太阳、恒星和行星的相对位置; 这就使得我们能够出版《航海天文年历》, 并且在一定程度上弥补了我们的在 "掌握所有事情的令人遗憾的体系 …… 并且改造它更接近于心灵愿望" 上的无能为力.

现在, 所谓的 "力学" 处理了这个模型结构的一个非常重要的部分. 正好现在我们谈论一个台球. 每个人从小小年纪就养成了脱离了颜色、粗糙程度等等的球的印象, 并且形成了球的概念. 一个球可以被精确的描述; 而称为 "正方形"、"圆周" 和 "椭圆" 的东西通过诸如 "点"、"距离"、"直线" 等概念也可以如此描述. 某些其他的东西, 例如一个人或一种情感, 不能够如此简单地进行描述. 在运动和粗略地归于非生命对象的世界 —— 这里的非生命对象是这样的对象, 其行为不具有被我们所称的 "生命" 和 "意志" 现象感觉到的复杂性 —— 人们从非常古老的年代就试图发现对象 (诸如杠杆、楔子) 的给定系统在给定状况下 (拉、压等等) 运动和静止的规律并且不断取得成功. 现在, 这里的发现意味着: 一个理想的、精确描述运动的发现, 该运动应当能够尽可能接近地逼近自然的运动或运动类别. 伽利略 (1564—1642) 发现了在距离地球表面近的自由落体的或倾斜平面上的物体运动的近似规律; 而牛顿 (1642—1727) 则发现了在任何力的作用下的任意数目的物体的更精确的运动规律.

现在让我们尝试清晰地思考这样的规律, 或通常所谓的 "科学" 或 "自然定律" 究竟意味着什么, 以及为什么它在我们的知识序列中扮演重要角色. 这个序列的排列方式如此实用, 以致可以方便地立刻指向特殊的事实, 其需要是由实际的或理论的状况决定的.

为此目的, 我们将看一看伽利略在出版于 1638 年一个著作中, 如何处理自由落体问题. 考虑自由落向地球的一个物体: 伽利略试图发现它如何落下, 而非它为什么落下 —— 也就是说, 落下的距离和所达到的速度依赖落下所花费的时间和落下所经过的距离的数学形式. 自由落下的物体下落的越快, 眼睛越难以跟踪; 这时, 在相似的程度上, 它们对于接住它们的手的撞击越剧烈; 它们撞击发出的声音越响亮. 速度随时间的流逝和空间的通过相应地增加. 于是现代的问询者会问: 表示下落距离和下落时间的数 (s 和 t) 对应表示速度的数 (v) 是什么函数? 伽利略问道, 在他的原始的方式: v 正比于 s 吗? 或 v 还正比于 t 吗? 于是他作出假设, 然后通过实际试验确定这些假设是否正确.

伽利略的假设之一是在降落中获得的速度正比于降落的时间. 换句话说, 如果一个物体降落一次, 而后再降落一次, 经过的时间是第一次降落时间的两倍那么长, 它在第二种情形达到的速度将是在第一种情形所达到的速度的两倍. 为了由实验发现这个假设是否符合观察事实, 由于难以由直接的手段证明获得的速度正比于降落的时间, 而通过降落的距离随时间增加的规律来研究会更容易, 故伽利略从他的假设推导出距离和时间之间的关系. 他如下进行了这个非常重要的推理.

在直线 OA 上, 令横坐标 OE、OC、OG 等等的长度表示从某个用 O 表示的开始时刻消逝的时间间隔, 而纵坐标线 EF、CD、GH 等等对应于这些横坐标的长度表示在用各个横坐标表示的时间所获得的速度大小.

我们现在观察, 根据我们的假设, O、F、D、H 位于直线 OB 上, 于是: (1) 在时刻 C, 降落的 OA 消逝的时间为一半 OC, 速度 CD 也是最终速度 AB 的一半; (2) 如果 E 和 G 在 OA 上位于 C 的两侧, 并且与 C 距离相等, 速度 GH 超过平均速度 CD 的量与速度 EF 比 CD 减少的量是同样的; 对于每一个早于 C 的时刻, 存在一个对应的晚于 C 的并且同 C 间隔相等的时刻. 因此,与速度为最后速度一半的匀速运动相比较, 在运动的前半段时间里, 无论损失多少, 这个损失在后半段时间里总会得到补偿. 因此下降所通过的距离可以看作用一半的最终速度均等进行的.

用符号表示, 如果在 t 单位时间获得的速度的单位数是 v, 并且假定 v 正比于 t, 降落的距离的单位数为 s, 则 s 正比于 $\frac{1}{2}t^2$. 事实上, s 由 $\frac{1}{2}vt$ 给定, 而 v 正比于 t, 故 s 正比于 $\frac{1}{2}t^2$.

现在, 伽利略实验性地验证了 s 和 t 之间的关系. 对于伽利略来说, 用在它所处的那个年代可资利用的十分简陋的工具 —— 例如水钟 —— 精确地观察自由落体运动实在是太快了. 在十七世纪初还没有机械钟表; 它们有可能被制造出来还要仰仗伽利略奠定基础的动力学知识. 于是, 伽利略通过相当原始的工具使得运动变更慢些, 让运动的球在斜面上的凹槽中落下, 使得 s 和 t 足够大得可以测量. 球通过的距离正比于时间的测度的平方, 无论是自由降落, 还是沿斜面运动都是一样. 伽利略通过实验验证了球沿斜面的高度和斜面的长度落下达到同样的最终速度. 这个实验相当灵巧, 用一个摆锤, 当摆动的一半完成时, 摆绳碰到一个固定的钉子, 钉子的位置使得后一半摆动的摆绳短于前一半的摆绳. 这个实验显示, 摆锤的摆动由于降落中所获得的速度而升起的高度刚好和降落的高度一样. 这个事实符合我们的关于自然事件的知觉知识; 因为如果一个球沿斜面的长度下落能够达到比沿斜面的高度下落更大的速度, 我们只须让物体通过获得的速度通过另一个更倾斜的平面, 这就使得它升高到一个比它下落高度更大的垂直高度. 由于最终的速度是相同的, 而 $s = 1/2vt$, 因此, 从物体在一个倾斜平面上的加速运动和自由下落的加速运动, 我们能够推断出倾斜表面的高度简单地正比于球通过它所用的时间.

伽利略通过落体运动实际上发现了存在的一种运动, 其速度增加正比于时间.

像伽利略一样, 我们从 (例如通过实际技能) 所熟悉的概念例如速度开始. 现在让我们更深入地考虑这种运动.

如果运动是匀速的, 而每秒前进 c 英尺, 在 t 秒末它将前进 ct 英尺. 简短表示为 $ct = s$. 我们称运动物体在单位时间内前进的距离为 "速度", 于是它就是每秒 $\frac{s}{t}$ 长度单位, 即距离测度的数除以所用时间测度的数. 现在, 伽利略获得了其速度增加正比于时间的运动的概念. 如果我们画一个坐标图, 从原点 O 出发沿 x 轴 OA 放置一系列横坐标线, 用其长度表示时间, 并且用竖起对应的纵坐标线表示速度, 这些纵坐标线的端点位于一条曲线 OB 上. 在伽利略所处理过的 "匀加速运动" 的情形, 正如我们已经了解的, 它是直线. 但是, 如果纵坐标线表示的是距离而非速度, 直线 OB 将变为一条曲线. 我们发现以时间作为横坐标的 "距离曲线" 和 "速度曲线" 之间的区别. 如果速度是均匀的, 则距离曲线是从原点 O 画出的一条直线, 而速度曲线是平行于 x 轴的一条直线. 如果速度是变动的, 距离曲线则绝不会是直线; 但是如果运动是匀加速的, 速度曲线是 OB 那样的直线. 在距离曲线、速度曲线和曲线 AOB 所围面积之间的关系, 正如我们将要看到的那样, 是立刻可以用 "微积分学" 表达出来的关系 —— 实际上, 主要是由于微积分学的这个实例的重要性, 我们在这里处理了动力学的初等问题. 而在速度随时间变化的情形, 速度的度量就是微分学基本概念形成的一个实例.

人们注意到求质点在给定时刻的速度和求曲线在给定点的切线是同样类型的问题 —— 求函数的 "微商". 现在我们就更仔细地讨论这个问题.

考虑一条空间曲线. 如果运动是匀速的, 测量距离任意增量的数除以测量对应的时间增量的数会给出速度测量的同样的值. 但是如果速度是变化的, 我们如此进行将会得到速度的不同的值. 不过, 时间的增量越小, 对应这个增量的曲线的一小段就越近似于直线, 因此 s 的增加 (或减少) 就越均匀. 于是, 如果我们用 Δt 表示 t 的增量, 这里 "Δ" 不表示一个数, 而是表示短语 "某某的增量", 而用 Δs 表示对应的 s 的增量 (或减量), 我们可以定义在这段运动中的平均速度的大小是 $\dfrac{\Delta s}{\Delta t}$. 但是, 无论 Δt 多么小, 用 Δs 表示的直线, 至少通常来说, 并不十分直. 而在时刻 t 的速度, 采用莱布尼茨的微分法语言, 被定义为无穷小增量的商, 并且用符号 $\dfrac{ds}{dt}$ 表示 —— 当考虑 "无穷小量" 时, Δ 用 d 代替 —— 此速度显然仅是被近似定义的. 当我们考虑不可分方法时, 就曾经遇到这个困难; 当考虑微积分时还会遇到这样的困难, 而仅当我们熟悉了 "极限" 概念时, 才会明白如何克服这个困难.

这个新的速度概念包括匀速度作为一种特殊情形. 事实上, 微积分的规则允许我们从等式 $\dfrac{ds}{dt} = a$, 当 a 是常数时, 得出结论 $s = at + b$, 这里 b 是另一个常数. 我们必须记住, 所有这些直到大约五十年前在伽利略研究落体运动之后才被明确地阐述.

如果我们考虑速度曲线, 匀加速运动在其中所占的地位恰如匀速运动在距离曲线中同样的地位. 如果用 v 表示在时刻 t 的速度大小, 在微分学记号中, 加速度用 $\frac{dv}{dt}$ 测量, 等式 $\frac{dv}{dt}=h$, 其中 h 是某个常数, 是匀加速运动的方程. 在牛顿动力学中, 我们必须考虑变加速度运动, 正因为如此, 才使得微积分或某些特殊的等价的算法, 像牛顿的 "流数法" 变得在理论力学中如此必不可少.

我们现在要考虑匀加速运动的距离曲线. 在这个图示中变量名称是 s 和 t, 我们要画曲线

$$s=\frac{gt^2}{2},$$

其中 g 表示一个常数. 自然, 这个曲线和在被笛卡儿的 x 轴和 y 轴分割的平面上画出的曲线 $y=\frac{gx^2}{2}$ 是一样的. 这条曲线是过原点的抛物线. 这里提一下关于这条曲线的一个有意义的事情, 它是接近没有空气阻力时地球表面斜抛物体描出的曲线; 在有空气阻力时, 这样的抛射体的路径十分近似于这条曲线. 按照伽利略的观点, 自由落体总是以大小为上式中的 g 的匀垂直加速度落向地球. 如果我们以 c 单位的初速度向上抛射一个物体, 它在 t 单位时间末的速度是 $-c+gt$ 单位, 因为如果认为 (g 的) 向下的方向是正的, (c 的) 向上的方向则必须认为是负的. 如果我们以 a 单位的速度水平地抛射一个物体并且忽略空气阻力, 伽利略断言, 它将在水平方向前进 at 单位的距离, 同时将降落 $\frac{gt^2}{2}$ 单位的距离. 可认为这两个运动是相互独立地进行的. 同样地, 斜抛射可以认为是水平和垂直抛射的复合. 在所有这些情形, 抛射体的路径是抛物线, 在水平情形, 从两个方程 $x=at$ 和 $y=\frac{gt^2}{2}$ 得到其用坐标 x 和 y 表示的方程 $y=\frac{gx^2}{2a^2}$.

现在, 假定速度既不是匀速的, 也不是匀加速的, 而是在不同时刻不同的且以不同比率增加的. 因此在速度曲线上, 线段 OB 不再是直线. 在前述的情形, 数 s 是三角形 AOB 的面积的平方单位数. 在这里的情形, 图形 AOB 不再是三角形, 尽管从 O 到 Av 的增加不是均匀的, 我们还会发现其面积也是我们要找的 s 的单位数.

还要注意到, 如果在 OA 上我们取相互非常接近的点 C 和 E, 微小的弧

DF 非常接近于直线, 而图形 DGF 十分近似于直线三角形. 注意在这种情形下我们只试图得到对于 s 的值的第一阶近似, 于是在速度未发生不断变化的情况下, 从我们的日常经验我们认识到, 或者认为我们认识到, 我们可以虚拟一个这样的运动, 其速度增加 (或减少) 在大量的距离相等的表示分钟的点跟实际运动是一样的, 并且在相继的诸点均匀增加 (或减少).

还注意到我们假设 (对于我们必须处理的曲线都符合这个假设) 对应于 CE 的弧 DF 随我们的意愿变得任意近似于直线, 如果使得 C 和 E 充分接近.

现在让我们近似地计算 s. 从 O 出发, 在第一个小区间 OH, 直线三角形 OHK 近似表示所经过的距离, 其中 HK 是在 H 的纵坐标. 在下一个小区间 HL, 其长度等于 OH 的长度, 物体通过的距离用直线形 $KHLM$ 表示. 矩形 KL 是在时间 HL 内以匀速度 HK 通过的距离; 而三角形 KNM 是一个运动通过的距离, 其速度从 0 增加到 MN. 对于 HL 后面的区间如此下去也. 于是最终 s 由一个多边形内的平方单位数 (近似) 给定, 该多边形十分接近于图形 AOB.

我们必须说几句关于在几何学和力学等式中的字母的意义, 追随笛卡儿, 我们用等式代替伽利略甚至其同时代和后继者所使用的比例. 在力学的开始阶段, 考虑比例或许好些, 但是往后为了方便处理数学数据的符号, 考虑等式会更好些.

一个典型的比例是: 两个末速度之比等于相应时间之比; 用符号表示即是

$$“V : V' :: T : T'”.$$

这里 (比如说) “V” 是在 (从某个固定时刻算起的) 用 “T” 表示的一段时间之末达到的速度, $V : V'$ 和 $T : T'$ 是数 (实数); 而比例说的是这些数的相等. 因此比例有时写作 “$V : V' = T : T'$”. 现在, 如果 v 和 v' 是分别测量 V 和 V' 所得的数值, t 和 t' 是分别测量 T 和 T' 所得的数值, 则有 $\dfrac{v}{v'} = \dfrac{t}{t'}$, 或 $vt' = v't$.

在最后的等式中, 字母 v 和 t 具有帮助记忆的象征意义, 提醒我们出发点是速度和时间, 但是必须仔细地避免速度乘以时间的想法 (或者可以这样做); 我们所做的只是把它们的数值相乘. 人们在几何学和力学里为了简短经常简单地说 “令 s 表示距离, t 表示时间” 等等; 然而根据默认的惯例, 小写斜体字通常用来表示数. 不过, 将来为了简短, 我将跟作者们一样引用并且

说 v 是 "速度". 在力学里, 像 $s=\frac{gt^2}{2}$ 这样的方程仅当左端和右端类型相同才有可能成立: 举例说, 我们不能够让距离和时间相等.

假定我们取定长度单位为一英寸和时间单位为一秒. 作为速度单位, 我们可以选择在一秒内匀速前进 a 英寸的速度. 如果这样选取了单位, 我们将表示一个物体在给定的 (t 个单位) 时间内以给定的速度 (v 个单位) 通过的 s 个距离单位之间的关系, 表示为 "$s=avt$"; 而如果定义速度单位是在单位时间内经过的一个长度单位, 则 "$s=vt$".

在由诸如长度和时间这样的基本单位导出的单位中, 提出最简单的几个要记住的关系. 这样, 作为面积的单位和体积的单位, 分别用到单位边长和棱长的正方形和正立方体, 速度单位是在单位时间内前进单位长度的均匀速率, 加速度单位是单位时间内单位速度的增量, 如此等等.

导出单位依赖基本单位, 而一个给定的导出单位是基本单位的函数, 这个函数称为它的 "量纲". 于是速度由长度 s 除以时间 t 得到. 速度的量纲写为

$$\text{“}[V]=\frac{[L]}{[T]}\text{”},$$

而以 F 表示的加速度的量纲是

$$\text{“}[F]=\frac{[V]}{[T]}=\frac{[L]}{[T^2]}\text{”}.$$

这些等式只是为了帮助记忆; 字母并非表示数. 帮助记忆的特征当我们希望从一组单位过渡到另一组时显露出来. 如果我们过渡到 b 倍大的长度单位和 c 倍大的时间单位, 老单位对应的加速度和新单位对应的加速度由方程

$$f'\left(\frac{c^2}{b}\right)=f$$

关联起来. 单位变大, f' 变小; 因为 F 的量纲是 $\frac{L}{T^2}$, 这显然把因子 $\frac{c^2}{b}$ 提示给我们 —— 符号 $[T^2]$ 提示了测量时间所得的数的平方.

从伽利略工作得出结论, 如果没有力, 则一条在直线上没有速度的改变. 一个没有力作用的物体的状态是匀速直线运动; 而静止是这个运动的一个特殊情形, 其速度是并且保持为零. 这个 "惯性定律" 跟源于亚里士多德的维持匀速运动需要力的观点是完全相反的, 这个定律可以这样粗略地验证: 注意以给定速度抛射并且在小阻力下运动的物体以及在冰面上运动的石块

的行为. 牛顿和他的同时代的人领会到了这个定律在解释例如行星围绕太阳的运动时多么重要. 考虑一个简单情形, 并且想象轨道是圆周. 行星倾向于沿切线匀速运动, 而太阳的引力则同时把行星拉向自己, 而这两个运动持续组合的结果是圆形轨道. 牛顿成功计算了在不同引力规律下的轨道形状, 并且发现当引力按照距离的平方反比例变化时, 轨道形状是圆锥截线, 正如在我们的太阳系中已经观察到的那样.

此后, 太阳系的问题呈现出数学外表. 不同的互相靠近的物体在运动, 如果我们知道了这些物体之间在某个时刻的几何关系 —— 距离、位置和角距离, 在这个时刻的速度, 以及在每个时刻的加速度, 这个运动就被完全描述. 自然, 如果我们知道了所有物体的在所有时刻的所有位置, 我们的描述就会是完全的; 实际情形是, 直接发现加速度通常比速度更简单. 于是, 伽利略的情形是加速度是简单的常量. 我们给出了这些位置和它们的变化率之间的函数关系. 我们必须从这些关系确定位置.

"流数法" 或 "无穷小算法" 的任务是给出从变量的变化率之间的或变量和变化率之间的关系发现变量之间的关系的方法. 这就显示了微积分在这类物理问题中的重要性.

数学物理成长于理论天文学模型, 并且后者是它的丰厚的战利品. 有迹象表明数学物理已经从其传统中解放出来, 但是我们无需进一步在这里深入到这个主题.

罗贝瓦尔 (Roberval) 发明了基于伽利略的运动合成的一个切线法. 切线代表描出曲线的点的合成运动的速度方向. 在第五章讨论的牛顿的方法与此类似, 而速度的思想在其 "流数法" 中是基本的.

第五章
现代数学的兴起 —— 微积分

在第三章我们了解到古代希腊人有时热衷于理论上精确确定曲线包围的图形的面积, 他们使用 "穷竭法", 并且用一种间接方法证明了所获得的结果. 我们还知道 "不可分法" 是直接的, 并且从在表达中的某些正确性的缺失和甚至思想中的小的不确定性赢得简洁性和高效. 在微积分中, 我们将既发现长处, 又发现缺失, 特别是发扬光大了的长处.

伴随着积分法以及求体积和重心的研究, 画切线的方法也在发展. 在第三章我们已经开始论及这个主题: 这里我们要用一个简单的例子说明费马 (Fermat, 1601—1677) 和巴罗 (Barrow, 1630 —1677)— 开普勒 (Kepler) 的聪明弟子的考察.

我们打算画一条以中心为 O、方程为 $x^2+y^2=1$ 的圆上给定点 P 的切线. 将圆看作一个大边数的正多边形; 设 PQ 是其中的一条边, 将其延长至与 x 轴交于点 T. 那么 PT 将是所求的切线. 设 P 的坐标是 X 和 Y; Q 的坐标将是 $X+e$ 和 $Y+a$, 这里的 e 和 a 是正的或负的无穷小增量. 画出含有 P 和 Q 的纵坐标和横坐标的图形, 其中 P 的纵坐标是 PR, 根据熟知的三角形的性质, 我们发现 TR 与 RP 之比等于 e 与 a 之比. 现在, X 和 Y 与方程 $X^2+Y^2=1$ 相关, 而因为 Q 也在轨迹 $X^2+Y^2=1$ 上, 我们有 $(X+a)^2+(Y+e)^2=1$. 从出现 X 和 Y 的两个方程, 我们得到 $2eX+e^2+2aY+a^2=0$, 因此 $\frac{e}{a}\left(X+\frac{e}{2}\right)+Y+\frac{a}{2}=0$. 但是 $\frac{e}{a}=\frac{TR}{Y}$; 因此 $TR=\frac{-Y\left(Y+\frac{a}{2}\right)}{X+\frac{e}{2}}$. 现在, a 和 e 与 X 和 Y 比较可以忽略, 于是我们可以宣称, 至少非常近似地得到 $TR=-\frac{Y^2}{X}$. 其实, 这是完全正确的, 因为 TP 与 OP 成直角, 我们知道 OR 比 RP 等于 PR 比 RT. 这里 X 和 Y 是常量, 但是我们可以说在圆上的任意点 (比如 y) 的切线与 x 轴交点的横坐标为 x 加上 $\frac{y^2}{x}$[5].

这样, 我们可以通过考虑无穷小量对于另一个无穷小量的比值求切线. 这个方法显然可以应用到圆以外的曲线; 而巴罗的方法和命名法直接将我们引导到莱布尼茨的记号和命名法. 巴罗称三角形 PQS 为 "微分三角形", 其中 S 是过 Q 平行于 x 轴的直线与 PR 的交点, 而莱布尼茨标记巴罗的 a 和 e 分别为 dy 和 dx ("y 的微分" 和 "x 的微分" 的缩写, 于是 "d" 不表示一个数, 而 "dx" 整体表示一个 "无穷小量"), 并且称运用于此记号的规则为 "微分法".

但是在著名德国哲学家、政治家和数学家莱布尼茨引进微分法记号和发现其规则之前, 他已经发明了 "积分法" 的记号并发现了其某些规则: 当像在不可分法中所做的那样考虑无穷小元素的无穷和时, 他使用了现在熟知的记号 "$\int$" 或拉长的 "s" 作为 "之和" 的缩写. 假设我们要确定包含在某条

[5]原文为 $-\frac{y^2}{x}$, 似有误——译注

曲线 $y=f(x)$、x 轴和方程为 $x=a$ 及 $x=b$ 的两个纵坐标之间的面积; 那么如果采用微分的思想和记号, 则可注意到要求的面积可以写成

$$“\int y\cdot dx”,$$

求和范围是从 $x=a$ 到 $x=b$. 我们这里不再关心这些求和边界. 注意在上述表达式中, 在 “y” 和 “dx” 之间加了一个小圆点 “·”: 这是为了表明 y 乘以 dx. 到目前为止, 我们用并列数表示相乘, 但是这里可以看到 d 在紧靠 x 的另一端写下. 有必要强调 “d” 作为微分符号和作为乘数在意义上的区别, 至少目前学生们能够容易地根据前后文辨别其不同. 如果我们想象把横坐标分割成相等的无穷小部分, 每个的长度是 dx, 它对应在不可分方法中称为 “点” 的组成成分, $y\cdot dx$ 是边长为 dx 和 y 的小矩形的面积, 而 y 是竖立在横坐标的末端 x 的纵坐标. 现在如果把求和延伸到 $x=b$ 换成延伸到一个不确定的或 “变动的” 点 x, $y\cdot dx$ 就成为 x 的函数.

现在, 如果我们思考这个和的微分必须是什么 —— 该微分是当作为求和端点之一的长度为 x 的横坐标增加 dx 时所得到和的无穷小增量 —— 我们看出这必定是 $y\cdot dx$. 因此

$$d\left(\int y\cdot dx\right)=y\cdot dx,$$

可以这么说, 符号 “d” 撤销了符号 “$\int$” 的作用. 我们还有 $\int dx=x$, 由此发现这个求和是求微分的反过程. 于是, 切线和积分问题彼此相逆. 这个至关重要的发现看来首先是由巴罗在没有任何技术符号的帮助下得到的. 对于一个量求微分得到给定的微分, 则称该量为这个微分的 “积分”; 此后我们认为积分是由无穷小的连续求和得到的: 每一个加项我们称为增量的微分, 它是积分的一部分: 而所有这些部分的和是我们寻找的整个的量. 基于同样的理由, 我们将 “整合” 或微分的 “求和” 称为求所有顺序无穷小量项和的积分, 这些项形成序列, 恰当地说, 积分的微分就是一般项.

显而易见, 两个变量在同样的时间内一个的增量和另一个始终保持彼此相等, 那么它们的差始终是相等的; 同样必定成立的是如果这两个量在开始变化时相差一个任意的量, 只要这个初始的差总是同一个, 那么两个变量的微分总是相等的.

反之, 清楚的是, 两个变量在每个时刻获得相等的无穷小加项, 必定保持彼此相等, 或总是相差同一个量 —— 即两个相等微分的积分彼此仅可能

相差一个常量. 基于同样的理由, 如果两个量彼此相差一个无穷小量, 则它们的微分也彼此相差一个无穷小量: 反之, 如果两个微分的量相差一个无穷小量, 则它们的积分, 不计常数, 彼此也相差一个无穷小量.

现在, 列举几个微分法则如下. 若 $y = f(x), dy = f(x + dx) - f(x)$, 其中, 加到低次幂的微分的高次幂可以被忽略. 例如, 如果 $y = x^2$, 则 $dy = (x + dx)^2 - x^2 = 2x \cdot dx + (dx)^2 = 2x \cdot dx$. 这里, 最好回头参考本章开始切线问题的处理. 还有, 若 $y = a \cdot x$, 这里 a 是常数, $dy = a \cdot dx$. 若 $y = x \cdot z$, 则 $dy = (x + dx)(z + dz) - x \cdot z = x \cdot dz + z \cdot dx$. 若 $y = \frac{x}{z}, x = y \cdot z$, 于是 $dx = y \cdot dz + z \cdot dy$; 因此 $dy = \frac{dx - y \cdot dz}{z}$. 因为积分法是微分法的逆运算, 我们立刻得到

$$\int 2x{\cdot}dx = x^2, \int a \cdot dx = a \int dx,$$

$$\int x \cdot dz + \int z \cdot dx = xz,$$

等等. 更完全地, 从 $d(x^3) = 3x^2 \cdot dx$, 我们得到的不是 $\int x^2 \cdot dx = \frac{1}{3}x^3$, 而是 $\int x^2 \cdot dx = \frac{1}{3}x^3 + c$, 这里的 "$c$" 表示某个常数, 它依赖于积分开始时的 x 的固定值.

考虑一抛物线 $y^2 = ax$; 则 $2y \cdot dy = a \cdot dx$, 或 $dx = \frac{2y \cdot dy}{a}$. 于是从原点到点 x 的面积是 $\int \frac{2y^2 \cdot dy}{a} + c$; 而 $d\frac{2y^3}{3a} = \frac{2y^2 \cdot dy}{a}$; 于是面积为 $\frac{2y^3}{3a} + c$, 因为 $y^2 = ax$, 故面积是 $\frac{2}{3}x \cdot y + c$. 为了确定 c, 当我们从 0 到 x 测量面积时, 对于 $x = 0$ 面积为零, 故上述公式得出 $c = 0$. 这整个结果现在对于我们来说十分简单, 但却是阿基米德的最伟大发现之一.

现在让我们对于微积分稍加深思. 首先, 它处理复杂问题的超凡威力基于把问题分解为无穷多个更简单的问题因而全部能够立刻处理. 这多亏了美妙的经济性方式, 微积分可像解析几何一样处理变量. 由此, 曲线围的面积可拆分为矩形元素, 当注意到到积分是容易学习的微分运算的逆时, 所有矩形的面积就立刻加在一起了. 我们绝不能忽略这样的事实: 当我们微分 y 或积分 $y \cdot dx$ 时, 考虑的不是特殊的 x 或 y, 而是无穷多个 x 或 y 当中的任何一个. 其次, 我们已看到初看只不过是简单的近似方法, 终究在某些情形会

引导出完全准确的结果. 事实上准确的结果是由于误差的补偿: 由错误的假设产生误差. 例如, 把曲线看作无穷多边的折线, 每个边的长度是无穷小量, 并且被延长后成为曲线的切线, 而由此产生的误差被恰当的计算过程所校正或弥补, 按照规则在求微分时仅保留同阶的无穷小量. 事实上, 在将这些量引进到计算中以简化问题中条件的表达式之后, 而且为了简化这些方程在与指定的量相比较把它们看作绝对的零之后, 为了消除它们带来的误差, 以便得到完全精确的结果, 应从方程中消去这些可能存在的相同的量, 保留应该留下的量.

但是所有这些解释都不能够被看作严格的证明. 一个巨大困难是试图确定什么是无穷小量: 有时它们被看作是有限数, 有时又被看作零或 "逝去的量的魔鬼", 哲学家 B. 贝克莱 (Bishop Berkeley) 如此称呼它们.

另一个困难来自高于一阶的微分. 让我们再次进行第四章的考虑. 已经看到 $v=\dfrac{ds}{dt}$, 并且发现 s 由积分得到: $s=\int v\cdot dt$. 由于 $\dfrac{ds}{dt}dt=ds$, 现在就得到一个直接的推论. 现在, 让我们代换 $\dfrac{dv}{dt}$ 中的 v. 这里 t 是自变量, 而所有以前的数学家都把元素 dt 当作常量 —— 自变量的区间被分割为所谓原子, 它们自己被看作是已知的, 而其他的微分 ds、dx、dy 则依靠 dt 来确定. 于是有

$$\frac{dv}{dt}=\frac{d\left(\dfrac{ds}{dt}\right)}{dt}=\frac{\dfrac{1}{dt}\cdot d(ds)}{dt}=\frac{d^2s}{dt^2},$$

"d^2s" 表示 "$d(ds)$", 而 "dt^2" 则表示 "$(dt)^2$". 这样一来, 加速度可表示成 "空间的二阶微分除以 dt 的平方". 如果 $\dfrac{d^2s}{dt^2}$ 是常数, 例如说是 a, 则有 $\dfrac{d^2s}{dt}=a\cdot dt$; 两端积分得

$$\frac{ds}{dt}=\int a\cdot dt=a\int dt=at+b,$$

这里 b 是一个新的常数. 再次积分, 我们有

$$s=a\int t\cdot dt+b\int dt=\frac{at^2}{2}+bt+c,$$

这是伽利略的结果的更一般的形式. 许多彰显伽利略原理的复杂问题被莱布尼茨及其学派解决了.

于是, 微积分带来了我们描述自然的威力的巨大进步. 这种进步主要归功于莱布尼茨的记号; 莱布尼茨本人将他的全部数学发现贡献于他对符号

的改进. 知道莱布尼茨一些著作的人都会了解到他是多么关注优秀的记号的提示和节省价值. 即使我们的微积分观点十分不同于莱布尼茨及其学派的观点, 我们今天仍然使用和欣赏莱布尼茨的 $\int$ 和 d, 这个事实或许就是记号问题重要性的最具说服力的实证. 莱布尼茨的记号变得永恒, 这个事实正是我先于牛顿的工作讨论莱布尼茨的工作的最大理由.

毋庸置疑, 伊萨克 · 牛顿 (Isaac Newton, 1642—1727) 远早于莱布尼茨知晓了等价于微积分方法的原理和实践, 像罗贝瓦尔一样, 牛顿的概念源于伽利略的动力学. 他认为曲线是由动点描绘的. 如果我们设想一个动点在描绘一条曲线, 并且把它置于一个坐标系中, 运动质点的速度可以分解为两个分别平行于 x 轴和 y 轴的速度; 这些速度称为 x 和 y 的 "流数", 而点的速度是弧的流数. 反之, 弧是速度的 "流量", 以该速度描出了弧. 从给定的曲线方程, 我们可以致力于确定流数之间的关系 —— 而这等价于莱布尼茨的微分问题; 相反地, 当我们找到了坐标的流数之间的或流数和坐标之间的关系时, 我们可以求坐标之间的关系. 这等价于莱布尼茨的一般的积分问题, 并且我们在第四章末尾看到, 理论天文学归结为这类问题.

牛顿表示 x 的流数为 "$\dot{x}$", 而流数 $\dot{x}$ 的流数表示为 "$\ddot{x}$". 显然, 当我们必须考虑高阶流数时这个符号变得笨拙, 并且牛顿的记号没有指出所考虑的自变量. 例如,"$\dot{y}$" 既可以理解为 $\frac{dy}{dt}$, 也可以理解为 $\frac{dy}{dx}$, 我们有 $\dot{x} = \frac{dx}{dt}, \ddot{x} = \frac{d\dot{x}}{dt} = \frac{d^2x}{dt^2}$; 但是对于 $\frac{d^nx}{dt^n}$ 小圆点记号将是臃肿的和不便的. 对于逆流数方法, 牛顿的记号甚至更加臃肿, 并且远逊于莱布尼茨的 "$\int$".

牛顿和莱布尼茨之间的关系起初是友好的, 并且每个人都把自己的发现相当坦诚地告知对方. 后来, 一个长期的和刻薄的争论在牛顿和莱布尼茨及其各自的支持者之间发生了. 各自指责他人抄袭, 看起来这种指责是无端的, 而无中生有的怀疑招致行为的卑劣, 并且这种行为有时还被所谓的爱国主义推波助澜. 因此在远长于一个世纪的时间内, 英国的数学家没有意识到莱布尼茨记号的巨大优越性. 于是, 当瑞士数学家詹姆斯 · 伯努利 (James Bernoulli, 1654—1705), 约翰 · 伯努利 (John Bernoulli, 1667—1748) 和里昂纳多 · 欧拉 (Leonhard Euler, 1707—1783), 法国数学家达朗贝尔 (D'lembert, 1707—1783), 克莱罗 (Clairaut, A. C., 1713—1765), 拉格朗日 (Lagrange, 1736—1813), 拉普拉斯 (Laplace, 1749—1827), 勒让德 (Legendre, A. M., 1752—1833),. 傅里

叶 (Fourier, J. B. J, 1768—1830) 和泊松 (Poisson, S. D., 1781—1850), 以及许多欧洲大陆其他许多数学家通过使用微积分在纯粹和应用数学的诸多分枝迅速地[6] 拓展知识时, 在英国却相对进展较小. 事实上, 直到十九世纪初在剑桥才组建了一个协会, 其宗旨是在英国数学家当中引进和传播莱布尼茨记号的使用, 正如它所声称的, 建立 "纯粹 d–主义, 以对抗大学的小圆点时代".

在微积分的原理中, 牛顿、莱布尼茨或他们的直接后继者遇到的并且没有满意地解决的困难集中在 "极限" 概念上; 而现代数学家, 诸如法国人柯西 (Cauchy, 1789—1857), 挪威人阿贝尔 (Abel, 1802—1829), 德国人魏尔斯特拉斯 (Weierstrass, K. T. W., 1815—1897) 还有许多健在的数学家的大部分都贡献于把这个概念建立在合理的逻辑基础之上.

我们已经知道, 如果 $y=x^2$, 则 $\dfrac{dy}{dx}=2x$, 在求 $\dfrac{dy}{dx}$ 过程中我们所做的是组成 $\dfrac{(x+\Delta x)^2-x^2}{\Delta x}$, 它等于 $2x+\Delta x$, 然后考虑, 当 Δx 越来越趋于 0 时, 上面的商趋于 $2x$. 这个过程表述为 "当 Δx 趋于 0 时极限是" $2x$. 我们不认为 Δx 是固定的 "无穷小量" 或绝对的零 (这样将使得上述的商成为不确定的 $\dfrac{0}{0}$), 也不必假定商达到它的极限 (Δx 为 0 的状态). 我们需要考虑的是 "Δx" 应该是一个变量, 它能够取异于 0 的任意小的所希望的值. 换句话说, 如果我们选择任意数, 无论多么小, 存在 Δx 可以取的一个值, 此值与 0 的差小于该数. 像前面一样, 当我们谈论一个 "变量" 时, 实质是考虑某个集合. 当我们谈论一个 "极限" 时, 我们在考虑某个无穷集合. 例如, 构成规律容易发现的无穷个项的序列 $1, \dfrac{1}{2}, \dfrac{1}{4}, \dfrac{1}{8}, \dfrac{1}{16}$ 等等, 其极限为 0. 在这个情形下, 0 是这样一个数, 任何大于它的数都大于序列的某个项, 但是 0 本身不大于序列的任何项并且不是序列的一个项. 像 $1, 1+\dfrac{1}{2}, 1+\dfrac{1}{2}+\dfrac{1}{4}, 1+\dfrac{1}{2}+\dfrac{1}{4}+\dfrac{1}{8}, \cdots$ 类似地有上极限 2. 一个函数 $f(x)$, 当自变量 x 趋于某个值时, 例如 $\dfrac{2x}{x}$ 当 x 趋于 0 时, 可能只有一个值 (在这个情形是 2, 而在 0 处, $\dfrac{2x}{x}$ 是不确定的). 一个函数的极限问题一般来说有些复杂, 但是最重要的极限是当 Δx 趋于 0 时

[6] 一个数学家很难想象到, 对十八世纪法国杰出的并表面包罗万象的牛顿物理学和莱布尼茨绝妙和威力无比的数学方法猛然绝妙的醒悟鼓舞了科学人, 使得他们相信所有知识的目标已接近于实现, 知识快速地跃入完美的时代来临了; 并且这种乐观主义间接地为法国大革命的准备贡献良多.

$\dfrac{f(x+\Delta x)-f(x)}{\Delta x}$ 的值; 这里, 如果 $y=f(x)$, 就是 $\dfrac{dy}{dx}$.

当我们写出 $\dfrac{dy}{dx}dx=dy$ 和 $\dfrac{1}{dy/dx}=\dfrac{dx}{dy}$ 时, 微积分把相当晦涩的 "无穷小量" 当作有限数, 偶然把无穷小量忽略掉, 还往往导出正确的结果, 这是一个非常值得注意的事实, 而这个事实真相的正确解释仅当柯西、高斯 (Gauss, 1777—1855)、黎曼 (Riemann, 1826—1866) 和魏尔斯特拉斯发展了范围广泛并非常有用的一类函数的理论时才出现. 这些函数正好具有这样的性质: 这些性质使得它们特别易于处理并且在数学物理中经常使用的几乎所有函数都是这类的. 一个值得关注的事情是在第二章谈到的复数大大扩展了这个理论.

自然, 数学的大片领地我们尚未在这里提及. 例如, 在第七章的一个注释中提到的整数的精妙理论, 还有使用古代希腊人的概念和和当代数学思想的几何学; 许多人仍然将空间概念认为是数学要对待的一件事情. 还有, 代数发展了并且分枝丛生; 一般和特殊函数的研究日渐成熟; 即刻就列举一些在所有这些领域中有所帮助的伟大人物意义并不大. 现在我们尝试概述我们已经考虑过的数学沿其主线发展的历程.

在最早时期人们关心的是特殊问题 —— 特殊数的性质和特殊图形的性质, 与简单的力学问题一起研究. 希腊人开始了几何图形类的更一般的研究. 但是不同于这种特殊研究的一个较早的探索则由 "代数" 担当. 在当初以及后来形式的代数中, 符号 —— 像我们现在使用的 x 和 y —— 取代了数, 这是节省脑力和体力的巨大进步. 于是一部分计算能够用符号代替数来做, 这就使得一个结果能够以希腊几何学的方式陈述为一个命题, 这个命题对于整个一类的无穷多个不同的数皆有效.

笛卡儿在 1637 年带来的数学思想的伟大革命发端自一般代数对于几何学的应用, 非常自然的想法是用表示直线线段长度的数代替这些直线. 因此例如平面上的一个点可由表示位置的两个数 x 和 y 或坐标来确定. 于是, 当所谈论的点的位置改变时, x 和 y 二者都改变, 对于每个 x, 一般对应一个或多个 y, 这样我们就获得了用 x 和 y 之间的一个单独的代数方程表示整个一条曲线的最美妙想法 —— 一个 "曲线方程" 表示一般规律, 按照这个规律, 给定无穷多个数中的一个特殊的 x, 可以找到对应的一个 y 或几个 y.

在曲线的任意点画切线问题 —— 当曲线两个交点彼此无限靠近时其割

线的极限位置 —— 作为笛卡儿工作的结果而给他带来声望, 这个问题同在 1638 年出版的伽利略的经典研究报告中出现的 "一个瞬间" 的速度和加速度的类似概念, 遵循自由落体运动规律, 终于促生了莱布尼茨强大精典的 "无穷小量算法" 和牛顿的 "流数法". 从数学上看, 求曲线在一个点的切线, 以及求描出这条曲线的质点到达该点时的速度, 是等同的问题. 它们被表示成求该点的 "微商" 或 "流数". 现在知道的是, 以上两种方法, 理论上而非实践上是相同的, 十分可能是独立发现的, 牛顿首先发现其流数法, 而莱布尼茨首先在 1684 年发表其微商法. 在求曲线所围面积和求在给定力作用下运动质点所描出曲线的形状表明这两种计算本身是作为直接过程结果的逆过程, 直接过程用来从一个质点所描出路径的数据求切线和对于一个给定点的引力规律. 这个直接过程称为 "微分", 逆过程称为 "积分".

牛顿的名望主要出于他将这种方法对于解的应用, 概括地说来, 他给出了太阳系中的物体运动问题, 这个问题还包含了他发现的规律, 按照该规律所有物质受重力作用朝向或被吸引到其他物质. 这些内容表述在 1687 年出版的《自然哲学的数学原理》(*Principia*) 中; 在以后的一个多世纪中, 数学家开始致力于拓展和应用微积分.

之后出现了更现代的著作, 越来越直接关注把数学方法置于坚实的逻辑基础之上和把数学过程从空间的感官知觉分离出来这个目标, 相当多的数学在过去和现在都是依赖感官知觉成长的. 由此, 三角学作为某些数学函数的研究而被代数学所取代, 并且开始有迹象显示几何的真正作用在于提供抽象的 —— 如 "解析的" 或 "代数的" 甚至 "算术" 等名称所表示的 —— 数学过程的美丽而富有启发性的图画. 在下一章我们将涉及有关逻辑审查和重建的部分著作.

第六章
极限和数的现代观点

让我们尽力廓清极限概念的内涵, 极限概念本身在微积分原理中是基础性的.

注意到一个序列的极限是一个已经确定了的数. 我们不能够证明一个序列存在极限, 除非要找的极限在已经定义了的数当中. 例如在所有分数 (或比值) 组成的数系中 —— 这里必须参考第二章, 我们可以说序列 1,1 +

$\frac{1}{2}, 1+\frac{1}{2}+\frac{1}{4}, \cdots$ (其中的 1 和 2 表示比值 $\frac{1}{1}$ 和 $\frac{2}{1}$) 有"极限 (2), 而用十进制算术的熟知算法求 2 的平方根得到的序列

$$1, 1+\frac{4}{10}, 1+\frac{4}{10}+\frac{1}{100}, 1+\frac{4}{10}+\frac{1}{100}+\frac{4}{1000},$$
$$\text{或 } 1.4142\cdots,$$

就没有极限. 事实上, 可以证明, 不存在是上述序列的极限的比值. 如果存在, 用 "x" 表示它, 我们会有 $x^2=2$. 这里我们又来到不可公度和 "无理数" 的问题. 希腊人在明确区分数和量方面非常正确, 有一种心照不宣的、自然的、未经证实的, 而出现的又并非不正确的一种默认, 即补充成所谓 "实数" 系列的数的系列严格对应到一条直线上的点的系列. 这些表示刚给出序列的一系列点看起来无疑具有一个极限; 这个极限点被假定表示某个数, 而因为不可能表示一个整数或一个比值, 就说它表示一个 "无理数" $\sqrt{2}$. 另一个无理数表示一个圆的周长与其直径的不可公度的比值. 这个数用希腊字母 "π" 表示, 它的近似值是 $3.1416\cdots$. 自然, 小数逼近的过程永远达不到尽头.

无穷级数用作近似计算的工具促使极限的主题在十七和十八世纪占据了非常惹人注目的位置. 要区分所谓的 "序列" 和 "级数". 序列是数的有限或无限的汇集; 而级数是由加法联系起来的数的有限或无限的汇集. 序列和级数可以按照以下方式对应起来. 序列 $1,2,3,4,\cdots$ 对应的级数的项由序列的一项从紧随其后的项减去而得到, 于是

$$(2-1)+(3-2)+(4-3)+\cdots=1+1+1+\cdots;$$

而从一个级数出发, 对应的序列可以从求级数的前一项, 前二项, 前三项, $\cdots$ 之和分别得到其第一项, 第二项, 第三项, $\cdots\cdots$. 例如序列 $1,2,3,\cdots$ 对应到级数 $1+1+1+\cdots$.

现在, 如果级数仅有有限个项, 求出其所有项的和是可能的, 但是如果级数是没有终止的, 我们显然不能够求出所有项的和. 但是在某些情形下, 对应的序列有一个极限, 那么这个极限就被数学家既不自然又不准确地称为 "级数的无穷和". 例如, 序列 $1, 1+\frac{1}{2}, 1+\frac{1}{2}+\frac{1}{4}, \cdots$ 有极限 2, 于是级数 $1+\frac{1}{2}+\frac{1}{4}+\frac{1}{8}+\cdots$ 的无穷和是 2. 自然, 并非所有的级数都有一个和: 例如 $1+1+1+\cdots$ 没有无穷和 —— 对应序列的项持续地增加超过所有的界限. 特别要注意序列的项持续增加也可以有极限 —— 上述有极限 2 的序列就是不断增加的, 但是其项不超过 2, 尽管它们最终都超过小于 2 的任何数; 还要

注意到一个序列的项可以增加至超过所有的界限, 即使对应的级数的项不断减小, 这个序列的项仍保持为正并且趋于 0. 级数 $1+\frac{1}{2}+\frac{1}{3}+\frac{1}{4}+\frac{1}{5}+\cdots$ 就是这样的一个级数; 序列的项缓慢地增加超过所有的界限, 考虑到其和

$$\frac{1}{3}+\frac{1}{4},\frac{1}{5}+\frac{1}{6}+\frac{1}{7}+\frac{1}{8},\frac{1}{9}+\cdots+\frac{1}{16},\cdots$$

全大于 $\frac{1}{2}$, 就会明白这个事实. 认识到这个例子所阐明的事实是很重要的; 因为它显示了极限存在的条件绝不像初看起来那样简单.

在上个世纪, 数学的推导和概念所遭受的逻辑审查十分清晰地表明, 像 $1.4142\cdots$ 这样的序列, 虽然其所有的项例如说都小于 2, 有一个极限根本就是一个纯粹的假设. 当用直线上的点代替数时, 我们相当有把握地觉得存在一个点, 它与表示上述序列的点的关系跟 2 与序列 $1, 1+\frac{1}{2}, 1+\frac{1}{2}+\frac{1}{4}, \cdots$ 的关系是同一类的. 现在, 如果我们的数系是一个连续统形式的, 像直线在我们心目中的形象一样; 那么我们可以断定这个数系是适当的. 当我们用解析几何的方式引进数轴时, 为了描述在我们的空间[7] 发生的所有位置变化现象, 如同 2 是 $1+\frac{1}{2}+\frac{1}{4}+\cdots$ 对应序列的极限, 那么就必须有一个数 $\sqrt{2}$ 作为序列 $1.4142\cdots$ 的极限, 因为对于直线的每一个点必须有一个数与之对应, 该数像比值或整数那样服从同样的计算规则. 于是为了从逻辑观点说明在伟大的数学方法中我们推导的合法性, 我们必须说明什么是无理数, 并且在能够在证明它们是极限之前来定义它们. 我们不可能取一个规律明显的级数, 其和不是比值, 也不能够给出一个这样的级数, 其对应序列的项都保持小于某个固定的数 (例如 $1+\frac{1}{1}+\frac{1}{1\cdot2}+\frac{1}{1\cdot2\cdot3}+\frac{1}{1\cdot2\cdot3\cdot4}+\cdots$, 其对应序列的所有项例如说小于 3), 而后说它 "定义一个极限". 我们所能够证明的是: 如果一个级数有一个界, 并且它的对应序列的项当我们从左往右读时 (像在前例中那样) 不减少, 那么它不可能有多于一个的极限.

某些数学家简单地假定一些无理数. 在他们讨论的开头, 或明或暗地宣称 "以下我们将假定存在这样的东西可以填充有理数 (或比值) 系的各种空隙" 这样的一个空隙如下分析. 小于 $\frac{1}{2}$ 的有理数和大于 $\frac{1}{2}$ 的有理数组成两

[7] 力学科学处理的仅有的变化类别是位置的变化, 即运动. 对于我来说似乎没有必要接受那样一种教条, 即任何物理事件的完整描述都是力学事件的完整描述; 因为把我们的连续统数赋予物体状态的位置以外的其他的变化特征 (例如温度) 并且进行计算, 是有可能的.

个集合, 而 $\frac{1}{2}$ 分割它们. 使得 x^2 大于 2 的正有理数和使得 x^2 小于 2 的正有理数以及零和负有理数组成两个类似的集合, 如果预先假定一个数 $\sqrt{2}$, 则仅存在一个类似于分割数 $\frac{1}{2}$ 的数. 这样我们通过预先假设填补了在有理数集合中的微妙的空隙, 并且得到了实数的一个连续集合. 但是我们能够避免这种假定, 只要我们定义 “$\sqrt{2}$” 是这样的有理数 x 的类 (Class) 的命名, x 是负有理数或 0 或其平方小于 2 的正有理数; 而 “$\left(\frac{1}{2}\right)$” 定义为 x 小于 $\frac{1}{2}$ 这样的有理数的类 (Class) 的命名. 如此进行, 我们得到类的集合, 其中的一些对应有理数, 像 $\left(\frac{1}{2}\right)$ 对应 $\frac{1}{2}$, 而其余的则满足了填补有理数集合空隙的需要. 没有理由不说这些类就是实数, 其中包含了无理数. 但是, 我们务必注意有理数绝不是实数, $\frac{1}{2}$ 不是 $\left(\frac{1}{2}\right)$, 虽然它们很类似. 在第二章我们曾遇到许多同样的情况, 那里 2、+2 和 $\frac{2}{1}$ 是有区别的, 而后故意将它们混淆, 由于跟随着数学家, 我们深感在计算当中相似的重要性. 这里我们再次把 $\left(\frac{1}{2}\right)$ 等同于 $\frac{1}{2}$, 以此类推.

于是, 整数、正 “数” 和负 “数”、比值和实 “数” 都是不同的事物: 实数是类, 比值和正负数是关系. 整数, 正如我们将要理解的, 是类. 非常可能这存在某种随意性, 但是比起在现代数学里我们把所有的 “数” 的定义都归结为逻辑术语来, 这是无关紧要的. 无论它们是类还是关系或命题或其他逻辑对象, 相对来说都是无足轻重的.

整数可以被定义为某种类. 像魏尔斯特拉斯那样的数学家, 当把分析中的其他的数归结到整数概念的逻辑发展时就止步不前了, 这样就把分析从几何统治的残余痕迹中解脱出来. 但是, 显然必须定义整数, 并且尽可能采用逻辑术语. 长久以来公认的是两个集合由同样数目的对象组成, 当且仅当这两个集合相互之间可以建立这样的关系, 对于其中任何一个集合的每一个对象, 另一个集合有一个并且仅一个对象与之对应. 一定不要以为这蕴含了我们已经有了数一的观念. 诚然 “一个并且仅一个” 中看似使用了这个观念. 但是 “类 a 有一个并且仅一个元素” 只不过是如下表述的缩减方式: “x 是 a 的一个元素, 而且如果 y 也是 a 的一个元素, 则 y 和 x 等同”. 诚然, 我们使用了所考虑的事物的单位和个体的观念, 但是这里的单位是每一个个体的性质, 而数 1 则是一个类的性质. 如果一本书的页的类是其本身, 把其命名为 "卷", 是书的类的一个成员, 页的同一个类同时有一个数 (例如 360) 和作为一个类的成员本身的一个个体.

上面所说的两个类具有彼此相同的数的关系, 但并不涉及计数. 想一想我们手的手指. 如果对于每只手的每一个手指, 按照某一个对应规则, 另一只手有一个并且仅一个 —— 记住这个短语的上述意义 —— 手指与之对应, 就说它们有 "同样的数". 这就是 "同样的数" 对于我们意味着什么的定义; 这里的 "数" 这个词本身对于我们还没有什么意义, 为了避免混淆, 用 "是等势的" 这个词代替 "有同样的数" 这个短语要更贴切. 自然任何其他的词也未尝不可, 不过还是这个短语正好既有启发性又符合习惯. 现在, 如果变量 u 是任何类, "u 的数" 定义为以下句子的缩写: "其元素是与 u 类似的那些类的类". 于是 u 的数纯粹是逻辑上性质的实体. 有些人或许强烈主张他们所理解的 "数" 与此不同, 这是完全可能的. 同意上述所简述的过程的那些人所坚持的全部在于: (1) 上面所描述的某种类在所有的已知的算术性质中同人们称为 "整数" 的未定义的事物是等同的; (2) 如果没有说数是什么, 也就是说, 如果 "某某的数" 还没有用更令人满意的方式定义, 那么侈谈 "这些类不是数" 是没有意义的. 或许有更令人满意的定义, 但是上述的这个定义是所有数学的十分坚实的基础, 其中包括这里还没有涉及的 (用 "第一","第二"$\cdots$ 表示的) 序数理论, 它应用到以某种次序排列的集合, 目前为人所知.

为了说明 (1), 考虑这个例子. 按照上述定义, 2 是我们称为 "配偶" 的一般性观念. 我们说 "A 先生和夫人是配偶"; 与此相一致我们的定义要求我们说:A 先生和夫人组成的类是类 2 的一个元素. 我们定义 "2" 是 "这样的类 u 的类, 如果 x 是 u 的一个元素, 那么缺少了 x 的 u 是 1 的一个元素"; "3" 的定义仿照 "2" 的定义, 以此类推. 按照同样的方式, 我们看到右手的手指的类和左手手指的类中的每一个都是类 5 的元素. 由此推出手指的类在上述意义下是等势的.

由于人类智力为了方便再现和预见几何的和自然事件的经验结果做出的不懈努力, 数学得以发展. 它的发展对于逻辑的发展给与了无比珍贵的提示, 数的科学和思维对象的最一般关系的科学之间显得没有间隙. 像对于几何学和数学物理一样, 从阐述我们的经验资料的那些部分分离出逻辑部分变得明显可能了.

我们已经知道, 数学为了类似性而牺牲准确性往往会取得重大进展. 让我们记住, 虽然数学和逻辑在我们能够达到的范围内给出最高的形式的确定性, 数学发现的过程经常和数学发现的内容相混淆, 其过程中还是有许多可疑的类似性和错误, 多亏在符号体系的巨大帮助下达到化难为易. 幸运地, 符号体系还能够用于精确和微妙的分析, 因此我们可以说, 符号体系可以揭示在像 1+1=2 那样看似容易并常被忽略的问题中存在的困难. 这正是近代许多基础性工作需要做的.

第七章
数学的本质

在前面几章我们追踪了某些知识分支的发展, 这些知识通常一起被分类在 "数学知识" 的名称下. 这些知识分支从未从其他知识分支中清晰地区分出来: 例如几何学被认为有时是逻辑课题有时是自然科学 —— 对我们生活在其中的空间的性质的研究. 这种知识是针对什么问题也鲜有绝对清晰的思想. 它有一个名称 ——"数学"—— 除了 "讲求实际的" 人和某些哲学家, 几乎没有人怀疑存在某种东西, 有关它的知识被认为是所谓 "数学的" 知识那一类的. 但是它又确实让许多人不感兴趣, 并且过去和现在都有一个普遍的倾向: 认为如果我们仅仅知道了数学知识发展的所有事实, 像数学是关于什么的这样的问题就迎刃而解了. 对于我来说, 在很大程度上, 这种观点来源于语言的混淆:"数学" 这一个词既用于我们的某类知识, 也用于特定事物, 如果这样的事物存在, 这类知识是关于它的. 我已经区分并且从现在开始将明确区分描述我们所知之的事物真理的汇集的 "大数学" (Mathematics) 和反映我们数学知识的 "小数学" (mathematics), 这样, 我们可以谈论 "欧几里得的数学" 或 "牛顿的数学", 并且确实可以说数学发展了并因此有了历史; 但是前者的大数学是永恒的和不变的, 因此没有历史 —— 它的整体即使其一部分也不属于欧几里得或牛顿或其他任何人, 但它的某种东西, 在时代的进程中被人类智慧所发现. 类似的区分可以在 "大逻辑" (Logic) 和 "小逻辑" (logic) 之间体现. 首字写为小写的 "小逻辑" 表明的是可以引导到真理的一种心理过程, 而首字写为大写的 "大逻辑" 表明的是这个过程引导我们达到的实体 —— 真理的确定部分. 小数学之所以重要, 其原因在于大数学并非是高深莫测的, 尽管它是永恒的和不变的.

应用英语语法可使我们使用大写字母在心理学意义上表达 "mathematics", 即便这个词出现在句首. 但是在这种情形, 我曾经是谨慎的并且将继续保持谨慎以抵制混淆.

我希望在这里强调的历史的特殊功能现在我认为显露出现了. 在小数学中, 我们逐渐领会到, 通过了解关于小数学的某些事情, 来理解存在大数学这样的东西.

我们已经浏览了原始人的数学, 并且了解到最初的发现都属于抽象事物的孤立性质, 例如数或几何图形以及具体事物的抽象关系, 例如平衡状态下重量和杠杆的力臂之间的关系. 这些性质最初被发现和使用, 自然是为了满足身体需要的唯一目的. 随着古希腊人观点的改变, 由于我们知识的不完全, 这种改变或许对我们来说显得过分突然. 就我们所知, 希腊几何学从一开始就是演绎的, 并且一般情形下出于它自身的趣味而非为了它能够做到的对于现实世界的任何应用而被研究. 在埃及几何学里, 如果一个结果被叙述为普遍成立的, 它可能是作为归纳的结果得到的 —— 从大量实例总结出命题. 例如, 如果某人看到某铁路公司的大量行政人员, 并且注意到他们都系红领带. 他可能得出结论: 该公司的所有行政人员都系红领带. 这或许是对的, 但并非是确信无疑的: 为了确信, 必须知道有某种规则, 据此所有行政人员被迫系红领带. 自然, 即使这样, 结论也不是必定成立的, 因为这类法规可能被违反. 但是, 大逻辑的规律是不能够被违反的. 这些规律并非像有时所说的那样是思维的规律; 因为逻辑跟人们的思维方式没有什么关系, 还不像诗歌与食物有点关系, 毕竟诗人吃饭才能创作. 有人认为 2 加 2 得 5, 但是通过基于大逻辑规律的推理过程, 我们知道它们的和是 4 .

这是一个更令人满意的归纳的情形: 费马陈述道, 如果 n 是大于 2 的整数, 则不存在整数值 x、y 和 z 使得 $x^n+y^n=z^n$. 这个定理对于 $n=3, 4, 5, 7$ 和许多其他整数被证明是成立的, 并且没有理由怀疑它的正确性. 但是时至今日还没有给出一般情形的证明[8]. 这是用归纳法得到并且被陈述为可能成立的命题的一个例证[9] .

现在, 在希腊的几何学里, 用大逻辑陈述并且证明命题 —— 正如我们现

[8]这个所谓的费马猜想已经被英国数学家怀尔斯 (Andrew John Wiles) 及其学生理查 · 泰勒 (Richard Taylor) 于 1995 年证明, 并且被称为 "费马大定理". —— 译注

[9]这是 "数论" 的一个例子, 数论是研究整数性质的, 可能费马和高斯对于它做出了主要的贡献.

在所知道的, 还求助于默认的从几何图形在头脑中的形象表现得出的常识性结论 —— 这些命题比方说是关于任意三角形或某些三角形的, 不仅仅是关于一个或两个特殊的三角形, 而是关于无穷多个三角形. 例如, 考虑任意两个三角形 ABC 和 DEF. 画出特殊三角形的图形有助于我们中大多数人的思考, 但是我们的结论不仅仅对于这些三角形成立. 如果边 BA 和 AC 的长度分别等于边 ED 和 DF 的长度, 并且在 A 的角等于在 D 的角, 则 BC 等于 EF. 这个定理在欧几里得的《几何原本》的第一卷的第四个命题中被证明了, 但其证明有相当瑕疵.

当我们细查并完整化几何学家的推理时, 我们发现空间的概念消失了, 只给我们留下了逻辑. 哲学家和数学家曾经认为 —— 有些现在仍然认为 —— 在几何学里我们必须打交道的不是普通生活的空间, 而是同样事物的抽象形式. 在普通生活的空间里, 我们的房屋矗立着, 我们的朋友来往着, 一些古怪的人说那是被电报或汽车 "毁灭了" 的空间; 而在抽象形式里, 个人的或物质的一切都从中消失了, 留下的仅仅是*距离*、*次序*和*位置*. 事实上, 有些人认为位置也没有保留下来; 在抽象空间里, 例如一个圆没有自己的位置, 仅有相对于其他物体的位置. 显然, 在实践里我们仅能够给出一个事物相对于另一个事物的 "相对的" 位置, 而非 "绝对的" 位置. 这些 "相对主义者" 拒绝承认位置有任何不能够被实际发现的性质. 相对主义这种深思熟虑的形式似乎完全无懈可击; 在粗糙的形式下, 像是从作为头脑的虚构形式的记录里, 排除了异于两个事物的类的数 2, 因为它不像扑克牌或少许镭或一块羊排那样的东西是可见的或可触摸的.

事实上, 完美的几何精简为不仅对于空间图形而且对于抽象事物也成立的演绎系列. 空间图形提供某些抽象事物的鲜明例证; 解析几何趣味的奥秘也在于此. 不过, 为了发现数学的本质, 我们现在必须深入考察代数学.

我们已经看到埃及人的算术比之埃及人的几何更具有普遍性. 例如代数通过用字母表示未知数, 开始考虑关于*任意*数的命题. 在代数和代数几何中, 这种方法迅速推广, 随后变得有可能以系统的方式处理数学分支, 并且对于整类的问题用一种方法的统一并几乎机械的操作来处理. 这里我们又回想起科学的经济功能.

在同一时间, 作为方法的代数、解析几何和微积分从数学的应用成长为自然科学, 还产生了影响到数学在十七世纪、十八世纪和十九世纪所呈现的形式的新的概念. 变量和函数的思想越来越突出. 来源于运动概念的这些思想尽管朴实无华, 尽管备受数学家行列中的少数逻辑学家质疑, 还是持续不断地给数学带来丰硕成果. 当数学家清醒地认识到逻辑地解释数学的必要性和认识到数学是什么时, 他们发现, 在数学中对于一般性的不懈追求从很早的时代起就导致演绎方法的使用, 这种方法是习以为常但未被认识到的, 它有别于亚里士多德 (Aristotelian) 学派通常使用的方法. 我将尝试指出这些方法的性质, 并将发现变量和函数的思想以怎样的形式出现, 这种形式是不依赖像运动那样的变动性的特殊类型的.

在逻辑学中一个命题以这样的句子来表达一类事物: " 苏格拉底 (Socrates) 终有一死, 他是一个怨妇的丈夫." 如果 —— 而这是现代逻辑学大量的特征 —— 我们注意到在数学中起初以特殊形式出现的变量和函数的观念 (对应、关系) 在作为我们思考对象的所有事物当中是基本的, 我们就被引导到用变量代替命题中的特殊概念, 这样就会更清晰地看到命题的结构. 例如: "x 是一个 y 并且跟类 u 的一个元素 z 有关系 R" 给出了大量命题的一般形式. 上述命题是它的一个特殊情形; 该命题或许是正确的, 但这不是在逻辑上而是由历史或经验得到的判断. 如果用 "康德" (Kant) 或 "威斯敏斯特教堂" 代替 "苏格拉底", 则该命题是错误的: 如果 x 是一个变量符号, 那么它既不是正确的, 也不是错误的, 它成为了我们所谓的 x 的 "命题函数", 并且用 ϕx 或 ψx 表示. 如果涉及更多个变量, 我们有 $\phi(x, y)$ 等等记号.

命题函数之间的关系可能正确也可能错误. 例如 x 是类 a 的一个元素, 而 a 含于类 b, 两个命题一起蕴含 x 是类 b 的一个元素是真的. 这里是说蕴含是真的, 而不是说函数是真的. 在数学中我们所使用的蕴含类型的形式是: "如果 ϕx 是真的, 则 ψx 也是真的"; 换句话说, 使得 ϕx 为真的 x 的任何特殊值, 也使 ψx 为真.

当变量和函数的概念引进数学之后, 其基本特征要求所有的数学方法和所有数学概念都能够用纯粹逻辑术语来定义, 这种观念导致我们领会到数学仅仅是逻辑的一部分, 并且是所有如下形式的命题的集合: 对于变量的所有值, $\phi(x, y, z, \cdots)$ 蕴含 $\psi(x, y, z, \cdots)$. 命题函数的结构仅涉及在逻辑中的那些基础观念, 诸如蕴含、类、关系以及一个项和其所属的类之间的关系等等. 数学自然还依赖真理的概念.

当我们宣称 $1+1=2$ 时, 我们似乎给了一个不符合上述定义的语句. 但其实是语句被写错了: 诚然仅有一个由单个元素组成的类的完整类, 而记号 "1 + 1" 看起来似乎存在两个. 回忆起 1 是某些类的类, 上述命题的意义是: 如果 x 和 y 是 1 的元素, 而且 x 不同于 y, 则 x 和 y 一起组成 2 的一个元素.

最后, 我们终于理解数学的本质是独立于我们个人的和外部世界的, 我们能够觉察到我们自已的发现和观点不会影响真理本身, 只会影响到我们和别人认识真理的程度. 我们当中的一些人发现科学中的某些内容, 但确实不会创造科学当中的任何内容, 就像哥伦布不会创造美洲大陆一样. 当我们试图把直觉判断力用于它所不特别适用的目的时, 它必定把我们带入歧途. 这就像当我们尝试用切肉刀剔胡须时, 可能会割伤我们自已, 却剃不了胡须. 不过直觉判断力有一种价值, 它使人们不难同意那些成功使自已确信数学的真理和地位的哲学家的观点. 有些哲学家甚至得出令人吃惊的结论: 真理是人造的, 数学是数学家创造出来的, 美洲是哥伦布创造的; 但是, 使人思想耳目一新的直觉判断力, 无论如何超越了哲学家出自其信仰的赞美, 有时无可争辩地占据着更重要的位置.

文　献

科学是由思维经济的原则支配这个观点部分地由恩斯特 · 马赫 (Ernst Mach) 非常精辟阐述 (特别参见他的著作 *Science of Mechanics*,《力学的科学》第五版的译本, La Sall, Ill.., 1942). 关于数学史, 我们可以提到劳斯 · 鲍尔 (W. W. Rouse Ball) 的书, *A Prime of the History of Mathematics* (《数学史精华》, 第七版, 1930) 和更详尽些的 *Short Account of the History of Mathematics* (《数学史简编》, 第四版, 1908, 两书均由 Macmillan 出版社于伦敦出版), 还有卡尔 · 芬克 (Kall Fink) 的书 *Brief History of Mathematics* (《数学简史》, 芝加哥和伦敦, 第三版, 1910).

作为数学教科书, 德 · 摩根 (De Morgan) 关于算数、代数学和三角学的书仍然是无与伦比的, 而他的书 *Trigonometry and Double Algebra* (《三角学和二重代数》) 包含了对复数的绝妙讨论中的一些, 对于学生, 由于德 · 摩根的书不易得到, 他的 *Elementary Illustrations of Differential and Integral Calculus* (《初等插图微积分》) 和 *Difficulties of Mathematics* (《数学的困难》, 芝加哥和伦敦, 1899 年和 1902 年) 值得推荐. 如果可能, 最好阅读伟大数学家本人的著作. 作为初等的书, 拉格朗日著作的一个译本 *Lectures on Elementary*

Mathematics (《初等数学讲义》, 第二版,1901) 是最完美的范例, 此书已经在芝加哥和伦敦出版.

在第四章所讲到的问题在马赫的书 Mechanics (《力学》) 里被更充分地加以讨论. 图形的算术和代数等的方法和问题的优秀的汇集包含在 H. E. Cobb 的 Elements of Applied Mathematics (《应用数学基础》), 芝加哥和伦敦,Ginn & Co., 1911) 的书里.

第 13 部分*

算术、数和计数艺术

*原书第 Ⅲ 部分, 本部分译者为王耀东.

编者评注

罂粟种子和大数

在阿基米德对于数学的诸多贡献当中,《数沙者》(*The Sand Reckoner*)作为包含广泛兴趣和历史重要性的一本书占有崇高的地位. 它描述了产生和表示非常大的数的一个新的体系.

希腊人把他们的字母表中的二十七个字母用作数字, 这是一个十分完美的系统, 其仅有的缺点是缺少零的符号. 对于数 10 000, 希腊文称为 *myriad*, 用字母 M 表示; 用它组合其他的字母和符号就形成更大的数, 例如

$$\overset{\Upsilon}{M}\rho\nu., \zeta\vartheta\pi\delta = 1\ 507\ 984$$

当然, 无论用我们的还是用希腊人的普通符号表达非常大的数都会是臃肿的. 阿基米德创造了一个涉及指标的程序, 从而把大数的表示缩减到一个合适的程度. 阿基米德的八进制可以产生一个在我们的记号里要用 80 000 万亿位表示的数, 他所发展的方法的威力由此可见一斑. 这个算术经过改善 (包括八进制), 可以生成我们想要的无论多大的数, 而巨人阿基米德曾经提出把他的方法用到充满整个宇宙的沙粒的表示中. 从并排放置的大小如一粒罂粟种子的沙粒的数目开始, 阿基米德奋力推进至他拥有整个宇宙, 这个宇宙装满沙子, 就像儿童的沙桶. 阿基米德对于大数似乎具有特殊的迷恋, 这不单显示在这种绝技中, 还显示在他著名的 "牲口问题" 中, 该问题的解由八个数组成, 写出解几乎需要 700 页极其类似印刷对数表那样的纸. 人们可以随意对阿基米德做出的问题解直至最后一位数字提出质疑.

用几句话说一说《数沙者》的证明中使用的天文学测量. 一些天文学家大约在公元前三世纪中叶就估计了太阳、月亮和地球的直径. 阿基米德参考了欧多克索斯、菲迪亚斯 (Phidias) (他自己的父亲) 和有时称为古代哥

白尼 (Copernicus) 的萨摩斯 (Samos) 人阿里斯塔修斯 (Aristarchus) 的著作. 由此提升了《数沙者》的历史重要性. 因为正如托马斯 · 希思 (Thomas Heath) 爵士所指出的那样, 人们从这一著作获知, 阿里斯塔修斯设想宇宙以太阳为中心, 而包括地球在内的行星围绕太阳旋转, 他发现了太阳的角直径是黄道圆的 1/720, 或半度 —— 一个极其近似的估计. 阿里斯塔修斯发现的这个意义深远的宇宙学猜想, 在其表述之后不久曾被遗弃, 消失了几乎 1 800 年后才被哥白尼重新发现.

Coney 岛海滩上的沙粒数目远少于 10 的 100 次方 —— 10 000 000 000 000 000 000 000 000 000 000 000 000 000 000 000 000 000 000 000 000 000 000 000 000 000 000 000 000 000 000 000 000.

埃德华 · 卡斯尼尔[1)]

---

1 数沙者

阿基米德

罂粟种子和宇宙

"格隆 (Gelon) 国王, 有人认为沙粒的数目是无限的; 而我认定是有限的, 我所指的沙子, 不仅仅处在锡拉库萨 (Syracuse) 附近的和西西里 (Sicily) 岛的余留部分, 还存在于不论有居民的还是无居民的任何地方. 还有一些人, 即使他们不以为沙粒数目是无限的, 但却认为无法给大于沙粒数量的数命名. 显然, 持有这种观点的人, 如果他们想象由一堆沙子构成的一团东西, 其大小如地球, 包括地球中所有的海洋和凹陷中都被填满到等于最高山峰的高度, 他们就更加不会承认超过如此堆积沙粒数目的任意数都可以表示. 但是, 我将尝试用你可以跟进的几何证明向你指出, 我命名的并且在呈给宙克西帕斯 (Zeuxippus) 的著作中给出的数, 有些不仅在数量级上超过了用上述方式填满了地球容积那样多的沙粒的数目, 而且超过了数量级达宇宙体积的沙粒的数目. 现在你所知道的 '宇宙' 是大多数天文学家对于一个球所给的名称, 该球的中心是地球的中心, 而其半径等于太阳和地球中心之间的直线段. 这是你从天文学家那里听到的寻常的数据 ($\tau\grave{\alpha}$ $\gamma\rho\alpha\phi\acute{o}\mu\epsilon\nu\alpha$). 但是萨莫斯的阿里斯塔修斯出版的一部书中有一些假设. 其中若干前提引导出这样的结果: 宇宙比现在所谓的宇宙要大许多倍. 他的假设如下, 恒星和太阳保持不

[1)] 埃德华 · 卡斯尼尔 (Edward Kasner, 1878—1955), 美国数学家. —— 译注

动，而地球在一个圆的周界上环绕太阳旋转，太阳位于轨道的中央，恒星和太阳所在的球面环绕同一个中心，这个球面是如此之大，以致他假定的地球旋转所在的圆周与恒星的距离之比等于球面的中心与其表面积之比. 现在，容易看出这是不可能的，因为球面的中心没有大小可言，我们无法设想它与球的表面会有任何比值. 不过我们必须这样理解阿里斯塔修斯的意思：因为想象地球曾经是宇宙的中心，地球对于我们所描述的‘宇宙’的比值如同包含他所假定的地球沿其旋转的圆周的球面对于恒星球面的比值. 因为他的结果的证明适应此类假设，并且特别说来，他似乎要假定表示地球在其中运动的球面的大小尺度等于我们称之为‘宇宙’的尺度.”

“我断言，即使阿里斯塔修斯所假定的恒星那样大的球是由沙粒构成的，我将仍然能够证明在《原理》(*Principles*) 中命名的数，其中有些就超过了沙团中的沙粒个数，而沙团的大小等于赖以参照的球面的大小，只要做以下的假定.

1. 地球的周长不大于约 3 000 000 斯达地[2)].

正如你知道的那样，的确有些人试图证明所说的周长大约是 300 000 斯达地. 但是我做了进一步的工作，估计地球的尺寸为 10 倍于我的前辈所设想的尺寸，即假定地球的周长不大于约 3 000 000 斯达地.

2. 地球的直径大于月亮的直径，而太阳的直径大于地球的直径.

在这个假设中我用了大多数早期的天文学家的观点.

3. 太阳的直径大约是 30 倍月亮的直径而且不会更大.

的确，早期的天文学家中，欧多克索斯宣称的是 9 倍，我的父亲菲迪亚斯宣称的则是 12 倍，阿里斯塔修斯尝试证明太阳的直径介于月亮直径的 18 倍和 20 倍之间. 但是为了使我命题的真实性远离争议，我走的甚至比阿里斯塔修斯更远，我假定太阳的直径约是月亮直径的 30 倍，而不会更大.

4. 太阳的直径大于内接于宇宙 (球) 中最大圆内的一千边形的边长.

我采用这个假设[3)]是因为阿里斯塔修斯发现太阳看起来约是黄道的 $\frac{1}{720}$，而我自己尝试通过现在描述的一种方法实验性地 (*ὀργανικῶς*) 发现太阳的视角 (*τὰν γωνίαν, είζ ὰν ό ἅλιος ὲναρμόζει τὰν κορυφὰν ὲ̀χουσαν ποτὶ*

[2)] 斯达地 (Stadia) 是古希腊、罗马尺度单位，约等于 600 希腊尺，合 607 英尺，赛跑场的长度以这个长度为准. —— 译注

[3)] 严格说来这不是一个假设；它是后面通过一个就要描述的实验结果证明了的一个命题.

$\tau\hat{\alpha}$ $\acute{o}\psi\varepsilon\iota$).”

[由于历史兴趣放在阿基米德关于这类主题的确切原文上, 论文至此部分已被逐字逐句翻译. 其余部分可以更自由地再现. 而在进入其数学内容之前, 仅仅必须注意到阿基米德接着描述他怎样得到太阳视角的过剩和不足的界限. 他是这样做的, 取一根杆或标尺 ($\kappa\alpha\nu\acute{\omega}\nu$), 在其一端固定一个小圆柱或圆盘, 杆指向刚刚升起的太阳 (这样就可以直视太阳), 然后把圆柱放在这样的距离, 使得圆柱刚好遮挡住太阳, 最后测量通过圆柱所对的视角. 他还解释了他想到的必须对此进行校正, 因为 “眼睛并非从一个点而是从某个区域观看 ”($\acute{\varepsilon}\pi\varepsilon\grave{\iota}$ $\alpha\acute{\iota}$ $\acute{o}\psi\iota\varepsilon s$ $\alpha\acute{\upsilon}\kappa$ $\acute{\alpha}\phi$ $\acute{\varepsilon}\nu\grave{o}s$ $\sigma\alpha\mu\varepsilon\acute{\iota}o\nu$ $\beta\lambda\acute{\varepsilon}\pi o\nu\tau\iota$, $\acute{\alpha}\lambda\lambda\grave{\alpha}$ $\acute{\alpha}\pi\acute{o}$ $\tau\iota\nu os$ $\mu\varepsilon\gamma\acute{\varepsilon}\theta\varepsilon os$).]

实验的结果显示: 太阳直径的视角小于直角的 1/164, 而大于直角的 1/200.

现在证明 (在这个假设之下) 太阳的直径大于内接于 “宇宙” 的大圆的正一千边形, 或具有 1 000 条相等边圆形的边长.

假定一个纸平面就是刚从地平线升起时太阳的中心、地球的中心和我们眼睛三点所在的平面. 令平面交地球于圆 EHL, 而交太阳于圆 FKG, 地球和太阳的中心分别为 C, O, 眼睛的位置是 E.

进而, 设平面交 “宇宙” 球 (即球心为 C、半径为 CO 的球) 于大圆 AOB.

从 E 引切圆周 FKG 于点 P、Q 的两条切线, 再从 C 引切同一个圆于 F、G 的另外两条切线.

令 CO 分别交地球和太阳所在的圆于 H, K, 而 CF, CG 分别交大圆 AOB 于 A, B.

连结 EO, OF, OG, OP, OQ, AB, 令 AB 交 CO 于 M.

现在由于太阳刚好在地平线上, $CO > EO$. 因此

$$\angle PEQ > \angle FCG.$$

$$\left.\begin{array}{ll}\text{而} & \angle PEQ > \dfrac{1}{200}R \\ \text{并且} & \angle PEQ < \dfrac{1}{164}R\end{array}\right\} \text{这里 } R \text{ 表示一个直角.}$$

于是更有

$$\angle FCG < \frac{1}{164}R,$$

而弦 AB 对着大圆的一个弧, 这个弧小于该圆的周长的 $\dfrac{1}{656}$, 即

$$AB < (\text{圆内接正 656 边形的边长}).$$

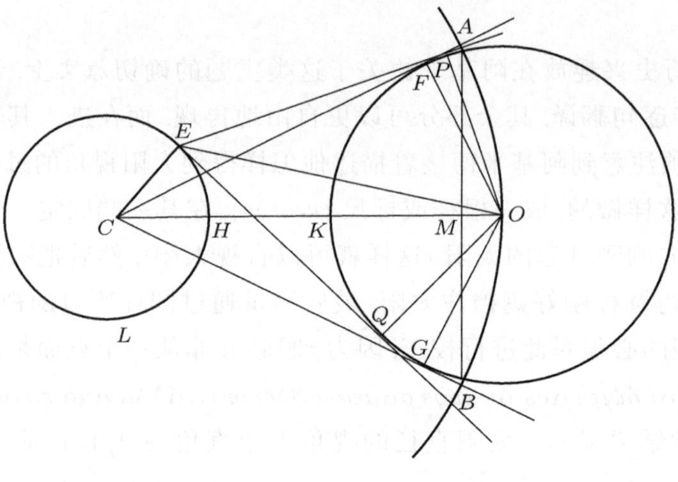

现在任何内接于大圆的多边形的周长小于 $\frac{44}{7}CO$. [参见《圆的度量》(*Measurement of a circle*), 命题 3.]

因而 $$AB : CO < 11 : 1\,148,$$

更有 $$AB < \frac{1}{100}CO. \qquad (\alpha)$$

因为 $CA = CO$, 并且 AM 垂直于 CO, 而 OF 垂直于 CA, 则

$$AM = OF.$$

因此 $$AB = 2AM = (\text{太阳的直径}).$$

这样一来由 (α) 得到 (太阳的直径)$< \frac{1}{100}CO$,

进一步有

$$(\text{地球的直径}) < \frac{1}{100}CO, \qquad [\text{假设 } 2]$$

因此 $$CH + OK < \frac{1}{100}CO,$$

于是就有 $$HK > \frac{99}{100}CO,$$

或 $$CO : HK < 100 : 99.$$

而 $$CO > CF,$$

并且 $$HK < EQ,$$

因此 $$CF : EQ < 100 : 99 \qquad (\beta)$$

现在在直角三角形 CFO, EQO 中, 直角边

$OF = OQ$, 但是 $EQ < CF$ (因为 $EO < CO$).

因此 $\angle OEQ : \angle OCF > CO : EO$

但是 $< CF : EQ.$[4)]

把角加倍,

$$\angle PEQ : \angle ACB < CF : EQ$$

根据上面的 (β), $< 100 : 99.$

但是根据假设 $\angle PEQ > \frac{1}{200}R.$

所以 $\angle ACB > \frac{99}{20\ 000}R$

$$> \frac{1}{203}R.$$

由此推知弧 AB 大于大圆 AOB 的周长的 $\frac{1}{812}$.

因此更有

$$AB > (\text{内接于大圆的正一千边形的边长}),$$

而 AB 如上所证等于太阳的直径.

现在可以证明下列结果:

(“宇宙” 的直径) < 10 000 (地球的直径); 并且 (“宇宙” 的直径) < 10 000 000 000 斯达地.

(1) 为了简单起见, 假定 d_u、d_s、d_e 和 d_m 分别表示 “宇宙”、太阳、地球和月亮的直径.

由假设 $d_s \ngtr 30d_m$ [假设 3]

并且 $d_e > d_m$; [假设 2]

所以 $d_s < 30d_e$.

现在根据最后的命题,

$$d_s > (\text{内接于大圆的正一千边形的边长}),$$

于是 (正一千边形的周长) $< 1\ 000d_s$

$$< 30\ 000d_e.$$

4)这里假设成立的命题自然等价于如下叙述的三角学公式, 如果 α, β 是两个小于直角的角的弧度, α 是较大的, 则

$$\frac{\tan\alpha}{\tan\beta} > \frac{\alpha}{\beta} > \frac{\sin\alpha}{\sin\beta}.$$

但是内接于圆的、边数大于 6 的任意正多边形的周长都大于内接于同一圆的、正六边形的周长, 故大于三倍的直径. 从而

$$(\text{正一千边形的周长}) > 3d_u.$$

这就推出 $d_u < 10\,000 d_e.$

(2) (地球大圆的周长) $\not> 3\,000\,000$ 斯达地. [假设 1]

又有 (地球大圆的周长)$> 3d_e.$

故 $d_e < 1\,000\,000$ 斯达地,

随之 $d_u < 10\,000\,000\,000$ 斯达地.

假设 5.

假定一个单位量的沙粒的体积不超过一粒罂粟种子, 并且假定罂粟种子含有不多于 10 000 个沙粒.

再假定罂粟种子的直径不小于 1/40 指宽.

数的阶和周期

I. 对于直到一万 (10 000) 的数我们已经有了传统的名称; 从而我们可以表示直到万万 (100 000 000) 的数. 称这些数为第一阶数.

假定 100 000 000 是第二阶数的单位, 并且第二阶数包含由这个单位到 $(100\,000\,000)^2$ 的数.

再令后者是截至 $(100\,000\,000)^3$ 的数的第三阶单位; 如此下去, 直至达到终止到 $(100\,000\,000)^{100\,000\,000}$ 的第 100 000 000 阶数, 称 $(100\,000\,000)^{100\,000\,000}$ 为 P.

II. 假定从 1 至刚描述的 P 的数组成第一周期.

令 P 是第二周期的第一阶的单位, 而这个阶由 P 至 $100\,000\,000P$ 的数组成.

令 $100\,000\,000P$ 是第二周期的第二阶的单位, 此阶以 $(100\,000\,000)^2P$ 终结.

用这种方式我们可以推进到第二周期的第 100 000 000 阶, 它以 $(100\,000\,000)^{100\,000\,000}P$ 即 P^2 终结.

Ⅲ. 取 P^2 作为第三周期的第一阶的单位, 以同样的方式我们达到第三周期的第 100 000 000 阶, 它以 P^3 终结.

Ⅳ. 取 P^3 作为第四周期的第一阶的单位, 继续同样的过程我们就达到第 100 000 000 周期的第 100 000 000 阶, 它以 $P^{100\ 000\ 000}$ 终结. 阿基米德表示最后这个数为 "第万万周期的第万万阶的第万万单位," 容易看出它就是 $(100\ 000\ 000)^{99\ 999\ 999}$ 和 $P^{99\ 999\ 999}$ 乘积的 100 000 000 倍, 即 $P^{100\ 000\ 000}$.

这样描述的数的体系可以更清晰地借助标志展示如下.

第一周期

第一阶	从 1 至 10^8 的数
第二阶	从 10^8 至 10^{16} 的数
第三阶	从 10^{16} 至 10^{24} 的数
⋮	
⋮	
第 (10^8) 阶	从 $10^{8\cdot(10^8-1)}$ 至 $10^{8\cdot 10^8}$ (记之为 P) 的数

第二周期

第一阶	从 $P\cdot 1$ 至 $P\cdot 10^8$ 的数
第二阶	从 $P\cdot 10^8$ 至 $P\cdot 10^{16}$ 的数
⋮	
⋮	
第 (10^8) 阶	从 $P\cdot 10^{8\cdot(10^8-1)}$ 至 $P\cdot 10^{8\cdot 10^8}(P^2)$ 的数

⋮

⋮

第 (10^8) 周期

第一阶	从 $P^{10^8-1}\cdot 1$ 至 $P^{10^8-1}\cdot 10^8$ 的数
第二阶	从 $P^{10^8-1}\cdot 10^8$ 至 $P^{10^8-1}\cdot 10^{16}$ 的数
⋮	
⋮	
第 (10^8) 阶	从 $P^{10^8-1}\cdot 10^{8\cdot(10^8-1)}$ 至 $P^{10^8-1}\cdot 10^{8\cdot 10^8}$ (即 P^{10^8}) 的数

为了体会这个体系的庞大规模, 只需考虑到第一周期的最后一个数, 现在用 1 后面跟随 800 000 000 个零表示, 而第 (10^8) 周期的最后一个数则需要 100 000 000 倍的这么多个零, 即 80 000 百万百万个零.

八 元 组

考虑连比项的级数, 它的第一项是 1, 而第二项是 10 [即几何级数 $1, 10^1, 10^2, 10^3, \ldots$]. 这些项的第一八元组 [即 $1, 10^1, 10^2, 10^3, \ldots, 10^7$] 相应地落在上述的第一周期的第一阶中, 第二个八元组 [即 $10^8, 10^9, \cdots, 10^{15}$] 相应地落在上述的第一周期的第二阶中, 八元组的第一项是每种情形中与阶数相一致的单位. 对于第三个八元组情形是类似的, 以此类推. 按照同样的方式, 我们可以放置任意多个八元组.

定 理

若存在连比级数的任意个项, 记作 $A_1, A_2, \cdots, A_m, \cdots, A_n, \cdots, A_{m+n-1}$, 其中 A_1=1, A_2=10 [于是该级数形成几何级数 $1, 10^1, 10^2, \cdots 10^{m-1}, \cdots 10^{n-1}, \cdots 10^{m+n-2}, \cdots$], 如果取任意两项 A_m, A_n, 并且把它们相乘, 乘积 $A_m \cdot A_n$ 将是同一个级数的一项, 并且此项距离 A_n 的项数跟 A_m 距离 A_1 的项数相同; 还有此项距离 A_1 的项数比 A_m 和 A_n 各自距离 A_1 的项数之和少 1.

取一项, 使它距离 A_n 的项数跟 A_m 距离 A_1 的项数相同. 这个项数是 m (第一项和最后一项计算在内). 这样要取的项距离 A_n 有 m 项, 故是 A_{m+n-1} 项.

于是我们必须证明

$$A_m \cdot A_n = A_{m+n-1}.$$

在连比级数中距其他项项数相等的项成比例.

即 $$\frac{A_m}{A_1} = \frac{A_{m+n-1}}{A_n}.$$

但是因为 $A_1 = 1$, $$A_m = A_m \cdot A_1.$$

因此 $$A_{m+n-1} = A_m \cdot A_n. \quad (1)$$

第二个结果现在是显然的, 因为 A_m 距 A_1 为 m 项, A_n 距 A_1 为 n 项, 而 A_{m+n-1} 距 A_1 为 $m+n-1$ 项.

对于沙粒数目的应用

由假设 5

$$(\text{罂粟种子的直径}) \not< 1/40\ (\text{指宽});$$

因为两个球体 (的体积) 之比等于它们的直径的三次比, 所以

(直径一指宽的球体)
≯ 64 000 罂粟种子
≯ 64 000 × 10 000
≯ 640 000 000
≯ 6 个第二阶单位+
40 000 000 个第一阶单位
更加 < 数的第二阶单位

} 沙粒

我们现在逐级增加所假定的球的直径, 每次乘以 100. 这样, 记住球的体积每次乘以 100^3 或 1 000 000, 则具有每次相继直径的球体内所包含的沙粒数可如下表所示.

球的直径	对应的沙粒数
(1) 100 指宽	< 1 000 000 × 10 个第二阶单位
	< (级数的第 7 项)× (级数的第 10 项)
	< 级数的第 16 项 [即 10^{15}]
	< [10^7 或] 10 000 000 个第二阶单位
(2) 10 000 指宽	< 1 000 000× (最后数)
	< (级数的第 7 项) × (级数的第 16 项)
	< 级数的第 22 项 [即 10^{21}]
	< [10^5 或] 100 000 个第三阶单位
(3) 1 斯达地 (< 10 000 指宽)	< 100 000 个第三阶单位
(4) 100 斯达地	< 1 000 000× (最后数)
	< (级数的第 7 项) × (第 22 项)
	< 级数的第 28 项 [10^{27}]
	< [10^3 或] 1 000 个第四阶单位
(5) 10 000 斯达地	< 1 000 000× (最后数)
	< (级数的第 7 项) × (第 28 项)
	< 级数的第 34 项 [10^{33}]
	< 10 个第 5 阶单位
(6) 1 000 000 斯达地	< (级数的第 7 项) × (第 34 项)
	< 第 40 项 [即 10^{39}]
	< 10^7 或 10 000 000 个第五阶单位

(7) 100 000 000 斯达地 < (级数的第 7 项) × (第 40 项)
< 级数的第 46 项 [10^{45}]
< [10^5 或] 100 000 个第六阶单位

(8) 10 000 000 000 斯达地 < (级数的第 7 项) × (第 46 项)
+< 级数的第 52 项 [10^{51}]
< 10^3 或 1 000 个第七阶单位

而由上面的命题,

("宇宙" 的直径) <10 000 000 000 斯达地.

因此包含在一个和我们的"宇宙"一样大小的球内的沙粒数小于 1 000 个第七阶单位 [或 10^{51}].

由此我们能够进一步证明大小如阿里斯塔修斯认为的恒星球体包含的沙粒数小于数的 10 000 000 个第八阶单位 [或 $10^{56+7} = 10^{63}$].

因为, 根据假设,

(地球: "宇宙") = ("宇宙") : (恒星球体).

又有

("宇宙" 直径) < 10 000 (地球直径);

因此

(恒星球体直径) < 10 000 ("宇宙" 直径).

故得

(恒星球体) < $(10\,000)^3$ ("宇宙").

随之包含在等于恒星球体的球体内的沙粒数

< $(10\,000)^3 \times 1\,000$ 第七阶单位

< (级数的第 13 项) × (级数的第 52 项)

< 级数的第 64 项 [即 10^{63}]

< 10^7 或 10 000 000 数的第八阶单位.

结　论

"格隆国王, 我认为这些细节, 对于大多数没有学习过数学的人来说是不可思议的, 但是对于那些亲近数学并且思考过地球、太阳、月亮和整个宇宙的距离和大小这类问题的人来说, 证明是令人信服的. 有鉴于此, 我认为这个主题未必不适合您的思考."

编者评注

计数术

人们在书写数字之前已经知道怎样计算长度; 简单的算术从计算的操作逐渐发展起来. 历史学家、考古学家和研究人类文化起源的其他专家们, 对于诸如什么时候数第一次被命名, 什么时候数字第一次被书写, 以及什么时候诞生算术等问题, 纷争不断. 跟书写一样, 这些活动标志了文明的高端层次, 可以有理由假设, 在城市发展、贸易和商业繁荣以及政府开始保存税收和其他行政数据的某一个期间, 对于词和数的符号的需求就产生了.

美索不达米亚 (Mesopotamia) 的苏美尔人遗留下来的证据, 足以使得历史学家在纷繁复杂的史料当中至少得以理出脉络. 他们能够阅读和书写, 并且掌握令人佩服的处理数和数字的方法; 这已经是大约 5 000 年前的事情了, 而算术的历史则起源于这个时代. 人类生命的计算能力回溯得如此久远, 以致沉思它的起源是完全费力不讨好的, 并非是史前的专家刻意不做试探.

这里提供的两篇有关计算起源的文选需要少许评论. 第一篇处理原始的、未开化的人们所熟悉的计算. 这些人群使人类学家感兴趣, 因为他们的文化被认为提供了对于我们自己社会的早期文化的线索. 这仍然仅仅是一个假设, 但是不论是否能够确立一个理论, 对此进行多方面的研究是值得的. 科南特 (Conant) 就原始部落中的数概念的短论已经写出五十年了, 虽然此后在这一领域又有大量的著作问世, 我仍然断言它丝毫没有失去其地位. 科南特在伍斯特 (Worcester) 理工学院任教授多年, 并且在 1911 年至 1913 年期间任执行院长. 他是许多数学教科书的作者, 并且是一个活跃的教育家. 他于 1916 年辞世. 史密斯和金斯伯格的节录取自脍炙人口的专著《数和数字》(*Numbers and Numerals*), 年青人和成年人都可以阅读. 我热情推荐这篇文章. 已故的大卫 · 尤金 · 史密斯 (David Eugene Smith) 曾多年任哥伦比亚

(Columbia) 大学教授, 是数学教学权威、早期算术著作研究的先驱、算术和其他科学分支的一流历史学家. 他作为许多标准初等数学教科书的作者, 被无数人所熟知; 我肯定他不会仅由于这些初等读物而被爱戴. 杰库齐尔 · 金斯伯格 (Jekuthiel Ginsburg) 是一位和蔼可亲、知识渊博的学者, 他创立并且编辑了期刊《数学原稿》(*Soripta Mathematica*). 他是叶史瓦 (Yeshiva) 学院数学系的领导. 金斯伯格教授对于数学文化、历史和哲学知识在非数学家当中的传播所做出的贡献是有目共睹的.

"一加一加一加一加一加一加一加一加一加一是多少?"
"我不知道," 艾丽丝说, "我不会算."
"她不能做加法,"瑞德女王说.

—— 路易斯 · 卡罗尔 (Lewis Carroll)

2 计数术

利维 · 伦纳德 · 科南特[1]

在着眼于历史观点研究有关的算术纯理论问题当中, 数的起源是常引起热烈讨论的一个问题, 并且引发了对于人类种群的原始粗浅的语言的大量学术研究. 不过, 少许简单的考虑将表明, 这类研究必定会离开这个完全未解决的问题, 并将很清楚地标明, 出于事物的完全本质, 这是一个不能够给出确定和最终答案的问题.

在对原始部落中语言的长期研究中, 即使是以最粗浅的方式, 还从未发现哪个部落没有显示出对于数的概念的一定程度的熟悉. 这样显示的知识通常被证明是极其有限的; 其中没有超过 1 和 2, 或 1、2 和 3 的数. 这种对数知识匮乏的例子在巴西的森林部落、澳大利亚的土著民族和其他地方均可发现, 下一章将适当详细地考虑这类例子. 任何人类生命都缺乏超过 2 的计算能力, 初一想这似乎是十分不可思议的. 但是事实就是如此; 而在少数实例中发现存在根本没有纯粹数词的语言. 玻利维亚 (Bolivia) 的奇基托斯 (Chiquitos) 人没有任何真正的数词[2], 但是他们对于"一" 的意念用 *etama* 这个词表示, 意思是 "单独的". 同一个国家的塔卡纳斯 (Tacanas) 人除了从西班牙语、艾马拉语、皮诺语借来的数词以外没有其他数词, 他们长期以来用这些语言进行接触.[3] 少许其他的南美洲语言几乎同样地缺乏数词. 但是即

[1] Levi Leonnard Conant.
[2] Brinton, D.G., *Essays of Americanist*, p. 406; and *American Race*, p. 359.
[3] 我通过信件从 Brinton 博士那里得到这个信息.

使在这里, 虽说数的观念无疑是发育不全的, 但它并非是完全缺失的; 某些间接的表示或某些婉转的形式可以说明一和二或至少一和多之间的差别的概念.

这些事实必定阻止数学家寻求将其研究推进至回溯过分久远的数的真正起源. 哲学家一直致力于建立某些涉及这个主题的可靠的判断, 但是不出所料, 都以达不到任何一致意见而告终. 修艾尔 (Whewell) 强调 "像二加三得五那样的命题是必要的真理, 其中包含了超出仅由经验给出的一种确定性要素." 另一方面, 米尔 (Mill) 认为, 任何这样的陈述仅仅表示一个从早期和持续不断的经验中得到的真理; 泰勒 (Tylor) 完全支持这个看法.[4] 但是为什么这个问题会引起争论, 对于数学家来说是难以理解的. 哪个观点看来是正确的, 这依赖处理问题的立场. 我们知道没有一种语言不出现数的暗示, 因此我们必须承认, 表达数的意义的词会出现在任何语言的早期词汇中. 这些词表达的思想, 首先是完全具体的, 尽可能简明的, 并且看起来在许多方面, 甚至在高级动物的表演中是被清晰地理解的. 数的起源本身因此显然是研究质疑的适当极限之外的问题; 而数的原始概念对于人类的思想是基础性的.

与数的思想看来是被较高阶动物理解的这个断言相联系, 下面取自约翰 · 卢布克 (John Lubbock) 爵士一篇文章的简短引文并非是不合时宜的:"勒罗伊 (Leroy) …… 谈到这样一种情形, 一个人急于打一只黑兀鹰.'为了欺骗这只多疑的鸟, 计划派两个人到监视房, 其中的一个人走动, 而另一个则站立不动; 但是黑兀鹰计数并且保持它的距离. 次日三个人前往, 而黑兀鹰还是觉察到仅隐蔽了两个人. 总而言之, 人们发现必须派五个或六个人到监视房, 才能使得它在计算中感到不安. 黑兀鹰想到有这么多数目的人经过, 就不会浪费时间返回了.' 由此他断言黑兀鹰能够计数到四. 利希滕贝格 (Lichtenberg) 提到, 据称有一只能够数到三的夜莺, 每天他喂夜莺三只小虫, 一次一只. 当吃完了一只之后, 它回来要吃另一只, 但是吃过第三只之后, 它知道筵席结束了. 在高尔顿 (Galton) 先生的有趣的《在热带南非的一个探险者的故事》(*Narrative of an Explorer in Tropical South Africa*) 中有一个好笑但富于启发性的评论. 在描述了狄马拉 (Demara) 人的低下的计算能力之后, 他说:'每当我看到一个狄马拉人在我的这一边毫无希望地应付一个计算时, 我注意到我

[4] Tylor, *Primitive Culture*, Vol. I, p.240.

的长毛垂耳狗 "Dinah" 则在另一边同样显得为难; 它正照看着它的半打初生的小狗, 它们曾经被拿走离开它两三次, 而它的不安是过分的, 它试图发现这些小家伙是否全在, 或者是否哪只不在. 它莫名其妙地上下不停打量着那些小狗, 但还是不能使自己安下心来. 这条狗显然有含糊的计数概念, 但是数目对于它的头脑来说实在是太大了. 站在我两旁的狗和狄马拉人二者相互比较, 并没有给人类带来多大的荣耀……' 根据我用更近的实验更新了的关于卧巢鸟记忆力的研究, 如果一个巢内含有四个蛋, 人们可以安全地拿走一个; 但是如果拿走两个, 通常鸟就逃离了. 因此, 似乎有一定的理由来支持鸟有充分的智力区分二和四. 还有一个关于独居的黄蜂分配在每个蜂房中毛虫数目的有趣考察. 阿莫非里厄 (Ammophila) 的一种蜂认为有一个夜蛾属 (*Noctua segetum*) 的大毛虫就足够了; 而红切叶 (Eumenes) 属的一种蜂给小蜂提供五只毛虫; 其他种的蜂则会提供 10、15 甚至直到 24 只不等. 每个种类的数目好像是固定的. 昆虫是怎样知道什么时候它的任务完成了? 并不是看蜂房是否满了, 因为如果拿走了一些毛虫, 它并不去补充它们. 当它带来了一定量, 它就会认为任务已经完成, 而不管毛虫是否还在那里. 那么它如何知道什么时候它完成了的毛虫数目是 24呢? 有人可能会说, 每一种黄蜂会感知某种神秘的和先天提供一定数量的毛虫的意向. 这绝不会成为任何理由; 但是这不符合事实. 在红切叶蜂中, 雄性比雌性要小许多 …… 如果蛋卵是雄性, 它提供五只毛虫, 是雌性, 则提供十只. 它会数数吗? 确实这似乎非常像算术的发端."[5)]

许多作者不同意卢布克得出的结论; 他坚持认为在所有这类实例中, 只有大的量或小的量的感觉, 而非数的概念. 但是对提出的异议进行仔细考虑根本不足以削弱卢布克的论点. 可以给出与刚引述的例子类似性质的一个又一个例子, 用以指出部分动物具有 1 和 2 之间或 2 和 3 和 4 之间的区别; 而任何倾向于显示动物察觉的是量而非数的推理, 同等的效力适用于狄马拉人、彻基多 (Chiquito) 人和澳大利亚土著人. 因此数的真正起源目前确实可以稳妥地排除在研究范围之外, 而留在纯推测的领域.

不过最吸引人的研究领域是提供计数和给出数字概念的可见表达的原始方法. 我们的出发点自然必须是符号语言, 它总是先于可以理解的话语; 而它是如此方便和如此富于表现力的一种交流方式, 以至人类祖先即使

---

5) *Nature*, Vol. XXXIII, p.45.

在其最发展的分支里都从未把它放弃. 事实上它可以被陈述为一个普遍规律, 即在每一个民族或部落的童年时代的某些计数的实际方法先于数词的形成.

实际的计数方法数量繁多, 类型各异. 但是贯穿所有时代最普遍的一种计数方法是手指法. 普遍经验和观察到的一个事实是, 每一个儿童当要数数时就本能地转向他的手指; 把这些方便的助手当作计数器, 标记他头脑中小的数. 这个方法即自然又明白, 自从遥远古代的人类首次出现以来, 这个方法就总是被未开化的部落所运用. 所有关于原始人群的研究都倾向于肯定这一观点, 这就是明摆着的事实必然得出的断言. 偶然也会发现这个规则的某些例外, 比如在巴西的森林部族中就有所体现, 他们不是用手指, 而是用手指的关节计数.[6] 作为这些部族的整个计数系统看来局限到三, 这个变化并不会引起惊奇.

未开化种族以及文明人类中所观察到的各种实际计数方法的种类之多使得任何详细的账目在他们那里几乎是不可能的. 在一个区域, 我们发现使用的是小棍或碎片; 在另一个区域, 则是卵石或贝壳, 在又一个区域, 是简单的涂抹或在鲁宾逊克鲁索 (Robinson Crusoe) 风格的木棍上的刻痕; 还有的区域, 是用果核或种子的小堆, 另有的区域, 是在绳子上打的结, 等等, 方法几乎无穷无尽. 这些记数手段曾经并且仍然在大量的印第安人、黑人、蒙古人和马来人的部落里的日常习俗中被发现; 而为了一步跨越到智力发展的另一个极端, 德国学生在桌子上或墙壁上用粉笔画记号来保存它的啤酒记录. 但是在这些手段的背后, 形成一个公共源头, 所有由此引发的是通用的手指方法; 所有的人从这种方法开始, 并且所有人都发现它实在太方便了, 以至于即使他们的文明业已是最高类型的也不曾完全放弃. 任何这种计数方式, 无论涉及手指的使用与否都被简单地看作一种观念表达或理解的外部辅助, 没有它的帮助, 头脑就不能领会或记住这个观念. 德国学生用粉笔记录他的账目是因为否则他可能遗忘; 而安达曼 (Andaman) 岛民用他的手指计算, 是因为他再没有其他计算方法或换句话说领会数的概念的方法. 可以举一个单独的例证, 用以表示所有计数的实际方法的特征. 一个多世纪之前, 在马达加斯加的旅行者观察到一个稀奇且简单的确定军队中士兵人数的方式.[7]

---

[6] Spix and Matius. *Travels in Brazil*, 由 H.E.Lloyd 译自德文, Vol. II, p.255.

[7] De Flacout, *Histoire de le grande Isle de Madagascar*, ch. XXVIII. Quoted by Peacock, *Encyc. Met.*, Vol. I, p.393.

每个士兵在首长面前沿一个通道走过, 在士兵走到通道尽头时, 一颗卵石落在地上. 这种现象持续到形成 10 颗卵石组成的一堆后, 一颗卵石放在堆的旁边, 开始新的一堆. 直到完成了 10 堆, 一颗卵石放在旁边用以指出 100; 如此继续, 直到整个部队被数过. 另一个例证取自几乎与马达加斯加对蹠的地方, 最近偶然在印制的图片中发现那里的计数方式,[8] 这种方法是如此美好, 堪与德 · 福拉可 (de Flacourt) 的历史悠久的例子媲美. 蒙 · 西里 (Mom Cely) 是一个不知道其年龄的南方黑人, 她发现自己欠零售商的债务; 她不愿意相信债务额像老板说的那样多, 她着手以她自己的独特方式调查事情的原委. 她 "用一根绳子保存这些交易的账目, 在其上打结来帮助记忆." 当她的债权人 "承诺做事情要使西里明明白白时, 他不得不接受了西里自己设计的这个系统. 她每欠 10 美分, 就在一根白色光滑的棍子上刻一个小的刻痕, 当总的美分数到达一美元时, 就刻一个大的刻痕; 对于每五美元, 在第五个大的刻痕处用细绳打个结, 西里就用一段绳子上的绳结保存账目; 这样, 当两条线围绕棍子打了结, 那么十美元就是无可争辩的事实." 这个有趣的 '债务总数' 的计数方法可能是她自己的发明, 也可能是她的父母在南非生活的遗存, 完美地服务于这个年长的黑人妇女; 这个例子以及其他的例子说明了当要表示任何超过大自然所赐予的计数器上的数时, 未开化种族儿童所采用的计数方法. 不过手指经常用于远超过十的计数. 在给出直到 60 的 Il-Oigob 数字之后, 缪勒 (Müller) 又说:[9] "所有用适当的数字手势标示的 60 以上的数, 都用 *ipi* 这个词表示." 此外, 我们知道许多美洲印第安人部落在他们的手指上数十以上的数; 这样, 如果未开化的人们继续在整个计数过程中用手指竭力表示无论什么数, 我们都不会感到惊奇. 在不多的实例中, 我们发现这样的部落, 像在新几内亚 (New Guinea) 内部的麦拉西 (Mairassis) 部落中, 似乎除了手指的手势其他什么都不用.[10] 这个部落尽管一点也不缺乏数的意识, 据说没有任何数字, 但他们对每次的手指演示都使用单独的词 *awari* 表达, 无论演示的手指多少.

在未开化人使用的手指计数方法中观察到相当大程度的一致性. 他们不仅在标识中使用手指辅助, 而且几乎总是从左手的小手指开始, 接着前进到拇指, 计为 5. 从这里往前方法有所改变. 有时第二个 5 还在左手上数, 次

[8] Bellamy, Elizabeth W., *Atlantic Monthly*, March, 1893, p.317.

[9] *Grundriss der Sprachwissenschaft*, Bd. Ⅲ, Abt. i., p.94.

[10] Pruner-Bey, *Bulletin de la Société d'Anthr.de Paris*, 1861, p.462.

序跟第一个 5 相同; 但是更经常的是用右手的手指, 次序与前者相反; 即拇指表示 6, 食指表示 7, 等等, 直到小指, 这样就完成了直到 10 的计数.

初一想似乎没有什么好的理由采用这种显然单调的手指计数法. 在儿童的观察中并没有发现同样的情况; 儿童几乎完全不在乎从左手的拇指还是小指开始. 我自己的观察导致下列结论: 十分年幼的儿童有从拇指开始计数的微小并非确定的偏好. 在马塞诸塞 (Massachusetts) 州伍斯特公立学校的初级班级的实验显示, 206 个儿童中有 57 个从小指开始,149 个从拇指开始. 近四分之三的儿童从拇指开始, 而四分之一的儿童从小指开始, 这个事实远非最初所想象的那样重要. 四至八岁的儿童用两个方式中的一个计数, 并且有时候似乎他们自己无法知道从哪里开始数数. 在做上述实验的一个学校的班级里, 老师随意地要求一个儿童用手指数数, 同时教室里的其他儿童则注视着他, 看看他要做什么. 他从小指开始数, 于是教室里的其他儿童之后也照样这样做. 在另外的情形, 同样的错误由老师引起, 他要求一个儿童由拇指开始. 教室里的其他儿童则同样地做, 每个人自觉或不自觉地跟随领头者的榜样. 由这两个学校得到的结果自然排除在上述总计之外; 但是它们可以用于一个良好的目的, 即显示了十分年幼的儿童在这件事情上的偏好是多么微不足道. 因而这个年龄段的儿童没有确定的规律可循; 但是倾向似乎是用手的掌心向下, 而后从拇指开始. 作者有一次看到一个约七岁的男孩尝试计算 3 乘以 6; 他进行的方法如下: 保持他的左手的掌心向下, 用右手的食指依次触摸左手的拇指、食指和中指. 然后回到他的出发点, 他用同样的方式数清第二个三. 他继续这个过程直到他得到 6 个三, 而后他正确地宣布了他的结果. 如果他再年长几岁, 或许对于任何数字计算都不会如此轻而易举地回到他作为出发点的拇指. 十分年幼的儿童所显示的这种无偏好会逐渐消失, 在十二或十三岁时, 其倾向明确地是从小指开始的方向. 足足有四分之三的该年龄以上的人都会从小指到拇指计数, 这个比例与在考察过的初级学校里所发现的比例正好相反.

关于在文明种族中的手指计数方法, 我们未能发现任何普遍规律; 最多可以说的也不过是从小指开始计数的要比从拇指开始的多. 但是当在未开化的人群中进行这个微小但却重要的项目研究时, 我们发现, 他们使用了具有如此实质一致性的某种传承的次序, 以至不可避免地得出结论: 在其背后必定有某种确定的理由, 也或许是本能, 引导他们作出选择. 这种本能无疑是人类几乎普遍惯用右手的自然结果. 在手指计数中, 不论在儿童中间还是在成人中间, 除去左撇子, 总是从左手开始; 即使这样, 起点在左手上和右手上是同样可能的. 未开化的部落, 正如所期望的那样, 从左手开始. 不仅这个习惯在考虑部落整体时几乎是不变的, 而且几乎都总是首先使用小指. 为了解释这种一致性, 库欣 (Cushing) 中尉给出以下理论,[11] 这个理论是经过深思熟虑的, 并且立足于对于美国西南部印第安村落的祖尼 (Zuñi) 族人所做的研究和观察的基础之上: "原始人在户外时片刻不离他的武器. 如果他要计数, 就像今日在野外的祖尼族人一样; 把工具夹在左臂腋下, 这就限制了左臂, 但是留下右臂是自由的, 用它可以清点固定抬起的左手手指. 这种状态自然使得左手掌心正对着计算者, 于是他必须从左手的小手指开始计数, 并且从右向左继续他的计算. 这个行为的继承在祖尼族人的根深蒂固的习惯中被发现, 他们在计数、求和或做任何与有序动作有关的事情时, 手势都是从右向左, 将右手手指放在左手手指之上." 这就是这个难以说明现象的缘由. 如果未开化的人普遍是右手势的, 他总是不可避免地用右手的食指点被数的手指, 并且从最方便的地方开始计数. 在这种情形下, 就是从左手的小手指开始. 在试图用 3 乘 6 的儿童的情形, 则是从左手的拇指开始. 他在臂下没有夹住任何东西; 于是抬起左手到一个位置, 使得双眼和计数的手指可以快捷地在手指上方移动, 这时他保持手心背着他的面孔. 随后跟未开化的人一样地选择同样的出发点 —— 最接近其右手的手指; 仅在这种情形下是拇指. 有时就用这种方式教聋哑人, 这对于聋哑人是完全自然的. 可以想象一个左撇子儿童以从左至右的方式计数, 可能会从右手的拇指开始.

对于刚给出的未开化人在左手的小指上开始计数的规律, 有少许值得注意的例外; 人们观察到, 在第二只手上的依次推进的方法绝不是像在第一只手上那样一成不变. 南美洲的奥托马克人 (Otomacs)[12] 由拇指开始他们的计数, 他们是用拇指、食指和中指来表示数字了. 迈普雷斯人 (Maipures)[13] 完全稀有地、至少在某些情形似乎由食指开始; 因为据报道他们用中指、食指和无名指表示 3. 安达曼人[14] 从任何一只手的小指开始, 依次用每个手指轻触鼻子. 如果他们要表示的只是一, 就使用任何一只手的食指, 同时说出

[11] "Manual Concepts", *Am. Anthropologist*, 1892, p.292.

[12] Tylor, *Primitive Culture*, Vol I, p.245.

[13] *Op. cit., loc. cit.*

[14] Aboriginal Inhabitans of Andaman Islands, *Journ. Anth. Inst.*, 1882, p.100.

一个适当的词. 处于交趾支那 (Cochin China) 内部的土著部落之一的, 巴拿人 (Bahnars)[15] 在所使用的手指序列中没有呈现特殊的顺序, 尽管他们使用特殊的数字帮助他们计数. 在南非的某些黑人部落中,[16] 右手的小指表示 1, 他们的计数从右向左进行. 对于他们, 6 是左手的拇指, 7 是食指, 如此下去. 他们保持手心向下而非向上, 这就形成了与在非文明世界中其他部分所发现的如此大量一致性的规律完全显著的例外. 在美拉尼西亚 (Malanesia)也注意到有由拇指开始计数偏好的少数例子. 班克斯 (Banks) 岛的土著人从右手的转向下方的拇指开始, 接着依次其他手指, 直到小指, 它表示 5. 再往后是左手的手指, 两只手握紧拳头向上则表示完整的 10. 在莱珀 (Leper) 岛, 人们从拇指开始, 但是到达小指表示的 5 之后, 并不过渡到另一只手, 而是伸直他们的弯曲的手指, 从食指开始, 而保留拇指给 10.[17] 在使用一只手时, 人们是十分奇特的. 在未开化的部落中, 第二个 5 几乎恒定地在第二只手上清点, 虽然从一只手到另一只手的过渡原始人不遵从任何不变的规律. 他们用拇指或小指标记 6. 或许前者更常见, 但是他们不能做出带任何精确程度的表述. 在祖鲁人 (Zulus) 中, 数手指的序列是从拇指到小指, 这跟在刚指出的南非部落的情形是一样的; 而在维斯人 (Veis) 和许多其他非洲部落中, 是从拇指到小指. 爱斯基摩人 (Eskimo) 和几乎所有的美洲印第安人部落使用 6 与拇指相对应. 但是这个习惯绝不是普遍的. 关于在脚趾上从右到左或从左到右的顺序, 作者不知道任何一般的规律. 许多部落从来不使用脚趾计数, 但是用双手鼓掌、挥动右手或指定某个物件表明第一个 10 的终结; 在此之后再像前面那样使用手指.

手指计数的另一个细节值得引起关注. 早期研究者似乎一直有一个观点, 在从一个手指到另一个手指的过渡中, 未开化的人总是弯下或绻起所用的最后一个手指. 即计数从伸直并且铺开的手指开始. 不过这个观点是错误的. 西部的某些印第安部落[18] 从紧握的手开始, 并且在进行当中手指一个接一个打开. 这个方法远不如其他的普遍, 但其存在性是无可争辩的.

在穆拉鲁格 (Muralug) 岛的托雷斯 (Torres) 海峡西部, 早先曾经存在一

[15] Morice, A. *Revue d'Anthropologie*, 1878, p.634.

[16] Macdonald, J., Manners, Customs, etc., of South African Tribes, *Journ. Anth. Inst*, 1889, p.290. About a dozen tribes are enumerated by Mr. Macdonald, Pondos, Tembucs, Bacas, Tolas, etc.

[17] Codrington, R. H., *Melanesians, their Anthropology and Folk-Lore*, p.353.

[18] 即祖尼人, 见前面引用的库欣的文章.

些值得注意的计数方法，它来源于数字方法并且被看作这种方法的延伸. 从左手的小指开始，土著人按通常的方式数到 5，而后并不是过渡到右手或者在同样的手指上数，而是通过依次触摸和说出左手腕、左肘、左肩、左乳和胸骨表示从 6 到 10 的数. 接着从 11 到 19 的数按相反的次序用右侧的臂、手等的对应位置表示，右手的小指表示 19. 在每个情形所使用的词是所接触部位的实际名称；例如，同一个词既代表 6 又代表 14；但是除非伴随着固有的动作，从不按照数词的意义使用，这与为数极少的普通数词并不类似. 这种计数方法在岛上的土著人中很快消亡，现在只有老人还在使用.[19] 人们发现这个最不寻常方法的变种在临近的岛屿上还存在，但是没有与之严格类似的. 由此人们想起一个在东方的交易者中流行数个世纪的一个习惯[20]：通过在一块布下面触摸对方的每个手指关节表示数. 每个关节表示一个特定的意义；而整个体系无疑是从手指计数法演变而来的. 买者或卖者用这种方法表示 6 或 60 时，伸直拇指和小指，蜷起其余的手指. 添上无名指，则表示 7 或 70；如此这般. 据称，用手指屈伸确定价钱的两个商人之间，表示讨价还价、出稍大的价码、犹豫、坚决拒绝继续下去，等等，表达得如此清楚，犹如讨价还价是通过词语口头进行的一样.

在人的智力的发展过程中，用手指计数和其他模拟计数方法 —— 卵石、贝壳、绳结、算盘等等 —— 看来是这样：抽象的加、减、乘、除，甚至计数过程本身，对于人的头脑来说显得有些困难. 为了帮助克服困难，这些模拟助手被起用；而在发展层次较低的未开化人中，像在澳大利亚土著人中，它们使得计数变为可能. 而在智力层次稍高些的人中，例如美洲印第安人，对于单凭智力就可以做的事情，它们仅仅起到模拟助手的作用. 最后，在半文明和文明人中，同样的过程被保留下来，并且形成了几乎每一个人日常生活的一部分，这些人必须计数、估算，或以不论任何方式来保留账目. 它们不再是必不可少的，但却是如此方便和有用的，以致文明从未能够舍弃它们. 普通数字系统形式的算盘的使用过去几年急剧增加，这样的时代将要来临，以其适当形式出现的算盘将再次在文明国家中发现，其使用会像过去五个世纪一样的普遍.

在像人身保险精算师和其他需要做复杂计算的人所使用的当代精心制

[19] Haddson, A. C. Ethnography Westrn Torres Strait, *Journ. Anth. Inst.*, 1889, p.305. 关于一种类似的方法，参见 W. W. Gill 的 *life in the Southern Isles.*

[20] Tylor, *Primitive Culture*, Vol I, p.246.

作的计算机中, 在人造计算帮手的方向上我们有了顶尖的发展. 但是人造帮手不再仅仅表现为对于低智力的外部帮手, 现在它本身成了如此复杂的一部机器, 以致需要高层次的智力才能掌握它的结构和操作方法.

被所有复制的书和名人演讲所重复的一个根深蒂固的错误成见是，我们应该培养做什么就想什么的习惯. 情形正好相反. 文明因扩展重要运算的数目而进步，我们可以进行这些运算，却不思考它们.

阿尔佛雷德 · 诺思 · 怀德黑德 (Alfred North Whitehead)

关于零的要点是，在日常生活的运算当中我们不需要使用它. 没有人出门去买零条鱼. 在某种意义下，它是所有基数中最富启发性的，并且它的使用是由有修养的思维方式的需要促成的.

阿尔佛雷德 · 诺思 · 怀德黑德

---

3 从数到数字和从数字到计算

大卫 · 尤金 · 史密斯，杰库齐尔 · 金斯伯格

从数到数字

我们不知道人类第一次通过说话使他们的思想相互知晓已经有多久；但是看来人们可能学会在谈话中用词要比他们学会把这些词写出来早上千年. 同样地，在人们学会命名数之后，又经过很长的时间学习使用表示数的符号；例如用数字 "2" 代替 "二" 这个词.

何时与何地开始使用数字？这个问题把我们带回到历史的最初开始阶段. 如果你看地图，就将看到位于尼罗河流域的埃及. 早在公元前 3 000 年 —— 可能更早 —— 埃及就有了繁荣的城市，那里有集市和商店以及一个被认定的统辖全国的政府. 商业和政府记录的保存必然需要使用大的数. 这样埃及人就创造了可以表示从个位到数十万位的不同数值的数字集合.

在位于亚洲的底格里斯 (Tigris) 河与幼发拉底 (Euphrates) 河之间的另一个流域，那里有现在所知的伊拉克的部分领土. 这个国家早先称为美索不达米亚 (Mesopotamia)，或 "河流之间的土地". 五千年前的苏美尔人是一种奇怪的人，他们像是来自伊朗 (波斯) 的山区，在这片土地上发展了一种高度

的文明. 他们可以读和写, 并且拥有一个便于使用的数和数字的系统. 如果我们回忆起希伯来人的祖先亚伯拉罕 (Abraham), 他就曾是生活在这个 "河流之间" 同样国家的一个男孩, 这段历史帮助我们了解发生在多么漫长久远时代的事情. 在一千年之后, 即公元前 2000 年, 作为亚伯拉罕后代的另一个民族, 巴比伦人此时从苏美尔人手里夺取了权力. 而巴比伦人在此期间从苏美尔人那里学习了如何同其他民族经营贸易, 如何用黏土烧制成的砖块建造他们的房屋, 以及在同类的砖块上写下他们的信和他们的历史记录. 他们还学会如何使用或许是苏美尔人所发明的数的符号. 显示苏美尔人和巴比伦人如何保存他们的账目的铭文至今仍存在. 在印度, 也在古老的年代就使用了数字; 希腊人和罗马人也有他们自己制定的数的符号方式.

为了表示数 "一", 所有这些古代人都使用像我们的 "1" 一样的数字. 埃及人把它涂在陶器上和刻在石头上至少也有五千年了; 而稍后苏美尔人教会巴比伦人把它标记在粘土块上. 两千多年以后, 希腊人和罗马人使用这个符号, 并且在印度的大部分, 土著人也这样做. 这个数字可能来源于伸直的手指, 看来这是最容易和自然地表示我们所理解的 "一" 的方式.

但是你会回想起, 我们曾发现向未开化的家禽商人表示要买一只鸡的若干不同方式. 我们可以伸直一个手指, 或可以撂下一颗卵石或一根木条在地上. 按照同样的方式,"一" 有时用一个象征一个卵石或一个珠子的符号表示, 有时还用象征横放的木条的类似于 — 的一个线条表示.

"二" 方便地用两个手指 || 或两段线条 = 表示. 如果你快速写出 ||, 你将会有 N, 由此产生阿拉伯人和波斯人使用的图形 ٢. 快写的 = 成为 z, 即演变成我们的 2. 符号 = 至今还在中国和日本使用. 印度人有许多语言和书写数字的方式, 但是通常在早期他们都喜欢 = 胜于喜欢 ||, 于是我们的 2 在许多东方国家备受喜欢, 尽管阿拉伯人和伊朗人 (波斯人) 的图形方式在伊斯兰国家至今几乎还普遍采用.

楔形文字在古代被广泛使用. 这种文字发展在美索不达米亚平原, 那里缺少其他书写材料, 这导致人们用木条在泥板上铭刻标记, 这些标记通常呈边沿清晰的三角形. 楔形文字的数字 1、2 和 3 是 ▼ ▼▼ ▼▼▼. 这些数字首先出现在美苏尔人和迦勒底人 (Chaldeans) 的泥板上, 但是之后它们被巴比伦人、希泰族人 (Hittites)、亚述人 (Assyrians) 和其他古老种族使用. 它们还在远西像埃及、远北像小亚细亚 (安纳托利亚) [Asia Minor(Anatolia)] 以及远

东像伊朗 (波斯) 被发现. 它们据知在大约五千年前就一直使用着, 又被继续使用了大约三千年.

存于柏林国家博物馆的苏美尔泥板. 在第二列第二行是数 $60+10+10+10+10$ 或 100 (摘自 Menninger, *Zahlwort und Zifjer*).

在书写数字时, 巴比伦人有时候使用一根带圆形横截面的棍子, 它采用卵石或珠子的形状给出 “一”. 巴比伦人由此有了两种类型的数字, 可以从下表略见一斑.

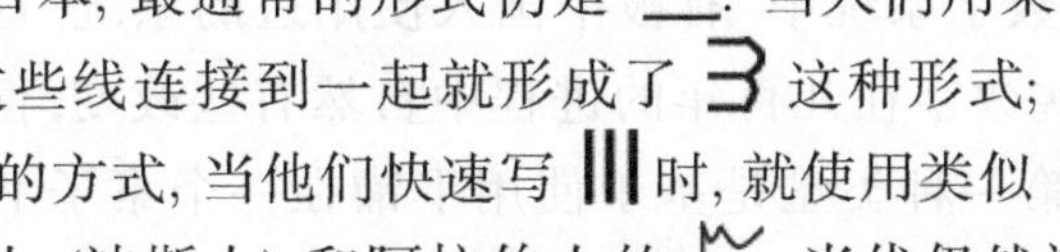

数字 “三” 通常用三条线 ||| 象征, 或更通常地在远东用 ≡ 表示. 即使在当代的中国和日本, 最通常的形式仍是 三. 当人们用某种类型的笔开始书写时, 他们把这些线连接到一起就形成了 3 这种形式; 由此就演变成了我们的 3. 用同样的方式, 当他们快速写 ||| 时, 就使用类似 ⊢ 这个形式, 它最终演变为伊朗人 (波斯人) 和阿拉伯人的 ٣, 当代仍然被数百万人使用. 有趣的是看到当沿它的边翻转时, 我们就有了 ʒ, 这在许多东印度区域就被认为是三的形状, 在那里我们发现梵文 ३ 和许多类似的形式.

因为在大多数国家意义为一、二和三的数字形式是从小棍的排列 | || ||| 或 一 二 三 发展而来, 我们自然期望用同样的方式写出四. 果真在

埃及和罗马 (), 在巴比伦 () 和少数其他国家就是这样做的; 但线条一般不连接在一起. 所有表示四的意思的古代数字中, 只有阿拉伯的  是由连接四个线条构成. 这个阿拉伯数字现今的样子是 .

组合数字和大数的书写表现出不同类型的问题. 在五千或更多年以前, 埃及人就使用类似这样的系统:

早期埃及人书写的数 27 529.

上图中一条折了的线条用来表示一万. 但是在下图刻在石头上的铭刻中, 线条却是直的, 而表示百的符号 (在底行的数字中) 弯曲得跟上图给出的数中所用的多少有所不同.

这个铭刻来自现在开罗的一个遗迹, 是国王的牛群清单的一部分. 顶部的数是 223 000, 而底部的数是 232 413 (取自 Menninger, *Zahlwort und Ziffer*).

在最古老的数字系统中, 有被中国人使用过的系统, 这个系统而后被日本人所采用. 这些数字在几百年的进程中自然有些改变, 但是有必要指出的类型仅有两种. 第一种类型是基于使用平铺在一个桌子上并用于计算目的的小棍, 但是也用于书写公文. 它们的形式如①.

通常用来表示前十个数的系统如下表示如②.

希腊人有几种方法书写他们的数, 但我们仅考虑其中的两个. 在一种方法中, 他们简单地使用数的名称的前几个字母, 但是他们的字母跟我们的完全不同. 例如, ③是早期使用的字母和名称:

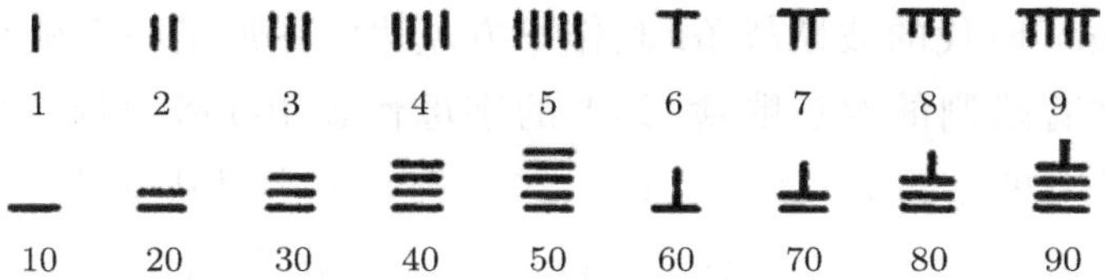

①

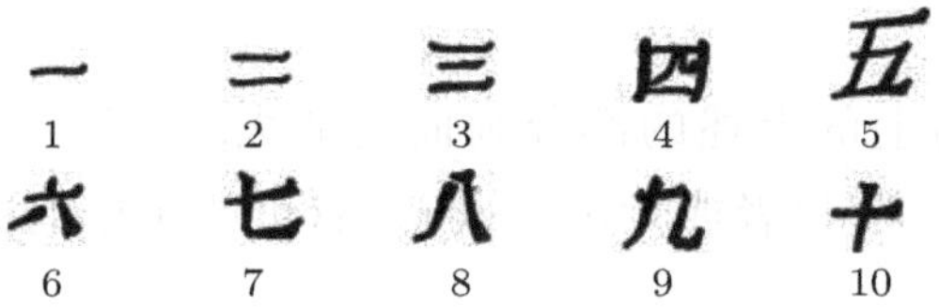

②

数	名称	字母
1000	kilo 或 chilo	X, 我们的 *ch*
100	hekto	H, 早期形式
10	deka	Δ, 我们的 *d*
5	penta	Π 或 Γ, 我们的 *p*

③

这些符号经常像下面那样组合, 这个数是 2977.

后来的希腊人在大约两千年以前一般使用他们字母表的前十个字母表示前十个数. 对于较大的数, 他们使用其他字母: K′ 表示 20, Λ′ 表示 30, 等等. 他们经常为每个字母添加一个标志 (/或 ′), 以指出它代表一个数字. 代表从 1 到 9 的数字的字母如下表示:

A′	B′	Γ′	Δ′	E′	F′	Z′	H′	Θ′
1	2	3	4	5	6	7	8	9

代表几十的是随后的九个字母:

I′	K′	Λ′	M′	N′	Ξ′	O′	Π′	Q′
10	20	30	40	50	60	70	80	90

数百是以下九个字母:

P′	Σ′	T′	Υ′	Φ′	X′	Ψ′	Ω′	Z′
100	200	300	400	500	600	700	800	900

(这里用 Q 和 Z 代替我们字母表里所没有的两个古代希腊字母.)

初始希腊数字在早期使用的最有趣的证据之一可在现存于那不勒斯 (Naples) 博物馆的一个装饰瓶上见到. 瓶上的画作涉及公元前 500 年左右

的大流士 (Darius) 时代的波斯战争. 画作下方左边的图形是一个坐在桌子前面的人, 手中拿着蜡制的双折账簿, 其上的字母代表 100 塔兰特 (*tálenta*)(货币单位). 桌子上的字母是 MXHΔΠO < T. 前五个字母代表塔兰特数: 10 000,1000,100,10 和 5, 后三个字母代表 1 欧宝 (*abol*) (塔兰特的一个分数部分), $\frac{1}{2}$ 欧宝和 $\frac{1}{4}$ 欧宝.

下面的素描是瓶上的上述的部分画面的放大, 更清晰地显示了上面的数. 这个人看上去像个收税者或货币兑换者. 有可能画中的桌子是供计算者做计算用的.

我们都熟悉像 I、II、III 和 IIII 或 IV 一样的在钟面上常见到的数字. 古代罗马人一直使用这些数字, 经过数百年传到我们中间. 我们称它们为 “罗马数字”. 现在有七个这样的字符使用在书的章、卷、大纲的主要段落等等的编号中. 它们是我们的常用的字母, 对应的值是:

I	V	X	L	C	D	M
1	5	10	50	100	500	1000

它们不时会改变式样, 以下是早期形式之一:

I	V	X	L	C	D	CIↃ ∞
1	5	10	50	100	500	1000

用后一种罗马形式的数字写出 2 752 899 这个数:

CIↃCIↃDCCLCIↃCIↃDCCCLXXXXVIIII

在最早的石头遗存上的铭刻里“一”是竖立的一划 |, 这跟其他西欧系统是一样的. 在中世纪, 小写字母普及之后, i 和 j 被采用, j 通常放在数字的末尾, 如 vij 表示七.

最早和最有趣的大写罗马数字的使用是在罗马的一个纪念碑上发现的, 该纪念碑是为纪念战胜迦太基人 (Carthaginian) 而建的. 在下面的图中从底部数起的第二条和第三条线上表示 100 000 的数字, 重复二十三次, 形成 2 300 000. 由此看出约两千三百年前书写的罗马数字是多么冗长笨拙.

长柱上的数字, 公元前 260, 位于罗马 Palazzo del Conservation.

“五”一般表为 V, 可能象征一只手. 这自然暗示十是 X (两个 V). 但是 X 完全有可能来自划去十个一. 关于这种罗马数字的起源有许多其他的启示. 在中世纪, U 曾为 V 的另一种仅有形式, 也曾被用来表示五, 在表示八的 uiij 中就是如此.

五十曾经用几种方式表示, 而最常使用的是 L. 在中世纪我们发现许多像 Mlxj 表示 1061 这样的形式.

罗马词 100 是 *centum*, 1000 是 *mile*. 这可能看作 C 用于表示 100 和 M 表示 1000 的理由, 尽管早期曾使用过产生这些形式的其他形式.

罗马人经常把四写成 Ⅲ, 而不常使用 Ⅳ, 即五减一. 即使当今在钟面上我们也会发现这两种形式. 对于古代人来说, 思考“五 (个手指) 少一”比之“四”和“十少一”比之“九”更容易. 我们也有类似于此的表现, 说“10 点差

15 分" 而不说 "9 点 45 分","3 点差 1 刻" 而不说 "2 点 3 刻". 在写法 IV 中,I 是从 V 中取去, 我们使用所谓的 "减法原则". 在罗马之外的许多系统中也发现了这个原则. 我们发现的第一个踪迹是在公元前 2000 年乃至更早期的巴比伦的泥板上. 在其上经常出现表示减法的词 lal(). 这样就有[1]

表示 10+10−1 或 19

表示 10+10+10−3 或 37

与罗马数字有关的以下注释或许会引起兴趣:

9 曾经写成 IX (即 X 减 I), 但是在印刷术开始前, 它十分经常以 VIIII 的形式出现.

19 曾经写成 XIX(即 X+IX), 但也经常写成 IXX (即 20 减 1).

18 通常出现为 XVIII, 但是也曾经使用 IIXX.

CIↃ 是书写 1000 偏爱的方式, 但后来改变为 M, 表示 1000 的词 *mille* 的字首. 此符号的一半即 C 或 Ↄ 则导致表示 500 的 D 的使用.

在书写大的数时罗马人使用下列形式

CIↃ 表示 1000

CCIↃↃ 表示 10 000

CCCIↃↃↃ 表示 100 000

十六世纪在英格兰出版的最著名的算术之一 [贝克 (Baker) 于 1568 年著] 给出了书写 451 234 678 567 的奇特方式:

四个 CliM, 两个 Cxxxiiii, 百万, 六个 ClxxviiiM, 五个 Clxvii .

看来这足以让老师和学生伤透脑筋, 但是当我们回想起我们的词 "十亿"(许多欧洲国家为 "一千个百万") 在十六世纪尚未普遍使用, 我们可以理解它的意义是

$$[(4C + 51)\text{ 个 } 1\,000 + 2C + 34]\text{ 个 } 1\,000\,000 + (6C + 78)\text{个 } 1\,000 + 5C + 67.$$

这就不难看出这个表达式意味着 $451\,234 \times 1\,000\,000 + 678 \times 1\,000 + 567$.

下页这一手写体部分取自瑞士学者弗里吉尤斯 (Freigius) 1582 年出版的著作, 它指出了在他所处时代所识别的罗马数字的形式.

[1] 见 O. Neuge bauer, *Vorlesungen über Geschichte der antiken mathematischen Wissenschaften.* Bd. I, *Vorgciechische Mathematik*, Berlin, 1934, p.17.

Quænam fuerunt notæ Romanorum?
I. 1.
V. 5.
X. 10.
L. 50.
C. 100.
Ↄ. D. IↃ. 500. Quingenta.
CIↃ. ∞. CIↃ. 1000. Χίλια. Mille.
IↃↃ. 5000. Quinque millia.
CMↃ. CCIↃↃ. 10000. Μύρια. Decem millia.
IↃↃↃ. 50000. Quinquaginta millia.
CCCIↃↃↃ. 100000. Centum millia.
IↃↃↃↃ. 500000. Quingenta millia.
CCCCIↃↃↃↃ. CCCCIↃↃↃↃ. 1000000. Decies cētena millia.
Romani numeri non progrediuntur ultra decies centena millia illa et cū plura significare uolunt, duplicant notas: ut,
∞. ∞. 2000.
CIↃ. CIↃ. CIↃ. 3000.
CIↃ. IↃ. 1500. ∞. D.

罗马数字直至十八世纪还在欧洲国家的记账当中普遍使用, 虽然我们现代的数字至少早在 1000 年时已经广泛知晓. 在 1300 年我们的数字的使用在某些欧洲城市的银行和商业文书中是被禁止的. 理由是它们比起罗马数字来更容易被伪造或被篡改. 例如, 0 仅用一划就可以变为 6 或 9. 然而当开始印刷书籍后, 近代数字的使用取得长足进步, 尽管罗马数字的使用在某些学校一直延续到 1600 年, 而在商业账簿中又延续了一个世纪.

当时在账簿中偏好罗马数字的一个理由是用它做加法和减法比我们现代的数字更容易. 这可以从下边的两个例子看出来:

加法		减法	
DCCLXXVII	(777)	DCCLXXVII	(777)
CC X VI	(216)	CC X VI	(216)
DCCCCLXXXXIII	(993)	D L X I	(561)

在这类操作中不必要学习任何加法或减法运算; 简单地将 V 加 V 得 X, CC+CC=CCCC, 等等. 我们的数字在加法和减法中的唯一优越性是容易书写. 不过, 谈到乘法和除法, 我们的数字就好得多了. 古代罗马人为了进行这些运算曾经时常要求助专门的计算者.

希伯来人用像希腊人一样的方式按照他们的字母表书写数字; 即如下

指出的首十个字母代表前十个数:

י	ט	ח	ז	ו	ה	ד	ג	ב	א
10	9	8	7	6	5	4	3	2	1

这里所指出的字母和数字是从右向左排列的, 这正是希伯来人所使用的书写方式.

另一个有趣的字母数字集合是哥特人 (Goth) 所使用的, 这些人起初生活在波兰和德国, 后来他们征服了欧洲的相当大的一部分. 这些数字的最大的一部分起源于希腊. 下面的表列举了这些数字. 再下一张图的左边是从在四世纪由主教乌尔菲拉斯 (Ulfilas) 翻译成哥特文的圣经中取出的一页, 其左侧页边距处是一列数字, 这些数字放大后在右边的小图中显示出来. 如果你比较一下这些数字和上表中的字母数字能够很容易地读出它们. 第一个是 300+40+3 或 343, 第二个是 344, 而第三个是 345.

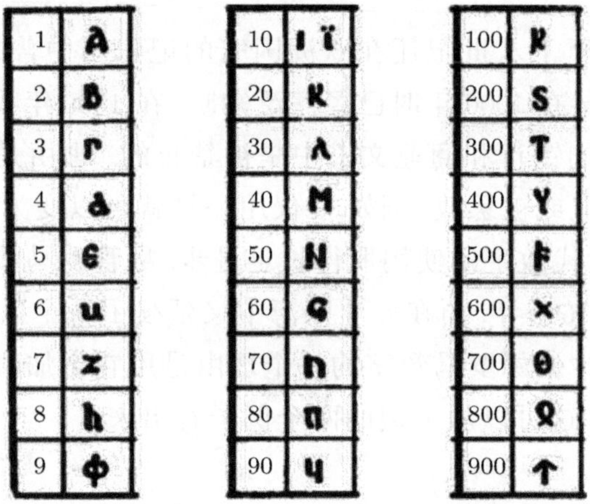

哥特人使用的字母数字 (部分摘自 Menninger, *Zahlwort und Ziffer*).

我们现在终于讲到当今在欧洲和美洲乃至亚洲和非洲的某些部分, 以及像澳大利亚这样的有欧洲人定居的区域所使用的数字. 首先, 必须了解, 虽然我们的欧洲的和美洲的数字经常说是阿拉伯数字, 它们却从未被阿拉伯人所使用. 这些数字是通过一本算术书介绍给我们, 此书显然是在约一千二百年前在印度写成的, 并且之后不久被翻译成阿拉伯文. 这本书意外地被商人带到了欧洲, 并且在这里从阿拉伯文翻译成拉丁文. 这发生在书在欧洲

取自银质抄本 (*Codex Argenteus*) 的一页, 由主教乌尔菲拉斯在四世纪翻译成哥特文的一部圣经 (摘自 Menninger, *Zahlwort und Ziffer*).

首次正式出版之前的数百年, 并且仅知道这本算术书的手稿形式. 自从把它从阿拉伯文翻译之后, 数字就被想象为是阿拉伯人曾使用过的, 但是事情并非如此. 可以称它们为印度 – 阿拉伯数字, 但是由于它们是在欧洲取得现在的形状, 称它们为欧洲数字或现代数字或许更好.

我们已经看到我们现代数字 1、2 和 3 有悠久的历史. 表示四的 4 却不像前几个那样古老. 在欧洲广泛使用 4 已经约七百年之久. 在印度普遍使用已两千年之久的表示四的各种形式当中有 × 和 +. 但是在亚洲还曾有并且现在仍有许多其他的形式. 其他数字的起源一般不为人知. 因为在大多数国家, 早期神父等神职人员是仅有的受教育者, 又因为当时旅行是如此困难, 以致不同部族之间发展了不同的语言, 神职人员仅发明他们自己的字母和数字. 当旅行变得更容易, 并且商人和统治者深感书写的需要, 不同部族的数字就变得更加相似. 当代, 国际贸易使得欧洲数字在全世界十分普及, 虽然中国的或阿拉伯的形式仍然被数百万人所使用.

我们现在的数字相比它们最初的形式已经大大改变. 下面是在印度的一个洞穴里发现的早期的印度符号, 时间是公元前二或三世纪. 这些符号中有一些肯定是数字, 而另一些仅可能是数字.

这些在某些情形下与我们自己的数字密切相关的印度数字, 被传到伊

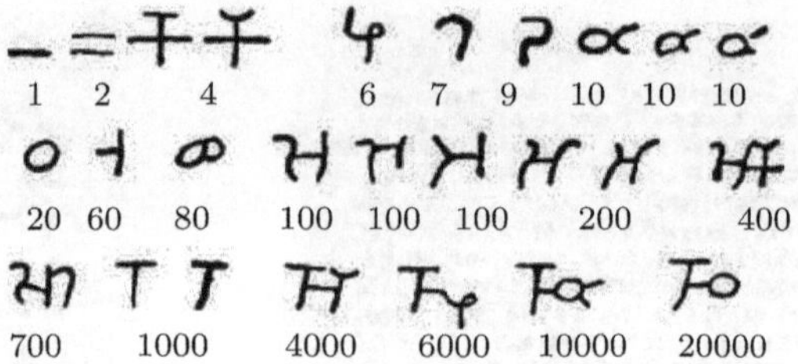

拉克的巴格达已经约千年了, 它们是下面这样的:

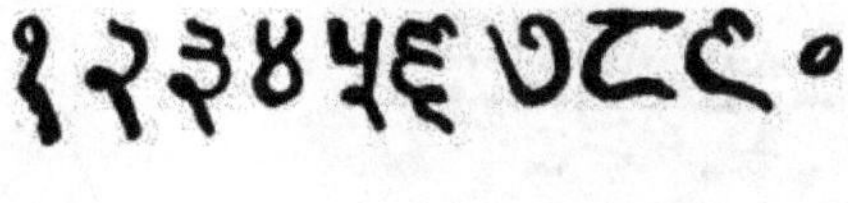

此后和现今所使用的阿拉伯数字像下面这样:

你会观察到零简单地是一个点, 而五非常像我们的零. 伊朗 (波斯) 数字除四和五之外本质上是同样的.

现在来认识更接近于我们的现代数字的数字, 这里有在任何欧洲手稿中所知道的所有这些形式 (缺少零) 的最古老的例子. 这是在 976 年写于西班牙的数字:

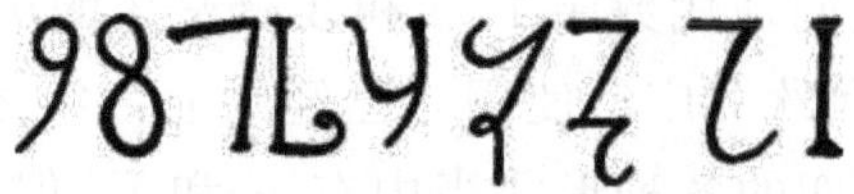

下表指出我们的数字从最初在欧洲使用到开始印刷期间的变化:

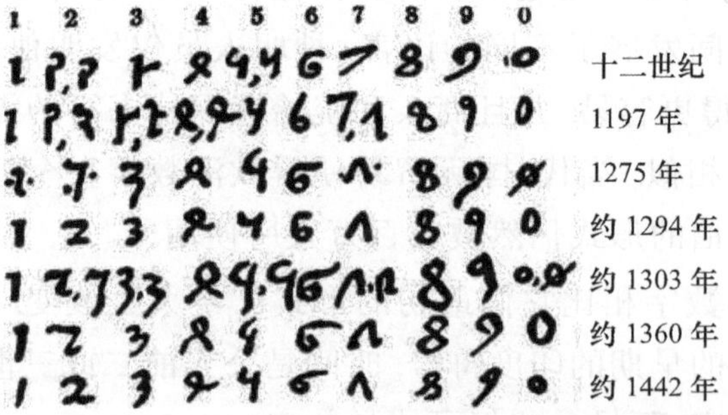

当数字开始出现在书籍里之后, 在意义上基本没有什么改变, 主要变化

是针对代表四和五的数字[2]. 甚至在当前的时代, 我们数字的形式仍经常改变, 以尝试哪种形式最便于阅读. 例如, 考虑下列样式, 决定哪一个最便于你阅读:

1234567890 1234567890 1234567890

大数的名称也时时发生改变. 例如, 词 *million* (百万) 在十三世纪之前还没有被使用. 它的意思是 "一个大的千", *mille* 是拉丁语的千, 而 *-on* (在意大利语中) 的意思是大的. 来源于意大利的词在十五世纪或更早传到法国, 并且此后在英格兰使用. 直到十七世纪, 人们一般更多说 "一千个千" 而非 "一百万", 并且至今在欧洲某些部分还这么说.

"Billion" 是一个相对新的词. 它来自意大利语, 并且最初发现的形式是 *bimillion, bilioni* 和 *byllion*. 它原来的意思是百万个百万, 英格兰人至今还这么理解, 而美国人用这个词汇表示一千个百万的用法近些年被普遍认可, 很大程度是由于现在在财政事务中所使用的庞大的数字涉及所有国家. 更大的数的名称, 像 trillions (万亿)、quadrillions (百万的四次方)、quintillions (百万的五次方) 等等的词, 罕见使用.

在我们已经描述的书写数字之外, 手指数字也被许多人使用了许多世纪. 古希腊人和古罗马人以及中世纪的欧洲人, 还有较晚年代的亚洲人, 都曾经使用过手指数字. 时至今日, 在市场里讨价还价时, 它们还不时被使用. 事实上, "在手指上计数", 甚至用这种手段做乘法和除法在某些国家很流行, 但是在西欧和美洲大陆并不常见.

下面的插图列出少数手指符号, 它们出现在十三世纪西班牙书写的一个手稿上.

下面的手指符号取自十六世纪的一本书, 它是在上面提到的西班牙手稿出现之后的三百年印刷的. 这两个例证的每一个仅表现系统的一部分. 不过可以观察到, 500(d) 在两个例证中是一样的, 还有 600 (dc), 700 (dcc), 800 (dccc) 和 900 (dcccc) 也如此. 在这些部分例证所没有给出的其他数字中也存在类似的对应.

---

[2] 见 Smith and Karpinski, *The Hindu-Arabic Numerals* (Boston,1911); Sir G. F. Hill, The *Development of Arabic Numerals in Europe* (Oxford,1915); D. E. Smith, *History of Mathematics*, 2 Vol., Boston, 1923, 1925).

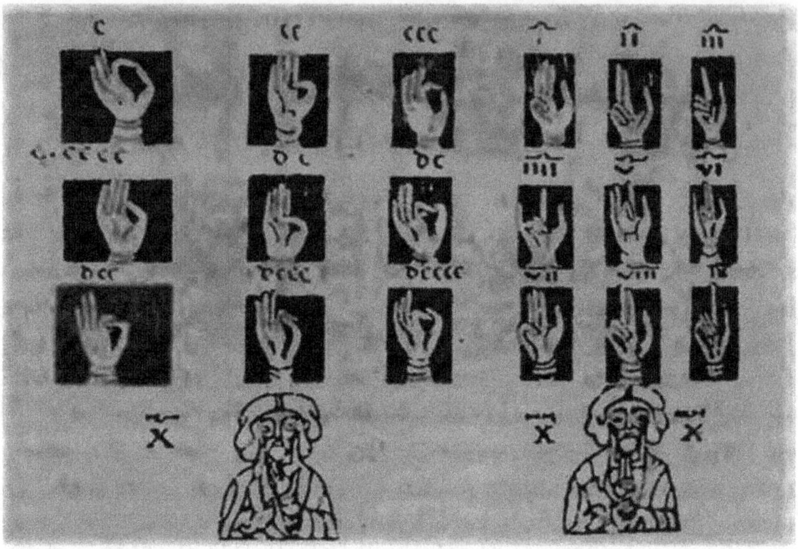

西班牙人的手指计数, 十三世纪, 顶行表示 100,200,300,1000,2000,3000.

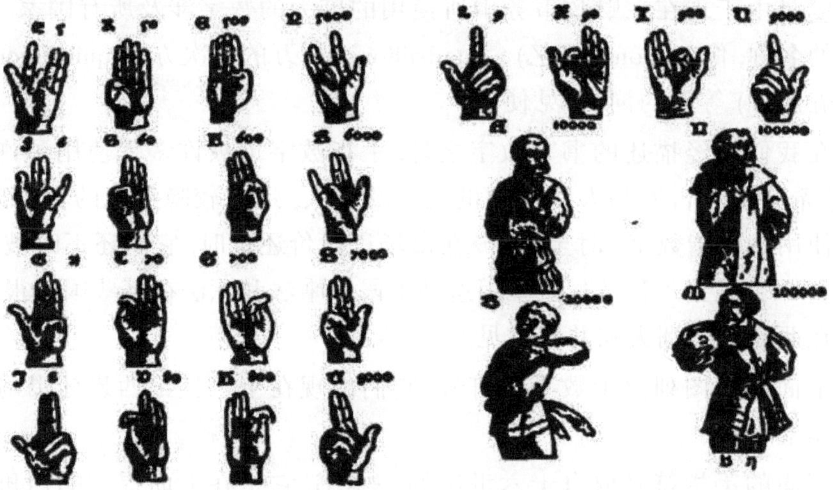

1532 年在德国印刷的一本算术中的手指符号.

从数字到计算

当人们最初开始使用数, 他们仅知道用它们工作的一种方式, 这就是计数. 渐渐地他们发现了怎样做加法、减法和乘法; 但是其进展是缓慢的, 一些国家发明了特殊的设备, 使得计算变得更容易, 特别是处理大的数字. 罗马人使用算台或算盘, 在算盘上的单位、五、十等用小珠表示, 这些小珠可以在沟槽中移动, 如下图所示.

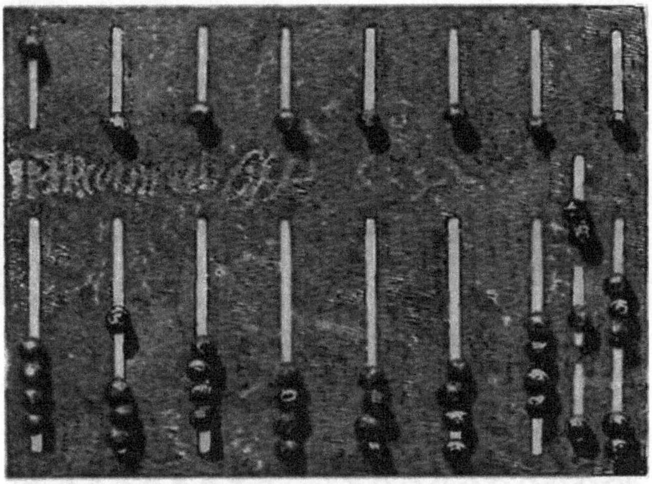

古代罗马人使用的铜算盘

他们称这些小珠为石子 (calculi) 或卵石 (pebble),calculi 是 calculus(石子) 的复数. 这里我们看到词 "calculate(计算)" 的起源. 音节 calc 的意思是石灰, 而大理石是一种石灰岩, 我们看到 calculus 是一小粒大理石, 很可能像今日玩的大理石球. 有时候, 像在下述的中国算盘里, 算珠沿着杆滑动. 这种算盘被称为 *Suan-pan*, 它至今在中国的所有部分还在使用. 在下面所示的一个插图里, 算珠排列得表示数 27 091 , 顶部的每个算珠表示不同阶的五 (个位, 十位等等).

日本人使用一种类似的器具称为日本算盘 (*soroban*). 中国人和日本人可以在算盘上或计算板上比我们用笔和纸快速得多地做加法和减法, 但是他们不能够像我们一样快地做乘法和除法. 在下面显示的日本算盘上, 从右列开始的第十二列起表示的数是 90 278, 其余的列没有用上.

在俄罗斯, 仍然使用一种类型的称为斯考地 (s'choty) 的算盘, 并且不久前类似的算盘还在土耳其 (*coulba*) 和亚美尼亚 (*choreb*) 使用.

现在回到我们身边的故乡, 你曾经时常在商店买东西用到一个 "计算器", 但是你是否知道 "计算器" 告诉了加法和减法的一部分内情? 让我们看看其内情是什么.

我们已经知道, 罗马数字 I、V、X 等等在欧洲广泛使用了近两千年. 但

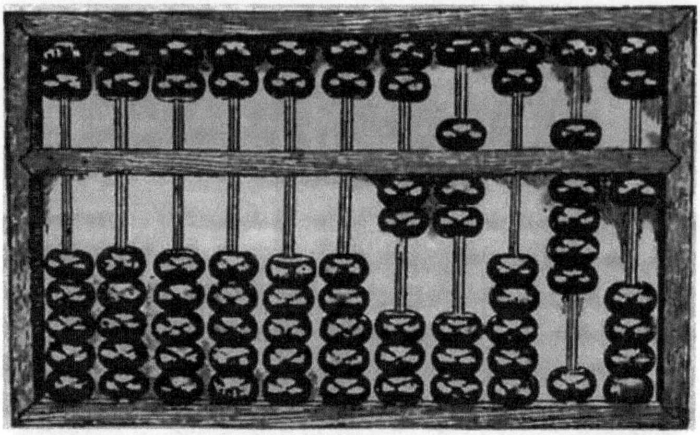

中国算盘

日本算盘

是用这些数字书写大的数是困难的. 例如, 98 549 可以写成这样: lxxxxvii-iMDLVIII. 还有这个数的其他写法, 但都同样是臃肿不堪的. 因此商人们发明了一种表示大数的更容易的方法. 他们在一块板上画线, 在线间留有空隙, 并且用圆盘 (像棋子一样的圆片) 进行计算. 在最低的线可以有一至四个圆盘, 每个圆盘的值为 1. 位于第一条线上方空间处的圆盘的值是 5, 将其与下面那条线上的盘相组合就可以给出 6、7、8 或 9. 在这个插图中表示的是 5+3. 大的数在上面的线和空间上类似处理. 有时候圆盘可以沿着杆滑动.

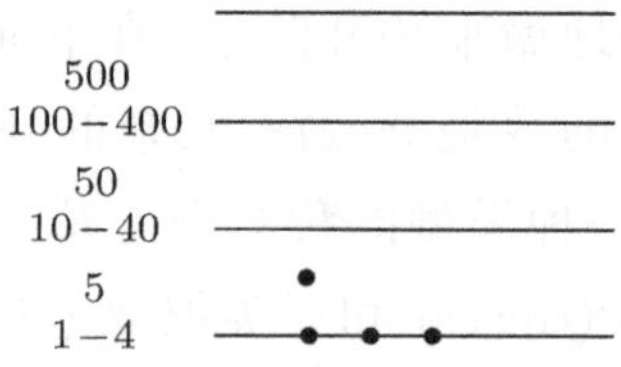

现在我们看这个图. 有四个圆盘在千位线上, 在五百的空间里没有圆盘, 等等; 即可以得到 $4000 + 0 \times 500 + 100 + 50 + 40 + 5 + 3$ 或 4198.

你可能想要看一看这样一个带算筹的计数板, 那么就请看已经有约四

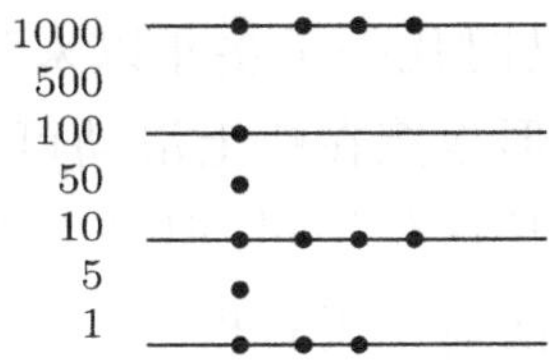

百年历史的最古老的英格兰算术之一. 你可能更喜欢阅读印刷在书上的古老英格兰文字, 问题是 2 659 和 8 342 相加. 这两个数没有书写, 但是用算筹表示了出来. 星号放在板上, 这样眼睛就容易看到千在哪里, 正像在数 2 659 中的逗号原来指出它的左边的数字是 2 千. (在表示时间像 1937 年和其他许多情形下, 特别是在仅有四个数字的情形, 通常省略逗号.)

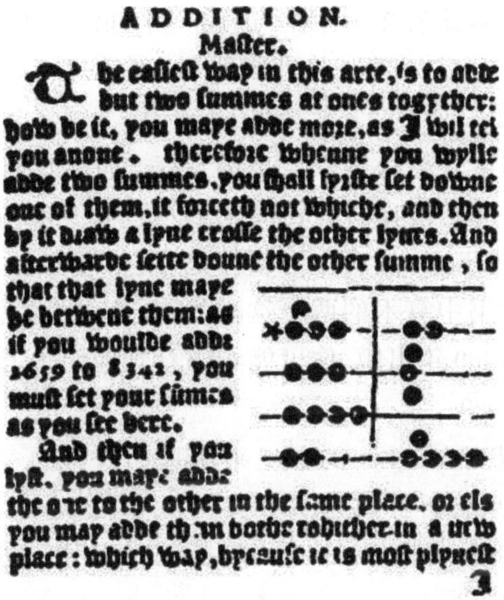

ADDITION.
Master.
The easiest way in this arte, is to adde but two summes at ones togyther: how be it, you maye adde more, as I wil tel you anone. therefore whenne you wylle adde two summes, you shall fyrste set downe one of them, it forceth not whiche, and then by it drawe a lyne crosse the other lynes. And afterwarde sette downe the other summe, so that that lyne maye be betwene them: as if you woulde adde 2659 to 8342, you must set your summes as you see here.
And then if you lyst, you maye adde the one to the other in the same place, or els you may adde them both togither in a new place: which way, bycause it is most playnest
I

取自约四百年前印刷的罗伯特 · 雷科德 (Robert Record) 的《艺术基础》(*Ground of Artes*) 的一页.

因为这些圆盘用在计算当中, 故称之为算筹 (counters). 算筹放在其上的板则称为算筹板. 当欧洲国家放弃使用这种类型的计算器后 (十分普及已经有四百年了), 他们就称在商店和银行使用的板为 “counters(柜台)”, 并且这个名称此后就常用来称呼在商店里展示货物的面板. 语句 “counting house” 则在某些地方仍用来命名保存账簿的房间.

使用计算器的一个理由是大约十一世纪前在欧洲一般还不知道纸张. 这

些板上覆盖着自希腊和罗马时代一千多年以来就使用的薄蜡膜. 在蜡膜上可以刻画数和字, 用一个勺形板擦在蜡上滑动可以擦去它们, 但是操作非常缓慢. 石板曾经在部分欧洲地区使用过, 但是由于使用的石板的采石场不普遍, 因此其他地区不能够方便地使用石板.

当黑板做出来之后, 起初并不是总能容易地找到粉笔, 所以书写加法不如用计算器做加法更普及. 当石板、黑板和纸张都付诸使用之后, 人们做加法跟我们现在做的大致一样. 因为所有细心的计算者"检验"他们的工作都是通过自下而上的和自上而下的加法来发现错误, 小学生现今用两种方式做加法, 因此没有理由只教一个方向的加法.

在算筹板上做减法与加法用几乎完全相同的方式进行. 数用算筹表示, 并且根据问题需要取走算筹. 术语"进位"和"借位"比现今拥有更多的意义, 这是由于算筹实际被拿起, 并且移到下一个位置. 如果从下一位借走算筹, 实际上是偿还了.

现在我们学习乘法口诀跟学习单词一样. 如果我们需要使用 7×8, 我们立刻想到"56", 这就跟我们看到词 CAT 就会想到"猫". 但是从前是首先把"乘法表"抄写下来, 然后作为整体记住它. 下面给出了摘自最古老之一印刷的一本德文书中算术的两个这样的表, 该书由约翰 · 威德曼 (Johann Widman) 撰写, 于 1489 年出版. 你可能希望看到他们是怎样排列和怎样在每个表里求得乘积 8×9.

你或许喜欢看到在 1478 的书里乘法是如何做的, 并且发现右边的四个实例的意义. 如果告诉你在每一个实例里, 问题是 934 乘以 314, 乘积是 293 276, 那对于你将是容易的. 不过当时还没有使用千位隔离符",". 你看到它是怎样算出来的吗?

下页第一个插图的左边是从十五世纪的手稿复制的另一个乘法的例子, 它表示怎样求乘积 $456\,789 \times 987\,654$. 这里显示的两数的乘积是 451 149 483 006. 图形看起来像一个格栅, 故有时称这里呈现的方法为"格栅法". 你可能想要看看是否能够用这个方法把 345 乘以 678. 你还可能想尝试用 (比如) 一个 3 位数乘一个 4 位数. 如果你了解上面的实例, 就不难做此类乘法.

除法在古代鲜有使用, 除非除数十分小. 事实上, 即使在现代, 除法与乘法相比也是不常需要的, 比起加法和减法来就更少被使用. 在算盘上经常用通过减法做除法; 例如求多少个 37 含在 74 内, 我们看到 $74 - 37 = 37$ 和

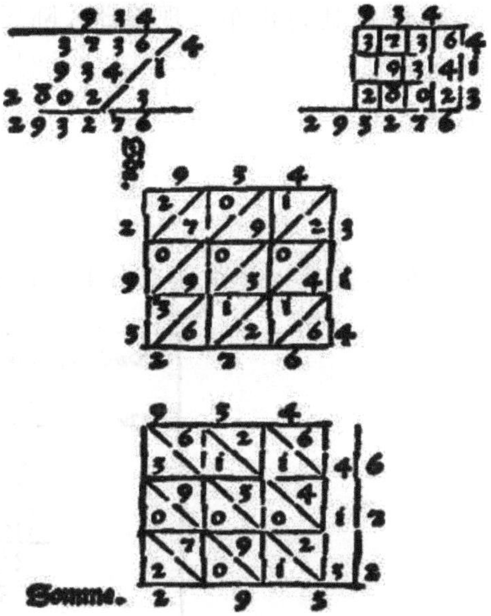

摘自约翰 · 威德曼 1489 年的算术 摘自 1478 年的在意大利的特雷维索 (Treviso) 印刷的算术

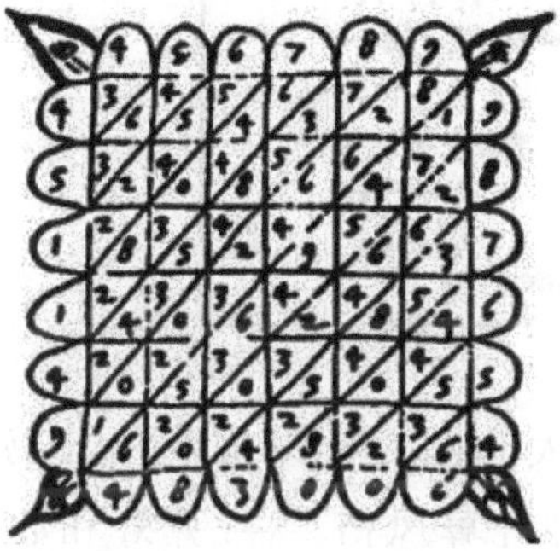

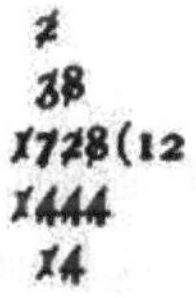

37 − 37 = 0, 于是 74 内含两个 37.

本页第二个插图的右边是在十五世纪最通行的另一种除法方法. 它显示 1 728 除以 144 的除法. 被使用的数很快被划掉, 故这种方法常被称为 “划去法”. 首先写出数 1 728, 再把 144 写在它的下面. 因为商的第一位是 1, 数 144 和 172 被划去. 再把 144 写在下面. 余数写在上面. 按照你现在的方法用 144 除 1 728, 比较一下你的方法和这里的划去法.

我们现在的做除法的方法经常称为 “长除法”, 从十五世纪开始使用. 它以印刷形式首先出现 1491 年在意大利的佛罗伦萨出版的卡兰德里 (Calandri) 的算术里, 比哥伦布发现美洲大陆还早了一年. 第一个例子给出 53 497 除以 83 的除法, 结果是 $644\frac{45}{83}$. 第二个例子给出 $\frac{3}{8}$ 除以 60 的除法, 结果是 $\frac{1}{160}$, 其他的三个是

$$137\frac{1}{2} \div 12 = 11\frac{11}{24} \quad 60 \div \frac{3}{8} = 160 \quad \frac{2}{5} \div \frac{7}{9} = \frac{18}{5} \div 7 = \frac{18}{35}$$

你可能有兴趣跟随来自十分古老的算术的这些例子的每一个步骤.

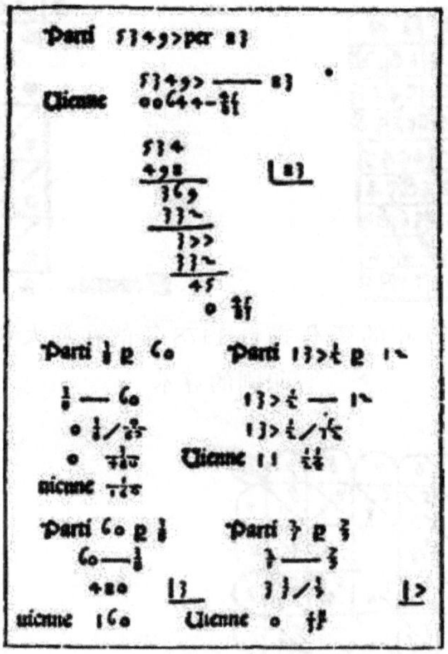

下页的有趣的图画摘自被熟知大约四百年以前的一部书. 该书首次印刷于 1503 年, 这幅画同时展现了两种计算风格 —— 算筹和数字. 在右边的算筹板上的数是 1 241. 左边表现的是在尝试计算 1234 除以 97, 其不成功的原因是我们所熟知的分数还没有发明.

在一块板上用算筹的计算方法似乎在欧洲探险者到来之前由南美洲的印第安人发明, 而我们关于这个事实的第一个证据出现在 1590 年的西班牙文的一个著作中. 在这个著作中, 天主教神父约瑟夫 · 德 · 阿科斯塔 (Joseph de Acosta) 告诉我们:

“为了进行非常困难的计算, 一个计算能手会需要笔和墨水 …… 而这些 (秘鲁的) 印第安人则使用他们的小麦粒. 他们放一粒在这里, 三粒在别

From the *Margarita Philosophica.* by Gregorius Reisch.

取自格里戈里厄斯 · 赖克 (Gregorius Reisch) 所写的*Margarita Philisophica.*

处, 八粒在我不知道的某处. 他们移动这里的一粒和那里的三粒, 事实是他们能够毫无差错地完成计算. 实际上, 他们在计算每个人支付或给予多少要比我们用笔和墨水计算更好."

在南美洲, 显然早在欧洲征服者到来之前, 秘鲁和其他国家的土著人就用结绳保存账目. 这称为 结绳语 (*quipus*), 用以记录在计算表上求得的结果. 结绳语可能还结合某种算盘使用到底有多久了, 我们无从知道. 一个秘鲁印第安人 Don Felipe Huaman Poma de Ayala 在 1583 年和 1613 年间用西班牙语写就的一部手稿最近被发现, 现存于哥本哈根皇家图书馆. 它包含大量的用笔和墨水画的草图. 其中的一个从 1931 年出版的一个小册子复制到这里[3]. 这个图描绘了印加人的一个会计和司库 (*Cōtador maior i tezorero*) 正手持一个结绳. 在图的左下角是一个带算筹和放卵石或果核的洞的计算板.

表示数的绳结的使用是在德国发现的, 这是与麻袋里的粮食的存量的数目有关的. 门宁格 (Menninger) 指出结的形状和它们代表的数字意义如下:

[3] Henry Wassén, *The Ancient Peruvian Abacus*, Göteborg, 1931; 复印自 *Comprative Ethnographical Studies*, Vol. 9.

CÕTADOR MAIOR I TESORERO
CVRACA·CON DOR·CHAVA

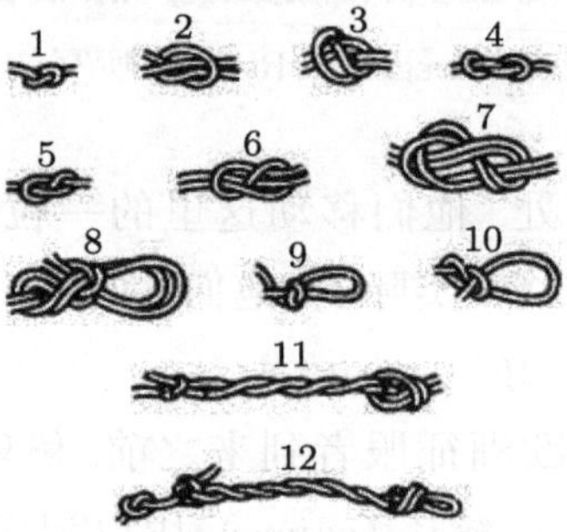
1
2
3
4
5
6
7
8
9
10
11
12

编者评注

白痴奇才

一个人用脑做加法，即使结果正确，也没什么值得炫耀的. 但是凭脑力进行高速、长久和复杂的数值计算 —— 开方、高指数的乘幂、乘或除以十位或二十位的数 —— 则是罕见的天资. 事实上，计算奇才的表现比年轻棋手、少年音乐家或其他有天赋的儿童更令我们惊叹.

这类能力的本质难于理解. 对于天才的早期智力特点的研究表明，在这一类人中，甚至在数学家中，极少数的人具有超凡的像计算机一样的能力. 安培 (Ampère) 三岁就显露出对于数学的惊人的擅长. 詹姆斯 · 瓦特 (James Watt) 六岁就开始做几何练习，这是在他开始富有成果地沉思从婶婶的茶壶中冒出的蒸汽时的九年之前. 帕斯卡在十二岁之前还不知道任何数学词汇 (他称圆周为 "圈儿"，直线为 "杆")，就罗列了自己的公理，并且写出了许多重要的几何定理的完美证明；据说高斯三岁时纠正了他父亲的工资账目中的错误. 然而令人质疑的是，这些智力超常的儿童在闪电般快速计算方面是否比得上自学的英格兰男孩乔治 · 帕克 · 比德 (Geoge Parker Bidder)，或十九世纪佛蒙特 (Vermont) 州一个农民的儿子谢拉 · 科尔伯恩 (Zerah Colburn). "本金 4 444 英镑当利率为 $4\frac{1}{2}\%$ 在第 4 444 天的复利息是多少?"：十岁的比德，两分钟内 (在学者们的一次聚会上) 就做完了这个练习. 科尔伯恩八岁时被问及数 8 的十六次方是多少；他立即 "轻而易举" 地宣布了答案 (281 474 976 710 656)，博得学会与会者的一片惊叹声.

计算奇才呈现巨大差异，诸如遗传、教育、一般智力、多年能力的积累、其他工作领域的成就、寿命和爱好等等. 由奴隶贩卖从非洲被绑架来的美国黑人汤姆 · 富勒 (Tom Fuller)，从未学习过 (他活了八十岁) 阅读和书写，的确是个算术奇才. 比德是一个石匠的儿子，不仅一生都保持着他的计算能力，而且成为了一位优秀的土木工程师; 科尔伯恩的能力在较早的年纪耗尽, 他不明原因地三十六岁就去世了; 杰迪戴亚 · 巴克斯顿 (Jedediah Buxton) 和约翰 · 达斯 (Johann Dase) 是典型的*白痴奇才*: 他们在处理巨大的数字方面才华横溢, 而在其他方面的各种事情上, 包括数学, 则很愚笨. 某些计算者们曾尝试解释他们的能力, 但是并没有取得明显的成功. 从比德那里听到 89 乘以 73 是一种 "瞬时运算"("我将 80 乘以 70, 80 乘以 3, 9 乘以 70, 9 乘以 3, ⋯, 答案直接就来到我的脑子里")并非很有感悟, 而比这更有启发性的是费罗尔 (Ferrol) 博士曾经谈到, 当被问及 "任何问题 ⋯⋯ 直接从我的直觉得到结果 ⋯⋯ 我经常会有这样的感觉, 某个人在我的旁边, 低声告诉我正确的方法以发现所希望的结果." 至少有一点是清楚的: 困难的问题即使对于奇才也是困难的. 下面摘录牧师 H.W. 亚当斯 (Adams) 描述十岁的杜鲁门 · 亨利 · 萨福德 (Truman Henry Safford, 1836—1901) 的运算行为的一段笔记."你用心算做乘法"(富于同情心的亚当斯博士命令道)"365 365 365 365 365 365 乘以 365 365 365 365 365 365. 他像陀螺似的在房间里四处飞转, 拉他的裤腿到靴子上端, 咬他的手, 眼珠子在眼眶里打转, 有时微笑, 有时说话, 而后仿佛很激动, 不到一分钟他就说出 133 491 850 208 566 925 016 658 299 941 583 225!" 一台电子计算机可能会算得稍快, 但是看不到这么多乐趣.

* * * * *

下面的文章选自 W. W. 劳斯 · 鲍尔 (Rouse Ball) 的备受欢迎的名著《数学消遣和随笔》(*Mathematical Recreations and Essays*). 鲍尔是剑桥特里尼蒂 (Trinty) 学院多年的董事 (1878—1905), 特里尼蒂学院的数学讲师、作为导师的律师团成员 (虽然他没有从事过律师业务) 和数学历史学家. 他在 1888 年出版的《数学简史》(*A Short History of Mathematics*) 介绍了直至十九世纪末的许多数学家的传记材料和相关主题的有趣并引起共鸣的书面记述. 而他的《数学消遣和随笔》则是集智力测验、悖论、问题、魔方、算术和几何练习等等于一体的人人喜欢的百宝箱. 此书问世于 1892 年, 至今已有十三版. 鲍尔在 1925 年辞世, 享年 75 岁[1).

[1)关于为他的逝世发的讣告, 见 *The Cambridge Review*, April 24, 1925, pp.341—342 和 *Nature*, May 23, 1925, Vol. 115, pp.808—809. ——编注.

处理数的能力与在极其破旧的钟表内安装"擒纵装置"类似. 我想象它几乎像自主转动耳朵的能力一样通常, 是一种不甚稀少的天赋.

奥立佛 · 温德尔 · 霍姆斯 (Oliver Wendell Holmes)

4 计算奇才

W. W. 劳斯 · 鲍尔

在不寻常的一段时间里, 出现了一些具有超凡心算能力的少年[1]. 在几秒钟之内, 他们可以给出与数的乘法和开方有关问题的答案, 而一个数学专家要得到此类答案则要耗费较长的时间并且还要仰仗纸和笔. 他们的能力还不限于这类简单的问题. 更困难的问题, 例如处理因数分解、复利息、养老金、民用和宗教日历、方程求解这些问题, 当你刚明白要解决的是什么问题, 他们中的一些人已经算出来了. 在多数情形这些少年目不识丁, 通常他们做题的规则是自己发明的.

这些人的表现如此引人注目, 以致一些观察者认为这些奇才具有性质上异于同龄人的能力. 而这种观点不具备基础. 具有非凡记忆力和对于算术的天生素质的任何少年, 如果持续地全神贯注于数的思考, 并且执着地不断实践, 就能够实现心算的精通, 这些特殊天才的表现自然堪称超凡脱俗.

在本章, 我打算简短描述更著名的计算奇才的成就. 我们将会看到, 他们的表现具有许多共同的一般特征, 尽管如此, 他们还各具所长. 针对后者,

[1]搜集关于计算奇才的大部分事实的有: E. W. Scripture, *American Journal of Psychology*, 1891, Vol. IV, pp.1—59; F. D. Mitchell, 同上的期刊, 1907, Vol. XVIII, pp.61—143, 还有 G. E. Muller, *Zur Analyse der Gedächtnistatigkeit und des Vorstellungsverlaufes*, Leipzig, 1911. 我可免费使用这些文章, 在遇到没有第一手信息引用被授权的情况, 我无例外地依据这些文章. 关于许多原始证据的文献注释都求教于这些论文.

[关于在这一领域的更近代的研究, 见 Harvey C. Lehman, *Age and Achievement*, Princeton,1953; 以及 Max Wertheimer, *Productive Thinking*, Harper and Brothers, 1945. —— 原编者注]

简短指出个别计算者的特点就足够了.

我把自己局限在描述自学成才的计算者, 这就排除了考虑一些公众表演者, 他们通过练习、算术策略和玩杂耍人的把戏可模仿类似的能力. 我还只关心那些年轻时就显示出能力的人. 就我所知, 被我排除的自学成才的年老数学家仅有约翰 · 沃利斯 (1616—1703), 他是牛津的萨维尔教授, 他在中年为了自己消遣开发了心算方面的能力. 作为他的成就的例证, 我注意到他在 1669 年 12 月 22 日, 曾在床上全神贯注于用心算求 3×10^{40} 的平方根的整数部分; 过了几个小时再凭记忆写下了结果. 这个事实吸引了人们的关注, 两个月后他挑战求五十三位数的平方根; 他用心求算, 并且一个月之后, 他口述了答案, 而并没有同时写下答案. 这种计算和记忆的成绩是典型的计算奇才.

最早记录在案的这类奇才之一是杰迪戴亚 · 巴克斯顿, 他大约 1707 年生于德贝郡的埃尔姆顿 (Elmton,Derbyshire). 尽管他是一个乡村学校校长的儿子, 其教育却无人过问, 他从未学过书写或密码. 他处理大数的能力出众, 而智力却是低层次的: 他没有什么抱负, 甘愿一辈子做个农场工. 他的算术方面的超凡技巧没有给他带来任何物质利益, 只不过偶尔从带他展示其特殊天赋的人那里拿到少许报酬. 他似乎从没有公开展示过. 他死于 1772 年.

他没有留下关于他何时以及怎样被心算所吸引等的回忆录, 关于他在早期生活中表现的细节我们也无从得知. 唯有数字对于他似乎总是具有奇怪的诱惑. 如果说出了一个物体的大小, 他马上开始计算这个物体有多少英寸或包含多少根头发丝的宽度; 如果提到一段时间, 他就计算这段时间有多少分钟; 如果他听了一个布道, 他所想的仅仅是其单词或音节的数目. 无疑他在这些方面的能力与日俱增, 但是他的思维还停留在孩童时代, 他引以为自豪的也就是能够准确无误地陈述这类计算的结果. 他书写很慢, 并且回答算术问题要花费比大多数这类奇才长得多的时间. 他的能力所带来的仅有的实际成就是凭观察来估计形状不规则的土地的面积.

他的名声在德贝郡日益扩大. 在地方访问者提给他的许多问题中, 下面的几个彰显了他年轻时的能力: ——一块长 351 码、宽 261 码的土地的面积是多少; 他用了 11 分钟给出答案. 挖一个 426 英尺长、263 英尺宽和 $2\frac{1}{2}$ 英尺深的池塘要挖去多少立方英尺的土; 他用了 15 分钟给出答案. 如果声音一秒钟传播 1 142 英尺, 传播 5 英里要多长时间; 他用了 15 分钟给出答案. 上述这些问题原则上没有困难.

这里是当巴克斯顿的能力完全开发出时他所解决的几个比较困难的问题. 他计算当时的四分之一便士加倍 140 次后和为多少: 答案是要用一个三十九位数字表示的英镑数外加 2 先令 8 便士. 然后要求他把这个三十九位数自乘: 两个半月后他给出答案, 并且说在这期间他间断地在计算. 在 1751 年, 他计算一个长 23 145 789 码、宽 5 642 732 码、厚 54 965 码的直角石块有多少立方英寸; 填满一个容积为 202 680 000 360 立方英里的正立方体容器需要多少玉米粒; 一英寸长需要多少根头发来填满 —— 玉米粒和头发的尺寸是预先给定的. 这些问题虽然涉及庞大的数, 但是并没有本质的困难, 不过除非计算者有明显好的记忆力, 这些问题是不能够由心算解决的. 在每个情形下, 经过相当大的努力, 他都给出正确的答案. 在 1753 年, 他被要求给出刚好装有一夸脱麦芽的立方体谷仓的尺寸. 他认识到要回答这个问题需要计算开立方. 这对于他来说还是个新的概念, 不过过了一小时, 他说立方体的棱长应该在 $25\frac{1}{2}$ 和 26 英寸之间, 他是正确的; 这使人想起是否他通过试探不同的数得到这个答案.

记述他的表现的报告出版之后, 他的名声传到了伦敦, 1754 年他来到这里. 在他停留伦敦的日子里, 皇家学会的许多会员考核了他, 他们确信了他的表现的真实性. 他的几个熟人带他到德鲁里 · 莱恩 (Drury Lane) 戏院看剧目《加里克》(Garrick), 他们对于看一出戏剧会给他有怎样的印象充满好奇. 结果他对于剧情无动于衷, 走出戏院后却告诉那些请他的人各个演员说出的词的精确数目和其他演员舞蹈中的步数.

仅在少数情形他能够解释他的运算方法, 而知道了这些方法足以使我们说这些方法是笨拙的. 他描述他求 456 和 378 的乘积的过程, 简短地说是这样: 如果用 a 表示这些数字中第一个数, 他首先求出 $5a=$ (比如) b; 再求出 $20b=$ (比如) c, 再求出 $3c=$ (比如) d. 然后他求出 $15b=$ (比如) e, 把 e 加到 d 上. 最后他求出 $3a$, 并且加到前面得到的和上, 给出结果. 这等价于说他把乘数 378 表示成形式 $(5\times20\times3)+(5\times15)+3$. 米切尔 (Mitchell) 认为这可能意味巴克斯顿通过乘以 60 和 15 来计算, 并且把乘法归结为加法. 可能是这样, 因为很难假定他并未意识到依次乘以 5 和 20 等价于乘以 100, 而后者的结果可以立刻得到. 对于十亿、万亿等他从未听到过, 而为了表达对他提出的有些问题里的高位数, 他发明自己的记号, 称 10^{18} 为一个部落, 10^{36} 为一个夹子.

像在所有这些计算的情形里一样, 他的记忆力异乎寻常地好, 经过一段时间之后, 他就记住了大量的有关事例 (比如某些常遇到的数的乘积, 一年有多少分钟, 一英里所含头发直径的数目), 这就显著简化了他的计算. 一个奇特的也可能是他的唯一特点是他可以在一个心算的中途停止, 开始做另一些事情, 而在一段时间之后, 有时是几个星期, 他能够重新考虑原来的问题. 当两个或更多的简单问题同时提给他时, 他能够同时回答.

十八世纪的另一个奇才是1710年生于非洲的黑人汤姆 · 富勒. 他在1724年被俘获, 并作为一个奴隶被输出到美国的佛吉尼亚州, 他在那里生活直到1790年逝世. 跟巴克斯顿一样, 富勒从未学习过阅读和书写, 他的能力局限于心算. 他能够把不超过九位的两个数相乘, 可以说出一段给定时间内的秒数, 给定质量玉米的颗粒数等等, 简言之就是回答通常会提给这些奇才的仓储问题, 只要这类问题仅涉及乘法和利用比例法则求解的问题. 虽然他心算比巴克斯顿更快, 但是比起下面要叙述的一些人来则是慢家了.

下面我指出两位重要的数学家的情形, 他们在年轻时崭露了相似的才能. 第一个是安德烈 · 马利 · 安培 (André Marie Ampère, 1775—1836), 大约四岁孩提时他就习惯做多位数的心算, 他得到结果靠得是从卵石排列游戏中学来的规则. 虽然他心算熟练并且具有记忆数字的天赋, 他并没有特意培养这种算术能力. 要说卡尔 · 弗里德里克 · 高斯 (Carl Friedrich Gauss, 1777—1855) 是否应算这些计算奇才中的一员就更加困难了. 他三岁时曾经自学一些算术方法, 令他父亲吃惊, 因为他纠正了他父亲在加班费的支付计算中的错误. 不过也许这仅是他小小年纪无与伦比的能力就开始发展的例证. 另一个引人注目的实例是关于理查德 · 惠特利 (Richard Whately, 1787—1863), 他成年后做了都柏林的大主教. 他在五岁或六岁时就展示了心算方面的相当大的本领: 而这种本领在大约三年中消失了. 他说 "我不久就能够总是用心算来做最困难的求和, 因为我知道没有什么数字会超出计算, 对于我所使用的不同方法我也没有命名. 但我相信我的求和在乘法、除法、比例算法中是第一的 …… 我做这些求和比任何人在纸上做得快得多, 并且我从未记得曾犯过最细小的错误. 我被计算或做白日梦所吸引 …… 早晨、中午和晚上 …… 一旦我到了学校, 激情就逐渐消失, 我在计算方面成了一个十足的傻瓜, 并且这种状态一直持续下去." 其实大主教的算术能力在晚年强于这里他自己所承认的.

谢拉 · 科尔伯恩 1812 年在伦敦的表现更是引人注目. 科尔伯恩[2] 1804 年生于美国佛蒙特州的卡布特 (Cabut) , 是一个小农场主的儿子. 六岁之前他就显示出心算的超常能力, 并且在美国的巡回表演中予以展示. 两年之后他被带到英格兰, 在那里他反复经受资深观察者的考查. 他能够立刻给出两个四位数的乘积, 但是如果两个数都超过 10 000, 他就会犹豫不决. 这期间问到他的问题中有求 8 的 16 次幂; 几秒钟内他回答 281 474 976 710 656, 这是正确的. 接着要求他求数 $2,3,\cdots,9$ 的 10 次幂: 他给出答案如此之快, 以致负责记录的先生要求他更慢些重复答案; 但是当要他求诸如 37 或 59 这样的两位数的高次幂时, 他做得就不那么快了. 他可立刻给出多位数的平方根和立方根 (如果它们是整数), 例如 106 929 的平方根和 268 336 125 的立方根这样的整数根, 他可以很容易地用多种方法求得. 更卓越的是他对于数的因子分解问题的回答. 问及 247 483 的因子, 他回答 941 和 263; 问 171 395 的因子, 他给出 5、7、59 和 83; 问及 36 083 的因子时, 他说没有. 不过他发现回答大于 1 000 000 数的因子问题就有困难. 他对大数的因子分解的能力是超凡的, 并且极大地依赖下面描述的两位终端法. 像所有这类公众表演者一样, 他必须面对爱逗乐的人开他的玩笑, 不过他一般会同样回敬对方. 有这样一次被问及做三个白豆需要多少黑豆? 据说他立刻回答 "三个, 如果你把它们的皮削去" —— 不过, 这极像是事先安排的作秀.

显然可以观察到, 这个孩子在计算中会采用一些规则, 并且在他的计算过程中, 他的嘴唇不断在动, 好像用单词表达计算过程. 看起来他无疑是诚实的. 在少数情形他能够解释运算方法. 问及 4 395 的平方, 他有些犹豫, 但是当再重复提这个问题时, 他给出正确的答案为19 395 025. 当问及这次犹豫的缘由时, 他说不喜欢四位数乘四位数, 但是他说 "我发现了另一个方法; 我把 293 乘以 293, 再把这个乘积乘以数字 15 两次." 在另外一个场合, 当要求他求 21 734 乘以 543 的乘积时, 他立即回答 11 801 562; 而当问及原因时, 他解释他由 65 202 乘以 181 得到这个结果. 这些观察说明只要方便的情况下他会把正在处理的数字进行分解.

1814 年, 他被带到巴黎, 但是由于该时代的政治混乱, 他的展示归于失

---

[2]对于由斯奎普车 (E. W. Scripture) 和米切尔 (F. D. Mitchell) 所提到的授权, 应该再加上 *The Annual Register*, Lodon, 1812, p.507 及随后内容.

败. 他的英国和美国的朋友为他的教育筹集资金, 他先后被送进巴黎的拿破仑 (Napoleon) 中学和伦敦的威斯敏斯特 (Westminster) 学校. 他的计算能力却随着接受教育而每况愈下, 并且失去了作为一个男孩吸引观察者的率真. 他随后的职业多种多样, 而且都不是成功的. 他从舞台开始, 而后尝试当教员, 后来成为一个美国的巡回讲道者, 最后是作为一个语言 "教授". 他曾撰写自己的传记, 其中包含他所用方法的记录. 他于 1840 年逝世.

与科尔伯恩同时代, 我们发现自学成才少年的另一个实例乔治 · 帕克 · 比德, 他具有十分出众的这类能力. 他可能是这些奇才中最有趣的, 因为他后来接受了一种自由式教育, 保持了他的计算潜能, 并且在晚年他对发明和使用过的方法进行了分析和解释.

比德于 1806 年生于英国西南部的德文郡 (Devonshire) 的莫尔顿 (Moreton) 汉普斯特德 (Hampstead), 他的父亲是那里的一个石匠. 六岁时, 就教他 100 以内的计算, 虽然把他送进乡村学校学习了一些知识, 在他的职业生涯开始, 他仍然不知道算术术语和数字符号的意义. 仅凭他自学的这点计算知识, 他通过反复摆弄大理石弹球、纽扣并把它们投掷在图案上, 自己学会求 (小于 100 的) 数的加法、减法和乘法的结果. 在后来的生活中, 他极为重视这类具体的演练, 当时他还不知道任何数字符号, 但他相信他的算术能力会通过这些演练而增强. 他七岁时听到两个邻居为一件东西出售的英镑价钱而争执, 他注意到他们俩都是错误的, 并且指出了正确的价钱, 他们为此惊叹不已. 在这次才能展示之后, 村民们都愿意尝试向他提出各种算术问题.

他的威望日益增长, 不到九岁, 他的父亲就发现带他在家乡附近展示其才能是有利可图的. 剑桥毕业的一对显贵夫妇 [托马斯 · 杰夫森 (Thomas Jephson) 和约翰 · 赫舍尔 (John Herschel), 前者后来是圣约翰大学的老师] 在 1817 年看到了他, 对于他的综合智力留下了深刻的印象, 答应为他提供教育经费, 并且介绍他的父亲担任演出主持人角色; 但是几个月之后, 比德的父亲懊悔放弃容易挣钱的机会, 坚持他的儿子返回故里, 重新开始展示男孩的能力. 1818 年在一场巡回演出中, 年轻的比德曾经向科尔伯恩发起挑战, 并且总体上显示出有能力的计算者的本色. 最后他和父亲来到爱丁堡, 这里大学的一些教师出面劝说他的父亲把孩子托付给他们接受教育. 比德因此留在了他们那里, 在爱丁堡毕业后不久就进入了土木工程行业, 并且获得很高的声誉. 他在 1878 年去世.

比德的能力随着实践的增加而与日俱增. 他的早期表现看来跟我们前面所叙述的巴克斯顿和科尔伯恩的表现属于同一类型. 他不仅能回答数的乘积和给定量中指定单位的数量, 而且在 1819 年之后, 他还能快速地求出多位数的平方根、立方根等, 只要根是整数. 随后他解释了他的便于应用的方法: 这种方法其实就是科尔伯恩所用的同样方法. 这期间, 他可以立刻给出有关复利息、年金的一些容易问题的答案, 这似乎是他的本领中最令同时代人惊叹的. 在数的因子分解方面他不如科尔伯恩做得成功, 通常他不能立即分解出大于 10 000 的数的因子. 跟科尔伯恩的情形一样, 经常有人跟他开玩笑, 但是他能控制住自己. 1818 年在伦敦的一次表演当中, 当被问及为了到达月亮需要多少条公牛尾巴, 他立刻回答一条, 只要那条尾巴足够长.

这里有在 1815 年至 1819 年间在他的公开展示中提给他和他回答的一些典型问题 —— 它们取自已经证实为真实的记录, 其中包含几百个这类问题: 但鲜有本质上很困难的. 他的计算之神速引人注目, 但是所用的时限是由不熟练的目击者所测得的, 因此可认为仅仅是近似准确的. 自然所有的计算都是心算, 不借助书本、铅笔或纸张. 在 1815 年九岁时, 他被问到: 如果月亮距离地球是 123 256 英里, 而声音传播速度是每分钟 4 英里[3], 地球上的居民听到滑铁卢战斗的声音比月亮上的居民要早多长时间, 不到一分钟他就给出答案: 21 日 9 小时 34 分钟. 在 1816 年十岁时, 他刚开始学习书写, 但是还不能组成数字, 他回答了如下这些问题: 年利率为 5 个百分点、本金 11 111 英镑在 11 111 天的利息是多少. 一分钟内他回答, 16 911 镑 11 先令. 如果 30 个苹果可以榨出 1 夸脱[4] 苹果汁, 一百万个苹果可以榨出多少桶[5] 苹果汁. 他 35 秒后给出答案:132 桶 17 加仑 1 夸脱, 还剩 10 个苹果. 如果马车车轮周长是 5 英尺 10 英寸, 那么它行进 800 000 000 英里转动多少圈. 他在 50 秒内给出答案: 724 114 285 704 圈, 外加 20 英寸. 119 550 669 121 的平方根是多少, 他 30 秒给出答案 345 761. 在 1817 年, 他 11 岁时被问到: 如果从一条河流每分钟流入水库 120 加仑的水, 注满这个容积 1 立方英里的水库需要多长时间. 他用 2 分钟回答了这个问题. 威廉 · 赫舍尔 (William Herschel)

[3]声音在空气中的速度是每秒 1087 英尺; 从地球到月亮的平均距离是 238 857 英里. —— 编注

[4]夸脱 (quart) 是英美等国的常用的计量液体的单位. 美制: 一夸脱等于 0.946 升, 即 0.000 946 立方米; 英制: 一夸脱等于 1.136 升, 即 0.001 136 立方米. ——译注.

[5]这里的桶是容量单位,52.5 英制加仑 =198.75 升, 63 美制加仑 =238.5 升. ——译注.

问: 假定光用 8 分钟从太阳到达地球, 太阳距离地球 98 000 000 英里, 如果光从距地球最近的恒星到达地球需用时 6 年 4 个月, 那么该恒星距离地球多远. 以每年 365 天 6 小时、每月 28 天计. 他回答为 40 633 740 000 000 英里. 1818 年在他展示能力的一次表演中, 他被问道: 如果钟摆 1 秒钟时间内摆动 $9\frac{3}{4}$ 英寸的距离, 在 7 年 14 天 2 小时 1 分 56 秒内摆动多少英寸, 假定每年有 365 天 5 小时 48 分 55 秒. 不到 1 分钟他回答: 2 165 625 $744\frac{3}{4}$ 英寸. 如果我有 42 只手表要卖, 第一只卖 1 法寻[6], 我每卖下一只手表, 价钱加倍, 最后一只手表的价钱是多少? 回答是 2 290 649 224 英镑 10 先令 8 便士. 假定一便士的直径是 $1\frac{3}{8}$ 英寸, 又假定地球被一个由彼此相邻的便士组成的环围绕, 这些便士价值多少. 假定距离是 360 度, 而 1 度包含 69.5 英里. 他 1 分钟给出答案: 4 803 340 英镑. 求两个数, 他们的差是 12, 而他们的积乘以他们的和等于 14 560. 答案: 14 和 26. 1819 年他 14 岁时, 要求他求一个数, 该数的立方减去 19, 再乘以该数的立方, 等于 6 的立方. 他马上回答是 3. 修 1 英里的路需 123 英镑 14 先令 6 便士, 修 21 英里 5 浪[7] 37 杆[8] 4 码的路需要多少钱. 他用了 2 分钟回答: 2 688 英镑 13 先令 $9\frac{3}{4}$ 便士. 假如你现在 14 岁, 而你还能活 50 年, 每天消费半克朗[9], 你今后的生命里将消费多少法寻. 15 秒内他给出答案: 2 805 120. 穆尔 (Moor) 先生承包有 22 965 321 盏灯的伦敦市的照明, 1 盏灯的维护和点燃支出 7 法寻, 每 3 盏灯消耗 $\frac{2}{9}$ 品脱[10] 煤油, 而煤油 1 加仑价值 3 先令 $7\frac{1}{2}$ 便士; 他获利为百分之 16 $\frac{1}{2}$. 按照他的支出: 要消耗多少加仑的煤油, 价值多少, 承包费用总计多少. 答案: 他使用 212 641 加仑煤油, 价值 205 996 英镑 16 先令 $1\frac{3}{4}$ 便士, 承包费用是 239 986 英镑 13 先令 2 便士. 如果地球距离月球 29 531 $531\frac{1}{4}$ 码, 伸展在这个距离内的一条绳索重多少. 假

[6] 英国旧时值, 四分之一便士的硬币. —— 译注

[7] 1 浪 $= \frac{1}{8}$ 英里. —— 译注

[8] 1 杆 $= 5$ 码半. —— 译注

[9] 1 克朗 $= 5$ 先令. —— 译注

[10] 英制, 1 品脱 $= 0.57$ 升弱; 美制: 1 品脱 (液量)$= 0.47$ 升强, 1 品脱 (干量)$= 0.55$ 升. —— 译注

定 $7\frac{11}{16}$ 码长的绳索重 $\frac{1}{16}$ 达兰[11]. 答案: 8 英担[12] 1 夸脱[13] 13 磅 9 盎司 1 达兰零 $\frac{13}{16}$ 达兰.

人们注意到比德并没有把像 984 这样的数设想成符号, 而是以具体的方式想象它是很多个体, 可以排列成 24 组, 每组有 41 个. 人们还观察到他跟我后面将要提到的茵欧蒂 (Inaudi) 一样, 大量依赖听觉记住数. 他在晚年写道"就我本人来说, 虽然非常习惯于看到用普通符号表示的和与量, 但是如果我尽力把写在纸上的任何数字保存在我的记忆里, 和口头表达数字比起来, 就要花费更长的时间和更大量的精力." 比如说, 假定问题是求两个九位数的乘积, 如果"他们念给我, 一次就够了; 但是如果用通常的方式表示那些数字, 放在我手里, 可能会花费四倍的时间细读他们, 我才能重复他们, 如此一来, 大家对于我的想象力的鲜明印象就淡化了."

比德保持其迅速的心算能力直至生命终止, 作为联系工程事务的常务议会证人, 他成就卓著. 他在邻近去世时, 把他的能力的一个例证透露给了一位朋友, 这位朋友谈到最新的发现时提到这个例证, 如果使仅长一英寸的 36 918 个红光的光波引起红的感觉, 又如果光每秒行进 190 000 英里, 那么要感觉到红色一秒内必须有多少数量的波刺激眼睛. "你无需再做什么了," 比德说, "波的数目是 444 433 651 200 000."

比德家族的其他成员也具有类似的独特能力和超凡的记忆力. 比德的一个哥哥是精算师, 他的账本毁于一次火灾, 他花费了六个月的时间重写这些账本, 但据说他死于脑膜炎. 另一个弟兄是普利茅斯 (Plymouth) 的修士, 他能用心记住整本圣经, 能够给出所引用任何经文所在的章和节. 比德的长子是个优秀的律师, 能够做两个十五位数的乘法. 无论精度抑或速度都不如其父, 不过他从未稳定和持久地致力于沿着这个方向发展其能力. 他谈到在他的心算算术里, 他使用数字图片, 他说"如果我心算求和, 在我的脑子里总是以可见的形式进行; 事实上, 我认为没有其他可能的心算方法." 这跟他父亲的方法是相反的. 他的两个孩子, 一个儿子和一个女儿, 作为第三代, 也继承了类似的能力.

---

[11] 1 达兰 $= \frac{1}{16}$ 盎司, 1 盎司 $= \frac{1}{16}$ 磅. —— 译注

[12] 1 英担 [英制]=112 磅, 1 英担 [美制]=100 磅. —— 译注

[13] 1 夸脱 $= \frac{1}{24}$ 英担. —— 译注

下面我要指出亨利 · 蒙多 (Henri Mondeux) 和维托 · 曼加麦勒 (Vito Mangiamele) 的名字. 两人都在 1826 年生于简陋的环境中, 曾是羊倌, 在孩童时代由于在计算方面展现的技能就备受关注, 这种技能理所应当地在当地给他们赢得了声望. 在 1839 年和 1840 年, 他们分别被带到巴黎. 在那里, 他们的能力在公众面前展现, 并且经受了阿拉戈 (Arago)、柯西等人的检验. 蒙多的表现更加引人注目. 提给他的一个问题是解方程 $x^3 + 84 = 37x$. 他立刻给出答案 3 和 4, 但是他没有发现第三个根 -7. 被问及的另一个问题是求不定方程 $x^2 - y^2 = 133$ 的解. 对此他立即回答出 66 和 67; 问他是否有更简单的解, 片刻之后他答出 6 和 13. 我不打算详细讨论他们的技能, 因为人们至少可以怀疑, 这两个男孩不甚直率, 那些利用他们获利的人教给他们规则, 使他们加以模仿而并不真正具有才能. 最后, 两人回到农村劳作, 并且对于科学世界不再感兴趣. 如果蒙多是自学成才的, 我们必然相信他会发现某些代数定理, 据此他就有资格跻身数学天才之列, 但是真实的情形令人难以置信, 他再也没有做任何事情, 并且他的才能仅局限于被他解出的特殊问题.

我要介绍的下一个是约翰 · 马丁 · 扎卡赖亚斯 · 达斯, 他是这些计算奇才中更加有教益的例子. 达斯 1824 年生于汉堡. 他曾接受了良好的教育, 并且被提供一切机会发展他的潜力, 但是除了跟估算和数字有关的事务, 他进步甚微, 给所有观察者都留下迟钝的印象. 几何和德语之外的任何语言直至他生命的终点他都一无所知, 他为人诚实, 在德国担任过形形色色的卑微的公务职位. 他曾在德国、奥地利和英格兰展示他的计算才能. 达斯死于 1861 年.

1840 年在维也纳展示时, 他认识了斯特拉尼基 (Strasznicky), 此人规劝他把自己的才能用于科学的目的. 达斯欣然同意这样做, 并且从此认识了高斯、舒马赫 (Schumacher)、彼得森 (Petersen) 和英克 (Encke). 关于他对于科学的贡献我稍后再提. 在心算方面，我发现向他提出的仅有的问题是如下所述的几个直接的例子. 舒马赫提给他的 79 532 853 乘以 93 758 479, 他 54 秒钟给出答案. 回答类似的求两个二十位的数乘积的问题时, 他用了 6 分钟; 求两个四十位数的乘积, 他用了 40 分钟; 求两个百位数的乘积, 他耗时 8 小时 45 分钟. 高斯认为, 最后一个问题熟练的计算员在纸上可能用一半时间就可以解出. 有一次达斯用 52 分钟求出了一个百位数的平方根. 这些本领远远超越了所有其他的这类的记录, 仅有的跟它们可比较的计算是巴克斯顿的 39 位数的平方和沃利斯的 53 位数的开平方. 达斯的心算结果并不总是准确的,

甚至有一次 (1845 年) 对于提给他的每一个问题居然都给出了错误的回答, 但是那时他患有头痛症, 因此他的失败也是不足为奇的.

像所有这些计算奇才一样, 他具有超众的记忆力, 才艺展示后一两小时, 他还能够复述展示中提到的数. 他还有特殊的天赋, 看一眼, 就能够说出一群羊、一箱书等等的 (大约 30 以下的) 数目; 他能够想象和记住大量对象的数目. 例如, 一秒钟看一些多米诺骨牌, 他就给出他们的点数 (117); 问他在四开页上随机挑选的一个印刷行上有多少字母, 他立刻给出正确的个数 (63); 给他看 12 个排列好的数码, 半秒钟他就能够记住这些数码以及每个数码的位置, 指定一个位置, 他立刻说出这个位置的数码的名字. 遗憾的是我们不知道更多的这方面的展示. 熟悉令人喜爱的罗伯特 · 胡丁 (Robert Houdin) 自传的人们会想起, 他是如何修炼类似的才能, 并发现这种才能在其行业训练中有怎样的价值.

达斯的计算, 当还允许使用纸和笔时, 几乎是难以置信地快捷和始终如一地准确. 他 16 岁时, 斯特拉尼基曾教他使用熟知的公式

$$\frac{\pi}{4}=\tan^{-1}\left(\frac{1}{2}\right)+\tan^{-1}\left(\frac{1}{5}\right)+\tan^{-1}\left(\frac{1}{8}\right)$$

并且要求他据此计算 π. 两个月后, 他带来了小数点后 205 位的近似值, 其中 200 位是正确的[14]. 达斯的另一个成就是计算前 1 005 000 个数的自然对数到小数点后第 7 位; 他在 1844 年至 1847 年期间, 就职于普鲁士测量局, 利用业余时间做了这件事. 之后两年, 在空闲的时间里, 他完成了双曲表, 此表 1857 年由奥地利政府出版. 后来, 他提出编纂从 7 000 000 到 10 000 000 的因子表, 汉堡科学院接受了高斯的建议, 同意资助他, 于是他有了充裕的时间从事这一工作, 可惜他的生命仅支撑到完成了任务的一半.

另一个计算奇才杜鲁门 · 亨利 · 萨福德 1836 年生于美国佛蒙特州的罗亚尔顿城. 他是一个略微不同类别的奇才. 由于他接受了良好的教育, 按时在哈佛毕业, 最后主修天文学, 并且取得相应职位. 我推测尽管他总是一个快速计算者, 但是逐渐丧失了年轻时所表现出的超凡能力. 他于 1901 年去世.

萨福德从未在大庭广众展现他的计算才能, 我仅仅通过斯奎普车和米切尔所引用的报告了解他的才能, 而这些才能在这类计算者当中似乎是典型的.1842 年, 他的心算功底让其家庭兴奋和惊讶. 1846 年 10 岁时他接受了

[14]结果发表在 *Crelle's Journal*, 1844, vol. XXVII, p.198.

考查, 这里是提给他的一些问题: 求几个七位数的立方根, 他可立刻回答. 一个数被其各位数字之乘积相除, 商是 3, 如果此数字加 18, 则数字颠倒. 大约 1 分钟内他给出了答案为 24. 一个正棱锥的斜高 17 英尺, 底面为正五边形的边长为 33.5 英尺, 求表面积是多少. 两分钟内他回答 3 354.555 8 平方英尺. 当被问及一个十八位数的平方, 他用了一分钟或更短时间就给出答案, 而像包含 365 位的数字重复加六次这类问题则更加容易. 跟科尔伯恩一样, 他求大数的因子轻松至极. 在这类例子中, 他的方法是试验性的, 他有可能是选择 (他不能告诉如何选择) 因子, 并用几秒钟通过除法进行检验.

现今有值得注意的四位计算能手. 他们是乌戈 · 赞博尼 (Ugo Zamebone), 意大利人, 生于 1867 年; 伯里克利 · 黛蒙德 (Pericles Diamandi), 希腊人, 生于 1868 年; 卡尔 · 儒可勒 (Carl Rückle), 德国人; 还有雅克 · 茵欧蒂 (Jacques Inaudi), 生于 1867 年. 前三位是规范类型的, 我不打算介绍他们的业绩, 而茵欧蒂的业绩值得充分地评述.

雅克 · 茵欧蒂[15] 1867 年生于意大利的奥诺拉托 (Onorato). 早年他被雇佣做羊倌, 曾虚度漫长的百无聊赖的时光, 无心对于数字的深思熟虑, 而用卵石之类的东西表示具体的数. 他的计算才能第一次吸引世人的注意是在 1873 年. 不久之后他的哥哥来到普罗旺斯 (Provence), 以在街头拉手风琴谋生, 年轻的茵欧蒂陪伴着他, 投入到了宽广的世界, 并且凭借自己在街头演示本领赚得了些许铜币. 他的能力被演出主持人发现, 于是在 1880 年他访问了巴黎, 在那里进行表演, 给参观者留下谦逊、坦诚和直率的印象. 他当时并不会阅读和书写, 随后才获得了这方面的技能.

与那些具有此类计算奇才的人比较, 他较早的技能表演并不特别引人关注, 但是通过持续不断的实践, 他提高了技能. 1873 年在里昂 (Lyons), 他几乎可以立即算出两个三位数的乘积. 在 1874 年, 他已可以算两个六位数的乘法. 九年以后, 他可以迅速地处理九位数或十位数. 再往后, 在巴黎, 达布 (Daboux) 问他 27 的立方,10 秒钟他给出了答案. 他用 13 秒计算了 18 年 7 个月 21 天 3 小时包含多少秒. 可立即给出 4 801 的平方和单位差的六分之一的平方根. 他还轻而易举地计算了关于塞萨 (Sessa) 的传统故事中的麦子总数, 塞萨由于发明了国际象棋, 得到棋盘上第一个格子内的 1 粒麦粒, 第二

[15] 见 Charcot and Darboux, *Mémoires de l'Institut, Comptes Rendus*, 1892, vol. CXIV, pp.275, 528, 578; 以及 Binet, *Révue des deux Mondes*, 1892, vol. CXI, pp.905–924.

方格内的 2 粒, 第三格内的 4 粒, 如此按等比数列增长.

他可以求方程的整数根和问题的整数解, 但是其求解过程仅限于试探并且不时有错. 他的最引人注目的业绩是把小于 10^5 的数表示成四个平方和的形式, 通常在一两分钟内完成; 这种能力是他特有的. 此类问题在个人演示中反复解决, 但由此引起的精神紧张是相当大的.

在普通公众面前的演示很少持续 12 分钟以上, 并且是相当简单的事物. 标准的节目包括两个二十一位数的减法, 五个六位数的加法, 两个四位数的乘法, 一个九位数的开立方和十二位数的开五次方, 一段时间内的秒数的确定, 未来的某一天是星期几. 自然问题是由观众提出的. 对于一个职业的计算者, 这些问题不是特别困难的. 当宣布一个数时, 茵欧蒂会慢慢地重复这个数给助手, 助手把数写在黑板上, 慢慢地大声读这个数以保证他抄写的是正确的. 茵欧蒂再重复一次. 这时通常他已经解决了问题, 但是如果他需要更长的时间, 他就做一些一般性质的评论, 而这并不影响他的心算. 在演示当中, 他始终面对观众, 不看黑板一眼, 这有助于增加演出效果.

可能大多数计算奇才都依赖说话肌以及眼睛和耳朵帮助他们记忆所处理的数字. 原以为他们会把数字全部形象化, 当然肯定有一部分人确实如此. 而茵欧蒂主要相信耳朵和发音. 比德也部分地依赖耳朵, 而当他形象思考一个数时, 如果该数是一个合数, 数就不是数位的集合, 而是可以按单位进行具体组合而形成有限的组. 儒可勒主要依赖将数直观化. 如此看来, 计算者的记忆类型各不相同. 茵欧蒂能够在心里以自己的腔调再现数字位数重复的声音, 而如果把数写出来则会带来混乱而毫无帮助. 数字的位数的发音似乎对他充分展现他的能力是必不可少的, 他习惯于在开始数运算之前大声重复那个数 —— 声音序列是至关重要的. 一个二十四位的数字读给他, 用 59 秒钟他就记住了它的声音, 这样他就能够给出从选择的某一点向前或向后的数位序列. 蒙多的纪录是 5 分钟. 茵欧蒂用类似的方法用 12 分钟记住了百位左右的数字, 黛蒙德用了 25 分钟, 儒可勒用了不到 5 分钟. 这个能力局限于数, 计算者通常不能够记住长的字母序列. 数字总是萦绕在茵欧蒂脑际, 他很少思考其他事物, 他会梦到数, 甚至有时在睡梦中解决问题. 他对于数的记忆力是出类拔萃的, 但是对于其他事情的记忆力是标准的或低于标准的. 在一场表演之后, 他可以重复提给他的问题和他的涉及几百位数的答案. 他这方面的记忆不限于几个小时. 一次在给他提了一个关于二十二位数的问题之后八天, 有人出其不意地再问及这个问题, 他立刻复述了那个数. 他被三番五次地考察, 我们了解他的工作要多于他的任何一位前行者, 比德或许是个例外.

大多数这些计算奇才发现解释他们的方法是困难的或不可能的. 但是通过对于他们所使用的方法仔细观察, 我们有一些分析: 引人注目的是比德自己所使用的方法, 还有科尔伯恩使用的另一种方法, 由米勒和达布分别使用的方法是基于儒可勒和茵欧蒂的. 比德的方法是最完全的, 其他的则大体相同.

比德发现和使用过的方法的报告包含在他 1856 年在土木工程学院所作的讲演中[16). 在叙述这些方法之前, 我认为有两点一般性质的评论在阅读他的讲述时应该铭记在心. 第一点, 他是以完美的形式给出他的方法, 而不是在他少年时期所使用的方法, 此外有可能在实践中他会借助工具以缩短计算时间, 这一点在讲演中并未提及. 第二点, 肯定无疑的是, 尽管他不承认, 像大多数奇才一样, 他的记忆力超凡脱俗, 并且在不断的实践中日益强化. 一个例子就足够了. 1816 年, 在一次演示中, 按照逆序念给他一个数, 他立刻按照正常次序给出这个数字. 一小时后问他是否记得那个数, 他马上正确地复述该数: 2 563 721 987 653 461 598 746 231 905 607 541 128 975 231.

在四则运算中, 加法和减法没有困难, 并且不具备吸引力. 仅有的值得注意的亮点是比德在三个或更多个数一起求和中总是一次加一个数, 正如下面给出的例证所诠释的那样. 按照他的观点, 快速的心算术取决于在可能条件下工作的方式调整, 一次处理一件事情. 在茵欧蒂的工作中也会察觉到这一特点.

比德最早碰到的问题中自然大量是两个数的乘法, 他六岁时便自己学会了 10 乘 10 的乘法表. 不久以后他练习求和的难题. 一个乡村铁匠特别喜欢他. 他经常待在铁匠铺里, 习惯了围坐在炉火周围的人问他乘法计算问题. 从通过觉察不到的思考停顿, 他可以给出两位数的乘积, 之后又提高到三至四位数的乘积. 他的计算可以得到半便士的奖赏, 转眼到了八岁, 他已经能够把两个六位数相乘. 一次, 他甚至把两个十二位数相乘, 不过他说 "这需要许多时间", 并且 "这是巨大和痛苦的煎熬."

[16) *Institution of Civil Engineers, Proceedings, London*, 1856, vol. XV, pp.251–280. 这个演讲的较早草稿现存于 MS.. 正如他的智力发展的历史所显示的, 其中所做的变动是有趣的, 但是并不是太重要的, 以致无需在这里详细注释.

他使用的方法原则上与通常教科书上所解释的一样，只是他按照他的思路累加其结果. 这样，为了用 173 乘 397，他如下进行:

我们有	100×397	$= 39\,700$,
对此数加上	70×300	$= 21\,000$ 得 60 700,
对此数加上	70×90	$= 6\,300$ 得 67 000,
对此数加上	70×7	$= 490$ 得 60 490,
对此数加上	3×300	$= 900$ 得 68 390,
对此数加上	3×90	$= 270$ 得 68 660,
对此数加上	3×7	$= 21$ 得 68 681.

如果我们认为每一步需一秒钟，将会低估他的快速性，但是即使取他的每步速度的这个低标准，他也会在 7 秒钟内给出答案. 用这个方法，每次不多于两个数相加，而因子调整得仅有一个非零数位: 这是心算者的普遍常规. 还要注意到比德总是从左往右计算: 虽然我们的学校通常不是这样教的，这种方式却是更自然和最方便的. 事实上，他求 (100+70+3) 和 (300+90+7) 的乘积，或 $(a+b+c)$ 和 $(d+e+f)$ 的乘积，采取的形式是 $ad+ae+\cdots+cf$.

像上面给出的那样的乘法结果所得出的速度之快似乎是瞬间得到的，而实际上他使用了 1 000 乘以 1 000 的乘法表. 在此基础上，当处理更大的数时，例如，当用 965 446 371 乘以 843 409 133 时，他把数分成 3 位一组，像 965 446 等，逐级的数字位相乘，相邻两位的进率是 1000. 他在中年解这类问题大约用 6 分钟. 根据他做这类乘法的经验，似乎记住上一步的结果比做当前的乘法还难.

茵欧蒂也用这种方式做乘法，但是如果一个因子仅有一个有效数位，他会更满意: 他有时也使用负的量. 例如他把 27×729 想象为 $27 \times (730-1)$; 还有，他把 25×841 想象为 $\dfrac{84100}{4}$. 而在求数的平方时，他习惯上把数想象为形式 $a+b, a$ 和 b 适当选取，然后按照公式 $a^2+2ab+b^2$ 计算结果.

在带单位的数据乘以一个数时，比德以跟上述的两个数的乘法相似的方式来进行. 因此求 14 镑 15 先令 $6\frac{3}{4}$ 便士乘以 787，他这样进行:

我们有　　(787 镑)(14)=11 018 镑 0 先令 0 便士

它加 (787)(15 先令)=590 镑 5 先令 0 便士得 11 608 镑 5 先令 0 便士

它加 (787)(27 法寻)=22 镑 2 先令 $8\frac{1}{4}$ 便士得 11 630 镑 7 先令 $8\frac{1}{4}$ 便士.

比德做除法跟教科书上讲的基本一样，不同的是他的大数相乘的能力使得他有能力看一眼就能机智地猜出商, 从而省去了不必要的工作. 这也是茵欧蒂所用的方法. 带余数的除法更困难, 比德处理这类问题比大多数这类奇才更娴熟, 不过即使在他的全盛时期, 他解这类问题也从未像解没有余数的问题一样快. 在公众演示中, 除法难题一般被游戏规则排除在外.

在除法问题中, 如果比德知道没有余数, 他经常采用末二位体系方式来做. 例如, 在 25 696 除以 176 时, 他首先断定答案肯定是三位数, 并且显然首位数必定是 1. 接着他注意到仅有 4 个两位数 (正是 21 46 71 96) 乘以 76 给出以 96 结尾的数. 因此答案肯定是 121, 或 146, 或 171, 或 196, 无须计算凭经验可知 121 太小, 而 171 太大. 因此答案必然是 146. 如果他感到疑惑就把 146 乘以 176(他说他可以 "立即" 做出来), 并以此检验结果. 一个引人注目的事实是, 比德、科尔伯恩和某些其他的计算奇才, 当知道了两个数乘积的后两位数的时候, 他们还可能下意识地知道分开的数的后两位数字肯定具备的某种形式. 这些两数位调整理论是米切尔讨论过的.

在除法计算中, 比德还经常使用我所称的累次数位和过程, 这个过程看似比常规方法费事得多, 但是比德运用起来却得心应手. 我认为这个方法是比德特有的. 我定义一个数的累次数位和是求原来的数的数位之和而得到的数, 再求此数的位数之和, 以此类推, 直至该和小于 10. 一个数的累次数位和与其各个因子的累次数位和的乘积的累次数位和是一样的. 让我们按照比德的方式应用这个事实, 看看 71 是否真正是 23 141 的一个因子. 23 141 的累次数位和是 2. 71 的累次数位和是 8. 于是如果 71 是一个因子, 那么另一个因子的累次数位和肯定是 7, 因为 7 乘以 8 的积是累次数位和为 2 的 8 的仅有的倍数. 现在乘以 71 给出末尾数数位 41 的唯一数是 71. 而另一个因子必须是三位数之一, 并且其累次数位和必须 7, 这个因子 (如果有的话) 肯定就是 871. 但是粗略看一眼就发现 871 太大. 因此 71 不是 23 141 的因子. 比德发现这个方法比通过用 71 去除进行检验快得多. 另一个例子可以使我们看到 73 是否是 23 141 的一个因子. 23 141 的累次数位和是 2; 73 的累次数位和是 1; 因此另一个因子 (如果有) 的累次数位和必定是 2. 但是由于数 23 141 的最后两位数是 41, 这个因子 (如果有) 的末二位数必须是 17. 而因为这个因子是个三位数, 并且其累次数位和是 2, 这样的因子如果存在, 必定是 317. (用它乘以 73) 即可验证它是一个因子.

当他开始在公众面前展示其能力时, 经常提给他的问题自然是有关重量和测量的问题. 在解答这类问题时, 他心里知道与之有关的许多事实, 诸如一年的秒数, 一吨的盎司数, 一英亩的平方英寸数, 一百万英镑的便士数, 世俗的和宗教的日历的基本规则, 等等. 这些数据的汇聚是所有计算奇才所具备的一部分信息.

比德在演示中经常被问及有关平方根和立方根的问题, 在后期还涉及高次的根. 当他立刻给出答案时, 就会在缺乏鉴别能力的观众中引起不可名状的惊叹; 但是, 如果答案是整数, 这仅仅是任何人都可以学会的小花招. 我们不详尽解释其规则, 仅通过少数几个例子说明他的方法.

他曾经被要求求 337 561 的平方根. 显然根是一个三位数. 因为给定的数在 500^2 和 600^2 之间, 即 250 000 和 360 000 之间, 根的左起第一位必定是 5. 直觉向他指出平方结尾是 61 的两位数仅有 19,31,69,81, 他是熟悉这个事实的. 因此答案是 519, 或 531, 或 569, 或 581. 但是他确认 581 相对于 500 和 600 的比值接近于 337 561 相对于 250 000 和 360 000 的比值, 答案必定是 581, 他用两秒钟通过乘法就可以验证这个结果. 类似地在 442 225 开平方时, 他立刻看出答案的第一个数码是 6, 而因为此数后几位是 225, 答案的后两位就是 15, 或 35, 或 65, 或 85.442 225 在 600^2 和 700^2 之间的位置表明 65 会被选中. 这样答案是 665, 在宣布结果之前他予以验证. 其他计算者遵循类似的规则求数的方根.

求结果为整数的立方根的过程更快. 例如求 188 132 517 的立方根, 比德立刻发现答案是一个三位数, 而因为 $5^3 = 125$ 和 $6^3 = 216$, 第一位数是 5. 立方尾部是 17 仅有的两位数是 73. 因此答案是 573. 类似地, 180 362 125 的立方根必定是一个三位数, 其左边第一位数是 5, 而右边两位数是 65 或 85. 为了看出哪一个是所要求的, 他用心算 560 的立方, 并看到它接近给定的数, 假定 565 是所需要的答案, 再求它的立方来验证. 一般说来, 立方根以 5 结尾比起以其他数结尾用这个方法眨眼间检测出结果多少有些困难, 但是因为 5^3 必定是这种数的一个因子, 我们可以先用 5^3 除给定的数, 再对于得到的结果运用原来的方法. 这样上面的数 180 362 125 等于 $5^3 \times 1\,442\,897$, 它的立方根马上可发现是 5(113), 即 565.

更高次的整数开方过程甚至更简单, 而求五次方根几乎难以置信地容易, 因为一个数的末位数与根的末位数总是一样的. 这样, 如果要开方的数小于 10^{10}, 则答案由一个两位数组成. 知道了 $10, 20, \cdots, 90$ 的五次幂, 为了得到答案的首位数, 仅仅看一看给定的数位于这些幂的哪两个之间, 而末位数是显然的, 可以立即给出. 如果数位更大, 但是小于 10^{15}, 答案是一个三位数, 其中间一位的数几乎可以跟其他位的数一样快地被找到. 这只不过是玩小把戏, 简直不配叫心算.

在后期的演示中, 比德有时被问及与根最接近的整数, 精确的根是带分数的. 如果他有所怀疑, 就用 "弃九法" 检验, 如果检验出答案不是整数, 他就想尽一切办法试探着求近似整根. 如果答案是一个三位或更多位的数, 这类问题对于心算者就是痛苦的煎熬, 通常不在公众面前演示.

与科尔伯恩引人注目的因数分解本领所引导出的类似问题也向比德提出过, 他逐渐地总结出某些规则, 但是智力算术的这个分支, 我认为他从来都不擅长. 自然像 2 或 5 的幂这样的因数可以立刻得到.3 的幂几乎可以同样迅捷地求出. 对于接近于一个数的平方根的因数, 他总是尝试用把数表示成形式 a^2-b^2 的常用方法, 在这种情形, 因数是明显的. 对于其他的因数, 他会尝试已经叙述过的累次数位和法.

比德在几乎瞬间给出关于复利息和年金这类问题的答案方面是成功的, 这对于他是独有的, 而他的方法却是十分简单的, 这可以用他确定年利率百分之五、本金 100 英镑 14 年的复利息作为例证加以说明. 他知道单利息总和是 (14 英镑)×(5), 即 70 英镑. 在第一年末, 资本增加 5 英镑, 这 5 英镑的年利息是 5 先令, 或一克朗, 而这样运行 13 年; 在第二年末, 得到另一个 5 英镑, 应当得到 5 先令利息, 由此得到的利息滚动 12 年; 继续这种推理, 他在 70 英镑上加上 $(13+12+\cdots+1)$ 克朗, 即 $\binom{13}{2}$ (14) (5) 先令, 即 22 英镑 15 先令 0 便士, 加到上述的 70 英镑中得到 92 英镑 15 先令 0 便士. 在第二年末应得的下一个 5 先令 (像在第一年末应当得到的 5 英镑一样) 按照同样的方式产生年利息 3 便士. 这三便士产生的效果是 $\binom{12}{3}$ $\binom{13}{2}$ (14) (3) 便士, 即 4 英镑 11 先令 0 便士. 把它加到前面的和 92 英镑 15 先令 0 便士, 得到总和 97 英镑 6 先令 0 便士. 类似地对此加上 $\binom{11}{4}$ $\binom{12}{3}$ $\binom{13}{2}$ (14) $\left(\dfrac{3}{20}\right)$ 便士, 即 12 先令 6 便士, 得到总和 97 英镑 18 先令 6 便士. 对此我们必须再次加上 $\binom{10}{5}$ $\binom{11}{4}$ $\binom{12}{3}$ $\binom{13}{2}$ (14) $\left(\dfrac{3}{400}\right)$ 便士, 即 1 先令 3 便士, 得到总和 97 英镑 19 先令 9 便士. 对此我们必须再加

上 $\left(\frac{9}{6}\right)\left(\frac{10}{5}\right)\left(\frac{11}{4}\right)\left(\frac{12}{3}\right)\left(\frac{13}{2}\right)(14)\left(\frac{3}{8\,000}\right)$ 便士, 即 1 便士, 得到总和 97 英镑 19 先令 10 便士. 要加的剩余和不足一法寻, 所以他立即得到答案为 97 英镑 19 先令 10 便士. 在这个特殊的例子里的计算, 事实上仅占用他不到一分钟, 这远远短于大多数数学家借助对数表做这个计算所用的时间. 请注意在分析的过程中他对不同的序列求和.

采用常规符号, 复利息总数是 $(1.05)^{14}\times 100$. 如果 100 英镑用 P 表示, 0.05 用 r 表示, 此式等于 $P(1+r)^{14}$ 或 $P(1+14r+91r^2+\cdots)$, 当 r 很小时, 此式快速收敛. 比德事实上通过推理依次得到了级数的各项, 并且一旦后面的项充分小时, 就舍弃它们.

比德在其讲演过程中注意到, 如果他记忆结果的能力等于他其他智力方面的能力, 他就可以轻易地计算对数. 几个星期之后, 他挑战了这个问题, 并且设计了获得七或八位小数的对数值的一个心算方法. 他请求一个朋友检验他的准确度, 在回答依次给出 71, 97, 659, 877, 1 297, 8 963, 9 973, 115 429, 175 349, 290 011, 350 107, 229 847, 369 353 的带八位小数的对数问题时, 对于所做的不同的计算, 他用时从三十秒到四分钟不等. 所有这些数是素数. 绝大部分答案是正确的, 但是在少数情形出现了错误, 虽说一般仅错一位. 当告诉他结果错误时, 他会立即纠正. 他五十多岁时还具备这种令人刮目相看的能力.

他的计算利用对数的方法在 W. 波尔 (Pole) 的一篇文章[17] 中有所说明. 显然他只必须处理素数, 而比德从记住所有小于 100 的素数的对数开始. 对于更大的素数, 他取一个他能够找到的最接近于它的合数, 再计算必须加到对数的近似加法. 波尔对于比德独创的求这种加法的规则进行了说明, 尽管这些规则很灵验, 我们也无须为叙述它们在这里耽搁时间了. 这些规则依靠的是关于小数位的数的定理, 如果 $\log n$ 是 p, 则 $\log\left(n+\frac{n}{10^2}\right)$ 是 $p+\log 1.01$, 即 $p+0.004\,321\,4, \log\left(n+\frac{n}{10^3}\right)$ 是 $p+0.000\,434\,07, \log\left(n+\frac{n}{10^4}\right)$ 是 $p+0.000\,043\,4, \log\left(n+\frac{n}{10^5}\right)$ 是 $p+0.000\,004\,3$, 等等.

处理复利息和对数这后两种方法是比德所特有的, 并且显示了他真正的数学才能. 对于已经指出的其他的问题, 他的方法原则上跟其他计算者所

[17] *Institution of Civil Engineers, Proceedings*, London, 1890–1891, vol. CIII, p.250.

用的大同小异, 尽管细节上有所变动. 然而比德如此清晰地解释了他的方法, 以致我就没有必要进一步讨论普遍使用的方法了.

人们总是好奇地问这样一个问题: 是否能够发现这些奇才心算速度的规律. 就我个人来说, 我不认为我有充分多的数据支持我总结出任何结论, 但是我简短地指出其他人的观点. 我们限制在 n 位数乘以 n 位数这种最简单的情形会好讨论一些. 比德说解这类问题时, 他相信他花费的心力 (他假定正比例于回答问题所用的时间) 按照 n^4 变化. 但是事实上就他的情况来说, 根据对于这个时间的测验结果, 看来回答时间更近似于按照 n^5 变化. 在 1855 年, 他的计算至少有 1819 年所做的一半还快, 但是速度的规律对于 n 的不同的值据说大致是同样的. 在达斯的情形, 如果占用的时间正比于 n^x, 我们肯定有 x 小于 3. 有鉴于此, 一些人猜想可能达斯的方法在性质上与比德使用的方法有所不同, 结果显示达斯形象化地记录数字, 更像用铅笔和纸张同样的方式进行工作, 比德不使用符号, 而是用类似摄像机的方式口头记录逐次的结果; 看来我们将需要通过更细致的观察来构建关于这个主题的理论.

这里提到的计算奇才的案例, 以及我所知道的少数记录在案的其他案例, 类型上并无差异. 在大多数案例中, 计算者未受教育, 并且自学成才. 具有对于数字的卓越记忆力, 他们充满自信, 常被他们表演引起的惊叹所激励, 零散的铜币投入他们的布袋, 他们日以继夜地思索着数和它们的性质, 发现 (或少数情形被教给) 基本的算术方法, 将这些方法运用到困难不断增加的问题中, 进而吸取知识以缩短他们的解题时间. 对于心算的持之以恒的实践和全神贯注的奉献使得能力的经久不衰大概是本质性的, 而这就可以解释为什么普通教育却经常被证明对此是破坏性的. 这些计算者的业绩固然引人注目, 但是, 在对比德分析的情形下, 具有超常能力的少年有望达到的能力有可能比之毫不逊色.

编者评注

聪颖的鸟

亚里士多德有一个观点，人是理性动物，因为他会计算. 我们认为这似乎不是一个特别激动人心的论断. 算术比古代时期的计算更容易; 数字系统经过了改进, 更好的计算方法被发明了. 我们使用机器, 机器在算术方面比即使最聪明的人类计算者还要有效得多. 因此, 不必对算术失去了其身份大惊小怪. 伯特兰 · 罗素 (Bertrand Russell) 指出: “虽然许多哲学家继续鼓噪我们是多么优秀的种类, 但是这不再是由于我们引以自豪的算术本领了.”[1)]

直到最近, 大家都以为只有人会计算; 人的这点先达尔文主义的优胜残余现在也被剥夺了. 每个人都见过计算能力上有天赋的马和狗的表演 (其中有的还能算命). 当这些情绪低落的动物通过踏脚或吠声对于算术问题给出正确答案时, 只有小范围内的人相信它们会模糊地意识到它们在做什么. 具有了记住命令的最初本领, 它们只不过是听从主人巧妙地 (甚至可能是无意地) 给出的信号而作出回答.

弗里堡 (Freiburg) 大学著名动物学家奥 · 凯勒 (O. Koehler) 教授的下列文章报告的科学实验包含了不同类型的例证. 这些例证似乎表明可以教会动物在词的真正意义下的计数, 辨别数量不等的圆点组或符号行的不同, 并且基于量的差别进行推理而采取行动. 凯勒的学生是鸟. 其他的实验者可能对于狗、海豹、猪或老鼠做实验也达到类似的结果. 康拉德 · 洛伦茨 (Konrad Lorenz) 是著名的奥地利博物学家, 他发出像鸭叫似的嘎嘎声, 让小野鸭们以为他就是它们的妈妈; 卡尔 · 冯 · 弗里希 (Karl von Frisch) 证明了蜜蜂通过一种特殊的舞蹈进行交流. 这些人的技巧、想象和超常的耐心也在凯勒身上体现出来. 他的研究是重要的, 这些研究不仅仅让我们了解了动物的行为, 还

[1)] Bertrand Russell, *Unpopular Essays*, New York, 1951, p.72. ——编注

扩展了我们对于思维性质、数的概念和数学推理的心理基础的认识. 从寒鸦和鹦鹉的行为可以学到很多. 圣 · 弗朗西斯 (St. Francis[2]) 会高兴的.

[2]圣 · 弗朗西斯 (1181—1226) 意大利天主教修士和传道士. 虽然未被授予神职, 却是历史上最受崇敬的宗教人物之一. 传说他喜爱动物, 并向鸟传道. —— 译注

一只罕见的鸟.

朱文诺尔 (Juvenal)

我听见小鸟这样说.

乔纳森 · 斯威夫特 (Jonathan Swift) [给斯特拉 (Stella) 的信]

因为有一只自命不凡的乌鸦……

罗伯特 · 格林 (Robert Greene, 1560—1592)

---

5 鸟的“计数”能力

奥 · 凯勒

像尼斯湖 (Loch Ness) 的怪兽一样, 不时会出现一些所谓“聪明的”马和狗. 这些动物的主人经常对于他们的宠物显示出高层次的智力深信不疑; 因为他们无法想象动物果真可以理解不经意给出的小手势和信号, 这些手势和信号告诉它们何时已经达到了正确的答案, 以及何时它们必须适时停止吠叫或踏脚. 但是, 现在完全明确了这些“聪明”的动物所做的到底是什么. 它们做的不是埃尔伯费尔德 (Elberfeld) 种马“扎里夫” (Zarif) 用蹩脚的德国口音复述笛卡儿的名言“cogito ergo sum”[1], 也不是达克斯 (dachshund) 狗“库诺” (Kuno) 用句子“Mine is yours!”回答教授的关于它的信条的问题; 这些“聪明的”动物从来没有自己解过任何问题; 它们仅仅是遵循主人适时给出的手势, 停止吠叫或踏脚, 依次用代码的形式辨认出它们的答案.

在这里所描述的工作中, 采取了所有可能的预防措施, 用以避免自我欺骗的危险. 过去那些“聪明的”动物的所有者就感染了这种毛病, 我希望我获得了成功. 无论如何, 从我们的报告来看, 我们最聪明的鸟的成就显然跟所声称的“聪明的”动物的成就比较起来是微不足道的. 然而后者的成绩是具有欺骗性的, 我们希望我们令人信服地证明了我们鸟的这些成就是真正学习的范例, 决不依赖实验者有意或无意所给的提示.

[1]拉丁文, 笛卡儿名言“我思故我在”. —— 译注

在训练和“自发”实验中 (见下文), 观察者和鸟总是用隔离物分开, 这样实验者从不被鸟看到; 而在工作中, 他能通过安装在墙壁里的电影摄影机的取景器观看鸟. 还有, 当在训练中需要威慑时, 仅给一定程度的并且总是同样的惩罚. 这样实验者就不可能通过惩罚器械无意地给出信号, 因为惩罚器械的作用仅是有或无.

在通过全面训练后, 我们进行所谓的“自发”实验, 在实验中没有使用任何惩罚器械. 在这些实验中, 动物完全独处, 而结果自动记录, 这样来自研究者的任何可能的提示都被排除在外. 这样的程序自然从根本上区别于马戏团的训练. 在马戏团的训练中, 学习持续不断地在旁观者面前进行. 我们从没有见过动物单独玩把戏, 见到的总是训练者和动物在合作. 我们的鸟在没有任何惩罚的情况下学习许多任务, 纯粹是通过自我条件反射. 其中舍弃了那些不成功的环节, 因而在这种情形下训练和自发实验之间已没有差别; 事实上, 每一个实验都是自发的. 由鸟所做的许多自发性实验是在人完全不在场的情形下进行的. 它们单独留在大花园里完成任务, 而实验者则呆在远处的房子里. 他不能看到鸟, 鸟也看不到他. 或许一小时之后, 他会回到花园, 并且发现问题已解决了. 这样一来, 甚至人和动物之间可能的心灵感应的交流也排除了. 尽管如此, 在观察者不在场的情况下获得的结果经常位于最佳之列. 最近, 在自发实验中被鸟所解决的所有问题用影片自动记录了下来. 记录这种成功结果所需的胶片长度总计约 3 千米. 遗憾的是这些档案资料的大部分在战争期间被火烧毁, 仅有四部为教学目的摄制的影片被保留下来. 这些当中的一部分就是你今天所看到的. 这四部带全部统计细节仅涉及实验的影片已经出版. 还有留存的来自旧系列的关于十多只渡鸦和一只鹦鹉 Jake 的实验记录行将出版. 现在我们又开始同鹦鹉、喜鹊和其他物种一起工作了.

可能有人会问, 因为我们知道没有任何野生鸟类在正常状态下计数的案例为什么我们还要不厌其烦地研究一个看似没有生物学意义的问题? 虽说是这样, 不过我相信这个问题的兴趣在于与人类语言的起源这个老问题密切相关. 尽管里维斯 (Revesz, 1946) 的书非常有价值, 我还是相信如下的说法是对的: 除了我们的实验, 比较心理学也没有提供回答这个问题的论据. 目前的这次会议提供了人类和动物之间的许多引人注目的相似性例子, 涉及在感觉、定位、运动机能、直觉表现、放松模式、社会行为、心情和学习等方面低层次的活动. 看起来仅仅语言是人类特有的技能. 因此, 把下列看法作为工作假设是值得的: 区别人类和动物行为巨大差别的所有特点都是人类语言这一显著优点派生的结果. 只有人会给事物、思想、关系等命名. 人类的儿童像鹦鹉一样学习单词; 但是在学会起初的少数几个单词之后, 他就会马上用它们组成新的句子, 用以表达某些真实的关系, 表达希望, 并且提出问题. 组成新的合乎情理的句子的能力不是在通常意义下学到的; 反之, 这种合理使用学到的单词的本领是儿童天生的. 这种天生的能力是人超出动物的最显著的决定性天赋. 据我所知, 没有一种动物曾经学会用类似的方式使用单词.

但是, 问题产生了, 我们的单词如何组合起来用于组成真正的句子、话语、命令和询问; 简而言之, 为什么我们的语言适应我们的环境, 为什么它使用得比鸟类的鸣叫为多. 我将尝试通过一个例子回答这个问题. 我们的鸟不计数, 因为它们没有词. 它们不能命名数, 它们能够觉察到数并且作用到数, 而事实上它们学习 “思考没有名称的数.” 为了更好地说明鸟和我们自己之间的区别, 我举一个我本人所知的一个儿童学习计数的实例. 大约四岁时, 她按照正确的次序学习一、二、三直到七这几个词, 并且学习了读这几个数字. 她父母的一个可信赖的朋友在很短的时间内教她这些内容, 他向他们保证功课严格限于这两个内容 (七个词和七个数字, 二者都按照正确的次序, 并且相互协调); 这些之外什么都没有教她. 几天以后, 孩子在母亲面前, 看到电车开过来了, 说 “看啊, 三路来了, 它有三节车厢; 正好配得上.” 那是三号路线, 而电车有三节车厢; 三是它读过的数字. 三节车厢是三个类似的对象的和, 她看到它们, 而且数过了. 当她进一步注意到数字跟和数量一致时, 那么匹配意味着 “数”, 其意义是看到的数字和看到的对象的和是同样名之为三的数. 正如哲学家所说的, 她事实上了解了命名数的思想. 这当中自然没有什么是反常的. 这只不过是人类每一个正常儿童使用学到的词并且没有任何进一步的学习过程立刻就正确地应用这些词的一个例子. 在这个实例中, 并没有为了数每一样东西和为了计算而给她讲授一点儿课程. 孩子没有进一步和她以前的老师接触, 父母自己也没有给以进一步的指导. 事实上他们故意避免这样做, 但是她可以造出像下面这样的句子: “我看到六是五再带上一,” “二加五, 我会这样做: 三 (一), 四 (二) . . . . . . 七 (五), 七, 对了.” 父母从未鼓励过这个孩子, 不久她就放弃了这个游戏. 两年之后她进了小学,她想不起早先她在智力算术方面的成就, 开始跟她的同学一样用手指帮助学计数.

即使我们的最聪明的鸟也没有显示出像那样的天生才能. 但是它们确实学习未命名的数, 这些数用两种主要的方法出现在它们面前: (i) 同时出现和 (ii) 依次出现. 这里提出假设: 人从未开始计数起, 即给数起名, 和鸟一样没有以下两个前语言能力. 第一个能力是仅凭观察个体的数目能够比较个体同时逐一出现组成的群, 排除所有其他提示. 这个问题曾经以十分不同的方式提给鸟, 开始时仅是两组可吃的个体 (玉米粒、水果、肉块等), 两组仅相差一个个体, 而在最后按照模式 (N. Kohts) 进行选择. 一个名叫雅各布的渡鸦和一只叫盖尔的灰鹦鹉面前放五个小盒子, 分别盖上带有 2、3、4、5 和 6 个斑点的盖子 —— 钥匙是放在盒子前面地面上带有斑点的一个盖子, 其上的斑点数是上述数字中的某一个. 两只鸟学习仅打开跟那个模拟钥匙上斑点数目相同的五个盖子中的一个. 作为实验的控制, 每一件事情从一次实验到下一次实验以随机的方式改变. 五个盒子选取了 15 个位置, 而钥匙有许多不同的位置; 在钥匙内的个体数随每次实验而改变, 对应钥匙上的斑点的 "肯定的" 数有五个位置. 而四个否定的数有 24 种置换. 一组斑点的相对位置, 仅相对于雅各布, 这些斑点的大小和形状也产生了绝对无规则地改变. 在最后的一系列实验中, 每一次实验, 我都重新把一块平的黏土片打破成极其不规则的轮廓不齐的许多小片, 一片的大小从一个单位到 50 个面积单位不等, 我总是小心翼翼地使得盖子上的肯定数的一般模式尽可能不像模拟钥匙上的模式. 在一个这样的实验中, 我希望任何与问题不相干的提示都排除在外, 而雅各布解决了问题, 它选择了与在整个实验中仅有的没有改变的项目所对应的肯定的盖子, 即其上的斑点数等于当前特定的模拟钥匙上的斑点数.

我们关心的第二个能力是估计, 即记忆一个接一个事件的数目, 并且记住依次出现的数, 而不依赖节奏或任何其他可能有帮助的提示. 这里再一次使用了许多变通的方法. 首先, 训练鸟仅吃给提供的许多谷粒中的 "x" 个谷粒, 而不通过图形给与任何帮助. 例如, 给了一百粒或更多粒的一大堆谷粒, 一颗谷粒挨着许多其他的谷粒, 它们完全没有确切的数量, 因为在它们之间看不到空隙 (在虎皮鹦鹉电影里, 你将看到鸟被训练得仅吃一大谷堆里的两三个谷粒). 另一个任务是仅仅吃在嘀嗒作响的 1—60 秒钟内一个接一个地落入一个杯子里的“x”个豌豆. 这里又一次根本无法计数; 豌豆递送像自动售卖机里的东西一个接一个落下, 鸽子在杯子里看到的豌豆从来不多于一个. 鸟总是看到同样的景象, 绝对没有区别最后允许的豌豆和第一个禁止的豌豆的可见的提示. 同样的方式应用到打开排成一长行的盒子的盖子, 直到获得“x”个诱饵; 因为诱饵在 20 个或更多盒子里调整分布, 从一个实验到下一个实验, 被打开的盖子数目是不断变化的. 例如, 如果鸟被训练得取五个诱饵, 它可能必须打开一到七之间的任何数目的盖子. 鸟打开盖子直到获得 5 个诱饵, 即它要“动作五次,”但是它为了获得五个诱饵必须打开的盖子数随每次实验而改变. 更加引人注目事实是鸟可在同一时间学会精通直到四个这类问题. 例如, 一只寒鸦学会获得两个诱饵后打开黑色盖子, 获得三个诱饵后打开绿色盖子, 获得四个诱饵后打开红色盖子, 以及直到五个诱饵后打开白色盖子. 类似地, 虎皮鹦鹉学会当实验者说“dyo dyo dyo”时就“动作二次”, 而当发出声音“treis treis treis$\cdots$”时就动作到三次 (仅从谷堆里取三颗谷粒). 用铃声指出二和用蜂鸣器响声指出三也可以得到类似的结果.

正如我们所看到的, 因为在这个实验中所有外部的提示都小心翼翼地排除在外, 仅仅一个内在标记起到让鸟在数目达到时停止动作的作用. 这里我们强制性地使用了心理学术语. 看来似乎是: 如果鸟对于它已经完成的动作单位数做某个内在标记, 有时候这些假定的“内在标记”本身以意向运动的形式显示在外部行为中. 于是给寒鸦的任务是打开盖子直到获取五个诱饵, 在这个情形下, 谷粒按照次序 1,2,1,0,1 被分布在前五个盒子里, 在打开了前三个盖子并顺序仅吃了四粒谷粒之后, 它就回家进到了它的笼子里. 实验者刚刚要记录“少了一个, 不正确的回答”时, 寒鸦回到那一行盒子鸟进行了一个最值得注意的表演: 它在第一个空盒子前面点头一次, 在第二个盒子前面点头两次, 在第三个盒子前面点头一次, 然后沿着线走, 打开第四个盒子 (没有谷粒) 和第五个盒子, 并且吃掉最后一个 (第五个谷粒). 做完这些之后, 它离开这列盒子的还没有接触过的剩余部分, 带着坚定的神态回到房间. 在每个打开的盒子前面重复点头, 其次数跟第一次它发现的盒子里的谷粒数一样, 这个“意向动作”似乎证明鸟记住了它前面的活动. 看来似乎是: 如果它在第一次离开之后, 它意识到没有完成任务, 因而返回并且用意向运动重新开始“叼起”它上次在现实中曾经叼起的那么多谷粒; 但是当它来到第一次错过的没有打开的后两个盒子时, 它执行完整的动作, 并且完成它的任务.

我对于这个内在标记必须提供的最简单的解释是: 它是由相等的记号组成的, 正如我们想象或实施一次点头代表一, 二次点头代表二, 等等. 对此我提议称为 "想象未命名数." 反之, 人们可以做的、而我认为是不必要的最大胆假设是: 鸟利用不均等的或数量上不同的固定次序的记号做标记, 就像我们想象 1,2,3,4,5 或五个不同音节组成的乐句. 这种标记自然就是命名数, 换句话说, 实际上的计数. 如果我的均等记号的最简单的假设是正确的, 人们可以期望比如在动作到 "x" 次的过程中, 一个预先惩罚是没有影响的. 这样, 我们可以期望如果在对于五的训练过程中, 鸟在取到两粒谷粒后受到惩罚, 那么它将继续动作直到啄到五颗谷粒; 鸽子确实是这样做的. 但是虎皮鹦鹉尤其是寒鸦能够遵守由仅仅一次预先惩罚灌输的一个新的规则, 而一只寒鸦对于一个长的即兴实验系列在最终回到老的更高的 "x" 值之前遵守这个新的规则. 尽管有这个结果, 我对于接受这个更大胆的假设还是犹豫不决, 因为我仅仅有这一个实验指向这个方向. 而所有其他的实验却指出相反的结论. 这样看来鸟根本不存在 "数字智力"信号, 它们没有进步到具有像儿童那样明显的学习能力, 但是如果记号是完全均等的, 按照我们的第一个假设, 难以理解寒鸦怎样立刻可以领会新的较小的数, 该数仅仅由一次预先的制止所标示, 而制止的出现又根本没有征兆. 可能同样性质的记号之间纯数量差别的假设将用来解释寒鸦领会数的现象; 例如, 处罚期望的渐强或在没有惩罚的自我调节情形下, 鸟沿一排记号通过时, 对于谷粒的渴望在减少.

鸽子和虎皮鹦鹉在针对一个问题进行训练时, 由于实验条件的改变会沮丧不安, 而寒鸦则立刻接受变换. 一只鸟在学会了打开带三个斑点的盖子而不触动带四个斑点的盖子之后, 曾经遇到了盖子上爬动的三个和四个幼虫, 而非原来的斑点. 影片呈现了在一次即兴实验中这一新类型提示的第一个演示. 鸟很焦急, 并且犹豫了很长时间, 但是最后它直接走向三个幼虫, 吃了他们, 并遗弃四个幼虫, 根本没有打开盒子. 总结起来: 一定种类的鸟会表现出同样的掌握同时或先后出现的未命名数的能力, 但是这种能力随类别而异. 具体说来, 对于鸽子, 根据实验条件的差别识数能力可能是五或六, 而对于寒鸦是六, 对于渡鸦和鹦鹉则是七.

相同能力的类似实验也对人做过. 在这个情形下数字组是视速仪般地通过幻灯片同时地显示, 并经过仔细的计时, 以致当它们完全被看到时, 时间短得无法进行计数. 值得注意的是, 当对人类做这个实验时, 完成的限度与通过鸟显示的限度是同一数量级的. 这样, 几乎没有人能达到八, 而更多的人像鸽子一样不多于五. 而对于第二种能力的实验尚在进行中, 但是就我们已经得到的结果, 除了命名计数, 还没有人可以达到比鸟更好结果的期望. 在包括人在内的六个物种中间, 在两种能力方面的限度的这种类似性, 看起来是一个最重要的事实, 并且我们难以假定这样的相关性是由于偶然. 对于我们来说, 这两种能力, 领会同时 (区分看到的并排的群) 或相继 (动作直到“x”) 出现的非命名数, 都仅含有未命名数的绝对观念. 因为鸟不说话, 既没有事物名称, 也没有数的名称, 我们必须问道, 是否鸟可以不学习两种能力的结合. 这可以用两种方法决定, 第一个是测试看到数时的活动能力; 第二个是选择看到的等于刚作用到的数字的某个数. 我们同时沿着这两条路线开展工作. 对于第一个, 有一个正面的结果. 在多次失败之后, 一只寒鸦学会了: 如果在圆心有两个点, 则会在一个圆上的多个幼虫中取出两个幼虫, 如果圆心有四个点, 则取出四个幼虫.

对于某些鸟类和人类共有的两个前语言能力业已被证实. 鸟类和我们可以都有我所喜欢称谓的“非命名思维”. 我们的“脑电波”往往是没有言辞表达的. 我们常常突然发现了问题的正确解答, 而在决定通过公式或梗概用一种或另一种语言来命名这些问题之前, 我们已经奋斗很长时间了. 非常多的思想以没有词的形式来到我们脑子里, 正像动物所掌握的大多数思想; 区别仅仅是我们有了这些思想之后可以用词汇表述它, 而动物则不能. 格斗、比赛、求爱, 等等, 动物和人二者有许多共同的事情, 这些就是在二者的情形下可能用不到语言的那些事情.

这个尝试可以鼓励更多的研究指向在其他方向“未命名思维”的发现. “什么能够使得我们的语言适合自然”这个问题可能可以由指向高等动物和人类共有的前语言思维形式部分地给予回答. 到目前为止, 看来我们发现了其中的两个.

参考文献

Koehler, O. (1941) Vom Erlernen unbenannter Anzahlen bei Vögeln. Die Naturwissenschaften 29, 201-218. 照片取自前文献引用的影片.

Koehler, O. 4 个影片出自 Institut für den Unterrichtsfilm in München 23, Leopoldstrasse 175, C281, 1939, Können Tauben zählen? B440, 1940, Vom Erlernen unbenannter Anzahlen bei Tauben. B442, 1940, Wellensittiche erlernen unbenannte Anzahlen. B467, 1940, Dohlen erlernen unbenannte Anzahlen.

Koehler, O. “Zähl”—versuche an einem Kohlkraben und Vergleichsversuche an Menschen. Zeitschift für Tierpsychologie 5, 1943, 575-712.

Kohts, N.N. Ladygina, (1921) *Berichte des Zoologischen Laboratoriums beim Darwin-Museum fur die Zeit* 1914–1920, Staatsverlag.15 pages, 5 tables, 引用的俄文文献.

Revesz, G. (1946), *Ursprung und Vorgeschichte der Sprache.* Bern, A. Francke AG. Verlag.

编者评注

神秘算术

算术通常被认为是数学的最简单的分支. 没有什么能比这种认识离真理更远. 尽管初等算术的练习确实非常容易, 但从基础开始建立这门学科则是困难的. 大多数科学都可以同样被描绘为: 在给电灯装电线之前不必懂得电磁理论, 或为了修理水泵才要去学习物理学. 我们在手指头上计数, 却并不留意动作的进一步的含义.

算术的基本规则和运算异乎寻常地难以定义. 计算和数的概念曾经挑战了最机敏的思想家的能力, 数论问题可以描述得使儿童都可以了解其含义, 但却历经数百年去寻求解答. 奇怪的是我们对于数的性质知之甚少. 它们是我们的精神产品, 也使我们感到困惑; 我们仅仅能够理解些许其中的错综复杂性. 在定义它们的属性和规定它们的行为之后, 我们被迫艰难地理解我们的公式的含义.

E.T. 贝尔 (Bell) 提供了这一广阔纷繁主题的优美概述. 节录出自《数学 —— 科学的皇后和仆人》(*Mathematics—Queen and servant of Science*). 他通过各个方面的事物, 讨论了素数的奇妙方式, 费马 (Fermat) 数和梅森 (Mersenne) 数, 亚历山大的丢番图的工作, 代数数和超越数, “众所周知”的哥特巴赫 (Goldbach) 猜想, 华林 (Waring) 的很有见地的推测. 贝尔说 “数论是数学中最后未开化的大陆. ”正像从非洲总会有一些新东西出现, 从这个理论当中也是如此. 2 500 年以来, 业余爱好者和专业人士都在探索它, 有一切理由希望将来的发现会 “远远超过” 以往的那些发现, 在阅读贝尔的文章之后, 你会同意算术并不是简单的.

露西 (Lucy), 亲爱的孩子, 专心于你的算术吧 …… 没有算术, 生活会是什么? 莫非是一场恐怖剧.

西德尼 · 史密斯 (Sidney Smith)

6 数学皇后

艾瑞克 · 坦普尔 · 贝尔

一个难以驾驭的领域

我回想, 正是高斯加冕算术为数学的皇后. 高斯生活于 1777 到 1855 年间, 他深刻的创造性成果注入流经十九世纪和二十世纪的多条宽广深入的数学进程的长河中. 在高等算术或数论中, 他的工作是至关重要的, 其中包括他在 1801 年出版的著作《算术探索》(*Disquisitiones arithmeticae*). 在该著作中, 他的创新, 例如同余的概念, 具有远比他所预见的更深远的意义, 与此类似的还有他对于几何学的贡献, 此学科在黎曼加以推广后, 为二十世纪的物理学做好了准备. 高斯还对于他那个时代的科学做出了杰出的贡献, 例如电磁学和天文学. 他的主张受到所有数学家和部分科学家的尊重.

算术对于高斯与对于希腊人一样, 根本上是整数性质的研究. 人们注意到, 希腊人对于计算及其在贸易上的应用使用了不同的词汇. 对于这种实践性的算术, 拥有奴隶的希腊贵族似乎是不屑一顾的. 他们称之为符号逻辑 (*logistica*), 这个名称在逻辑学和数学基础的一个现代学派里幸存下来. 但是, 没有这个皇后的这种备受鄙视的操劳, 即使最冷漠的希腊大天文学家也不可能带着他的拉普拉斯所称之的 "世界体系" 走多远.

犹如在自 1920 年以来的所有数学领域里一样, 算术中的发现意义深远, 层出不穷. 但是在算术和其他领域之间存在一个最重要的差别. 几何、分析和代数每一个领域都曾获得一个或几个制高点, 由此得以纵览其整个领域,而算术则不然.

希腊人在几何里没有留下什么现代人解决不了的问题. 而面对某些琐碎的问题, 像希腊人在算术方面留下的 "完全数" 问题, 我们仍然束手无策. 例如给出发现所有完全数的一个规则, 所谓完全数, 比如 6, 等于它的自身之外的所有除数之和, $6 = 1 + 2 + 3$, 并且证明或证伪奇数都不具有这个性质. 这样的数称为完全的, 6 之后的下一个完全数是 28. 我们应该再次遇到这样的数. 如果连这样幼稚的问题都征服不了, 侈谈算术是霸主只能被认为是不负责任的阿谀奉承.

数论是数学的最后一个广袤的未开发大陆. 它被分成无数个国家, 每个都足够丰腴, 但是每个都或多或少漠不关心其他国家的进展, 并且没有一个聪颖的中央政府. 如果任何一个年轻的亚历山大为了一个待征服的新世界而叹息, 那么正是数论横亘在他的面前. 算术领域内至今还没有它的笛卡儿, 从未谈论过牛顿.

唯恐这种估计似乎过分悲观, 让我们不要忘记在算术领域中的几个国家, 自高斯时代以来, 尤其是自 1914 年以来, 每一个都有引人注目的进步, 当现代分析被应用到数论问题之后, 高斯的后继者为了解决这些问题在长达一个多世纪的时间里前赴后继. 事实上, 已经完成的两三个出色的结果堪与几何学里的任何结果媲美. 只可惜即使是这样的成果, 也没有一个影响到整体发展进程. 这可能是学科的特性使然.

有一个值得注意的进展是揭示了那些神秘调和性的某个根源, 这一发现在整数性质方面得到高斯的赞赏. 这就是由 E.E. 库默尔 (Kummer)(1810—1893)、戴德金 (Dedekind) 和克罗内克 (Kronnecker) 创立的代数数理论. 库默尔在这个特殊领域创立的理想数理论堪与非欧几里得几何媲美. 戴德金的代数数理论的创立与此类似, 近世抽象代数的某些思想就来源于这个理论. 另一个引人注目的进步是 1900 年早期以来解析数论的辉煌成就. 关于从过去成功解决了的问题继承过来的孤立问题, 我们可以特别提到十八世纪的华林 (1734—1893), 我们将回到这个问题, 还有哥特巴赫 (Goldbach) 猜想. 另一个奇特兴趣的结果是证明某些数是超越的并由许多这样的数所构成. 我们马上要简短地指出所有这些事情的原委. 这些准备工作都与下列引文和对于算术爱好者的提示密切相关.

高等算术 (高斯写于 1849 年) 向我们展示了一个琳琅满目的、带有很多有趣真理的宝库, 这些真理不是孤立的, 而是彼此有着紧密的关系, 并且随着科学的每一个后续的进步, 我们会不断发现它们之间新的、完全意想不到的接触点. 大部分算术理论由于其特殊性产生一种附加的诱惑, 即我们容易通过归纳得到重要的命题, 这些命题貌似简单, 但是其证明却深不可测, 在许多无结果的努力之后还是不能被发现; 即使证明被发现, 证明过程也是冗长乏味和矫揉造作, 而更简单的证明方法则长久躲在我们身后.

L.E. 迪克森 (Dickson) 在他 1929 年出版的《数论导引》(*Introduction to the theory of numbers*) 一书的前言中, 他说道, 在二十世纪中, 数论是主流数学家和数千的爱好者非常喜欢的研究课题. 近代的研究比旧时的毫不逊色. 未来的发现将远远超过以往.

在其他的事情之中, 我包含了过去 2500 年来累积的大量结果中的若干仍然激起爱好者们好奇心的项目. 这些表述的简单性并不反映它们的困难程度. 事实上, 往往吸引爱好者的是继续挫败专家的一些最困难的问题. 有些观察力敏锐的爱好者偶尔会注意到数的一种有趣的性质, 这些是专业人士忽视掉的. 专业人士随即又有了新的问题困扰他们, 有时候会持续一个世纪或更长.

费马数和梅森数

数论作为数学的一个独立学科起源于费马 (1601—1665). 费马的职业是法学家和议员. 他的消遣是数学, 他探讨数学像一个业余爱好者, 而发展数学则像大师中的大师. 虽然他是解析几何和微积分的奠基人之一, 他今天被人们记住的主要还是在数论方面的工作. 他是一个具有天赋的算术家, 他对于自然数 1, 2, 3, $\cdots$ 的内在性质的敏锐的洞察力使人怀疑是否有人能与之匹敌; 而还无人超过则是确信无疑的. 要记住当费马从事他最杰出的工作时, 他还没有现今学校里的初学者在几周之内就可学会的简洁且富创意的符号, 有的只是一些笨拙的替代物. 他的一些最深刻的发现仅使用极少的符号进行言词上的推理, 而大部分所谓符号只不过是词汇的缩写. 任何一位曾被代数符号困扰而被激怒失去耐心的数学、科学或工程学科的大学生可以尝试一下一个星期没有这些符号的感受.

费马、帕斯卡和其他十七世纪早期的法国数学家都是 M. 梅森 (Mersenne, 1588—1648) 神父的朋友, 他的作用像一个邮局, 在他的朋友之间传递数学和科学信件. 梅森还是一个业余爱好者. 他由于以他命名的数而永远活在算术里. 一些历史学家曾经猜测, 其实这些著名的奇妙的数应该归功于费马. 但是看起来并非如此, 因为并没有什么理由认为梅森剽窃了他的朋友的思想.

费马数用 F_n 表示, 其定义是

$$F_n = 2^{2^n} + 1, \quad n = 1, 2, 3, \ldots,$$

举例说, F_4 是 $2^{16}+1, F_6$ 是 $2^{64}+1$; 这样一来,

$$F_1 = 5, \quad F_2 = 17, \quad F_3 = 257, \quad F_4 = 65,537,$$

所有这四个数确实经过验证都是素数. 下一个是相当大的数

$$F_5 = 4\ 294\ 967\ 297.$$

费马研究这些数的原因是希望发现涉及整数 n 的公式, 使得对于 $n = 1, 2, 3, \cdots$ 仅产生素数. 他错误地认为 F_n 就是这样的公式, 但是他明确地说他不能够证明对于所有 n, F_n 都是素数. 这具有关键的历史重要性, 因为费马叙述许多他的结果都没有说明如何推导出来的, 也没有给出证明, 尽管他明说或暗指他有证明. 除去一个后面加以说明的非常著名的例外, 所有他所断言的定理都已经被证明. 他的关于 F_n 的猜想是错误的, 并且从这个确定的误断可以推断出, 他知道什么时候他有证明, 什么时候他没有.

欧拉 (1732 年) 分解了 F_5,

$$F_5 = 641 \times 6\ 700\ 417.$$

之后 (1880 年), F_6 被指出不是素数, 它以非分解的形式写出来太长了,

$$F_6 = 274\ 177 \times 67\ 280\ 421\ 310\ 721.$$

以后还证明了对于

$$n = 7, 8, 9, 11, 12, 18, 23, 36, 38, 73$$

F_n 不是素数. 对于印刷样式做合理的假设和使用少量的普通算术, 如果方便再辅助以对数, 读者可以使自己相信, 如果 F_{73} 以完整形式写出, 那么全世界的图书馆也不能容纳得下. 到目前为止发现的最后一个素数是 F_4, 一些大胆的猜测者曾猜测没有更多的素数 F_n. 证明或证伪仅有有限个素数 F_n 这个问题是未解决的. 如果存在无穷个素数 F_n, 可以想象, 这可以用类似于欧几里得证明素数 $2, 3, 5, 7, 11, 13, \cdots$ 没有终结的简单方法来证明. 在这个方向, 一等算术家 M.G. 艾森斯坦 (Eisenstein, 1823—1852) 曾经陈述 (1844 年) 一个问题: 在序列

$$2^2+1,\quad 2^{2^2}+1,\quad 2^{2^{2^2}}+1,\cdots$$

中存在无穷多个素数. 无疑他有一个证明. 这像是聪明的业余爱好者可能处理的那一类事情. 如果任何人问为什么我不自己做这件事 —— 我既不是业余爱好者, 也不聪明. 我回想起高斯的非凡声明,“历史上仅有三位划时代的数学家, 阿基米德、牛顿和爱森斯坦.”

高斯在对于算术的称赞中提到费马数 (在数论和其他数学分支之间) 提供了一个具有 “新的和完全出乎意料的接触点” 的美好例子. 欧拉或许想到了他在十八岁时的引人注目的发现, 这些发现让他决定贡献他的天赋给数学, 而不是他同样具有罕见天赋的语言学和哲学. 仅使用直尺和圆规的几何作图称为*欧几里得作图*. 所有边和所有角都相等的多边形称为*正多边形*. 公元前 350 年, 希腊人就知道了 $4,8,16\cdots$ 条边的正多边形和 3 和 5 条边的正多边形的欧几里得作图. 由此容易作出 $2^c\times 3, 2^c\times 5, 2^c\times 3\times 5$ 条边的正多边形, 其中 c 是任意正整数, 而事实上希腊人指出了如何作图. 他们没有走得更远. 年轻的高斯证明了, 如果 N 的形式是 2^c 或不同的费马素数 F_n 的乘积的 2^c 倍, 则存在正 N 边形的欧几里得作图. N 的这种形式对于欧几里得作图的可能性是既必要又充分的. 有趣的是, 如果 F_4 果真是最后一个费马素数, 知道一些由此而解决的问题总是令人满意的. 17 和 257 条边的正多边形的简单欧几里得作图已经有了, 一个勤奋的代数学家曾耗费他的生命的美好时光和大量纸张试图作出 65 537 条边的 F_4 正多边形的图形. 所有这些辛勤劳作的未经整理的成果都被虔诚地保存在一所德国大学的图书馆里, 这是否会把热情进一步引入歧途? 要知道这种悲剧是经常发生的.

有一个毫无根据的传说, 说高斯的墓碑上镌刻着 17 条边的正多边形作图的示意图. 下面这件事情可能是真的, 有一次高斯回忆起了阿基米德的墓碑上由西塞罗 (Cicero) 描述的球面的求积法示意图, 随即希望有这样一个纪念物. 如果他要求类似的 65 537 条边的正多边形, 那么他的遗嘱执行者可能必须建一个等于或超过大金字塔的建筑. 自然这是一种夸张. 但是没有人会如此固执呆傻去完成正 65 537 边形的尺规作图. 值得庆幸的是 4 294 967 297 条边的欧几里得作图是不可能的.

梅森数 M_p 像费马数一样著名. 他们由下式定义:

$$M_p=2^p-1, p=2,3,5,7,11,13,\cdots,257,\cdots,$$

其中 p 是素数. 梅森断言 (1644 年), 使 M_p 为素数的仅有的 p 是

$$p = 2, 3, 5, 7, 13, 17, 19, 31, 67, 127, 257.$$

(如果 p 是合数, $2^p - 1$ 直接就是可分解的. 例如, $2^6 - 1 = (2^3 + 1)(2^3 - 1)$, 等等.) 还有 44 个其他的素数小于 257. 所以按照梅森的断言, 对于这些素数的任何一个, M_p 都不是素数. 令人有极大兴趣的是了解梅森根据什么想到了他的断言. 看来他不可能仅仅是粗略地猜想. 他是一个诚实的人, 也不是一个傻瓜. 但是, 这次他栽大跟头了. 他的第一个错误是在 19 世纪 80 年代被检查出来, 当时 M_{61} 被证明是素数. 那些仍然相信神秘的梅森神父实际上知道他所谈论内容的人们, 对此不以为然地耸耸肩, 61 恰恰是缮写员把 61 抄成了 67. 而在 1903 年 F.N. 科尔 (Cole, 1861—1927) 证明了 M_{67} 不是素数.

在二十世纪前半期所有美国数学家去世之前, 我愿意在这里说一点儿历史. 我在 1911 年问科尔, 他用多长时间分解 M_{67}, 他说 "三年里的每一个星期天." 这虽然有趣, 却不是历史. 1903 年十月, 美国数学会在纽约召开会议, 其程序表上有科尔的文章, 带有一个审慎的题目 "关于大数的因子分解". 当主席招呼科尔宣读论文时, 他 —— 一个少言寡语的人 —— 走向黑板, 什么也不说, 开始写下 2 的 67 次幂的计算. 然后小心地减去 1. 一句话也不说, 走到黑板空白处, 用普通写法做乘法

$$193\ 707\ 721 \times 761\ 838\ 257\ 287.$$

两个计算结果相等. 如前所述的梅森的猜测终于未能登入数学的神圣殿堂. 第一次也是有记录的唯一一次, 美国数学会的一个听众为在此之前提交论文的这位作者热情鼓掌. 科尔没有说一句话回到座位. 没有人向他提问题.

另一个关键的素数 p 是 257, 这是梅森对于他的素数 M_p 所宣布的最后一个素数. D.H. 莱默 (Lehmer) (他的父亲 D.N. 莱默对于前 1 千万个正整数的因子表创立了完备性和精确性不可逾越的记录) 证明了 (1931 年) M_{257} 不是素数, 尽管他所用的方法没有产生一对因子. 我是在 1932 年秋 在帕萨迪娜 (Pasadena) 目睹 D.H. 莱默使用电子机器进行寻找大数因子演示的朋友中的一个. 那是人脑加机器使脑强化的戏剧性证明. 对于那次集会的图片报导, 读者可以查阅 D.H. 莱默的 Hunting Big Game in the Theory of Numbers(数论中寻找大数的比赛) (*Scripta Mathematica*, Vol.1, pp.229-235, 1932). 此文出版后, 曾在曼彻斯特 (英格兰) 用一个电子机器验证了梅森数的传说[1].

[1](在校样中添加) 梅森去世后, 自 1947 年以来, M_p 的寻找推进到约 10 000.

鉴于某些人希望推进梅森数的研究, 我下面叙述经过 D.H. 莱默改良的对于 M_p 的素数性的 E. 卢卡斯 (Lucas, 1841—1891) 判别法. 在序列

$$S_1 = 4, S_2 = 14, S_3 = 194, \cdots, S_{t+1} = S_t^2 - 2, \cdots$$

中, 第一项后的每一项等于前一项的平方减 2. 于是有

$$S_2 = 4^2 - 2 = 14, S_3 = 14^2 - 2 = 194, S_4 = 194^2 - 2 = 37\,634, \cdots$$

如此下去. 读者再少许计算几项即可体会到, 序列的项以极快的速度增长. 如果 p 是一个大于 2 的素数, 梅森数 $M_p = 2^p - 1$ 是素数, 当且仅当 M_p 整除这个序列的第 $(p-1)$ 项. 任何一位试图对于 M_{257} 应用这个判别法的人会很快确认机器的帮助是值得的. 当然序列的这一项还没有真正计算出来, 即使现有的最强大的计算机也不能生成对于 M_{257} 所需要的序列. 由数论提供的捷径产生了这个有用的判别法.

提到卢卡斯, 我记得他是另一位杰出的业余爱好者. 我的意思是, 虽然他精通他那个时代的大部分高等数学, 他克制自己不去做那个时代的时尚事情, 以便尽情发挥他的算术天赋. 他 1891 年出版的《数论》(Théorie des nombres), 第一部分 (不幸, 这是已经出版的全部) 是对于数论方面的业余爱好者和少量学术方面的专业人士极富吸引力的一本书. 他广泛散落的著述应该加以收集, 而他的未出版的手稿也应仔细甄别和编辑[2].

当我们现在来到费马迷惑人的 "最后定理" 时, 我们将要指出它与费马数以及梅森数之间的奇妙联系. 这里, 我引用发表于 *The Bulletin of the American Mathematical Society*, Vol.53, p.167, 1947 的 D.H. 莱默的文章, 来结束我对梅森的不朽事迹的介绍. M_p 如前是 $2^p - 1$, 这里 p 是素数.

(1) 对于下列素数 p, M_p 是素数,

$$2, 3, 5, 7, 13, 17, 19, 31, 61, 89, 107, 127.$$

(2) 对于下列素数 p, M_p 不是素数, 并且被完全因子分解,

$$11, 23, 29, 37, 41, 43, 47, 53, 59, 67, 71, 73, 79, 113.$$

(3) 对于下列素数 p, M_p 不是素数, 并且知道其两个或更多的因子,

$$151, 163, 173, 179, 181, 223, 233, 239, 251.$$

(4) 对于下列素数 p, M_p 不是素数, 并且仅知道其一个素因子,

[2] 几年以前, 卢卡斯手稿要价三万美元巨额. 卢卡斯一生从没有这么多钱.

$$83, 97, 131, 167, 191, 211, 229.$$

(5) 对于下列素数 p, M_p 不是素数, 但是没有一个因子已知,

$$101, 103, 109, 137, 139, 149, 157, 199, 241, 257.$$

在莱默的总结 (6) 里, 素数 $p = 193, p = 227$ 没有确定. H.S. 尤勒 (Uhler, 1872—) 在 1948 年处理了这两个数.[3] 对应的梅森数都不是素数. 如此, 梅森的最后记录是五个错误, 包含 67,257, 不包含 61,89,107. 对于梅森所想的, 人们能够有什么想法? 304 年内都认为他是正确的.

从 (3), (4), (5) 看出关于梅森的错误猜想还有一些遗留的事情可做. 现代的计算机器在人脑的谦恭帮助之下也可以做.

素数点滴

(有理) 素数 2, 3, 5, 7, 11, 13, 17, 19, 23, ··· 是 (初等) 数论的乘法部分的构成体, 这是同算术基本定理的推论相关的: 一个 (正整数) 是素数的本质上唯一方式的乘积. "本质上" 意味着对于仅仅它们因子的次序不同的素数的两个乘积不加区别. 例如

$$105 = 3 \times 5 \times 7 = 5 \times 7 \times 3,$$

等等. 定理可以用数学归纳法结合一些简单但有效的技巧来证明. E. 策梅洛 (Zermelo, 1871—1953) 在 1912 年给出了一个这样的证明, 而出版则在 1934 年. 其他的证明都仿效他.

关于素数的古老定理中应特别提及费马的一个定理, 首先是因为它本身作为一个瑰宝被算术家赞赏, 其次是因为费马用他的 "无限下降" 法证明了它.[4] 每一个形式如 $4n + 1$ 的素数可以唯一方式表示为两个平方的和. 例如, 5=1+4, 13=4+9, 17=1+16, 29=4+25, 101=1+100. 并且, 正如直接看到的那样, 形式如 $4n + 3$ 的数都不是两个平方的和. 用下降法的证明假定存在一个使得定理不成立的同样形式的较小素数, 通过下降可得出结论, 即定理对于 5 失效. 但是 $5 = 1 + 4 = 1^2 + 2^2$. 这个矛盾确立定理为真. 当下降法可以被应用时, 它准确无误地运作. 但是通常困难在于找到下推导决定性的步骤.

数论的一个基础是 1640 年的费马 ("小" 或 "较小") 定理, 它表述为如果 n 是不被素数 p 整除的任何整数, 则 $n^{p-1} - 1$ 可被 p 整除. 这个定理 (很像从

[3] 在 1935 年六个梅森数还没有测试过. 所有这些数首先由尤勒证明是合数.—— 编注

[4] 事实上, 欧几里得首先使用.

过去的数学继承过来的每一个事情) 用几种方式进行了推广和归纳, 绝非平常. 由于简单的定理证明在学院代数和其他课程中可十分容易地被接受, 我将不予写出. 近世代数的任何学生将会知道这个定理的意义重大的推论.

我们注意到费马尝试发现仅生成素数的公式. 一个极其类似的问题是发现素数性的判别法. J. 威尔逊 (Wilson, 1741—1793) 在 1770 年之前给出了这样一个所谓的判别法, 他说当且仅当

$$1+2\times3\times4\times\cdots\times(n-1)$$

可被 n 整除, 则 n 是素数. 对于 $n=6$ 可推出 $1+120=121$, 不能被 6 整除, 故 6 不是素数; 对于 $n=7, 1+720=721$, 可被 7 整除, 故 7 是素数. 遗憾的是威尔逊的绝对判别法即使对于不十分大的数也难以使用, 可以试试 $n=101$ 的情况.

在梅森素数和已经谈过的所谓的完全数之间存在一种有趣的联系. 完全数由毕达哥拉斯引进到算术中, 他赋予这些数以神秘和略微荒谬的品性. 用 $S(n)$ 表示 n 的所有因数的和 (包括 1 和 n), 如果 $S(n)=2n$, 则称 n 为完全数. 这一结论显然与前面的定义相符. 例如, 6 是完全数, 因为 1, 2, 3, 6 是 6 的所有因数, 而这些数的和是 12, 或 2×6. 对于 28 也同样: 28 的所有因数是 1, 2, 4, 7, 14, 28, 它们的和是 56 或 2×28. 欧几里得和欧拉证明了, 一个偶数当且仅当它有形式 $2^c(2^{c+1}-1)$ 时, 它是完全数, 其中 $2^{c+1}-1$ 是素数. 于是每一个梅森素数对应一个偶完全数. 但是奇完全数呢? 有吗? 直到 2 300 年之后的 1950 年还没有答案. 曾经有了一些进展, 但是证明的仅是类似这样的事情: 西尔维斯特 (Sylvester) 证明了如果存在一个奇完全数, 那么它肯定至少有六个不同的素因数. 在 1947 年及其后证明了其他的否定的结果, 但是由于这些结果还没有接近问题的解决, 我就不提及了.

业余爱好者和专业人士关于素数间的第一个问题几乎都是 "不超过任何指定的界限 (例如十亿或 x) 的素数有多少?" 一个更便于处理的问题是, 从长远看, 不超过 x 的素数有多少? 更准确地说, 如果 $P(x)$ 表示不超过 x 的素数个数, 是否存在 x 的一个函数, 记为 $L(x)$, 使得当 x 趋于无穷时 —— 变得无限大 —— $\dfrac{P(x)}{L(x)}$ 越来越接近于 1? 如果这样, 我们就说 $P(x)$ 渐近于 $L(x)$. 在 1896 年, 阿达马 (Hadamard) (1865—1963) 和德拉瓦莱普桑 (Vallée Poussin) (1866—1962) 互相独立地并且几乎同时证明了 $P(x)$ 渐近于 $\dfrac{x}{\log x}$. (这里的

$\log x$ 是自然对数.) 这就是 "素数定理", 它的证明是精巧的数学分析的成功典范. 对原始证明的许多修改生成了主要是专家感兴趣的大量文献. 尔后 A. 塞尔伯格 (Selberg) 十分出乎意料地在 1949 年发表了一个初等证明. "初等" 并不意味 "容易". 这个证明在某种技术层面上是初等的. 可能还会被简化.

关于素数的另一个著名定理是 P.G.L. 狄利克雷 (Dirichlet, 1805—1859) 的, 他叙述道, 在任何算术级数

$$an+b, n=0,1,2,3,\cdots$$

里有无穷多个素数, 其中 a, b 是没有大于 1 的公因子的正整数. 例如, 有无穷多个形式为 $6n+1$ 的素数. 狄利克雷通过困难的分析证明这个定理 (1837 年). 他的证明是近代解析数论的真正发轫, 其中分析, 即连续性数学, 可应用到涉及整数的离散领域的问题. 尔后更加出乎意料地又是塞尔伯格发布了 (1949 年) 狄利克雷这个定理的 "初等" 证明.

是否存在形式如 n^2+1 的素数, 这个问题看似简单, 其困难程度或许在更高层次上. 关于这个问题几乎每个人都可以提出, 还没有人取得哪怕极小的进展. 现在受人尊敬的数学家几乎很少会发表未经证明的猜想. 曾经有一些更浪漫的算术家想象过去那些大胆的猜测者拥有玄妙的 "失传" 的方法, 其超常威力使得他们发现远远超过现代数学水平的真理. 梅森的声名下降使得猜想在一定范围内不得人心, 但还远远没有达到人人口诛笔伐的地步.

一个著名的猜想是哥德巴赫在 1742 年提出的. 凭借少量数值例证, 他断言每一个大于 2 的偶数是两个素数的和, 例如, $30=13+17$. 直到 1937 年都没有出现针对判定这个猜想的重大进展, 是年 I.M. 维诺格拉多夫 (Vinogradov) 证明了 "充分大的" 偶数是三个素数的和. 理论上, 由 "充分大" 推出的有限缺口可能会在合理的时间内由现代的计算机器填补, 而确定无疑的是, 除非猜想先被正面解决, 维诺格拉多夫定理才会过时.

素数定理属于解析数论. 这个纷繁复杂的体系基本上是二十世纪的产物, 它主要涉及误差的阶 (相对大小) 的确定, 如果在一个特定问题中, 我们取一类数的近似数目代替其精确数目, 就产生了误差. 在这个领域的领先者是哈代 (Hardy, 1877—1947)、E. 朗道 (Landau, 1877—1938) 和 J.E. 李特尔伍德 (Littlewood, 1885—1977). 作为 (离散的) 整数解析理论的重要副产品, 我们可以提到极其有用和简单的阶函数概念, 它现在在分析著作中已经很普通. 在应用数学的许多分支中, 例如统计力学, 阶函数在充分精确的近似计

算中是不可或缺的, 其中精确结果是人甚至计算机器所无能为力得到的. 这种意义下的 (误差或逼近大小的) 阶理论在数论问题中起源于 1892 年, 没有发现与物理学有什么联系. 特别说来, "O" 函数由巴赫曼 (Bachman) 在他的《解析数论》(*Analytische Zahlentheory*) (1892 年) 中引进的. 物理学家 R.H. 福勒 (Fowler, 1889—1943) 告诉我, 他在 1929 年在剑桥开设统计力学课程, 其中展现的近似计算的优异本领是在哈代的解析数论课程中获得的.

所有这些工作的广阔意义在于现代分析和算术已融入到了数论富有威力的研究方法之中.

丢番图分析

这个题目表明, 数论的这个广阔领域追溯到亚历山大的丢番图, 他是该领域最早的著名大师, 是与欧拉、拉格朗日和高斯一起齐名的最伟大的大师之一. 丢番图分析处理两个或多个未知数的单个方程或方程组的整数或有理数 (普通分数) 解.

关于解所陈述的限制是困难性的根源. 例如, 在中学代数里, $2x+3y=5$ 对于 y 的解是 $y=(5-2x)\div 3$, 其中 x 可以是任何数. 但是如果仅允许整数 x, y, 问题就不那么容易了. 这个特殊的方程可以用 "检验法" 求解: $x=1, y=1$ 是一个特殊解; 如果 t 是任意整数, 那么 $x=1+3t, y=1-2t$ 是完全解. 如果要求正解, t 必须为零. 但是, 正如读者自己可以确信的, 像

$$173x+201y+257z=11\ 001$$

这样的方程用检验法难以求解.

对于一阶丢番图方程组已经有完备的理论. 它是从遥远的印度开始且本质上在 1860 年由 H.J.S. 史密斯 (1826—1883) 完成的, 这是众多算术家长达十五个世纪努力的最终成果. 对于高于一阶的方程, 一般性结果知之甚少, 而一个重要的未解决的数论 —— 实际上正如希尔伯特在 1902 年所强调的所有纯粹数学的 —— 问题是建立区分可解的和不可解的丢番图方程的有用的判别法. 对应的代数方程的问题通过伽罗瓦 (Galois) 理论及其现代扩展至少是接近于解决的, 虽然还留有细节问题.

为保持本章在合理的限度之内, 我必须省略大部分有趣的问题, 而仅关注所有丢番图问题中最著名的大约在 1637 年出现的费马问题. 费马习惯于

把他的某些发现记录在 C.G. 巴歇 (Bachet, 1581—1638) 版丢番图的《算术学》(*Arithmetica*) 一书的空白处. 以下是费马永远值得纪念的 "最后定理" 的表述. 我引自维拉 · 桑福德 (Vera Sanford) 在《数学原始资料》(*A Source Book in Mathematics*) (McGraw-Hill, 1929) 一书中费马的拉丁文原文的译文.

"为了将一个立方分解成两个其他的立方, 一个四次幂, 或一般地任何幂分解为高于二次幂的同类的两个幂是不可能的. 我确实发现了一个绝妙的证明, 但是空白实在太窄, 容纳不下."

经过历史上最伟大的一些数学家们三个多世纪的不懈努力, 也未能扩大这个狭窄的空白完全证明当 n 是大于 2 的整数时

$$x^n + y^n = z^n$$

对于异于零的整数 x, y, z 是不可能的. 正如我们在有关古代巴比伦人的文献中所注意到的, 排除 $n = 2$ 是必须的. 许多想成为这个著名的所谓最后定理处理者的人会由于 "证明" 对于所有大于 1 的整数 n 方程的不可解性而毁掉自己.

过去, 我是否可以要求本节的任何读者不要把他想象的证明寄给我? 我检查了一百多个错误的尝试, 我感到我尽到了我的本分. 一个这样的人纠缠了我三个星期. 我感觉到有一个错误, 但没有找到它. 无奈之下, 我把作者的手稿转交给我的三角课上的一个聪明女孩, 她半小时就检查出错误. 这并不使人受到可能会有的羞辱. C.L.F. 林德曼 (Lindemann, 1852—1939) 由于在 1882 年证明了 π 的超越性 (不久被注意到) 而使自己不朽, 临近生命终点, 他自费出版了一个冗长的所谓证明. 几乎在开头就有致命的错误. 任何一个孜孜追求证明的人可能会从希尔伯特在 1920 年说的话中受益, 当被问及为什么他不尝试时, 他说:"在开始之前我将用三年时间深入学习, 但是我没有那么多的时间耗费在可能的失败上."

费马经后裔留下了对于情形 $n = 4$ 的证明, 而欧拉 (1770 年) 对于情形 $n = 3$ 给了一个不完整的证明, 随即被其他人补充. 因为 $x^{mn} = (x^m)^n$ 以及对于 y^{mn}, z^{mn} 的类似等式, 只需对于大于 3 的奇数证明定理. 到目前为止, 任何一般情形证明的尝试必须区分两种情形: n 不整除 x, y, z 中任何一个; n 整除其中之一. 第二种情形似乎有更多的困难. 对于第一种情形, J.B. 罗泽 (Roser, 1907—1989) 证明了 (1940 年) 此定理对于不超过 41 000 000 的所有奇数成立. 这被 D.H. 莱默和 E. 莱默 (1905—) 改进为 (1941 年) 253 747 889. 对于第二种

可能性, 直到 1950 年界限是 H.S. 范迪维尔 (Vandiver, 1882—1973) 的 607. 对于直到 1946 年已知结果的综述, 读者可以参见范迪维尔发表在《美国数学月刊》(*American Mathematical Monthly*, vol.53, 1946, pp.555-578) 的文章. 范迪维尔是自库默尔去世以来比其他任何人都更深入到费马最后定理中的算术家[5].

可以指出三个特殊的结果, 这些结果与费马感兴趣的问题有启发性的联系. A. 韦伊费列治 (Wieferich) 证明了 (1909 年) 如果在第一种情形存在解 x, y, z, 则素数 n 必须使得 $2^{n-1}-1$ 被 n^2 整除. 小于 2 000 符合此条件仅有的 n 是 1 093. 1909 年之后还发现了许多类似的判别法. 从韦伊费列治的判别法,E. 戈特沙尔克 (Gottschalk) 推出 (1938 年) 在第一种情形如果 n 是费马素数 $2^{2^a}+1$ 或梅森素数 2^b-1, 则不存在解. 这是历史的暗示吗? 抑或不是?

最后,H. 科普菲尔 (Kapferer, 1888—) 证明了 (1933 年) 一个惊人的结果, 方程

$$z^3 - y^2 = 3^3 \cdot 2^{2n-2} \cdot x^{2n}$$

存在两两没有大于 1 的公因数的有理整数解 x, y, z, 等价于费马方程

$$u^n - v^n = w^n$$

解的存在性.

代 数 数

至今费马最后定理对于数学的最大功绩是刺激了代数数理论的研究. 这个理论对于近世代数中的某些引导性的概念 —— 例如, 理想 —— 是必不可少的, 而这些概念反过来又影响到近代数学物理.

普通算术里的正整数、负整数和零称为有理整数, 以区别下面要定义的代数整数.

设 $a_0, a_1, a_2, \cdots, a_{n-1}, a_n$ 是给定的有理整数, 其中 a_0 不是零, 且其全体没有大于 1 的公因数. 从代数基本定理 (第一个证明是 1799 年高斯所给的) 知道方程

$$a_0x^n + a_1x^{n-1} + \ldots + a_{n-1}x + a_n = 0$$

[5]英国数学家安德鲁 · 维尔斯 (Andrew John Wiles) 及其学生理查 · 泰勒 (Richard Taylor) 于 1995 年证明了"费马大定理"——译注

恰好有 n 个根. 即恰好有 n 个实数或复数, 记为 $x_1, x_2, \cdots, x_n$, 使得把其中的任何一个代入方程中的 x, 则左端变为零. 注意, 为了解这个方程无需创造复数以外的数. 如果 $n=2$, 我们熟知二次方程恰好有两个根. 为了明确起见, 我重述现在的讨论中 $a_0, a_1, a_2, \ldots, a_{n-1}, a_n$ 是有理整数, 并且 a_0 不是零. 这 n 个根称为*代数数*. 如果 a_0 是 1, 这些代数数称为*代数整数*, 马上会看到这是有理整数的推广. 例如, $3x^2+5x+7=0$ 的两个根是代数数, 而 $x^2+5x+7=0$ 的两个根是代数整数.

一个有理整数 n 也是代数整数, 因为它是 $x-n=0$ 的根, 从而满足一般定义. 但是代数整数未必是有理整数. 例如, $x^2+x+5=0$ 的任何一个根都不是有理数, 虽然按照定义这两个根都是代数整数. 在代数数和整数研究中, 我们有了现代数学鲜明的推广倾向的又一个例证.

省略技术性的细节和改进, 我将给出在有理整数和非有理的代数整数之间的根本区别的一些想法. 首先我们必须看一看代数数的域是什么. 我将叙述基本定义.

如果给定方程

$$a_0x^n + a_1x^{n-1} + \ldots + a_{n-1}x + a_n = 0$$

(其中 $a_0, a_1, \cdots, a_n$ 为有理数) 的左端不能够分解成仍然带有理数系数的两个因式, 则方程称为 *n 次不可约的*.

我们考虑从一个 (如上的) n 次不可约方程的一个特定的根开始并且对于该根进行加、乘、减和除 (排除零做除数) 运算得到的表达式. 记这个根为 r, 作为结果的样品, 我们得到 $r+r$ 或 $2r$, $\frac{r}{r}$ 或 1, $r\times r$ 或 r^2, 而后有 $2r^2$, 等等. 所有这样的表达式的集合按照前面的定义显然是一个域; 称它为由 r 生成的 *n 次代数数域*. 可以证明由 r 生成的域的任何元素可以表示成不超过 $n-1$ 次的 r 的一个*多项式*, 其中 n 是有 r 作为其根的不可约方程的次数. 域将含有代数数和代数整数. 在少许偏离到有理整数之后, 我们必须考察这些整数.

*有理素数*是 2, 3, 5, 7, 11, 13, 17, 19, 23, 29, $\cdots$, 即大于 1、仅有 1 和自己作为因数的整数. 我重新提起, (*有理*) *算术基本定理*说一个大于 1 的有理整数或者是素数, 或者是*本质上唯一方式*写成的素数的乘积. 熟知学校教科书的某些作者断言它是 “不证自明的”, 这是数学中 “显然的” 一词带来危险的一个显著例证. 任何人不抄袭书本就能证明它这个定理, 他就有了真正数学

家的素质. 我已经指出了策梅洛的证明.

代数数中的素数和普通算术中的完全一样. 但是, 关于每一个代数数域的每一个整数可以用本质上唯一方式由素数相乘构成这样的 “不证自明” 的定理, 是错误的. 基础消失了, 整个建筑随之坍塌.

人们不必为陷入这个特殊的 “显然” 但是错误的结论过分羞愧. 不止一位一流的十九世纪的数学家曾犯过同样的错误. 其中一个是柯西, 不过不久他就发现了错误. 在某些代数数域里, 一个代数整数可以用多于一种的方式由素数相乘构成. 这是无秩序状态, 而为了发现回归秩序的方式则要求高度的才能.

代数数理论起源于库莫尔证明费马最后定理的尝试. 大约是在 1845 年, 他认为他成功了. 他的朋友狄利克雷指出了错误. 库默尔曾经假定 “显然” 但并不总是成立的关于代数整数的所谓素因数分解定理为真. 他努力工作使紊乱恢复到次序, 算术由此找回了自己, 在 1847 年发表了他的 “同费马断言关联的特殊域的算术基本规律的恢复” (restoration of the fundamental law of arithmetic for the particular field connected with Fermat's assertion). 通常认为这个成就的数学重要性超过了仅仅是费马定理的证明. 为了恢复唯一分解定理, 库默尔创造了新的数类, 他称之为理想.

在 1871 年, 戴德金用更简单的方法完成了类似的工作, 它能够应用到任何代数数域的整数. 有理算术由此真正地被推广, 因为有理整数是在由 1 生成的域内的代数整数 (按照我们前面的定义).

戴德金的 “理想” 代替了数, 是十九世纪数学的里程碑之一. 我可以提醒大家, 在数学里还不曾有这样的实例, 为了在表面的复杂紊乱的事实下面发现潜藏的规则模式, 需要如此深邃的洞察力, 而看到的事情又如此明朗简单.

有理数域之外被研究的第一个代数数域是由 $i^2+1=0$ 的一个根生成的. 在这个域里的整数形式是 $a+bi$, 其中 a, b 是有理整数. 它们被称为高斯整数, 是高斯在 1828—1832 年间引进的. 算术基本定理对于这些整数成立, 求两个数的最大公约数的欧几里得算法也适用, 自然是在修改和推广的形式下. 我叙述的一个核心问题是为在 1947 年证明的一个引人注目的定理做准备. 如果一个正有理整数被另一个除, 例如 12 被 5 除, 最小的正余数, 这里是 2, 小于除数 5. 这件事如何推广到高斯整数? 说一个复数小于另一个复数是没有意义的, 因为复数没有办法安排线性次序. 但是如果复数 $a+bi$ “对应”唯一的一个实数, 我们有希望继续.

在数论里往往靠的是异乎寻常的洞察力, 而不是天赋, 来发现要做的正确的事情. 按照定义 $a+bi$ 的共轭是 $a-bi$, 它们的乘积 a^2+b^2 称为它们任何一个的*范数*. 高斯证明了在一个高斯整数被另一个除时, 完全跟有理算术的情形一样, 过程可以被调整得使余数的范数总是小于除数的范数. 由此可以证明对于高斯整数, 算数基本定理成立. 由 $i^2+1=0$ 定义的域是*二次的*, 因为定义方程是二次的, 是*虚的*, 因为方程的根不是实数, 最终还归于欧几里得的算法, 因为由刚叙述的结果, 求域的整数的最大公约数的欧几里得算法成立. 具备欧几里得算法的二次域有多少? 问题确实困难. 它最终在 1947 年由英克瑞 (K. Inkeri) 回答, 他证明了恰好有二十二个这样的域. 这是数论中完全满意的结果之一, 多年没有解决的与之相关的问题一劳永逸地解决了.

超 越 数

关于这个主题只需一瞥就已足够. 不是*代数数*的数称为*超越数*. 换句话说, 一个超越数满足任何带有理系数的非代数方程. 1844 年超越数的存在才被刘维尔 (Liouville) 证明. 超越数难以被个别地发现, 却比代数数*多无穷倍*. 这一事实首先由康托尔 (Cantor) 证明, 令数学家大吃一惊.

一个非常著名的超越数是 π, 它是圆的周长和其直径之比. 其 7 位小数表示是 $\pi=3.1415926\cdots$, 而在 1974 年被计算到了小数 707 位, 似乎没什么用途.[6] 在 1882 年, 林德曼利用埃尔米特 (Hermite) 在 1873 年设计的方法证明了 π 是超越数, 这就彻底摧毁了一些人化圆为方的最后的渺茫希望, 虽然这些人中的许多人还不知道古代希伯来人的 π 值 3 在他们之前几个世纪就已经受到质疑了.

希尔伯特在 1900 年强调, 证明或否定 $2^{\sqrt{2}}$ 是超越数是一个重要问题. 现代进步的速度之快可以从下列事实得以判断, R. 库斯敏 (Kusmin) 在 1930 年证明了包含无穷多个数的一批数是超越数, 其中包括希尔伯特提到的数. 证明是相对简单的. 而后在 1934 年, 盖尔范德 (Gelfond) 证明了适用范围更加广泛的定理, 如果 a 是异于 0 和 1 的任何代数数, 而 b 是无理代数数, 则 a^b 是超越数. 这个定理的证明是不容易的.

[6](添加在校样中) 本书如此写下后, 一台新计算机 (ENIAC) 用约 70 小时计算 π 到 2 035 位小数. 用手做这样的计算要花费辛勤劳动的一生.

华林猜想

费马证明了每个有理整数是四个有理整数平方之和 (零作为一种可能性包括在内).

例如 $10 = 0^2 + 0^2 + 1^2 + 3^2$, $293 = 2^2 + 8^2 + 9^2 + 12^2$, 等等. 在 1770 年, 华林猜想每一个有理整数是有理整数 n 次幂的固定 N 个数目的和, 其中 n 是任意给定的正整数, 而 N 依赖于 n. 对于 $n = 3$, 需要的 N 是 9; 对于 $n = 4$, 已经知道 N 不大于 21.

希尔伯特在 1909 年经过最巧妙的推理证明了华林猜想是正确的. 但是他的证明没有指出 n 次幂的数目. 像希尔伯特的许多工作一样, 证明的是 "存在" 之一. 这多少有些讽刺意味, 在其他几件事情中, 像存在性定理的逻辑, 促使希尔伯特在 1930 年放弃了他的似乎有希望的证明数学分析相容性的尝试.

在 1919 年, 哈代应用现代分析的强大工具给出了一个意义深远的证明. 此证明的精髓可以应用于算术里的许多其他极其困难的问题中. 这个进步对于联结数学的两个远离领域具有重大意义, 一个是分析, 它处理不可数的或连续的问题, 而另一个是算术, 它处理可数的或离散的问题.

最后, 从 1923 年开始, 维诺格拉多夫把这些极端困难的问题带入相对初等方法的范畴. 部分地从维诺格拉多夫的结果推进, 迪克森和 S.S. 皮莱 (Pillai) 几乎同时处理了某些顽固情形之外的整个华林问题, 而除外的情形被 I.M. 尼文 (Niven, 1915—) 在 1943 年解决了. 像这样的成果, 看来超过十九世纪四十年代的数学家好几个世纪. 我怀念这个时期 —— 毕竟这是在数学一般发展中的一个仅有的辉煌时期 —— 因为这是数学国际主义的一个典范. 一个英格兰人提出的一个猜想, 被一个英格兰人、一个德国人、一个俄罗斯人、一个印度人、一个德克萨斯人和一个加拿大裔美国人通力合作完全解决了. 在数学里不存在偏见.

华林问题属于加法数论, 其中要求把指定类内的一个数表示成另一个指定类内的数的和. 例如, 如果每一个类都是非负整数的类, 我们问任何给定的整数可以多少方式表示成整数的和. 这个似乎无聊的问题并不像看起来那样不切实际. 它和它的更简单的变种用在了统计力学和气体动力理论中. 欧拉在 1741 年首创了分拆理论. 现代理论即分为了代数和解析两个主要分支. 后者在二十世纪二十和三十年代被详尽研究, 以致促进了实际的数值计算. 这里的渐近公式仍然是通过先进而艰难的数学分析得以探索和发现.

女王奴隶之女王

我的一些非数学的朋友冒失地怂恿我的书中应包括现代计算机器起源的说明. 这里是做这件事情的恰当时机, 因为女王们中的女王役使了这些可恨的玩意儿中的一些去做她的一些更令人厌恶的苦差事. 关于对衰弱的人类智力的这些神乎其神的帮助, 我想说实际上是微不足道的, 理由有两个: 我总是憎恨机械装置, 以及我曾经明白的唯一机器只有独轮手推车, 还是一知半解.

第一个有确定记录的计算机器 (如果忽略我们的十指和难以列入的算盘) 是帕斯卡在 1642 年完成的, 牛顿在该年出生, 这使我们联想起什么样的计算机器可以做牛顿著名的三体问题及其推广. 帕斯卡的轮子和棘轮的价值在于它们自动地执行十进位. 进一步的描述对于我们这个小机械横行时代的任何正常的年轻人应该都是多余的. 帕斯卡没有生活在一个层层叠叠的轮子的轰鸣声中, 虽然齿轮系列不太神秘, 他还是认为有必要手把手指导他的 "亲爱的读者". 数学天才帕斯卡的惊人杰作的价值现在可以轻易地理解为任何 12 岁的儿童花费半美元就能搞定的小玩具. 任何拿得出 25 万美元的人可以买一个改进的模型在空闲时用它做游戏.

帕斯卡的齿轮装置用来做加法. 莱布尼茨约在 1671 年发明一个功能更多的机器, 如他所说, 能够做 "计数、加法、减法、乘法和除法". 尽管他本人和他的稀奇古怪的神学造出了功能或多或少的计算机器, 但这不是莱布尼茨对于现代计算机的主要贡献. 他的主要贡献是他认识到了二进制或二进记号超越十进制的优越性.

有可能不是莱布尼茨而是古代中国人首先注意到, 最简单和本质上最自然的表示整数的方式是 2 的幂的和, 每个幂的系数是零或一, 像在我们的流行的十进制里一样, 整数表示为 10 的幂的和, 每个幂带零系数或小于 10 的正数系数. 事实上, 中国人也猜到或者证明了费马 "小" 定理的特殊情形, 即当 p 是素数时, $2^{p-1}-1$ 可被 p 整除. 这可以从整数的二进制表达推断出来. 但是他们不知不觉地假定 p 为素数是充分条件. 一台为军事目的设计的相当现代的机器的第一个纯数学任务是纠正大量的古代中国人的错误. 这事当然是在机器空闲时做的. 机器几个小时做的事情“用手”做则需要几年.

给出两个进位制的例子, 2 456 在十进制是 $(2\times10^3)+(4\times10^2)+(5\times10)+6$. 在二进制不会出现像 2 456 这样的数字序列, 因为在数的表示里的每位数字必须是 0 或 1. 为了用二进制表示 2 456, 我们注意不超过 2 456 的 2 的最高次幂是 2^{11}, 而 $2\,456 = 2^{11} + 408$. 然后以同样方式处理余数 408, 如此继续:

$408 = 2^8 + 152, 152 = 2^7 + 24, 24 = 2^4 + 2^3$; 于是在二进制下,

$$2\,456 = 2^{11} + 2^8 + 2^7 + 2^4 + 2^3 = 100\,110\,011\,000.$$

有简易的程序可把一个数从一种进位制转换到另一种进位制. 在十九世纪九十年代, 一些学校代数课程包含简短的关于进位制的一章. 它被从课本里删去了, 因为当时看来它没用. 今天二进制算术是在“数字”计算机器背景下的数学. 这些机器依赖简单的计算. 二进制可能是宇宙创造的最大秘密. 在二进制算术里，零和一对于表达任何整数就足够了, 这一事实使得莱布尼茨相信上帝从虚无 (0) 创造了宇宙 (1). 莱布尼茨不仅是一个伟大的数学家, 而且也是一个伟大的哲学家. 不过, 他混淆了“虚无”与数学家和逻辑学家的非凡创造“零”.

在帕斯卡和莱布尼茨以及我们所处的时代之间还有其他的开拓者值得提到. C.B. 巴贝奇 (Babbage, 1792—1871) 发明了第一个真正的现代计算机器. 像德 · 摩根一样, 巴贝奇是英国那些不墨守成规者中一员, 他们对他们那个时代的一些时尚毫不关注. 年轻时他是剑桥的分析协会傲慢的年轻创始人 (1815 年) 之一, 在该社团里, 由于爱国而崇拜牛顿, 认为不列颠的数学家落后他们的大陆对手一个世纪. 协会从死亡中唤醒了不列颠数学, 并且至少给了它活着的外表, 直到几乎成功地使得历史上最愚蠢的考试制度 —— 中国科举可能除外 —— 自灭. 巴贝奇的“分析引擎”能够列出任何函数值的表, 并且打印出结果. 最终仅造出了机器的一部分. 该计划由不列颠政府提供财政支持, 因为它可能用于军事目的. 花费远远超过预算, 虽然科学委员会出具了赞成的报告, 政府还是拒绝继续提供支持. 在报告上我看到, 在把“引擎”托运到肯辛顿博物馆之前, 政府就已投资 10 万英镑, 这让人难以置信. 尽管委员会对报告给了称赞性评语, 还是怀疑是否这个机器有足够的时间以充分的精度完成任务.

我不打算叙述数字计算机, 一部分是由于上面已经给出的理由, 另一部分是因为在写作本书时, 新的改进的机器类型不断迅速地被发明和制造. 商

业竞争一如既往地促进了发明. 潜在的数学比较于物理和工程问题是足够简单的, 后者的解决必须是为了真实的产品. 电子学是应用于设计的最有效率的科学之一. 我已经注意到它与二值逻辑、开关电路, 以及 '是 – 否' 二态装置的联系.

有些现代机器具有异于所有以前装置的一个特点. 它们适度显示出人类记忆力但远非完美的模仿. 数字存储在一个或另一个精巧的装置里以备将来使用; 机器可 "回忆起" 这些数字并且自动地对它们进行计算. 电子管接受并且存储数字以备将来使用. 但是电子的记忆跟人的一样是有限的, 而 (在写本书时) 一个没有完全解决的问题是改进机器的记忆而不降低它的速度. 类似的问题产生于任何类型的信息传递中. 有一个速度的限制是机器不可能逾越的, 除非爱因斯坦是错的. 光的速度是任何可运动东西的速度的上限.

我仅指出另一种类型的机器, 即 "模拟计算机". 如果存在对于这种计算机的基本数学, 那可能是运动学或拓扑学. 模拟计算机的古老例子是计算尺、求积仪、微分分析器和潮汐预报器. 模拟机不像数字机那样进行计算.

希望了解对于这个话题的进一步信息的读者可以参考分别载于《科学美国人》(*Scientific American*) 1949 年的四月号和七月号的以下两篇文章, H. M. 戴维斯 (Davis) 的《数学机器》(Mathematical Machines) 和 W. 韦弗 (Weaver, 1894—1978) 的《通信数学》(Mathematics of Communication). 从这些报告中有趣和吸引人的叙述, 我看不出机器罢黜了女王. 完全不用脑子的数学家可能什么也不需要.

编者评注

$(P+PQ)^{\frac{m}{n}}$

有关牛顿和他的成就的文章在这一卷已经被充分地体现. 除此之外, 我还想至少提供他的著作的一个例子, 而为了选择一个合适的例子, 我煞费苦心. 他的数学著作往往不仅内容困难而且表达生疏. 但是, 最终选择的材料应该不会使任何人困惑, 只要他学习了代数, 并且能回想起他所学习过的某些内容. 主题是二项式定理.

牛顿在数学里的第一个重要发现是这个定理对于负数和分数指数的表达式. 牛顿发现, 一个二项展开式, 例如 $1-X^2$, 求它的分数次指数的幂, 例如 $\frac{1}{2}$, 可导出一个无穷级数.(在这个情形的展开式是通过求 $1-X^2$ 的平方根得到.) 他检验了公式[1], 或规则, 像他回忆的那样, 通过一系列一丝不苟的计算挑战问题, 不久猜出了它的答案. 这其中包括, 首先把 $(1-X^2)^{\frac{1}{2}}$ 的级数逐项乘以自身, 他发现得到了 $1-X^2$. "正如他所希望的那样, 除了已经得到的项, 后面再也没有其他项了." 然后,"他带着独特的标志了他的所有思路进展的平衡意识, 直接转到了反运算, 以通常的算术方法求 $1-X^2$ 的平方根 —— 这远非简单易行 —— 又一次灵光乍现 —— 并且级数再次稳定地逐项重现. 随即他就开始把这个寻常的武器用到极致, 并且通过发展这个求若干次方根的过程, 随后通过长除的更简单的过程和更一般可以应用到解高次

[1]定理叙述成形式

$$(P+PQ)^{\frac{m}{n}}=P^{\frac{m}{n}}+\frac{m}{n}AQ+\frac{m-n}{2n}BQ+\frac{m-2n}{3n}CQ,\ \text{等等},$$

其中每一个 A, B, C 表示紧跟在前面的一项.——编注

方程的更曲折复杂的过程, 寻求算术化的代数."[2)]

牛顿的规则首先在 1676 年 6 月 3 日的一封信里告诉了皇家学会的秘书奥尔登堡 (Oldenburg), 以便转交给莱布尼茨, 后者曾经打听牛顿在无穷级数方面的工作. 应莱布尼茨对进一步信息的请求, 牛顿在 1676 年 10 月 24 日写了第二封信, 信上他解释了他如何做出早先发现的一些细节, 并且披露他的二项式定理在十二年前的 1664 年就已经构想出来, 那时他还是剑桥的一名大学生.[3)] 两封信中的一部分将在随后的节选里重现, 其中显露了牛津的萨维尔教位[4)] 几何学教授约翰沃 · 利斯的影响. 牛顿至少看到过他的一部著作《无穷小分析算术》(*Arithmetica Infinitorum*) (1656 年). 特恩布尔 (Turnbull) 暗示, 剑桥的卢卡西教位的数学教授伊萨克 · 巴罗也曾影响了牛顿转向这个探究的道路.[5)] 这个定理本身虽然被牛顿的像微积分那样的宏大发明所掩盖, 仍然无愧于作为一个巨大建筑的构件,"对于数学技能和算法" 有着巨大的贡献.

下面的叙述极其清晰, 一步一步地阅读能获得刺激和满足. 符号 ⌉ 相当于现代的括号 ( ); XX 是 X^2. 如果你被符号吓着, 或在大胆地开始阅读之后陷入困境, 我建议你转向任何一本好的代数课本以帮助你渡过难关. 做出这种努力是值得的.

[2)] 引用的话取自有关牛顿数学工作的精彩简述, H.W. 特恩布尔 (Turnbull) 所著, "Newton: The Algebraist and Geometer," 载于 *The Royal Society: Newton Tercentenary Celebrations*; Cambridge; 1947, p.68. 我提请读者注意对牛顿在这一领域成就的极少称赞的评价, 即 J.L.Coolidge 的 "The Story of the Binomial Throrem," *The American Mathematical Monthly*, Vol.56, No.3, March, 1949, pp.147-157. Coolidge 教授在追踪牛顿工作的传承关系和叙述其工作之后, 总结说,"我看不出像在其他问题中他那样的天赋的光辉 …… 鉴于其对二项式定理的贡献, 他 [牛顿] 应该得到非凡的荣誉." 就我来说, 我不同意.

[3)] 见 David Eugene Smith, *A Source Book in Mathematics*, New York, 1929, p.224; 还有 H.W. Turnbull, The *Mathematical Discoveries of Newton*, London and Glasgow, 1945, pp.12-18.——编注

[4)] 萨维尔几何学教位于 1619 年由牛津大学创立. 本职位和萨维尔天文学教授职位是由数学家和古典学者亨利 · 萨维尔所创立, 他同时也是墨顿学院院长和伊顿学院教务长, 在当时这个职位曾被形容为 "英格兰数学研究者当中最卑微的职位". 他指派亨利 · 布雷格斯成为第一任的教授.—— 译注

[5)] "在 1663 年, 他 (牛顿) 阅读了笛卡儿的 *Geometry*, 而他的像 "错, 错, 没有什么是几何" 这样的旁注, 可能显示巴罗的厌恶几何方法 (最纯粹的另当别论) 的影响. 牛顿因而转向更加算术的沃利斯 ……" 引自特恩布尔的上述文章,p.13. 对于信件的背景及其内容的更充分的报告, 我推荐特恩布尔的小书中的整体论述.——编注

人们不能逃避那种感觉，即这些数学公式有独立的存在性和它们自己的灵性，它们比我们更聪明，甚至比它们的发现者更聪明，我们从它们那里得到的多于原来给予它们的.

—— 海因里希 · 赫兹 (Heinrich Hertz)

7 关于分数和负指数的二项式定理

伊萨克 · 牛顿

1676 年 6 月 13 日的信[1)]

尽管谦逊的莱布尼茨博士在你最近随他的信寄给我的摘录中把许多关于无穷级数的某些推断归功于我的工作[2)]，涉及此事的谣言已经开始漫延，我不怀疑他自己的断言，他不仅发现了一种把任何量化为这种类型的级数的方法，他还建立了许多即使不是更好至少也是类似于我们的概要.

但是，由于他或许希望知道在这个方向英国人已经作出的发现 (我本人几年前就投入到这方面的工作了)，为了至少在一定程度上满足他的希望，我把我的几点想法在信里告诉你.

分式通过除法可以化为无穷级数，根式通过开方也可以化为级数. 这些运算可以扩展到类[3)]，其扩展的方式与它们应用到小数完全相同. 这些就是化归到级数的基础.

---

1) *Commercium Epistolicum*(1712; 1725 版, pp.131-132).

2) 大概早在 1666 年，牛顿已经把在无穷级数方面的著作告诉了巴罗和其他人，这些工作与求曲线下的面积问题相关，但是这个著作直到 1704 年才作为牛顿的 *Opticks* 的附录出版.

3) 这里的类指的是 "代数的数". 牛顿在他的 *Arithmetica Universalis* (1707, 1728 年版) 中指出，"计算或者对于大众算术中的数进行，或者对于通常在代数学家中使用的类进行 ……"

用下列定理会使求根大大简化

$$\overline{P+PQ}\Big|\frac{m}{n}=P\frac{m}{n}+\frac{m}{n}AQ+\frac{m-n}{2n}BQ+\frac{m-n}{4n^{4)}}CQ+\frac{m-3n}{4n}DQ+\cdots.$$

其中 $P+PQ$ 表示一个量, 它的根或幂或它的幂的根是需要求的, P 是该量的第一项, Q 是剩余项被第一项除所得的商, 而 $\frac{m}{n}$ 是 $P+PQ$ 的幂的数值指数. 它可以是整数或分数; 正数或负数. 由于分析学家把 aa, aaa 等写成 a^2, a^3 等, 故我把 $\sqrt{a}$, $\sqrt{a^3}, \sqrt{c\cdot a^5}$[5] 等写成 $a^{\frac{1}{2}}, a^{\frac{3}{2}}, a^{\frac{5}{3}}$ 等; 把 $\frac{1}{a}, \frac{1}{aa}, \frac{1}{aaa}$ 表示成 a^{-1}, a^{-2}, a^{-3}; 把 $\frac{aa}{\sqrt{c\cdot a^3+bbx}}$ 表示成 $aa\times\overline{a^3+bbx}\big|^{-\frac{1}{3}}$; 对于 $\frac{aab}{\sqrt{c:a^3+bbx\times a^3+bbx:}}$*, 我写成 $aab\times\overline{a^3+bbx}\big|^{-\frac{2}{3}}$. 在后一个情形, 如果取出 $\overline{a^3+bx}\big|^{-\frac{2}{3}}$ 代表公式中的 $P+PQ$, 则 $P=a^3$,$Q=bbx/a^3$, $m=-2$, $n=3$. 最后, 在求商的过程中各项的位置上, 我将使用 A、B、C、D 等字母. 于是, A 表示第一项 $P^{\frac{m}{n}}$; B 表示第二项 $\frac{m}{n}AQ$; 等等. 通过几个例子, 这个公式的使用将会变得清晰.[6]

1676 年 10 月 24 日的信[7]

我之前描述了自己 [推导出无穷级数的方法] 的一个方法; 现在我将附加另外一个方法, 因为在我知道现在使用的除法和开方求根之前, 我已经发现了这些级数, 它们正是通过这个方法发现的. 这个方法的解释将给出我应莱布尼茨博士要求写给他的前一封信开头给出的定理的基础.

在我即将开始数学研究时, 偶然看到了我最称赞的沃利斯[8] 的工作和他对级数的考虑, 他通过插入级数给出了圆周和双曲线以及一系列曲线的面积值, 这些曲线有公共的底或 x 轴, 而其纵坐标的形式是 $\overline{1-xx}\big|^{\frac{0}{2}}, \overline{1-xx}\big|^{\frac{1}{2}}$,

[4] 显然的印刷错误, 应为 $3n$——编注.

[5] $\sqrt{c\cdot x}$ 表示 $\sqrt[3]{x}$, $\sqrt{c:x\times x:}$ 表示 $\sqrt[3]{x^2}$.—— 译注

[6] 这些例子显示了在指数为 $\frac{1}{2}, \frac{1}{5}, -\frac{1}{2}, \frac{4}{3}, 5, -1, -\frac{3}{5}$ 的情形公式的应用.

[7] *Commercium Epistolicum* (1712; 1725 年版, pp.142-145). 这封信开头有一个莱布尼茨在级数方面工作评价的注释.

[8] 约翰 · 沃利斯 (1616—1703) 牛津的萨维尔教授, 他的《无穷小分析算术》(*Arthmetica Infinitorum*) 在 1655 年出版. 后来的一天, 牛顿为沃利斯的《代数学》(*Algebra*) 写了一个附录.

$\overline{1-xx}|^{\frac{2}{2}}, \overline{1-xx}|^{\frac{3}{2}}, \overline{1-xx}|^{\frac{4}{2}}, \overline{1-xx}|^{\frac{5}{2}}$ 等等. 然后如果间隔地取一些曲线, 其面积是 $x, x-\frac{1}{3}x^3, x-\frac{2}{3}x^3+\frac{1}{5}x^5, x-\frac{3}{3}x^3+\frac{3}{5}x^5-\frac{1}{7}x^7$, 等等. 这些曲线的面积可以具有这些项之间插入的值, 我们应该得到中间曲线对应的面积, 第一个中间曲线 $\overline{1-xx}|^{\frac{1}{2}}$ 就是圆周. 对于这些插值, 我注意到每一个的第一项是 x, 而第二项是 $\frac{0}{3}x^3, \frac{1}{3}x^3, \frac{2}{3}x^3, \frac{3}{3}x^3$, 等等, 组成等差数列. 于是这个级数要插入的前两项应该是 $x-\frac{\frac{1}{2}x^3}{3}, x-\frac{\frac{3}{2}x^3}{3}, x-\frac{\frac{5}{2}x^3}{3}$, 等等.

为了插入其余的项, 我考虑在等差数列中的分母 1,3,5,7 等等, 只有分子的数值系数是需要研究的. 并且, 在给定的间隔取出的面积里, 这些系数是第 11 个数的幂 11^0, 11^1, 11^2, 11^3, 11^4 的数字, 即首先是 1, 然后是 1, 1, 第三是 1, 2, 1, 第四是 1, 3, 3, 1, 第五是 1, 4, 6, 4, 1, 等等. 因此, 我找到给定头两个数时产生这些级数中的其余元素的方法. 我发现当第二个数 m 已经得到时, 其余的可以通过这个系列

$$\frac{m-0}{1}\times\frac{m-1}{2}\times\frac{m-2}{3}\times\frac{m-3}{4}\times\frac{m-4}{5}\cdots$$

的项连续相乘产生. 例如: 令 (第二项) $m=4$, 则第三项将为 $4\times\frac{m-1}{2}$, 即 6; 第四项是 $6\times\frac{m-2}{3}$, 即 4; 第五项是 $4\times\frac{m-3}{4}$, 即 1; 而第六项是 $1\times\frac{m-4}{5}$, 即 0, 级数到此结束.

因此我把这个规则应用到插入的级数. 这样对于一个圆周, 第二项应为 $\frac{\frac{1}{2}x^3}{3}$, 我接着取 $m=\frac{1}{2}$, 由此生成的项为 $\frac{1}{2}\times\frac{\frac{1}{2}-1}{2}$, 或 $-\frac{1}{8}, -\frac{1}{8}\times\frac{\frac{1}{2}-2}{3}$, 或 $+\frac{1}{16}, +\frac{1}{16}\times\frac{\frac{1}{2}-3}{4}$ 或 $-\frac{5}{128}$, 如此直至无穷. 由此我知道所求的圆弧段的面积是

$$x-\frac{\frac{1}{2}x^3}{3}-\frac{\frac{1}{8}x^5}{5}-\frac{\frac{1}{16}x^7}{7}-\frac{\frac{5}{128}x^9}{9}\cdots$$

通过同样的过程, 剩余被插入的曲线的面积也被求出, 该曲线为双曲线, 而级数 $\overline{1+xx}|^{\frac{0}{2}}, \overline{1+xx}|^{\frac{1}{2}}, \overline{1+xx}|^{\frac{2}{2}}, \overline{1+xx}|^{\frac{3}{2}}\cdots$ 中的其他任意曲线的面积也可求出.

同样的方法可以用于插入其他的级数, 甚至插入至少两个或更多项的级数.

这是我第一次从事这些研究; 它们必定已从我的记忆里溜出去了, 我已经有几个星期没有查阅有关的笔记了.

但是当我得到这些结果之后, 不久就考虑了以下项

$$\overline{1-xx}|^{\frac{0}{2}}, \overline{1-xx}|^{\frac{2}{2}}, \overline{1-xx}|^{\frac{4}{2}}, \overline{1-xx}|^{\frac{6}{2}}, \cdots, \quad \text{即 } 1, 1-xx, 1-2xx+x^4,$$

$1-3xx+3x^4-x^6$ 等可以用同样的方式被内插, 而面积可以从中得到; 为此只需在表示面积的项中删去分母 1, 3, 5, 7, $\cdots$, 即对于 $\overline{1-xx}|^{\frac{1}{2}}, \overline{1-xx}|^{\frac{3}{2}}$, 或更一般的 $\overline{1-xx}|^{m}$, 这些插入量的项的系数可以通过这个级数的项的连乘 $m\times\dfrac{m-1}{2}\times\dfrac{m-2}{3}\times\dfrac{m-3}{4}\times\dfrac{m-4}{5}\cdots$ 得到.

这样一来, (举例说), $\overline{1-xx}|^{\frac{1}{2}}$ 等于 $1-\dfrac{1}{2}x^2-\dfrac{1}{8}x^4-\dfrac{1}{16}x^6\cdots$, 而 $\overline{1-xx}|^{\frac{3}{2}}$ 将等于 $1-\dfrac{3}{2}x^2+\dfrac{3}{8}x^4+\dfrac{1}{16}x^6\cdots$, 且 $\overline{1-xx}|^{\frac{1}{3}}$ 等于 $1-\dfrac{1}{3}xx-\dfrac{1}{9}x^4-\dfrac{5}{81}x^6\cdots$.

于是在我知道方根的求法之前, 就知道了通过我在前一封信开头的规则将根式化为无穷级数的一般方法.

但是, 知道了这些结果, 就再没有什么可能长期对我隐藏了. 为了证明这些运算, 我把 $1-\dfrac{1}{2}x^2-\dfrac{1}{8}x^4-\dfrac{1}{16}x^6\cdots$ 乘以自身, 得到了 $1-xx$, 其余的项则消失在级数的无穷延续中. 类似地, $1-\dfrac{1}{3}xx-\dfrac{1}{9}x^4-\dfrac{5}{81}x^6\cdots$ 乘以自身两次就得到 $1-xx$. 这些可以作为这些结论的证明, 自然引导我尝试反证, 看看作为量 $1-xx$ 的根的这些级数, 是否能够不由算术方法得到. 试探很好地成功了.

发现这些结果时, 我完整地给出了级数内插, 并且把这些运算作为更名副其实的基础, 我也没有忘记通过除法发现化简法, 这必定是更加容易的一种方法.

编者评注

数的概念

2 的平方根不是有理数, 传说这一发现一直被希腊哲学家用献祭 100 头牛来庆祝. 而他们的数学同行的反应方式却是对于这个发现不予记录, 理由或许是他们的职业缺乏激情. 人们可以猜测真实的原因是不可公度量的出现引起法国数学家保罗 · 泰诺里 (Paul Tannery) 声称的 "真正的逻辑丑闻". 早期的几何在其证明中依赖毕达哥拉斯的比值理论, 这是一个仅适用于可公度量的数字理论. 这一发现使得所有的几何证明突然地变成 "无效的". (我引用托马斯 · 希思爵士的话.[1]) 困境被欧多克索斯挽回, 他的著名的比率定义被欧几里得的几何原本给出, 这就使得数学家能够引领他们的几何继续前进 —— 在短暂的 "瘫痪" 之后 —— 像他们曾经使用有理数那样, 既方便又严格地使用无理数.[2]

在 2 000 多年里, 欧多克索斯的定义提供了处理无理数的唯一基础. 但是, 数学家们从未完全满意这个概念的纯正性. 他们在十八世纪对于这个论据的不安日益增长, 在这个时期人们增加了重新审查数学基础的兴趣, 以便确信一切都有把握, 并且上层建筑可以安全地加以扩展. 在 1872 年, 一个德国数学家理查德 · 戴德金出版了一本小书, 《连续性和无理数》(*Continuity and Irrational Numbers*), 在这本书里, 他试图消除所有的混淆和疑虑, 弄清楚无理数如何适应算术领域以及它们在数学连续性的严格和逻辑的公式化中占有什么位置. 围绕这些任务的一些有关考虑如下所述:

---

[1]《希腊数学史》(*A History of Greek Mathematics*), Oxford, 1921, vol.1, p.326.—— 编注

[2]在 Euclid 几何原本 V, 定义 5 所给的欧多克索斯的定义如下, 我给出它, 但是不能停留于此:"称第一个量对于第二个量的比值和第三个量对于第四个量的比值是同样的, 如果乘第一个量和第三个量任意相同的乘数, 乘第二个量和第四个量任意相同的乘数, 如果第一个乘积超过、等于、或小于第二个乘积, 则第三个和第四个乘积有同样的次序."——编注

1. 有理数可以表示成分数形式 $\frac{a}{b}$, 其中 a 和 b 是整数.

2. 不能表示成有理分数的数是无理数. 例如 $\sqrt{2}, \sqrt{3}, \sqrt{6}, e, \pi$. 实数的类是由像 $1 = \left(\frac{1}{1}\right), 2 = \left(\frac{2}{1}\right), 3 = \left(\frac{3}{1}\right), \frac{1}{4}, \frac{15}{73}$ 这样的有理数和上面指出的无理数组成的.

3. 有理数可以表示成小数, 如果小数不终结 (即末尾不是零), 则它是循环的, 即它周期地重复自己; 例如 $\frac{10}{13} = 0.769\ 230\ 769\ 230\ 769\ 230, \frac{14}{11} = 1.272\ 727$. 无理数表示成小数时, 既不会以这样的周期结束也不会以这样的周期展现. 换句话说, 精确地把像 $\sqrt{2}$ 或 $\sqrt{3}$ 这样的数表示为小数是不可能的; 可以逼近它们的值要多接近就可以多接近, 但是小数决不能精确地或周期地表示这类根.

4. 对于不能精确表示的量进行算术运算是困难的. 这个观点被 E.T. 贝尔概括为:"如果两个有理数相等, 那么它们的平方根无疑显然是相等的. 于是 2×3 和 6 是相等的; $\sqrt{2 \times 3}$ 和 $\sqrt{6}$ 也是如此. 但是 $\sqrt{2} \times \sqrt{3} = \sqrt{6}$ 就不是显然的. 在学校算术中承认的 $\sqrt{2} \times \sqrt{3} = \sqrt{6}$ 这个简单假定的等式的非显而易见性是显然的, 如果我们设想等式的意思是, 2, 3, 6 的 '违法的' 平方根被开方出来, 前两个平方根进行相乘, 结果应当等于第三个平方根. 由于这三个平方根中没有一个可以被精确开方出来, 不论计算多少位小数, 显而易见的是用刚叙述的乘法进行验证将永无休止. 整个人类殚心竭虑坚持不懈地通过所有的方法也没能够用这种方式证明 $\sqrt{2} \times \sqrt{3} = \sqrt{6}$."[3)]

戴德金的成就在于用有理数定义无理数. 他的方法的核心是 "分割" 他的概念. 一个无理数是把所有有理数分割成两类: 一个上类, 一个下类, 下类的所有的数小于上类的数. 例如,2 的平方根是由戴德金分割定义的一个无理数, 该分割把有理数集合分成一个上类和一个下类. 上类的元素大于 $\sqrt{2}$ (不同的表达是, 上类里的每一个数的平方大于 2); 而下类包含所有其他的有理数. 这样 $\sqrt{2}$ 的两侧就是数系的其他成员, 事实上, 在它们的行列中填补

[3)] E.T. Bell, Men of Mathematics, New York, 1937, p.518.——编注

了一个空隙[4]. 在伴随的坐标系中, 一条直线的每个点对应一个数, 即它和一个固定点的距离长度的度量, 无理数 $\sqrt{2}$ 对应于距离约定的原点恰好为 $\sqrt{2}$ 单位的点. 如果这个点缺失，直线将会断开; 因此无理数支撑了直线是光滑的和不断开的直观需要 —— 似乎沿着连续运动的点的轨迹. 戴德金的理论是巧妙的, 堪称数学推理和数学创新的典范. 它不是容易的, 但会受到密切关注. 特别应当注意, 为了确定等式, 他借用了欧多克索斯的美妙公式.

在给出节录本身之前, 让我用几句话介绍一下戴德金这个人. 他是法律教授之子, 1831 年生于不伦瑞克 (Brunswick). 他在哥廷根 (Göttingen) 学习, 在那里和在苏黎世 (Zürich) 高等专科学校教书几年, 然后就在他出生的城市的技术高中当了半个世纪的数学教员. 为什么他任职于这个相对默默无闻的地方, 而看中的大学教席却被远低于他的人占据了, 这无法解释. 无论如何, 这个岗位适合他. 他对于代数数理论做出了原始的和重要的贡献, 他终身未娶, 享受未婚妹妹 (Julie, 小说家, 他和她居住在一起, 直到她 1914 年去世) 的传统的慷慨关怀, 他保持健康和幽默直到八十五岁去世 (1916 年). 即使在一个重要的大学, 他可能也未必做得更好.

---

[4]戴德金的思想可以进一步放大如下. 若有理数被 "划分" 成两类, A 和 B, 则有三种可能:

(1) A 中有一个最大元素, 比如设为 a, 若 A 包含所有小于或等于 1 的有理数, 而 B 包含其余所有有理数, 则 $a=1$.

(2) B 中有一个最小的元素, 比如设为 b, 若 A 包含所有小于 1 的有理数, B 包含所有大于或等于 1 的有理数, 则 $b=1$.

(3) A 中无最大元素, B 中无最小元素, 例如若 A 包含所有小于 $\sqrt{2}$ 的有理数, B 包含所有大于 $\sqrt{2}$ 的有理数. 则 "划分" $\sqrt{2}$ 定义为类 A 和 B 的划分, 但不属于其中的任何一个, 为一个无理数. 上述表述来源于 Courant and Robbins, *What is Mathematics*? New York, 1941. pp.71-72.

四舍五入的数总是虚假的.

塞缪尔 · 约翰逊 (Samuel Johnson)

---

8 无理数

理查德 · 戴德金

有理数和直线上的点的类比, 正如大家熟知的, 可成为一种实际的对应, 只要我们在直线 L 上选择一个确定的原点或零 —— 点 o 和测量线段的确定长度单位. 借助后者的帮助, 对于每一个有理数 a, 可以构造出一个对应的长度, 如果我们把这个长度按照 a 的正或负放在直线上 o 点的右侧或左侧, 我们可得到一个确定的端点 p, 可以把它看作对应数 a 的点; 点 o 对应于有理数零. 在这种方式下, 在有理数的集合 R 内的每一个有理数 a, 有 L 上的一个并且仅一个点 p 与之对应. 两个点 p 和 q 分别对应于两个数 a 和 b, 如果 $a > b$, 则 p 位于 q 的右边.

直线的连续性

不过, 最重要的是直线 L 上有无穷多个点对应的不是有理数. 如果点 p 对应于有理数 a, 那么众所周知, 长度 op 与构造当中所使用的不变的测量单位是可公度的, 即存在第三个长度, 称为公共测度, 使得前两个长度是其整倍数. 但是古代希腊人已经知道并且证明了存在与一个给定的长度单位不可公度的长度, 例如, 其边为长度单位的正方形的对角线. 如果我们从点 o 起沿线放置这样一个长度, 就得到一个端点, 它对应于非有理数. 进一步我们就容易证明存在与长度单位不可公度的无穷多个长度, 我们可以断定: 直线 L 在点的个体上要比有理数域 R 在数的个体上更无限丰富.

如果现在我们试图把直线上算术的所有内容贯彻到底, 有理数集合是不充分的, 绝对必要把由有理数创建构成的工具 R 通过新数的创建进行本质上的改进, 使得数的域将获得同样的完备性, 或者像我们立刻要说的那样, 与直线相同的连续性.

前面的考虑是人们所熟悉并且众所周知的, 许多人认为再重复它们十分多余. 而我则认为这个简述对于主要问题的适当准备是必要的. 因为, 通常引进无理数的方式直接基于扩展量的概念, 将数解释为一个量通过同一类型的另一个量测量的结果,[1] 而这个量本身从未仔细定义. 与上述不同的, 我则要求算术必须从自身发展.

与非算术概念的这类比较既然提供了数概念扩展的直接的机会, 那么在一般方式下, 这类比较是被允许的 (尽管复数的引入肯定不在此列); 但是这绝对不足以作为将外来概念引进到作为数的科学的算术的依据. 正如负数和有理分数由新的创造形成, 并且这些数的运算律必须而且能够归结为正整数的运算律, 我们必须竭尽全力仅通过有理数的方式定义无理数. 存在的问题是如何来做.

有理数域 R 与直线的比较引导我们认识到前者存在空隙, 存在某种不完备性或不连续性, 而我们认为直线具有完备性, 没有空隙或具有连续性. 那么这个连续性包含了什么? 每一件事情必须依赖这个问题的答案, 只有通过这个答案我们才能得到所有连续域研究的科学基础. 通过最小部分内未断开的连接这类粗略注释来表述连续性, 显然等于什么也没有说; 问题是指出连续性的精确特征, 以便作为有效推理的基础. 长期以来, 我思索这个问题而一无所获, 但是最终我发现我苦苦寻找的到底是什么. 这个发现或许将会得到不同人的不同评价; 大多数人会发现它的本质十分平凡. 其本质如下所述. 在前一节我们提醒注意到的事实是直线的每一个点 p 会生成同样分隔的两个部分, 一个部分的每一个点都位于另一部分的每个点的左侧. 我发现连续性的本质是其逆命题, 即如下原理:

"如果直线的所有的点分属两类, 使得第一类的每个点位于第二类的每个点的左侧, 则存在一个且仅一个点, 它生成所有点到两个类的分割, 将直线切断成两部分."

正像我已经说过的, 假定每个人立刻会承认这个陈述的正确性, 我认为

[1]数的这个定义一般性的明显好处在我们考虑复数时立刻消失. 另外, 按照我的观点, 同类两个数之间的比率的概念仅在引进无理数之后才能清晰地发展起来.

我是不会错的; 我的大部分读者如果知道了通过这个一般性的评论就可以揭露连续性的秘密, 他们将会大失所望. 对于此我可以说的是, 如果每个人发现上面的原则如此显然和如此同他自己的想法一致, 我会很高兴; 因为我根本不可能给出其正确性的任何证明, 任何人也不具备这种能力. 直线的这个性质的假设仅仅是一个公理, 通过这个公理我们赋予直线以连续性, 由此认识到直线的连续性. 如果空间有任何一个实体, 它未必是连续的; 即使它是不连续的, 它的许多性质将保持原样. 如果我们肯定地知道空间是不连续的, 在我们希望的情况下, 没有什么能够阻止我们在思想中填补它的空隙并进而使它连续; 这种填补在于新的点个体的一种创造, 并且将必定有效地符合上述的原则.

无理数的创造

从上面的评述看出, 怎样使有理数的不连续域 R 变得完备并且形成一个连续域, 是充分显然的. 已经指出, 每一个有理数 a 把系统 R 分割为两个类, 使得第一类 A_1 的每一个数 a_1 小于第二类 A_2 的每一个数 a_2; 数 a 或者是类 A_1 的最大数, 或者是类 A_2 的最小数. 现在如果给定把系统 R 分成两类 A_1, A_2 的任何分割, 它仅具有这个特征性质, 即 A_1 中的每一个数 a_1 小于 A_2 中的每一个数 a_2, 那么为了简化我们将称这样的分割为一个划分 [Schnitt][2), 并且把它表示为 (A_1, A_2). 我们这时可以说, 每一个有理数 a 生成一个划分, 或严格地说两个划分, 不过我们不会将它们看作本质上不同的; 此外, 这个划分还具有如下性质: 或者在第一类的数中存在一个最大数, 或者在第二类的数中存在一个最小数. 反之, 如果一个划分具有这个性质, 那么它由这个最大的或最小的有理数生成.

但是容易指出, 存在无穷多个不是由有理数生成的划分. 下面的例子本是最容易说明这一点的.

设 D 是一个正整数, 但不是一个整数的平方, 那么存在一个正整数 λ, 使得

$$\lambda^2 < D < (\lambda+1)^2.$$

如果我们指定第二类 A_2 的每一个正有理数 a_2 的平方 $> D$, 其余的有

[2)] Schnitt 为 cut 的德语.——译注

理数 a_1 组成第一类 A_1. 这个分割形成一个划分 (A_1, A_2), 即每一个数 a_1 小于每一个数 a_2. 因为, 如果 $a_1 = 0$ 或者是负数, 则在这个范围内的 a_1 小于任何数 a_2, 因为根据定义后者是正数; 如果 a_1 是正数, 则其平方 $\leqslant D$, 因此 a_1 小于任何正数 a_2, a_2 的平方 $> D$.

但是这个划分不是由有理数生成的. 为了证明这一事实, 必须首先证明不存在其平方 $= D$ 的有理数. 虽然这是数论的初等内容, 下面的直接证明仍然是有价值的. 如果存在一个有理数, 其平方 $= D$, 那么存在两个正整数 t, u, 满足方程

$$t^2 - Du^2 = 0.$$

我们可以假定 u 是具有下列性质的最小正整数: 其平方乘以 D 后可以转换为一个整数 t 的平方. 因为显然有

$$\lambda u < t < (\lambda + 1)u,$$

数 $u' = t - \lambda u$ 是一个正数, 必定小于 u. 如果进而令

$$t' = Du - \lambda t,$$

t' 也同样是一个正整数, 并且我们有

$$t'^2 - Du'^2 = (\lambda^2 - D)(t^2 - Du^2) = 0,$$

这与对于 u 的假设相矛盾.

因此每一个有理数 x 的平方, 或者 $< D$, 或者 $> D$. 由此容易推出类 A_1 内没有最大数, 类 A_2 内也没有最小数. 因为如果我们令

$$y = \frac{x(x^2 + 3D)}{3x^2 + D},$$

则有

$$y - x = \frac{2x(D - x^2)}{3x^2 + D}$$

和

$$y^2 - D = \frac{(x^2 - D)^3}{(3x^2 + D)^2}.$$

如果这里我们假定 x 是类 A_1 里的一个正数, 则 $x^2 < D$, 因此 $y > x$, 且 $y^2 < D$. 因此 y 也属于 A_1. 如果我们假定 x 为类 A_2 的一个数, 则 $x^2 > D$, 因

此 $y < x, y > 0$, 并且 $y^2 > D$. 因此 y 也属于类 A_2. 因此这个划分不是由有理数生成的.

不是所有划分都由有理数生成的这个性质在于所有的有理数组成的域 R 的不完备性或不连续性.

那么, 每当我们面临一个不是由有理数生成的划分 (A_1, A_2), 我们必须做的就是创造一个新数 α, 称之为无理数 α, 我们认为它完全由这个划分 (A_1, A_2) 定义; 我们将说数 α 对应于这个划分, 或它生成这个划分. 因此从现在开始, 对于每一个确定的划分, 就相应存在一个确定的有理数或无理数, 我们把这两个数看作是不同的或不等的, 当且仅当他们对应于本质上不同的划分.

为了得到所有实数即所有有理数和无理数的有序安排的基础, 我们必须探讨由任意两个数 α 和 β 生成的任意两个划分 (A_1, A_2) 和 (B_1, B_2) 之间的关系. 显然一个划分 (A_1, A_2) 完全由两类中的一个例如第一类 A_1 给定, 因为第二类 A_2 由不属于 A_1 的所有有理数组成, 而如此的第一类的特征性质是: 如果数 a_1 属于它, 则它也含有所有小于 a_1 的数. 如果现在我们相互比较这样的两个第一类 A_1, B_1, 可能发生.

1. 它们完全相同, 即属于 A_1 的每一个数也属于 B_1, 并且属于 B_1 的每一个数也属于 A_1. 在这种情形,A_2 必然等于 B_2, 从而两个划分完全相同, 我们将这种情形用符号表示为 $\alpha = \beta$ 或 $\beta = \alpha$.

但是如果两个类 A_1, B_1 不相等, 则在其中之一, 例如 A_1 内存在一个数 $a_1' = b_2'$ 不属于 B_1, 因此属于 B_2; 于是属于 B_1 的所有的数 b_1 必定小于这个数 $a_1' = b_2'$, 从而所有的数 b_1 属于 A_1.

2. 如果现在这个数 a_1' 是 A_1 的仅有的一个不属于 B_1 的数, 则属于 A_1 的每一个其他的数 a_1 也属于 B_1, 因此小于 a_1', 即 a_1' 是所有的数 a_1 中的最大者, 因此划分 (A_1, A_2) 由有理数 $\alpha = a_1' = b_2'$ 生成. 涉及另一个划分 (B_1, B_2), 我们已经知道 B_1 内的所有的数 b_1 也属于 A_1, 并且小于数 $a_1' = b_2'$, 此数属于 B_2; 属于 B_2 的每一个其他的数 b_2 必定大于 b_2', 不然将小于 a_1', 因此属于 A_1, 进而属于 B_1; 从而 b_2' 是 B_2 内的所有数中的最小者, 随之就得到划分 (B_1, B_2) 是由同样的有理数 $\beta = b_2' = a_1' = \alpha$ 生成的. 这两个划分仅仅是非本质不同的.

3. 如果 A_1 内至少存在两个不同的不属于 B_1 的数 $a_1' = b_2'$ 和 $a_1'' = b_2''$,

则存在无穷多个这样的数, 因为位于 a_1' 和 a_1'' 之间的无穷多个数显然属于 A_1 而不属于 B_1. 在这种情形, 我们就说对应于这两个本质上不同的划分 (A_1, A_2) 和 (B_1, B_2) 的数 α 和 β 是不同的, 并且 α 大于 β 和 β 小于 α, 用符号表示为 $\alpha > \beta$ 以及 $\beta < \alpha$. 应注意这个定义当 α, β 为有理数时完全符合早先给定的定义.

其余的可能情形是:

4. 如果 B_1 存在一个且仅一个不属于 A_1 的数 $b_1' = a_2'$, 则这两个划分 (A_1, A_2) 和 (B_1, B_2) 仅是非本质不同的, 并且它们由一个并且是同一个有理数 $\alpha = a_2' = b_1' = \beta$ 生成.

5. 如果在 B_1 内至少存在两个不属于 A_1 的数, 则 $\beta > \alpha, \alpha < \beta$.

由于这已经穷尽了所有可能的情形, 因此推知两个不同的数中一个必然是大的, 另一个是小的, 这给出两种可能性. 第三种情形不存在. 这实际上涉及 α, β 之间的比较 (大, 小) 关系的运用, 但是这个运用到现在才得以验证. 在刚刚进行的研讨中, 需要用最大的细心, 甚至带着最良好的愿望, 真心实意地绝不单凭通过借用其他已经发展的概念草率地选择表达式, 以致使自己可以运用不允许的转移从一个领域导向到另一个领域.

我们现在再稍微仔细地考虑一下情形 $\alpha > \beta$, 显然较小的数 β 如果是有理数, 必定属于类 A_1; 因为在 A_1 内存在属于类 B_2 的数 $a_1' = b_2'$, 由此推出数 β, 无论它是 B_1 内的最大数还是 B_2 内的最小数, 必定 $\beta \leqslant a_1'$, 因此属于 A_1. 同样地, 显然从 $\alpha > \beta$ 可推出, 较大的数 α 如果是有理数, 必定属于类 B_2, 因为 $\alpha \geqslant a_1'$. 综合这两种考虑我们得到下列结果: 如果一个划分由数 α 生成, 那么任何有理数按照其小于或大于 α 而属于类 A_1 或类 A_2; 如果数 α 本身是有理数, 那么它可以属于两类中的任何一个类.

由此我们最终得到下列结论: 如果 $\alpha > \beta$, 即如果 A_1 内存在无穷多个不属于 B_1 的数, 则存在无穷多个这样的数, 同时异于 α 和 β; 每一个这样的有理数 c 小于 α, 因为它属于 A_1; 同时它大于 β, 因为它属于 B_2.

实数集合的连续性

由于刚刚建立的特殊性质, 所有的实数的系统 $\mathscr{R}$ 组成一个一维良好排列的域; 这仅仅意味着下列定律成立:

Ⅰ. 如果 $\alpha > \beta$, 并且 $\beta > \gamma$, 则也有 $\alpha > \gamma$. 我们将说数 β 介于 α 和 γ 之间.

Ⅱ. 如果 α, γ 是任意两个不同的数, 则存在无穷多个介于 α 和 γ 之间的数 β.

Ⅲ. 如果 α 是任何确定的数, 则系统 $\mathscr{R}$ 落入两类 $\mathscr{A}_1$ 和 $\mathscr{A}_2$, 每一类含有无穷多个个体; 第一类 $\mathscr{A}_1$ 含有小于 α 的所有的数 α_1, 第二类 $\mathscr{A}_2$ 含有大于 α 的所有的数 α_2; 数 α 本身可以随意指定在第一类或第二类, 而它分别是第一类的最大数或第二类的最小数. 在每一种情形, 系统 $\mathscr{R}$ 分成两类 $\mathscr{A}_1$ 和 $\mathscr{A}_2$ 的分割是这样的, 第一类 $\mathscr{A}_1$ 的每一个数小于第二类 $\mathscr{A}_2$ 的每一个数, 并且我们说这个分割是数 α 生成的.

为了简洁化和不致使读者疲倦, 我不叙述这些定理的证明, 它们可以从前一节的定义直接推导出来.

除这些性质之外, 域 $\mathscr{R}$ 还具有连续性, 即下列定理为真:

Ⅳ. 如果所有实数的系统 $\mathscr{R}$ 分成两个类 $\mathscr{A}_1$ 和 $\mathscr{A}_2$, 使得类 $\mathscr{A}_1$ 的每一个数 α_1 小于类 $\mathscr{A}_2$ 的每一个数 α_2, 则存在一个且仅一个数 α, 使得这个分割由 α 生成.

证明. 从 $\mathscr{R}$ 到 $\mathscr{A}_1$ 和 $\mathscr{A}_2$ 的分割或划分, 我们同时得到所有有理数的系统 R 的划分 (A_1, A_2), 它这样定义, A_1 含有类 $\mathscr{A}_1$ 的所有有理数, 而 A_2 含有所有其他的有理数, 即类 $\mathscr{A}_2$ 的所有有理数. 设 α 是生成这个划分 (A_1, A_2) 的完全确定的数. 如果 β 是异于 α 的任何数, 则总存在无穷多个有理数 c 介于 α 和 β 之间. 如果 $\beta < \alpha$, 则 $c < \alpha$; 因此 c 属于类 A_1, 故也属于 $\mathscr{A}_1$, 因为同时有 $\beta < c$, 故 β 也属于同一个类 $\mathscr{A}_1$, 因为 $\mathscr{A}_2$ 的每一个数都大于 $\mathscr{A}_1$ 的每一个数 c. 而如果 $\beta > \alpha$, 则 $c > \alpha$; 因此 c 属于类 A_2, 从而也属于类 $\mathscr{A}_2$, 因为同时有 $\beta > c$, 故 β 也属于同一个类 $\mathscr{A}_2$, 因为 $\mathscr{A}_1$ 内的每一个数都小于 $\mathscr{A}_2$ 内的每一个数 c. 因此异于 α 的每一个数 β 按照 $\beta < \alpha$ 或 $\beta > \alpha$ 而属于类 $\mathscr{A}_1$ 或类 $\mathscr{A}_2$; 从而 α 本身或是 $\mathscr{A}_1$ 的最大数, 或是 $\mathscr{A}_2$ 的最小数, 即 α 是一个并且显然是唯一的一个数, 由它生成 $\mathscr{R}$ 到类 $\mathscr{A}_1, \mathscr{A}_2$ 的分割. 由此证得.

实数的运算

为了把两个实数 α, β 的任意运算归结为有理数的运算, 仅需要从由数 α 和 β 在系统 R 内生成的划分 (A_1, A_2)、(B_1, B_2) 来定义对应于运算结果 γ

的划分 (C_1, C_2). 我这里仅限于讨论加法这一最简单的情形.

设 c 为任意有理数, 我们把它放在类 C_1 内, 只要存在两个数, 一个数 a_1 在 A_1 内, 一个数 b_1 在 B_1 内, 使得它们的和 $a_1+b_1 \geqslant c$; 所有其他的有理数应放入类 C_2. 进入到两类 C_1, C_2 的所有有理数的分割显然形成一个划分, 因为 C_1 内的每一个数 c_1 小于 C_2 内的每一个数 c_2. 如果 α 和 β 是有理数, 则含于 C_1 内的每一个数 $c_1 \leqslant \alpha+\beta$, 因为 $a_1 \leqslant \alpha, b_1 \leqslant \beta$, 所以 $a_1+b_1 \leqslant \alpha+\beta$; 进而, 如果 C_2 内含有一个数 $c_2 < \alpha+\beta$, 那么有 $\alpha+\beta = c_2+p$, 其中 p 是一个正有理数, 我们将有

$$c_2 = \left(\alpha - \frac{1}{2}p\right) + \left(\beta + \frac{1}{2}p\right),$$

这与数 c_2 的定义相矛盾, 因为 $a - \frac{1}{2}p$ 是 A_1 内的数, 而 $\beta - \frac{1}{2}p$ 是 B_1 内的数; 从而属于 C_2 的每一个数 $c_2 \geqslant \alpha+\beta$. 所以在这种情形下, 划分 (C_1, C_2) 是由和 $\alpha+\beta$ 生成的. 因此我们将不会违反有理数算术中有效的定义, 如果在任何情况下我们理解两个实数 α, β 的和 $\alpha+\beta$ 是由分割 (C_1, C_2) 产生的数 γ. 进而, 如果两个数 α, β 中仅有一个例如 α 是有理数, 那么容易看出, 不论把 α 放在类 A_1 内, 还是类 A_2 内, 对于和 $\gamma = \alpha+\beta$ 不会产生差别.

正像加法被定义, 所谓初等算术的其他运算, 即求差、乘积、商、幂、根、对数的运算, 也可以被定义. 并且以这种方式我们可以得到定理的真正证明 (例如 $\sqrt{2} \cdot \sqrt{3} = \sqrt{6}$), 就我所知, 作为例子的等式以前还从未被证明过. 在定义更复杂的运算中，令人害怕的言辞的过分冗长在一定程度上是主题性质所决定的, 但是大部分可以被避开. 在这方面最有用的是区间的概念, 即有理数的一个系统 A, 具有下列特征性质: 如果 a 和 a' 是系统 A 的数, 则介于 a 和 a' 之间的所有有理数属于 A. 所有的有理数的系统 R 和任何划分的两个类是区间. 如果存在有理数 a_1 和 a_2, 分别小于和大于区间 A 的每一个数, 则说 A 是有限区间. 有无穷个数满足像 a_1 一样的条件, 也有无穷个数满足像 a_2 一样的条件; 整个域 R 分成三个部分 A_1, A, A_2, 并且出现两个完全确定的有理数或无理数 α_1, α_2, 分别被称为区间的下确界和上确界 (或小确界和大确界); 下确界 α_1 由系统 A_1 为其第一类的划分确定, 而上确界 α_2 由系统 A_2 为其第二类的划分确定. 介于 α_1 和 α_2 之间的每一个有理数或无理数, 称为是位于区间 A 内. 如果区间 A 的所有的数也是区间 B 的数, 则说 A 是 B 的一部分.

当我们试图让有理数算术的许多定理 [例如定理 $(a+b)c = ac+bc$] 适用

于任意实数时, 更加冗长的考虑似乎摆在我们面前. 不过事情并非如此. 容易发现, 事情归结为算术运算具有某种连续性. 我这句话要表达的意思用一般定理表述为:

"如果数 λ 是对于数 $\alpha, \beta, \gamma, \cdots$ 执行运算的结果, 而 λ 位于区间 L 内, 则可以取区间 $A, B, C, \cdots$, 使得数 $\alpha, \beta, \gamma, \cdots$ 分别位于其内, 把数 $\alpha, \beta, \gamma, \cdots$ 用区间 $A, B, C, \cdots$ 内的任意数取代时, 同一运算的结果总是位于区间 L 内." 然而, 这样一个定理表达的令人生畏的笨拙, 促使我们确信必须寻求某种帮助以改进表达. 事实上, 这已经十分满意地实现了, 只要引进变量、函数、极限值等思想, 并且最好把即使最简单的算术运算的定义也建立在这些思想的基础之上, 不过有关内容不能在此进一步详述.

科学，作为人类的问讯处，如果某个回答不是以某种人类口吻的方式表达，则可能听不到回答. 原始人站在山上面对峭壁呼喊; 回声带来他自己的声音，而他相信那是脱离了肉体的精神. 今天的科学家站在无知的对面大声地数数. 数字回归于他——而他相信伟大的数学家.

理查德 · 休斯 (Richard Hughes)

9 数的定义

伯特兰 · 罗素

"数是什么" 这个问题经常被问到，但是在我们这个时代才被正确地回答. 答案由弗雷格 (Frege) 在 1884 年在其《算术基础》(*Grundlagen der Arithmetik*) 中给出[1]. 虽然这本书十分简短，不太困难，而且具有非常高的重要性，却几乎没有引起关注，而数的定义在本文作者 1901 年重新发现其之前实际上一直是未知的.

要探求数的定义，首先的事情是要搞清楚我们称为问讯处的语法是什么. 许多哲学家在试图定义数时，其实只是在定义多元体，这是十分不同的事情. 数是所有数的特征，这相当定义人是所有人的特征. 一个多元体不是数的例子，而是某个特殊数的例子. 例如，三人组是数 3 的一个特例，而数 3 是数的一个特例; 但是三人组并不是数的一个特例. 这一点可能看似初等和几乎不值一提; 但对于大多数哲学家来说还是显得过分微妙.

一个特殊的数不等同于具有该数的任何集合项: 数 3 不等同于由布朗 (Brown)、琼斯 (Jones) 和鲁滨逊 (Robinson) 组成的三人组，数 3 是所有三元组共有的某种东西，它把这些三元组同其他集合体区别开来. 一个数是表示某些集合体特征的某种东西，即具有该数表示的那些集合体.

代替 "集合体" 的说法，我们将说 "类"，有时也说 "集" 作为一个规则. 对

[1] 同样的答案更充分并带有更多发展地在他的《算术基本定律》(*Grundgesetze der Arithmetik*), vol. i., 1893 给出.

于同一个对象在数学中使用的其他词有"聚合体"和"簇"等等. 后面我们将更多地谈论类. 目前尽可能少说一点儿. 但是必须立刻作某些评述.

一个类或集合体可以用两种方式定义, 初看似乎完全不同. 我们可以列举他的成员, 例如当我们说"我所谓的集合体是布朗、琼斯和鲁滨逊"时就是如此. 或者我们可以指出一个明确的性质, 就像我们说"人类"或"伦敦居民". 使用列举的定义称为"外延"定义, 指定确定性质的那个定义则称为"内涵"定义. 这两类定义之中, 内涵定义逻辑上是更基本的. 这由两点考虑表明: (1) 外延定义总可以归结为一个内涵定义; (2) 内涵定义经常甚至连理论上都不能够归结为外延定义. 对于这两点考虑需要作些解释.

(1) 布朗、琼斯和鲁滨逊都具有某个性质, 这个性质是在整个宇宙之外的任何东西所不具有的, 也就是说它或者是布朗、或者是琼斯、或者是鲁滨逊的性质. 这个性质可以用来给出由布朗、琼斯和鲁滨逊组成的类的内涵定义. 考虑像"x 是布朗或 x 是琼斯或 x 是鲁滨逊"这样的公式. 这个公式正好对于三个 x 是成立的, 即布朗、琼斯和鲁滨逊. 从某种意义上说, 这和有三个根的三次方程是类似的. 这可以认为是赋予由这三个人组成的类的成员一个公共的性质, 并为这三个成员专有. 一个类似的处理可以明显地应用到任何在外延中给定的其他类.

(2) 显然在实际当中我们会经常遇到大量的不能列举其成员的类. 没有一个人可以实际列举所有的人, 即使所有伦敦的居民, 这些类中每一个类的大量成员还是知道的. 这就足以表明外延定义对于类的知识不是必需的. 而当我们考虑无穷类时, 我们发现列举法即使从理论上说也是不可能的, 因为生命仅存续有限的时间. 我们不能够列举所有的自然数: 它们是 0,1,2,3, 等等. 在某一点, 我们必须使自己满足于"等等". 我们不能够列举所有的分数或所有的无理数, 或所有任何其他的无穷集合体. 这样对于所有这类集合体, 我们仅能从内涵定义得到.

当我们采用三种不同的方式探求数的定义时, 这些评述是相关的. 首先, 数本身形成一个无穷的集合体, 因此不能够由列举来定义. 其次, 具有给定数目项的集合体本身可推测形成一个无穷集合体: 这是可能的, 例如, 世界上有三元组的无穷集合体, 因为, 假如情形不是这样, 那么世界上的东西的总数将是有限的, 虽然是可能的, 但是看起来不像是真的. 第三, 我们希望以这种方式定义"数", 使得无穷数是可能的; 于是我们必须能够谈论无穷集合体中的项的个数, 而这样的集合体必须是内涵定义的, 即是由其所有成员共有并且是它们所专有的一个性质定义的.

为了许多目的, 一个类和它的定义特征是可以相互交换的. 二者之间的至关重要的区别是这样的事实, 仅存在一个类是由满足给定成员的集组成的, 而总存在许多不同的特性, 一个给定的类可由这些特性定义. 人可以被定义为没有羽毛的两足动物, 也可以定义为有理性的动物, 或 (更正确地) 由某些特性定义, 斯威夫特正是用这些特性描写其小说《格列佛游记》当中的行走兽雅虎 (Yahoos)[2]. 正是一个定义的特性从来都不是唯一的这一事实, 使得类的概念是有用的; 不然我们就可以满足于其成员公共和专有的性质了. 如果唯一性并不重要, 那么这些性质中的任何一个都可以用来代替类.

现在回到数的定义, 显然数是把某些集合体归拢到一起的一种方式, 即这些集合体具有给定个数的项. 我们可以假定所有的二元组在一个集簇里, 所有的三元组在另一个集簇里, 等等. 按照这种方式, 我们得到各种各样集合体的集簇, 每一个集簇由具有某些数目项的所有这样的集合体组成. 每一个集簇是一个类, 其成员是集合体, 即一些类; 这样每个集簇就是这些类中的一个类. 例如, 由所有二元组组成的集簇是一些类中的一个类: 每一个二元组是带有两个成员的一个类, 而二元组整个集簇是带有无穷个成员的一个类, 其中每一个是两个成员的一个类.

我们将怎样决定是否两个集合体属于同一个集簇? 上面的叙述本身暗示的回答是: 发现每一个集合体有多少成员, 如果它们有相同个数的成员, 则放在同一个集簇里. 但是这就预先假定我们已经定义了数, 并且我们知道了怎样发现一个集合体有多少个项. 我们是如此地习惯于计数的操作, 以致这样一个预先的假设可能就轻易地被忽视了. 事实上, 计数虽然熟悉, 但在逻辑上是一个十分复杂的操作; 再者, 作为发现一个集合体有多少个项的方法, 仅当这个集合体是有限的时候才是可用的. 我们对数的定义必须不能预先假定所有的数都是有限的; 在任何情况下除非陷入恶性循环, 我们都不能使用计数来定义数, 因为在计数中已经用到了数. 所以我们需要某种另外的办法来决定两个集合体何时有同样个数的项.

在现实中发现, 两个集合是否有相同个数的项比定义什么是数要更简单. 一个例证会使这一看法更清楚. 如果世界上没有一夫多妻或一妻多夫,

---

[2]这里指斯威夫特的小说《格列佛游记》中的行走兽. —— 译注

那么显然生活在任何时刻的丈夫数和妻子数是严格相等的. 为了确信这个结论我们无需进行人口普查, 也无需知道丈夫和妻子的实际数目. 我们知道这两个集合体中的人数必定是相同的, 因为每一个丈夫有一个妻子, 并且每一个妻子有一个丈夫. 丈夫和妻子的关系称为 "一对一"的.

说一个关系是 "一对一" 的, 是指 x 与 y 具有所考虑的这种关系, 没有其他的项 x' 与 y 有同样的关系, 而且 x 与异于 y 的任何项 y' 没有同样的关系. 当这两个条件中的仅第一个满足时, 这个关系被称为 "一对多" 的, 当这两个条件中仅第二个满足时, 这个关系被称为 "多对一" 的. 要注意数 1 在这些定义中并没有用到.

在基督教徒中, 丈夫同妻子的关系是一对一的; 在伊斯兰教国家, 上述关系是一对多的, 而在西藏, 则是多对一的. 父亲与儿子的关系是一对多的, 儿子们与父亲的关系是多对一的, 但是长子对父亲的关系是一对一的. 如果 n 是任意数,n 与 $n+1$ 的关系是一对一的; n 与 $2n$ 或与 $3n$ 的关系也是如此. 当我们仅考虑正数时, n 与 n^2 的关系是一对一的; 但是当允许负数时, 它就成为二对一的, 因为 n 和 $-n$ 有同样的平方. 这些例子足以使人们明白一对一、一对多和多对一等概念, 这些概念在数学原理中起着很大的作用, 不仅关系到数的定义, 还有许多其他方面的联系.

如果存在一对一关系, 它使一个类的每一个项关联另一个类的一个项, 则称两个类是 "相似的", 这与关联夫妻的婚姻关系的方式一样. 几个预备性的定义将帮助我们更准确地叙述这个定义. 与某个或另一个项有给定关系的那些项的类称为关系的域: 于是父亲们是父与子关系的域, 丈夫们是夫与妻关系的域, 妻子们是妻与夫关系的域, 而丈夫们和妻子们一起是婚姻关系的域. 妻子与丈夫的关系称为丈夫与妻子关系的*逆*. 类似地, *小于*是*大于*的逆, *迟于*是*早于*的逆, 等等. 一般地, 当 x 和 y 之间成立给定的关系, 则 y 和 x 之间成立的关系就是给定关系的逆. 一个关系的*逆域*是它的逆的域: 于是妻子的类是丈夫与妻子关系的逆域. 现在我们可以叙述相似性的定义如下:

如果存在一个一对一关系, 其中一个类是域, 而另一个类是逆域, 则称一个类 "相似于" 另一个类.

容易证明: (1) 每一个类相似于其本身, (2) 如果一个类 α 相似于一个类 β, 则 β 相似于 α, (3) 如果 α 相似于 β, 且 β 相似于 γ, 则 α 相似于 γ. 如果一个关系具有第一个性质, 则称之为*自反的*, 如果它具有第二个性质, 称之为对称的, 如果它具有第三个性质, 称之为传递的. 显然如果一个关系是对称的和传递的, 必然在其整个域上是自反的. 具有这些性质的关系是一类重要的关系, 值得注意到, 相似性是这样的关系中的一种.

显然在通常意义下两个有限类有同样个数的项, 如果它们相似, 仅此而已. 计数活动在于建立在要计数的对象的集与在计数过程中用到的自然数 (0 除外) 之间的一对一关系. 因此从通常的认识就得出结论: 要计数的集合中的对象的个数与计数时用过的直到最后一个数的个数同样多. 我们还知道, 只要局限于有限数, 从 1 到 n 刚好有 n 个数. 因此推知在一个集合中计数时, 用的最后一个数就是这个集合中的项数, 只要集合是有限的. 但是这个结果, 除了仅限于应用到有限集合外, 还依赖并且假定两个相似的类有同样的数目的项; 因为当我们数 (例如) 10 个对象时, 就是指出这些对象的集相似于数字 1 到 10 的集. 相似性的概念在计数的操作中逻辑上是预先假定的, 并且逻辑上是比较简单的, 虽然不太熟悉. 在计数当中, 必须要按照被数的对象的某个次序, 像第一、第二、第三等等, 但是次序并非数的本质: 从逻辑观点看它是一种不切题的附加, 一种不必要的复杂化. 相似性概念不要求次序. 例如, 我们知道丈夫数与妻子数是相同的, 并不需要在他们之间建立一个次序. 相似性概念也不要求相似的类应该是有限的. 例如, 把自然数 (0 除外) 放一个手上, 把其分子为 1 的分数放在另一个手上: 显然我们可以让 2 与 1/2、3 与 1/3 等等关联, 这就证明了这两个类是相似的.

于是我们可以在本章前面问过的这个问题的意义下使用 "相似性" 概念决定两个集合体什么时候属于同一个集簇. 我们要做一个含有没有成员的类的一个集簇: 它将针对数字 0. 然后我们需要含有一个成员的所有类的集簇, 这将针对数 1……. 然后针对数 2, 我们需要含有所有二元组的集簇; 然后是所有三元组的集簇, 等等. 给定任何集合体, 我们就可以定义一个它所属的集簇, 这个集簇是所有 "相似于" 它的那些集合体的类. 非常容易看到, 如果 (例如) 一个集合体有三个成员, 所有相似于它的那些集合体的类将是三元组的类. 一个集合体的项数是多少, 与之 "相似的" 那些集合体的项数也就是多少. 我们可以把这个取作 "具有相同项数" 的定义. 显然只要我们限于有限的集合体, 就会给出符合我们习惯的结果.

到目前为止, 我们还没有发现任何似是而非之处. 但是当我们来到数的实际定义时, 我们无法避免初看可能产生的似是而非的印象, 虽然这种印象很快就会消退. 我们自然认为 (例如) 二元组的类是不同于数字 2 的某种东西. 但是二元组的类无疑是不容置疑和不难定义的, 而数字 2 却完全是另一回事儿, 它是形而上的东西, 我们从未认为它确实存在或我们曾经捕捉到它. 因此更稳妥的作法是满足于二元组的类, 我们对于它的确信, 超过寻找一个总是难以捉摸的可疑的数 2. 因此, 我们建立下列定义:

一个类的数是相似于它的所有那些类的类.

于是一个二元组的数将为所有的二元组的类. 事实上, 按照我们的定义, 所有的二元组的类将为数 2. 以稍许的古怪为代价, 这个定义保证了确定性和不容置疑性; 不难证明这样定义的数具有我们期望数具有的所有性质.

现在我们可以定义一般意义下的数为将相似性汇聚成类的任何一个集簇. 一个数是任何两两相似的类的集, 并且不存在该集之外的类与该集之内的任何类相似. 换句话说, 一个数 (一般意义下的) 是任何一种集合体, 它就是它的成员的数目; 或更加简单地:

一个数就是某一个类的数.

这样的定义似乎看起来词语循环, 但是事实并非如此. 我们定义 "一个给定类的数" 而没有用到一般意义上数的概念; 因此我们可以利用 "一个给定类的数" 来定义一般意义的数, 而没有造成任何逻辑错误.

这类定义事实上非常普遍. 例如, 为了定义父亲的类, 必须首先定义什么是某个人的父亲, 那么父亲的类就是所有分别为某些人的父亲的那些人. 类似地, 要定义 (例如) 平方数, 我们必须首先定义一个数是另一个数的平方意味什么, 然后再定义平方数为是另一个数的平方的那些数. 这种类型的过程是十分普通的, 重要的是认识到它是合理的甚至往往是必需的.

第 14 部分*

最高超的抽象艺术: 群论

*原书第 IX 部分, 本部分译者为袁向东、冯绪宁.

编者评注

某些重要的抽象概念

群论是数学的一个分支, 在其中, 你对某种事物做某种事, 然后将结果跟对另一种事物做同样的事的结果进行比较, 或是对同样的事物做某些其他的事. 这是一种宽泛的定义但并不平凡. 这种理论是数学抽象艺术中最高超的例子. 它仅仅涉及基础性关系的精妙编制; 而且是至今为阐明结构所发明的最有力的工具.

最早从专业技术的角度使用群这个术语, 是法国数学家伽罗瓦在 1830 年之所为. 那年他 20 岁, 在一次令他丧生的愚蠢决斗的前夜, 他写下了他的有关这一主题的光辉论文.[1] 在 19 世纪, 一些一流的数学家强有力地发展了这个概念, 其中包括柯西 (1789—1857)[2]、亚瑟 · 凯莱爵士 (Sir Arthur Cayley)、若当 (Camille Jordan, 1838—1922), 以及两位杰出的挪威人路德维格 · 西罗 (Ludwig Sylow, 1832—1918) 和马里乌斯 · 索夫斯 · 李 (Marius Sophus Lie, 1842—1899). 经过一个世纪稍多一点的时间, 它已影响了数学的明显的统一, 揭示了被长期认为是不同及无关的代数与几何间的联系."无论群本身在哪里现身, 或是被导入何处, 相对杂乱的事物就变得井然有序."[3] 群论还帮助物理学家深入洞察现象世界的基本结构, 捕捉他们瞥见的深层的模式和关系. 这种深度, 应该能被观察到, 就像科学有可能达到的深度一样. 即使

[1] E.T. 贝尔生动地讲述了他悲剧式的人生故事. 参见贝尔的著作《数学人》: *Men of Mathematics*, New York, 1937. ——编注

[2] "人们一直把有限阶群理论的奠基者的荣誉归于柯西, 尽管其中的基本结果在他之前已为 J.L. 拉格朗日, P. 阿巴蒂 (Pietro Abbati), P. 鲁菲尼 (Ruffini), N.H. 阿贝尔和伽罗瓦得到." 参见 F. 卡约里 (Florian Cajori) 的著作《数学史》: Florian Cajori, *A History of Mathematics*, New York, 1919, p.352. ——编注

[3] E.T. 贝尔,《数学, 科学的女王和仆人》: E.T. Bell, *Mathematics, Queen and Servant of Science*, New York, 1951, p.164. ——编注

我们不接受事物的最终本质在于模式这种想法, 我们仍可以跟罗素达成一致的意见: 任何其他的本质, 表现的是一种个性特征,"它们总是逃避话语, 很难描述, 但正因为如此, 它们跟科学毫不相干."

让我们暂时回到上面给出的多少有点模糊的定义, 把它讲得更具体和易于理解. 也许, 最好的方案是给出一个具体的群的例子, 然后剔除其中的大部分细节, 只留下本质的东西. 这就是著名的卡罗尔风格的方法 (Carrollian method): 在定义 "露齿的笑" 时, 让其载体 "咧嘴而笑的柴郡猫" 消失, 而留下的那种笑即是.

所有的正、负整数 —— 包括零在内 —— 的类或集合, 跟通常的算术加法运算一起, 构成一种常见的群. 其起决定作用的性质有这些: (1) 该集合中任意两个整数的和, 仍是该集合中的一个整数; (2) 三个 (或更多) 整数相加, 它们的任一集合可以先相加而不会改变结果; 你会意识到此即算术的结合律 (即, $(3+7)+9=3+(7+9)$); (3) 该集合包含一个 "么元 (identity)" 或 "单位元 (unit)" (亦即零) 这样的元素, 使得该元素跟集合中的任何其他元素的和仍等于后者 (例如, $4+0=4, 0+8=8$, 等等); (4) 该集合中的每个整数都有一个逆 (inverse) 或互逆 (reciprocal) 元, 使得这两个整数的和是么元 (即, $2+(-2)=0, -77+77=0$, 等等). 这些都是我们这个特殊的群的属性. 现在我们来做一些剔除. (1) 该集合的元素可能是算术对象 (例如, 数)、几何对象 (例如, 点)、物理实体 (例如, 原子)、或是未被定义的对象;[4] (2) 它们的数目可能是有限的或无限的; (3) 将元素组合的运算或法则可能是算术过程 (例如, 相加、相乘), 几何过程 (例如, 旋转、平移), 或是未被定义的过程. 还有两个实质性的条件: (4) 组合的法则必须是结合的; (5) 该集合的每一个元素都必须有逆. 除了这样 5 个条件, 一个集合被称为是阿贝尔的或非阿贝尔的, 需视组合法则是交换的或非交换的而定 (即, 对加法而言, 或是 $2+3=3+2$, 或是 $2+3\neq 3+2$; 对乘法而言, 或是 $2\cdot 3=3\cdot 2$, 或是 $2\cdot 3\neq 3\cdot 2$). 这些都是群的概念中最基本的要素. 人们很难相信, 已有多少令人迷惑的细节通过这一理

[4]应该强调: 尽管从理论上讲, 群的元素和运算这两者可以是不加定义的, 但当这种群要在科学中应用时, 它们必须以某种方式跟可察觉到的经历中的元素和活动相对应. 否则, 操作这种群无异于一种游戏, 一种极不具体和乏味的游戏, 只适合那些最孤独的狂人. ——编注

论获得了统一; "有多少财富, 有多少伟大的思想起始于如此的涓涓细流."[5)]

另外还有两个经常在群论中出现的基本数学术语应该提几句. 第一个是变换, 它体现了变化或运动的思想. 一个代数表达式的变换, 是指它被变化成为另一不同形式的表达式, 是指按照另一组变量来替换其变量的值; 一个几何图形的变换, 是指改变其坐标, 将一个空间映射到另一空间, 依据程序性法则 —— 例如投射过程、旋转过程、平移过程 —— 转变图形.[6)] 更一般地, 任一思维的对象的变换, 可以通过将其与另一思维对象的结合或将其转化为另一思维对象而得以实施.

第二个重要的术语是不变性. 一个代数表达式、几何图形、类别, 或其他思维对象的所谓不变的性质, 是指在变换下保持原样的那些性质. 假设正整数类 $(1, 2, 3, \cdots)$ 的元素按每个元素加倍的法则变换:

$$\begin{array}{ccccc} 1 & 2 & 3 & 4 & \cdots\cdots \\ \downarrow & \downarrow & \downarrow & \downarrow & \\ 2 & 4 & 6 & 8 & \cdots\cdots \end{array}$$

变换所得的是偶整数类: $2, 4, 6, \cdots$. 由于是整数变换到整数, 元素是整数的性质明显地被保留了; 这就是说它在加倍变换下是不变量. 然而, 原来的类中的每个整数的值没有保留; 它被加倍了; 于是在该变换下, 值不是一个不变量. 在加倍法则下的另一个不变量的例子是每一类中元素的比: 若第一类的元素用 x 加下标表示, 变换后的类的元素用 y 加下标表示, 那么在规则 $y = 2x$ 下有

$$\frac{y_1}{y_2} = \frac{2x_1}{2x_2} = \frac{x_1}{x_2}.$$ [7)]

几何不变量的情况类似. 取一刚性物体, 比如玻璃镇纸, 从桌子的一端滑动到另一端. 这是一个变换. 镇纸的形状和尺寸都保持不变; 因此, 这些被保留的性质是不变量. 数学家是这样描述这些事实的: 刚体的度量性质在运动这种变换下是不变量. 由于该镇纸在此变换下离诸如墙上的一面镜子或

[5)] 这是英国几何学家 H.F. 贝克的话. 引自 F. 卡约里的著作《数学史》: Florian Cajori, *A History of Mathematics*, New York, 1919, p.283. ——编注

[6)] 关于变换的这一定义, 就我们的用途而言已足够了, 但这个概念的内涵比我在这里提及的要广泛得多. 正如凯泽所说, 任何跟一般的功能有关的问题、过程或运算, 都是跟变换关系有关的问题、过程和运算. 配对或耦合是变换; 关系、函数、数学计算、演绎推理亦然. ——编注

[7)] 这个例子选自 C.J. 凯泽的书《数学哲学》: Cassius J. Keyser, *Mathematical Philosophy*, New York, 1922, pp.183-185. ——编注

北极星的位置和距离发生了变化, 所以它们就不是不变量. 如果运动的物体是一滴水银, 那它的形状或尺寸不大可能保持不变, 而其质量可能是不变量, 其原子结构则肯定是不变量. (关于这方面的进一步讨论, 可参阅库朗和罗宾斯的关于拓扑的选文.)

群论必须讨论变换群的不变量问题. 你研究的是: 在条件变化时那些未被改变的对象的性质和问题的特征. 变化越激烈, 不变量越少. 为得到结构的基本性质, 没有比通过连续的变换去掉次要的性质更好的方法了. 这是一种类似于考古学家使用的方法: 他们清理掉小丘来发掘古城; 掘进房屋去发现饰物、家什和各种器皿; 打开墓道进入墓穴, 找到石棺, 剥开裹尸布, 见到里面包裹着的木乃伊. 他们就是用这种方法重构一个无人见识过的社会的特征的. 所以, 数学家和科学家创造的是现象世界中无人见识过的结构的理论对应物. 怀特黑德在他著名的评论中归纳了这些成就的特点:"在特殊中看到一般, 在转瞬即逝中看到永恒, 这是科学思维的目的."

* * * *

我选了两篇文字来阐释群论. 第一篇是 C. J. 凯泽 (Cassius J. Keyser) 论数学哲学的讲义中的一章.[8] 凯泽是杰出的美国数学家, 1862 年生于俄亥俄州的罗森市. 他就读于俄亥俄州的中小学和密苏里大学; 他曾一度研读法律, 之后转攻数学, 在哥伦比亚获得他的研究生学位. 在俄亥俄州和蒙大拿州担任学校的教育主管 5 年 (1885—1990) 后, 他成为纽约州立师范学校的数学教授; 1897 年进入哥伦比亚大学工作, 1904 年被指定为艾德里安教授 (Adrain professor), 在此岗位一直工作到 1927 年荣誉退休. 他卒于 1947 年, 享年 85 岁. 凯泽作为几何学家、历史学家和哲学家, 对数学有着广泛的兴趣. 作为一名教师, 他讲课的广度、清晰性和坦诚广受称赞. 他的作风略显老派, 表述有点儿啰嗦. 凯泽是不会漏掉细节的人, 无论是所论对象的科学内容还是文化关联, 都会被他榨取干净; 读者可能也会有点儿被挤榨的感觉. 真的, 他有无穷无尽的兴趣和深入思考的智慧, 我还没有找到比下面的选文更好地对群的概念的概述. 第二篇文字, 是亚瑟埃丁顿爵士 (Sir Arthur Eddington) 在康奈尔大学梅辛杰讲座 (Messenger Lectures) 中的一讲, 收在题为《科学的新

[8]《数学哲学, 对命运和自由的研究》: *Mathematical Philosophy, A Study of Fate and Freedom*, New York, 1922. ——编注

路径》(*New Pathways of Science*) 的书中. 他对群的讨论展示了埃丁顿惯用的光彩夺目的精湛技艺; 该文是他最棒的一本书中的一篇最棒的通俗文章.

迷宫皆错综复杂.

它古怪, 百折千回, 却变化有律

几达极致, 尽管看似最无律可循.

米尔顿 (Milton)

1 群的概念

C.J. 凯泽

我请大家在下面一个小时里关注一下群的概念. 即使我是群论专家 —— 当然, 我不是 —— 也不可能在一小时内对这样一个广博的知识领域讲出什么重要的东西, 讲出其技巧之特色, 也无法讲清楚这门错综复杂的学问的意义, 以及它的狂热崇拜者 —— 圣堂里的神父们到底了解它多少. 但是, 这一小时应该足以使你们开始走上受人尊敬的哲学家应对这门基础学科具有的最低限度的知识之路; 这些最低限度的知识包括:"群" 这一术语的清晰概念; 利用丰富的、容易理解的例子来解释它的功能, 而这些例子来自所有的人都感兴趣的重要领域 —— 数, 空间, 时间, 运动, 关系, 游戏, 工作, 感性世界及理性世界的一切; 领悟它与变换和不变性的密切联系; 略知它的学术内容和它作为工具的作用, 以便识别它并为其定界; 洞察从遥远的古代到当代的哲学思考中模糊地预想这一概念的历程.

我相信, 为了更牢固地掌握群的概念, 最好的方法是首先抓住抽象的概念, 然后把它与具体的例子比较, 渐渐地使你意识到已将这一有活力的东西掌握在手中. 以抽象的形式给出群的概念, 使用*系统*这个术语比较方便. 这个术语在数学上有很多的意义, 因此我们一开始就必须清楚地知道在这里使用这个术语的含义. 其含义是: 使用在群的定义中, 术语 "系统" 意指事物所属的某种确定的类, 加上某种确定的规则 (或方法), 按这种规则, 该类中的任一成员可以与它的任一成员 (或是它自己或是其他成员) 进行组合. 这种系统最简单的例子, 我们可以取普通的整数类作为系统中的类, 取熟知的加法法则作为其组合的规则. 你应当注意, 有且仅有三方面的因素决定两个系统是不同的: 具有不同的类, 具有不同的组合规则, 或这两方面皆不同.

术语 "群" 的定义如下.

令 S 表示由类 C (其中的成员我们记为 a, b, c 等等) 和一种组合规则 (我们将用符号 $\circ$ 记这个规则, 例如用 $a \circ b$ 表示 a 与 b 组合的结果) 组成的一个系统. 系统 S 被称为群, 当且仅当它满足下列四个条件:

(a) 如果 a 和 b 是 C 中的成员, 则 $a \circ b$ 也是 C 中的成员, 即 $a \circ b = c, c$ 是 C 中的某个成员.

(b) 如果 a, b, c 都是 C 中的成员, 则 $(a \circ b) \circ c = a \circ (b \circ c)$, 即 a 和 b 组合的结果再与 c 组合, 跟 b 和 c 组合的结果再与 a 相组合产生同样的后果; 即, 这种组合规则是结合的.

(c) 类 C 中包含一个成员 i(称为恒同成员或单位元), 使得对 C 中的成员 a 有 $a \circ i = i \circ a = a$, 就是说 C 中存在一个成员使得它与任一给定的成员组合, 或是那个成员与它组合, 所得结果皆是那个给定的成员.

(d) 如果 a 是 C 的一个成员, 则存在成员 a'(称为 a 的逆), 使得 $a \circ a' = a' \circ a = i$, 即 C 中每个成员都有一个成员与之相配, 使得二者组合的结果是单位元.

人们也提出过, 有时还使用术语 "群" 的其他定义. 这些定义并不是彼此完全等价的, 但有一点是一致的, 即成为群的系统必须满足条件 (a).

正是由于满足条件 (a) 的许多系统如此重要, 以至在早期的关于这个主题的文献中就直称其为群或封闭系统, 现在则被称为具有 "群的性质", 即使它们并不满足条件 (b)、(c) 和 (d). 显然,"封闭系统" 这一术语用得很得体; 事实上, 一个满足 (a) 的系统就是其中任意两个成员组合的结果必定仍是该系统本身的成员 —— 它在该系统内而不会在其外.

各种群系统以及非群系统的简单例子. 你从上述群的定义看到, 每一个群都是一个系统; 我们还将看到, 群的数量是无限的; 但事实上只有相当少的系统是群, 或满足群的性质 —— 少到你随机地选一个系统, 它就极可能既不是群, 也不具有群的性质.

例如, 取系统 S_1, 它的类 C 是由 1 到 10 的所有整数的类组成, 其组合规则就是通常的乘法 $\times$; $3 \times 4 = 12$; 12 不是 C 的成员, 故 S_1 不是闭合的 ——

它不具有群的性质.

设 S_2 的类 C 为全体通常的整数组成的类 $1, 2, 3, \cdots$ 直至无穷, 并如上例设 $\circ$ 是乘法 $\times$; 任何两个整数的乘积仍是整数, 故 (a) 是满足的, 即 S_2 是闭合的, 且具有群的性质; (b) 显然也是满足的, (c) 亦然, 单位元是 1, 因为对任意整数 n 有 $n \times 1 = 1 \times n = n$; 但是 (d) 不满足 —— 构成 C 的整数 (除 1 以外) 没有一个在 C 中有逆, 例如, 没有整数 n 使得 $2 \times n = n \times 2 = 1$ 成立; 这样尽管 S_2 有了群的性质, 但它还不是群.

设 S_3 是这样的系统, 它的类 C 由所有正整数、负整数包括零组成, 以加法作为其组合规则, 你能很容易地看出 S_3 是一个群, 零是其单位元, 每个元素都有逆 —— 取自己的负为其逆.

一个群称为有限或无限的, 取决于它的 C 是有限的还是无限的类, 说一个群是阿贝尔的或非阿贝尔的, 是指它的组合规则是交换的或非交换的, 即根据我们有还是没有 $a \circ b = b \circ a$, 其中 a 和 b 是 C 中任何成员. 你可以观察到群 S_3 即是无限的也是阿贝尔的.

至于有限阿贝尔群的例子, 看系统 S_4 就足够了, 它的类由四个数组成, 即 $1, -1, i, -i$, 这里 $i = \sqrt{-1}$, 它的组合规则是乘法; 请注意这里的单位元是 1, 1 和 -1 的逆元素是自身, 而 i 与 $-i$ 互为逆.

设 S_5 有与 S_3 相同的类 C, 但 $\circ$ 由加法改为减法; 试说明 S_5 具有群的性质而并非是一个群. 试说明与之相似的有 S_6: 其类 C 跟前述相同而 $\circ$ 为乘法. 试解说 S_7 虽具有如前述一样的类 C, 但 $\circ$ 为除法, 它甚至连群的性质也没有.

现考虑 S_8, 其中 C 是全体有理数组成的类 (即全体整数和分子、分母皆为整数的分数, 当然我们懂得零是不能作分母的), 而 $\circ$ 为加法$+$; 容易发现 S_8 是一个群, 是无限的阿贝尔群. 试考虑这样一些系统, 其中的类同样都是 C, 而 $\circ$ 分别顺序为减法、乘法和除法. 请设计一个 $\circ$ 为除法的群的系统.

设 S 与 S' 是两个群, 它们具有同样的组合规则, 若 S 的类 C 是 S' 的类 C' 的真子集 (即 C 的成员都是 C' 的成员, 而 C' 的有些成员不在 C 中), 则 S 称为 S' 的子群. 注意 S_3 是 S_8 的子群.

试说明, 以所有实数为其类 C, $\circ$ 为 $+$ 的 S_9 是一个群; 注意 S_8 是 S_9 的子群, 所以 S_3 是一个群的子群的子群. 那么 S_9 本身是不是子群? 如果是, 是什么样的群或哪些群的子群? 试考查通过改变 S_9 的组合规则所导出的系统.

教学中不可避免的最困难之处在于, 对一个伟大思想的意义和范围给出具有典型特征的阐释. 伟大的思想总是具有一般性和抽象性的, 但在处理特殊而具体的情况时会表现出惟妙惟肖的重要意义 —— 它有着数不胜数的大量不同的例证; 从单个例子中只能看到这个思想的一点朦胧之光, 而它的无尽的意义仍留到黑暗中; 因此有必要对量大且涉及面广的各种不同例子进行考查与比较, 希望许许多多微光能聚集成为有价值的示例; 但是讲这么大量的例子需要很多时间和足够的耐心, 而这在一次讲课中很难做到, 因此必须满足于选择几个例证来讲. 但这时又有困难: 如果所选的例子太复杂, 太困难, 听众会厌烦; 如果它们太简单, 太容易, 又不会给人留下深刻印象; 而无论是哪一种情况, 所讨论的一般概念的意义都难被掌握、难于理解. 现在我要冒点险 —— 在对上述群概念的阐释中, 我要加几个群的例子, 其中有的很容易, 有的稍微复杂点 —— 希望前者对你不是太容易, 后者又不是太难.

每个人都看到过这样一种逗人的现象, 一只灰松鼠飞快地转动着关它的一个圆柱形的金属丝编织的笼. 它能以两种相反的方式、两种意识或两个方向中的任一种转动笼子. 让我们设想转动只以其中的一种方式进行, 并且我们对每次转动无论大小都称之为一个*旋转* (turn), 每一次旋转都将笼子上一点沿着一段长度的圆弧转到另一点, 长度可短可长. 用 R 表示一种特别的旋转 (旋转 360°), 它将笼子上每一点转回到它的起始点. 设 S_{10} 是一个系统, 它的 C 是所有可能的旋转构成的类, 它的 $\circ$ 是旋转的相加, 于是 $a \circ b$ 是指旋转了 a 再旋转 b 的总效果. 你会立刻看到 S 具有群的性质: 任何两个旋转的和仍然是一个旋转, 它显然也满足结合律, 即条件 (b). 注意, R 等同于不旋转, 等同于休息, 等同于零转 —— 随你愿意怎么说都可以; 注意, 如果 a 是一个大于 R 小于 $2R$ 的旋转, 则 a 等同于 a 超出 R 的部分; 如果 a 大于 $2R$ 小于 $3R$, 则 a 等同于 a 超出 $2R$ 的部分, 如此等等. 因此, 任一个大于 R 的旋转, 只要不是 R 的整倍数, 都等同于一个小于 R 的旋转; 让我们把任一个大于 R 的旋转看成是跟它等同的小于 R 的旋转; 这样, 我们就可以认为没有一个旋转超过 R, 而这些小于 R 的旋转有无穷多个; 你立刻可以看出, 若 a 是任一旋转, 则 $a \circ R = R \circ a = a$, 这说明条件 (c) 被满足, 此时 R 是单位元. 接着请注意, 对任一旋转 a, 存在一个旋转a', 使得 $a \circ a' = a' \circ a = R$. 因此, 如你所见, S_{10} 是一个群. 试说明它是阿贝尔群. 你会发现作以下考查是很有教益的: 考查系统 S_{10}, 其中令 C 是所有的旋转 (正向或反向的) 组成的类.

也许你会去考虑以人们熟知的瓢虫或尺蠖在圆桶边沿上爬行的精彩表演来想象这样的系统; 或是考虑沿无限长的螺旋线运动那样的系统, 甚或考虑地球沿着它的轴旋转构成的系统; 以及行星在它的轨道上运行所形成的系统.

这些例子给出了群概念的含义吗? 这些例子中的每一个赋予群概念的含义, 多少有点像一滴水赋予海洋、火柴赋予太阳、或是小鹅卵石赋予落基山脉的含义. 那么它们可以被轻视吗? 断不可如此. 从单个例子看, 它们没告诉你什么; 但将它们放到一起, 并发挥你的想象力去利用它们, 注意它们的差异、它们的相似之处和它们所代表的领域的多样性, 那么它们就会告诉你很多东西. 让我们再往前走一步, 看一下另外一些领域的例子.

考虑由感觉素材构成的领域, 这是一个被广泛关注且很基本的领域. 别的不说, 我们到了一个处于其他事物之中的视觉、听觉和运动的领域. 我们可以在这里发现任何群的身影吗? 除了出生即盲的人以外, 谁不喜欢色彩呢? 颜色可能组成群吗? 我指的是对颜色的感觉, 即色感, 包括黑白在内的所有浓淡深浅的颜色. 记 S_{11} 是一个系统, 它的 C 是所有这样的感觉组成的类, 它的组合规则可说成是这样的感觉的混合, 但是如何理解两种颜色感觉的混合呢? 假设我们有两个小粉盒, 里面装有粉末, 就像很细的粉笔末, 比如说一个盒子装有红粉末, 另一个装有蓝粉末; 一种粉末给我们红色的感觉, 另一种给我们蓝色的感觉; 让我们彻底地将这两种粉末混合, 这混合物便给予我们一种颜色的感觉. 我们约定说我们已混合了这两种感觉: 新的感觉正是混合了旧的感觉的结果. 任何两种颜色感觉的组合也是一种颜色感觉, 所以你瞧, S_{11} 有了群性质. 它是群吗? 显然条件 (b) 是满足的. 那么, 条件 (c) 和 (d) 也满足吗?

让我们从颜色领域来到图像或形状的领域. 这里我指的是物理的或物质的对象 —— 诸如岩石、椅子、树木、动物这一类的东西 —— 的图像或形状, 是人们的感官所感知的. 无疑, 通常所谓的对一个对象的图像或形状的感知, 从发生学的角度看是很复杂的, 是由两种或两种以上的感觉, 譬如视觉、触觉、动觉所导致的经验的结果; 但我们不想这样来分析问题; 我们取其表面的意思, 即我们将它视为实际存在的物体, 它在进行分析性的思考之前已经出现在我们的脑海中, 是通过感觉得到的素材; 现在我们先局限于视觉方面. 这里有一条狗, 它的耳朵有形状, 眼睛也是, 还有鼻子和它的头上其他部分的面貌; 这些形状组合成为头的形状或图形; 它的其他可见器官都有各自的形状; 所有这些形状的组合我们称之为这条狗的形状或图像. 那边有一张桌子; 它有形状, 这是它的各部分 —— 桌腿、桌面等等 —— 的形状的某种组合; 桌子上有几样物件 —— 一个相框, 一只烛台, 一些瓶子; 每个物件都有自己的形状; 桌子和其他东西一起又组成一个对象 —— 眼睛简单的一瞥就可以看清楚; 这个对象的图像或形状是由其他形状组合而成的. 当谈到狗和桌子时, 我是在非常一般的意义上使用 "组合" 这个词的. 这种关联关系我们使用起来是否足够精确呢? 能否找出或制订一种规则, 使得任意给出的两个视觉形状都可以按规则进行组合呢? 如果是的话, 组合的结果是否仍是一个可见的形状呢? 如果真是如此, 则由这些规则和全体形状构成的总类组成的系统就有群的性质. 这个系统是否满足群的余下的三条性质呢?

声音 —— 对声音的感觉又如何呢? 声音可以组合吗? 它们组合的结果总是一种声音或是有时变成无声了呢? 如果我们认为无声是一种特别的声音, 即声音中的零, 那么声音系统具有群的性质吗? 这里有一个前提, 即声音是一种振动现象; 如果振动的频率太低或太高 —— 譬如说每秒 100000 次 —— 就听不到声音了. 如果你忽略这个前提, 声音系统有群的性质吗? 它是群吗? 如果是的话, 它的单位元是什么? 你又将把什么说成是给定的声音或音调的逆呢?

考虑其他的振动现象, 如光或电的现象. 你能想象它们能构成群的系统吗? 试把问题讲得更清楚并交给物理学家们. 你不必犹豫 —— 帮助总是相互的.

天使飞行的无限阿贝尔群. 我们总是习惯性地认为, 我们自己存在于一个无限的宇宙空间中, 其中充斥着我们称之为点的东西, 任何两点由我们称之为直线的东西连接. 想象那些奇特生物中的一种, 今天, 对于我们中的大多数人来说, 这些生物顶多就是故事里会说话的人物形象, 但在过去的几百年间, 大量的男女老幼都认为那是非常真实、非常可爱又令人生畏的生物, 极富天才的人们研究并讲述着这些生物: 我指的是天使. 天使是会飞行的. 我们约定天使的飞行是走直线的, 除此之外不加任何限制. 我要求你们这样来理解飞行, 它无非就涉及长度、方位和指向意识; 如果它与一给定直线平行, 它就具有了那条直线的方位; 若它从 A 飞到 B, 就有了一种指向意识, 从 B 飞回 A 就是一个反向的指向意识; 从 A 到 B 的飞行和从 C 到 D 的飞行,

如果它们的长度、方位和指向意识都相同, 我们就认为它们是相同的飞行. 考虑一个从点 A 到点 B 的飞行 a, 接着是从点 B 到点 C 的飞行 b; 你可以很容易地看出 a 和 b 是一个平行四边形的两条相邻边, 该平行四边形的一条对角线是从 A 到 C 的一个笔直的飞行 d, d 被称为组合飞行或 a 与 b 的飞行和, 因为 d 告诉我们天使从起点开始究竟飞了有多远, 所以我们可以写 $a \circ b = d$. 如果飞行 b' 是从 P 到 Q 的飞行, 而其长度、方位和指向意识与 b 完全相同, 我们仍与前面一样写 $a \circ b' = d$, 因为我们刚说过, b 和 b' 是同样的一个飞行. 现在设 S_{12} 表示一个系统, 它的 C 是所有可能的天使飞行 (包括静止不动或说零飞行) 组成的类, 组合规则为上面解释过的飞行和; 你立刻可以看出 S_{12} 是个封闭系统, 具有群的性质, 即任意两个飞行的组合仍是一个飞行; 如果 a、b 和 c 是三个飞行, 我们可以假定它们分别是从 A 飞到 B、从 B 飞到 C 和从 C 飞到 D; 考虑 $(a \circ b) \circ c$; $a \circ b = d$ 是 A 到 C 的飞行, $d \circ c = e$ 是 A 到 D 的飞行; 现考虑 $a \circ (b \circ c)$; $b \circ c = d'$ 是从 B 到 D 的飞行, $a \circ d' = e'$ 是从 A 到 D 的飞行; 所以 $e = e'$, 即 $(a \circ b) \circ c = a \circ (b \circ c)$; 因此飞行和这种组合规则是满足结合律的, 即满足条件 (b). 条件 (c) 也满足, 此时取零 (0) 飞行作为 i; 因为对任一飞行 a 来说, 明显地有 $a \circ 0 = 0 \circ a = a$. 条件 (d) 也是满足的, 因为显然存在一个与 a 飞行长度和方位完全相同, 但指向意识相反的 a', 使得 $a \circ a' = a' \circ a = 0$. 因此天使飞行的系统是一个群. 而且很容易看出这个群是无限的, 且是阿贝尔群.

我在这里称之为天使飞行的东西就是数学和物理学中所谓的向量; 一个向量是没有位置的, 但它有长度、方位和指向, 这是它的本质和全部内涵. 所以, 你看, 空间向量和以向量加法作为组合规则所构成的系统是一个无限阿贝尔群.

群与变换及不变量的联系. 让我们再一次观看天使飞行或向量. 我将请你们用另一种眼光看待它们. 设 V 是任一给定向量 —— 即一个给定长度、方位和指向的向量. 它是从哪里开始又在哪里结束的? 第一反应会告诉你, 全部空间中的每个点都可以是一个与 V 等同的向量的起点, 也可以是一个与 V 等同的向量的终点. 尽管这些向量就是同一向量, 但为了方便起见, 还是说它们是很多相等的向量 —— 具有同样长度、方位和指向意识. 设点 P 是一个 V 的起点而点 Q 是它的终点. 现在让我们将每个这样的点 P 与它的 Q 相伴 $(P \to Q)$; 这时, 我们就把点组成的空间变换为其自身: 每个 V 的终

点就是其起点的变换; 我们称这个变换为 T. 我们如法炮制再作变换 T', 将所有与给定向量 V' 相等的向量的起点都转换成它们相对应的终点. 结果怎样? 注意 T 将 P 转换为 Q, 接着 T' 将 Q 转换为 Q'—— Q' 是以 Q 为起点的向量 V' 的末端; 当然也存在一个向量, 始于 P 而直达 Q'; 所以存在一个变换 T'' 将 P 转换为 Q'; 正是这个 T'', 我们将它表示为 $T \circ T'$. 无须赘言, 你已经看到了我们的天使飞行 —— 或者说向量 —— 构成的群现在看来是变换 (点组成的空间到其自身的变换) 的一个无限阿贝尔群. 这样的变换事实上并不包含运动; 但按照惯例, 数学家们都称它为空间的运动或平移; 例如, T 被认为并且也被说成是整个空间 (作为一个刚体) 的一种平移: 按 V 的方位和指向意识移动, 移动的距离等于 V 的长度. 按照这种趣味盎然的讲法, 虽然是纯形象的比喻, 我们所讨论的群就是我们的空间的平移构成的群.

现在我们已处于一个有利的位置来着手领悟群与不变量概念之间的十分密切的联系. 假设给定了一个变换群, 要问及的关于它的一个大问题就是: 什么东西在该群的每个和所有变换下未被改变 —— 保持恒定? 换言之, 哪个或哪些性质是被变换对象和它们变换后的对象共同具有的? 好, 现在摆在我们面前的是空间变换的某个群 —— 平移群. 记它为 G. G 中的每个平移将任一点转换 (变换、带到、运动) 至一个点, 从而将这些点的任何构形 F—— 任一几何图形 —— 转换为某个构形 F'. 什么是保留不变的? 不变量是什么? 显然有一个不变量 —— 很重要的一个 —— 就是距离; 也就是说, 若 P 和 Q 是任意两个点, 若它们在某个平移下分别被转换为 P' 和 Q', 则 P' 与 Q' 之间的距离和 P 与 Q 之间的距离是相等的; 另一个不变量是点之间的顺序 —— 如 Q 位于 P 与 R 之间, 则 Q' 位于 P' 与 R' 之间; 你立刻看到它们的角度、面积、体积和形状都是不变的: 一句话, 形态上一致 (全等性) 是不变量 —— 如果一个平移将图形 F 转换为图形 F', F 与 F' 就是全等的. 自然, 对于所有给定了方位的平移而言, 全等性是不变量. 这种平移构成群吗? 显然, 它们构成群, 这种群 G' 是 G 的子群. 全等性在 G' 下是不变的; 它在 G 下也是不变的; G' 包含在 G 中; 于是很自然地要问: 是否 G 本身可能并未包含在一个更大的以全等性为不变量的群中. 这个问题暗示了我们最初讨论的问题的一个逆问题, 以前的问题是: 给定一个群, 它的不变量是什么? 逆问题是: 给定一个不变量, 它的群、特别是它的最大的群是什么. 这个问题与另一个问题同样重大. 考虑我们手头上的例子. 给定的不变量是全等性. 那么 G—— 平移群 —— 是保持全等关系不变的最大的空间变换群吗? 显然不是; 试考虑由围绕固定直线 (作为轴) 的空间 (作为刚体) 的旋转组成的空间变换; 若这样的一个旋转将图形 F 转换为 F', 则两个图形一定是全等的. 很清楚, 若变换是*扭转*, 即针对一条固定直线既旋转同时又平移, 结论同样为真. 所有这样的旋转、扭转加上平移构成了一个称为*空间位移群*的群; 它包含了保持全等关系不变的所有变换. 只要稍加思考你就能看到, 这个群有许多子群, 有无穷多个; 保持一个指定的点不变的位移的集合是它的一个子群; 保持两个指定的点不变的集合是它的另一个子群; 后者跟两点之中仅保持一个点不变的子群有何关系? 是否存在保持不共线的三点不变的位移? 保持一条线不变的那些位移是否组成群? 这些问题只不过是众多问题中的几个, 你会发现询问这些问题并试图给出解答是很有益的.

为了强调起见, 请容许我重复这两大问题: (1) 给定一个变换群, 哪些东西是经变换而不变的? (2) 给定某个东西 —— 一个对象或一种性质或某种关系, 无论是哪个 —— 在什么样的变换群下使它保持不变, 特别是保持该对象不变的最大变换群是什么? 你可能想说: 我承认这些问题是有趣的, 而且也不否认这些问题是大问题, 这里大的意思是指它可引出数不胜数的问题, 大也是指这些问题中很多都是困难的; 但是我没有看出它们在重要性上有多大. 我为什么要用它们来烦自己呢? 作为回答, 我不打算说为什么你们应该用这个来烦自己; 只要提醒你一句就足够了: 作为人类的一员, 你不得不这样做, 你又确实不想这样做. 在前面的讲述中, 我们看到人类至高的冲动是找出如下问题的解答: 什么事物永恒不变? 我们看到思维过程 —— 在最广泛的意义上涉及艺术、哲学、宗教、科学, 并考虑它们的最广泛的含义 —— 是在这个变动的世界中寻找不变性. 我们看到渴望了解并寻找永恒的事物是人类历史发展的中心脉络. 我们还看到, 对保持现实状况不变的热情本身就是理性生活中最高境界的不变量. 我们也看到, 不变性的数学理论与普遍的思维过程的关系乃是原形与指南的关系. 显然群的数学理论也是如此. 我们人类的问题是: 什么事物永恒不变? 作为学习思维过程和思想史的学生, 我们经过长时间的学习已经知道, 这个问题不能立刻给出完全的答案, 而是只能在无尽头的路上一步一步地前行. 现在我们走到了哪一步呢? 如果你认真思考一下, 你肯定就能看到, 其中的每一方面 —— 无论是艺术、科学还是哲学所感兴趣的事物 —— 事实上都已弄清楚了, 它或者是在某个变换群下的不变量, 或者是保持某个或某些东西不变的变换群.

群作为解释、划界、辨别和分类各种学说的工具. 对前述的问题 (2) 有另一面的含义, 我相信除了那些对事物的哲理毫无感觉的人之外, 所有的学生都会对此有巨大的兴趣. 我的意思是: 只要你弄清了保持某个特定对象或思维对象不变的所有变换构成的群, 你就可以完美地定义某个具体的 (或潜在的) 科学分支 —— 一门具体的 (或潜在的) 学说. 我将尽量用一些简单的例子把这一事实说得更明白些, 我会从一般的几何领域选择这些例子, 尽管你将会意识到这些例子也可以来自其他领域.

第一个例子, 考虑上面提到的空间位移群 D. 可以说, 这个群定义了空间的一种几何, 可称为位移几何. 这个定义是通过解释或界定其主题给出的. 它的主题是什么? 这种几何研究哪些内容? 这两个问题不是等价的. 它研究空间中的所有图形但并不研究它们的所有性质. 它的主题由它所研究的那些性质组成. 这是些什么性质呢? 它们是且仅仅是在所有位移变换下而不是在什么别的空间变换下保持不变的那些 (图形) 性质. 位移几何可以被称为全等几何 (congsuence geometry), 它包含了高中所学的普通几何学大部分内容, 但不是全部, 因为后者还讨论了诸如图形的相似性; 相似性确实是位移变换下的不变量, 但它也在其他变换 —— 所谓的相似变换之下保持不变, 这点马上会提到.

下面我们考虑第二个例子. 我希望把我的讨论限定在空间图形的*形状*方面. 由此引出的学说可称为关于形状的几何学, 或形状几何学 (shape geometry). 当我告诉你我正在研究形状几何, 你会问我形状几何是什么意思, 回答你的问题有两种方法. 一种方法要求我定义术语形状 —— 几何图形的形状; 另一种方法 —— 群的方法 —— 则不要求给形状下定义. 让我们对两种方法稍加考查. 我从未见过关于形状的数学定义, 但我相信, 可以这样给出它的精确定义. 我们必须区分三件事: 形状的相同性; 给定图形的形状; 图形的形状. 我将对第一件事给出定义, 然后依据第一个定义来定义第二件事, 最后用第二个定义对第三件事加以定义. 两个图形 F 和 F' 具有相同的形状, 当且仅当在 F 和 F' 的点之间建立起一一对应关系, 使得当 AB 和 CD 是 F 中点之间任意两段距离, $A'B'$ 和 $C'D'$ 是它们在 F' 中对应点之间的距离, 则有 $\dfrac{AB}{CD}=\dfrac{A'B'}{C'D'}$. 两个图形具有相同的形状就称为是相似的, 反之亦然. 有了图形的形状相同或说图形相似的定义, 我就可以如下来定义术语 "给定图形的形状": 设 F 是一给定的或具体的图形, F 的形状是指所有与 F 相似的图形组成的类 σ; 显然, 如果 F 和 F' 不相似, 则类 σ 与类 σ' —— F' 的形状 σ' 没有共有的图形; 进而, 显然有多少种图形形状就有多少 σ. 那么, 现在我们用更具一般性的术语形状, 或图形的形状指的是什么意思呢? 答案非常显然: 形状是所有的 σ 构成的类 $\sum$. 注意 $\sum$ 是由类 σ 组成的类, 任一个 σ 乃是一种 (相似) 图形的类. 你看, 定义了更具一般性的术语形状, 我实际上已经回答了你们的问题: 什么是形状的几何?

现在, 让我们看看这个问题如何用群的概念来回答. 两个全等的图形显然是相似的, 所以相似性在位移群作用下是不变的. 但你很容易看到, 存在许多其他的变换, 在其作用下相似性也是不变的. 令 O 是一个点; 考虑这样的直线束, 其中所有的直线都以 O 为端点; 空间中的每一点都在该束中的某条直线上; 设 k 是任一实数 (零除外); 令 P 是任一点; 而令 P' 是这样的点: 它在 OP 连线上, 使得线段 OP' 的长 $= k\times$ 线段 OP 的长; 你瞧, 每个点 P 就这样被变换为点 P'; 这种变换称为*位似变换*; 如果 k 是大于 1 的正数, 其效果就是空间在所有的方向一致地从 O 向外膨胀; 如果 k 是小于 1 的正数, 则效果是朝向 O 的压缩; 如果 k 是负数, 其效果是这样的膨胀或压缩: 在变换之后或之前要作一次在 O 点的镜面反射; 很清楚, 这时距离不能保持不变, 但距离的比是保持不变的; 即, 若 A, B, C 是任意三个点, 它们在某一个位似变换下, 分别变换为 A', B', C', 显然有 $\dfrac{AB}{BC} = \dfrac{A'B'}{B'C'}$; 相应地, 如果 F' 是图形 F 的变换后的图形, 则两个图形是相似的 —— 它们有相同的形状但大小不同 —— 它们不是全等的. 于是相似性在所有位似变换下是不变的, 因此在位似变换相互间的组合以及位似变换与位移变换的组合之下亦然; 位似变换与位移变换, 连同所有这类的组合构成一个群, 称为*相似变换群*; 它包含所有的但也仅包含那些保持相似性不变的空间变换. 这里, 我们给出关于形状几何的群的定义: 即, *形状的几何学研究的是图形这样的性质, 它是在相似群的每一个以及全部变换之下, 每一个图形及其变换后的图形所具有的共同性质*. 注意, 这个定义, 不像以前的那个, 即没有利用通常所说的形状概念, 也不利用给定图形的形状, 它只使用相似性 —— 形状相同 —— 的概念.

我想, 我们应该再考虑一个例子, 说明变换群是如何用于确定一门学说的性质和界限的, 从而将此学说与所有其他学说加以区分. 我仍然举一个几何的例子, 为了简单起见, 它是我从平面 (而不是立体) 几何中选出的. 在陈述它之前, 我想引用一个相同类型的更简单的例子, 选自直线上的点的几何. 在以前的一次讲演中, 我解释过射影直线的含义, 它是被赋予了一个 "理想" 点或处于无穷远的点的普通直线, 这种线跟所有与之平行的线在该点相交. 令 L 是一射影直线. 在先前的讲演中, 我们已熟悉了如下形式的变换:

$$x' = \frac{ax+b}{cx+d}, \tag{1}$$

其中的系数是任意实数, 只要 $ad-bc \neq 0$; 我们看到有 ∞^3 个这样的变换, 每个都以下述方式将 L 上的点转换到 L 上的点, 使得任意四点的非调和比等于它们变换后的点的非调和比. 距离并非保持不变; 距离的正常比也如此; 因此, 全等性和相似性都不是不变的; 也不存在点之间的关系 —— 即不存在图形的性质 (这里的图形只是 L 上点的一个集合)—— 是不变的, 除了非调和比及可由非调和比所表示的性质; 没有其他的变换保留这些性质不变. 不费吹灰之力，你就可以用前面的方法证明这些变换构成一个群. 我只指出步骤. 余下的留给你去完成, 只要你愿意. 不同的变换仅在于它们的系数不同. 设 $(a_1,b_1,c_1,d_1),(a_2,b_2,c_2,d_2),(a_3,b_3,c_3,d_3)$ 是任意三个变换, 考虑第一个和第二个变换的组合规则 $\circ$ 是: 首先作第一个变换, 再对变换的结果作第二个变换, 第一个变换是将点 x 转换为 x':

$$x' = \frac{a_1x+b_1}{c_1x+d_1}; \tag{2}$$

第二个变换将点 x' 转换为 x'':

$$x'' = \frac{a_2x'+b_2}{c_2x'+d_2}; \tag{3}$$

(3) 中 x' 用 (2) 中给出的值代入, 化简后请注意: 你仍有形如 (1) 的变换, 将 x 直接转换为 x''. 这表明这些变换的集合具有群的性质. 为了证明它们满足结合律, 只要作运算

$$(a_1,b_1,c_1,d_1)\circ[(a_2,b_2,c_2,d_2)\circ(a_3,b_3,c_3,d_3)], \tag{4}$$

$$[(a_1,b_1,c_1,d_1)\circ(a_2,b_2,c_2,d_2)]\circ(a_3,b_3,c_3,d_3), \tag{5}$$

然后观察两者的结果相同. 单位元 i 是 $(a,0,0,a)$, 即变换 $x'=x$. 任一变换 (a,b,c,d) 的逆是 $(-d,b,c,-a)$, 你可以直接验证它们的组合为 $(a,0,0,a)$.

需要特别注意的事实是, 这个由被称为单应变换组成的群定义了直线 L 上的某种几何, 即它的射影几何. 在一条线上可以有多种几何; 其中射影几

何的特色由它的核心内容所刻划, 其核心内容由点集或图形的如下性质组成: 它们在单应变换群下保持不变.

现在我来讲刚才提到的例子, 它选自平面中 (或平面) 的几何. 前述的单应变换群 —— 它在一条直线上, 直线是一维空间 —— 有一个在射影平面上的类比, 还有一个在正常的三维射影空间中的类比, 以及一个在四维空间的类比等等, 直到无穷维. 它在平面上的类比的群是什么? 在一个选定平面上取一对坐标轴, 并考虑一对方程

$$\begin{cases} x' = \dfrac{Ax + By + C}{Gx + Hy + I}, \\ y' = \dfrac{Dx + Ey + F}{Gx + Hy + I}, \end{cases} \tag{6}$$

其中系数是任意实数, 使得

$$\begin{vmatrix} A & B & C \\ D & E & F \\ G & H & I \end{vmatrix} \neq 0; \tag{6'}$$

即

$$(6')AEI - CEG + CDH - BDI + BFG - AFH \neq 0.$$

这些系数提供了八个独立的比 —— 称作 "参数"—— 所以我们有 ∞^8 个形如 (6) 的方程对; 从中任选一对, 并注意它是将数对 (x, y) 转换为数对 (x', y') 的变换; 也就是将点 (x, y) 转换为点 (x', y'); 由于不等式 (6′), 可知任一点 (x, y) 被转换为一个确定的点 (x', y'). 在任一直线 $ax' + by' + c = 0$ 中, 以 (1) 中给定的值代入 x' 和 y', 并加以化简; 最后得到的方程是 x 和 y 的一次方程, 它仍代表一条直线; 因此, 你看, 直线上的点仍被转换为直线上的点 —— 这种关系, 即共线性是被保持的; 这是很准确的 —— 一束直线变换后仍为直线束; 你可以很容易地证明, 次序是不被保持的, 距离、正常的距离比和角度亦然; 因此, 如果图形 F' 是 F 变换后的图形, 这两个图形一般说来既不全等也不相似; 但是我们说 F 与 F' 是射影的, 因为可以证明位于两者中的任一图形上的任意四个点 (或线) 的非调和比等于另一个图形上对应 (变换) 点 (或线) 的非调和比. 利用上面指出的直线的单应变换方法, 我们可以证明形如 (6) 的 ∞^8 个变换构成一个群.

正如平面上的一个点有两个坐标 (x, y), 一条直线仅依赖于两个坐标; 有各种方法来理解情况确实如此; 一种容易的方法是这样的: 直线 $ax+by+c=0$

只依赖于系数之比 $(a:b:c)$; 这三个比不是相互独立的 —— 它们中的两个确定了第三个; 于是你看到, 直线仅依赖于两个独立变量 —— 它跟点一样, 有两个坐标; 我们记它们为 (u,v). 下面考虑变换

$$\begin{cases} u' = \dfrac{Ju+Kv+L}{Pu+Qv+R}, \\ v' = \dfrac{Mu+Nv+O}{Pu+Qv+R}, \end{cases} \tag{7}$$

其中的系数服从一种像 $(6')$ 那样的关系. 我们已看到变换 (1) 直接地将点转换为点, 间接地将线变为线; 而变换 (7) 是直接地将线转换为线, 间接地将点转换为点; 因此从线到线的变换 (7) 构成的群, 本质上跟前述的从点到点的变换 (1) 所构成的群是相同的. 后者被称为平面的 (或平面上的) 直射变换群.

现在我要请你们注意一种 (平面的) 综合变换, 它既不是点到点、也不是线到线的变换, 而是同时存在线到点和点到线的变换. 这种变换由下面两个公式给出:

$$\begin{cases} u = \dfrac{ax+by+c}{gx+hy+i}, \\ v = \dfrac{dx+ey+f}{gx+hy+i}, \end{cases} \tag{8}$$

其中的系数仍服从像 $(6')$ 那样的一种关系. 任一这种变换将一个点 (x,y) 转换为一条直线 (u,v); 现在我们用同一变换或形如 (8) 的另一变换作用于该直线上的点; 这些点被转换为直线, 这些线组成一个直线束, 它有一个顶点, 比如说 (x',y'); 那么, 这种组合就是将点 (x,y) 转换为 (x',y') —— 这是点到点的变换, 所以属于直射群; 于是, 你知道虽然变换 (8) 构成的集合不是群; 但这个集合与直射变换一起构成一个包含直射集合为其子群的群. 这个大的群称为平面的射影变换群. 为什么? 因为其中的每个变换都保持所有的非调和比不变, 而没有其他的变换能做到这一点.

什么是平面的射影几何? 现在我们可以用这种群来完美地回答这个问题了. 答案就是: 射影平面几何学是这样的几何学, 它研究且只研究平面图形在射影变换群作用下保持不变的性质.

在阅读已故的亨利 · 庞加莱 (Henri Poincaré) 的文章时, 你会见到这样的一句话:"欧几里得空间只不过是一个群." 前述的例子应该能帮助你理解这句话的意思. 那些例子还能引导你们推测 —— 这是真的 —— 对于任意维数

的空间的所有几何的类似问题, 都能得到像前述例子中那样的答案 —— 而更多的 —— 是关于更一般的数学学说的类似问题的答案. 无论什么东西, 若是在某个群的所有变换作用下不变, 且仅在这些变换下不变, 那么这些不变的东西就构成某个 (实际的或潜在的) 知识分支中的特有的主题. 你瞧, 所有这类用群来定义的学科都从永恒不变的方面考查它的主题.

心理学家的一个问题. 在结束这个演讲前, 我想简单地追述另外两件与群的概念有关的事情: 一件是心理学的, 另一件是历史的. 作为哲学系的学生, 你们至少必须合理地把心理学作为第二兴趣. 我想给你们提一个心理学问题供你们将来去考虑 —— (我相信) 这个问题心理学家也没有考虑过, 近年来这一问题不时地萦绕在我的脑际, 但我还没有自信地准备好给出解答. 这个问题是: 心智 (mind) 构成群吗? 让我们先退一步问: 心智是一个封闭的系统吗? —— 即, 它具有群的性质吗? 有些困难是非常明显的. 按惯例, 这个问题应有确定的意义, 必须将心智看成是由某类事物及其组合规则 (或法则) 构成的一个系统, 其中的组合规则使类中的每个成员可跟它自身或跟其他任一成员组合在一起. 作为起点, 我们可以把所需讨论的类说成是精神现象构成的类. 但是这个类包括些什么呢? 哪些现象是该类中的成员呢? 有些现象 —— 例如, 感觉、观看、聆听、尝味、思考、相信、怀疑、渴望、希望、期待等, 毫无疑问属于精神范畴; 另一些看来不像, 例如我看到了什么、我尝了什么、我相信什么, 等等. 困难就在这里. 你可以在罗素的 "物的终极要素" (*The Ultimate Constituents of Matter*) —— 见于他的著作《神秘主义和逻辑》(*Mysticism and Logic*) —— 中得到一些关于它们的新鲜的、容易引起联想的见解, 尤其在他的《心的分析》(*Analysis of Mind*) 中更是如此. 让我们假定, 尽管困难挡道, 你已经选定了称为精神现象的事物. 然后你就要考虑它们的组合问题. 我们确实会习惯性地谈论精神事物的组合: 例如, 希望在某种意义上是愿望与期待的组合; 一种称为爱国精神的信念, 显然是相当多的各种信念的组合; 在概念的领域中 —— 你大概乐于将它归入精神现象的领域 —— 例如我们已经看到被称为 "向量" 的概念, 是方位、指向和长度概念的统一或组合, 等等; 例子是大量存在的. 但是, 组合作为过程或运作在所有这些情形中具有同样的意义吗? 好像没有. 那么, 你的规则 $\circ$ 是什么呢? 此中的难点或许可以这样来克服: 如果你发现某些精神现象以规则 $\circ_1$ 组合, 其他一些用规则 $\circ_2$, 再有一些用规则 $\circ_3$, 等等, 这样就得到了有限多个特定的规则, 于是你为了得到更一般的规则 $\circ$, 可以取那些特定规则的析取项, 或称逻辑和; 即, 你可以说规则 $\circ$ 是:$\circ_1$ 或 $\circ_2$ 或 $\circ_3$ 或 $\cdots$ 或 $\circ_n$; 这样, 两种现象可按 $\circ$ 来组合是指: 它们可以按规则 $\circ_1, \circ_2, \cdots \circ_n$ 中的一个或多个来组合. 于是, 如果你找到一个规则, 允许你选定的每两个称为*精神*的现象, 都可以有一个组合, 那么你最终的问题可能是: 每次这样的组合所得的结果仍是精神现象吗? 这种问法不太得要领, 因为在这种规则下, 两个现象可以有两种或多种方式组合, 其中有些结果可能 (令人信服地) 是精神现象, 而另一些就不是; 所以你的问题应该是: 任两个精神现象在你的规则下都能够组合生成一种精神现象吗? 如果确实如此, 则按你给出的定义, 心智在某种组合规则下具有群的性质. 如果你发现心智在某个或某些规则下而不是别的规则下具有群的性质的话, 那立刻有进一步的问题摆在你的面前, 我马上讲给你听.

我们一直在谈论心智 —— 广义的心智. 类似的问题 —— 如果不是更富成果的话, 也许更容易些 —— 可以对特指的心智 —— 你的、我的、约翰 · 史密斯的来提问. 每位个人的心智是否具有群的性质? 是否并不存在具有群的性质的心智? 还是其中有些具有这种性质而另一些没有?

看来很可能对第一个问题的回答必定是否定的. 无论如何, 总存在某些心智具有 (表现、包含) 精神现象, 这些现象彼此肯定以某种方式组合并生成精神现象, 但后者不属于组合前的那些心智. 这就是说: 一个给定的心智, 可以具有某些概念, 它们可结合并形成另一个概念; 很可能发生的情况是, 所讨论的心智没有能力领悟新的概念. 这样的心智无疑会被每位有经验的老师观察到. 我本人就见到过很多这样的情况, 其中的一个例子还生动地留在我的记忆里: 那是个年轻女子, 她的大学数学成绩很好, 包括解析几何和微积分的基础知识; 受到最初的成功的鼓舞, 她有志去获得数学博士的学位, 随之便开始必不可少的更高级课程的学习; 这样, 她就必须掌握越来越复杂的概念, 它们是通过组合她已具有的概念形成的; 没过多久, 她已经达到了她在这方面能力的极限 —— 这件事首先是她的导师注意到的, 随后她自己也意识到了 —— 作为一个有良好判断力的女子, 她放弃了对高等数学的追求. 我补充一点, 她后来得到了历史学的博士学位. 可能有些人的心智不存在这样的极限. 可能那些所谓多才多艺型的天才, 例如亚里士多德型的、莱布尼茨型的、达 · 芬奇 (Leonardo da Vinci) 型的人, 他们的心智具有群的性质. 我能把这个问题留给你们在未来的日子里思考吗?

在早期的哲学猜测中若隐若现的群的概念. 群的数学理论庞大且多样; 大体上属于过去六十年间的工作; 其萌芽看来不会早于鲁菲尼 (Ruffini) 和拉格朗日. 为什么如此现代? 为什么一个封闭系统 —— 即具有群的性质的系统 —— 的概念不能在很多世纪之前就诞生? 构成这个概念的要素 —— 事物组成类的概念, 任一事物是或不是一个类中的成员的概念, 组合的规则或法则的概念 —— 所有这些对于几千年以前的人也跟我们一样是熟悉的. 疑问在于: 许多类似问题, 如果曾被找到过答案, 它们将构成 —— 如我在稍前一次讲演中所说的 —— 非书面的智力珍品发展史中的一页. 那么谁将会来写这段历史? 又是在什么时候写呢?

群的数学概念的精确形成距今如此之近, 确实相当令人好奇, 因为有一种看起来十分像群的想法长期萦绕在一长串思想家的心中, 像幽灵一样潜抵哲学猜测的迷雾中, 从遥远的古代到赫伯特 · 斯宾塞 (Herbert Spencer) 一直如此. 我参照了那些遍布世界、历时悠久的哲学猜测, 由于它们奇特地看待宇宙的观点, 不妨称其为*宇宙循环或宇宙年的哲学*. 这种哲学尽管有某种内在美的魅力, 但已经不再流行. 今天, 我们习惯认为宇宙要经历起始和灭亡的演化, 这个过程中没有哪个方面或哪个事件是或将是精确重复的. 和这种概念形成鲜明的对照, 宇宙循环论哲学认为宇宙可能发生的所有改变构成一个关于变换的大而有限的封闭系统, 这些变换以确定的关系彼此更迭, 就像一个巨大的转动轮子的轮辐, 在很长但有限的时间周期内, 所有可能的改变都发生一遍 —— 这称为宇宙循环或宇宙年 —— 于是每件事都精确地重复着, 没有尽头. 这种哲学, 我已说过它不再流行; 但是, 如果这种哲学是真的, 它将重返流行, 因为, 如果真, 它属于宇宙循环, 因此一切将重演. 宇宙年哲学的历史非常有趣, 而且我相信, 它将是撰写博士论文的一个相当好的主题. 其涉及的文献在类别、地域和时间上跨度都相当广. 让我引用些许文献以表明它的中心思想与循环群的数学概念非常接近.

策勒尔 (Zeller) 在他的《*希腊哲学*》(*Philosophie der Griechen*) (第 Ⅲ 卷, 第 2 版) 里谈到斯多葛学派 (Stoics) 的猜测时说道:

源于本原的不同事物虽然分离, 但仍循着其内在的规律发展. 因为按照定义, 创造力和成型力是首要的行为规则, 整个宇宙必定由此而生, 其必然性如同动物和植物从精液和种子生长发育一样. 按照斯多噶派和赫拉克利特 (Heraclitus) 的观点, 最初的火先变化为“气”或蒸汽, 然后是水; 由此, 一部分突变为大地，另一部分仍为水，第三部分消散为大气，它又可以再次点燃火，这四种要素的交替混合就形成了 —— 以大地为中心的 —— 世界. ……通过各要素的这种分离，会出现明显不同的主动积极的本质和被动消极的本质: 世界的灵魂和世界的肉体 …… 因为这种差异终将到来，所以世界注定要终结; 本原逐渐消耗掉物质，后者是从本原本身分离出来的肉体，这个过程一直进行到该世界周期的终点，这时万能的世界大火又将一切东西带回到原古的状态 …… 但是，每当所有的事物回到原始的统一体，巨大的世界年已经耗尽时，一个新的世界又开始形成，它跟之前的那个世界准确地相像，其中的所有事物、人和现象准确地回到了从前; 用这种方式，世界的历史以及神 …… 都在以无尽循环的方式走过同样的舞台.

关于宇宙历史的类似观点也表现在恩培多克勒 (Empedocles) 的猜测中，对他而言，一个循环由四个大时期组成: 爱主导的时期 —— 一种完整集合体的状态; 爱渐减而恨渐增; 争斗主导期 —— 要素完全分离; 争斗渐少而爱渐多. 在第四时期的末尾，循环完成了，然后开始重复 —— 宇宙的历史是连续且无穷尽地重复上演的同一出戏剧.

亚里士多德在他的《形而上学》中的如下陈述，似乎也蕴含了跟上述说法类似的观点:

每一门艺术和每一种哲学可能已被创造过很多次并到达可能的极限，它们又一次次地被毁灭.

在《传道书》(*Ecclesiastes* (Ⅲ, 15)) 中他说:

已有之物就是现在之物，将有之物也已存在.

赫伯特 · 斯宾塞甚至在他的《第一原理》(*First Principles*) 结尾处说过下述的话:

于是我们得到结论，正如在可见宇宙这个聚集体中所展示的，事物发展的全过程类似于在最小聚集体中所展示的. 运动以及物质是被固化在量中的，似乎由运动引起的物质分布的变化，不管被带向何方都有一个极限，由于运动是永恒的，故有必要存在一种逆向的再分布. 显然这就是无处不在的相吸和相斥的力，它在遍及宇宙的所有较小的变化中需要一种周期性，同样全部变化也需要一种周期 —— 演进和消亡的时期交替登台. 这就给了一种提示，所谓过去的概念: 在过去的时期，一直存在连续不断的演进，它类似现在正在进行的演进; 而将来，就是在将来的时期，会发生其他连续不断的演

进 —— 它们尽管原则上是相同的, 但在具体结果上绝不相同.

斯宾塞对思想史所知甚少, 他大概不知道上面一系列引述中的主要思想是他出生前两千年的古人的思想. 你应注意到, 斯宾塞的充满变换的宇宙被偏颇地避开了它是封闭系统 —— 上面引文中的最后一句话说明了这一点. 宇宙周期确实是彼此排成无尽的序列 ——"尽管原则上是相同的, 但在具体结果上绝不相同". 重复这句引文真的是 "原则上" 的而不是结果上的 —— 总有某些东西是新的.

人类最伟大的著作之一是卢克莱修 (Lucretius) 的《物性论》(*De Rerum Natura*), 是对伊壁鸠鲁 (Epicurus) 思想的不朽解说,"他在智力上胜过了所有人, 其他人在他的光芒之下都变得黯然, 就像天上太阳升起掩蔽了星星." 没有哪位学哲学的学生或是学自然科学的学生能承担得起忽视读这本书的后果. 因为, 尽管书中包含很多 —— 非常、非常多 —— 细节的错误,—— 其中有些错误会让现代读者吃惊,—— 然而, 在我们这些人 —— 对人类所处的真实的古代知之甚少 —— 习惯称之为古代世界流传下来的著作中, 它至少有四个重要方面是出类拔萃的: 我所说的出类拔萃, 是指它的科学精神; 是指这种精神跟优秀的文学的结合; 是指它具有宏伟的进取心; 是指它的预见性, 预见到最富成果的现代科学中的一些概念. 原著不好读, 但很幸运有两种出色的英文译本 —— 一种是芒罗 (H.A.J. Munro) 的译本, 稍后的是西里尔 · 贝利 (Cyril Bailey) 的译本. 关于这本著作, 我希望在这门课的下一讲时再多讲一些. 我在这里提及它的目的是要表明, 它也许是我称之为宇宙年哲学方面的最重要的作品. 卢克莱修的宇宙被认为不是有限的系统, 但它确实是变换的封闭系统: 发生在无开端的过去任一事件, 无论大小, 它都已发生过无限多次, 而且将在无尽头的将来再发生无限多次; 而且以前没有发生的事不会发生 —— 一直不会有, 将来也绝不会出现任何新东西 —— 每一次出现都是一次再现. 顺便我再插一句, 这种宇宙概念很令人沮丧, 但它比起现今流行的现代自然科学的力学假说还是稍逊一筹的. 关于这种假说, 你去读 W.B. 史密斯 (Smith) 的伟大著作 "推或拉" (Push or Pull) (《一元论者》, *Monist*, vol XXIII, 1913) 并细细消化, 它是绝不会错的. 也可以看史密斯的 "运动是情感吗? "(Are Motion Emotions?) (*Tulane Graduates' Magazine*, Jan., 1914). 你还应该读 J.S. 霍尔丹 (Haldane) 的《生命, 机械论和个性》(*Life, Machanism and Personality*).

如果你愿意进一步追踪这方面的知识, 指望去了解有关群概念的推测性暗示或是如我所希望的有更大目标, 即写一篇关于宇宙循环的哲学的历史性专题论文, 下列参考资料可为你提供线索:

"西庇阿之梦"("The Dream of Scipio"), 见于西塞罗的《论共和》(*Republic*) [哈丁厄姆 (Hardingham) 的译本];

迈克尔 · 福斯特 (Michael Foster) 的《生理学》(*Physiology*);

莱尔 (Lyell) 的《地质学原理》(*Principles of Geology*);

维吉尔 (Virgil) 的第四首《牧歌》(*Eclogue*) (第 31–36 节);

吕克特 (Rückert) 的诗 "*Chidher*";

莫勒绍特 (Moleschott) 的《生命的循环》(*Kreiolauf des Lebens*);

克利福德 (Clifford) 的 "第一次与最后一次悲剧" (The First and Last Catastrophe), 见于他的《讲义和论文集》(*Lectures and Essays*) 中;

英奇 (Inge) 的《进步的概念》(*The Idea of Progress*) (是 1920 年的罗马尼斯讲座 (Romanes Lecture)).

数学家研究的并非物体, 而是物体之间的关系; 所以, 对他们而言, 若将该物用彼物替代是无关紧要的, 只要关系没有改变. 物体的材质也并不重要, 唯有形状才要紧.

H. 庞加莱

2 群的理论

A.S. 埃丁顿爵士

在传统哲学中有大量的猜测; 如果人们已经认识到它们的背后涉及重要的结构, 或是很难得到结果, 这时人们可能就会避开这些猜测. 例如有一种司空见惯的说法: 空间和时间是主观的, 但它们都有着客观的对应物; 又如说: 现象是主观的, 但它们是由各种事物本身所引起的, 这些事物必定有差异, 并对应着由它们所引出的现象间的差异. 凡是做出这类假设的地方, 人们通常都认为我们能够达到的对客观对应物的了解少之又少. 然而在实际上, 若所论的假设是正确的, 那么客观对应物会构成一个世界, 它跟现象世界具有同样的结构 ······. 简言之, 所有具有交流意义的观点和命题, 必定在两个世界中同时为真或同时为假: 唯一的差异必定只在于个体的本质, 它总是逃避词语、阻碍描述; 正是由于这个原因, 它和科学毫不相干.

B. 罗素,《数学哲学导论》(*Introduction to Mathematical Philosophy*), p.61.

I

让我们假设: 考古学家正在挖掘已被人遗忘的、千年前大不列颠文明的一处遗址. 他们无意中发现了下列文字片断, 它是废止图书馆令颁布时未被毁灭的幸存物——

Twas brillig, and the slithy toves
Did gyre and gimble in the wabe,
All mimsy were the borogoves

And the mome raths outgrabe.

人们高度评价说, 这是对一个引人注目但欠缺遗物的历史时期的重要添加物. 但即使是专家也不能肯定它的意思. 业已查明, 该段文字的作者是牛津的数学家; 可是仍无法完全解释其晦涩的行文. 它肯定在描述某类行为; 但行动者是谁, 做的是哪类行为仍然神秘莫测. 因此, 说这是道奇森 (Dodgson) 先生正在详述一个物质世界的理论似乎不无道理.

支持这一解释的证据可以在同一首诗的其他片断中找到 ——

One, two! One, two! And through and through

The vorpal blade went snicker-snack!

"One, two! One, two! "(1, 2!1, 2!)—— 在那位未知的行为者的未知行为中出现了数学的数字. 所论的外部世界的过程无法用大众熟悉的表达方式来描述; 无论我们用词语还是符号来描述它们, 其内在的性质仍不得而知. 但它们是传达那些能用数字描绘的关系模式的媒介, 因此是它们引出了那些数值度量 (阅读指南), 这类数据可间接地推断出外部世界的一切知识.

我们对外部世界的解释 (排除解释者有意的虚构), 不可避免地应该是关于做着未知行为的未知行为者的 "Jabberwocky" (毫无 "意义" 的描述). 那么, 在这种状态下, 我们又如何能得到任何知识呢? 我们必须寻找一种既非行为者又非行为本身的知识, 此时行为者和行为本身只是获取知识的手段和工具. 我们能获得的知识, 乃是蕴含在行为中的结构或模式的知识. 我想, 艺术家能够部分地理解我的意思.(也许, 这是对 Jabberwocky 这个词的解释 —— 我们在艺术展览中看到的挂在墙上艺术品即是.) 在数学中, 我们把这样的知识称为群结构知识.

这不会困扰数学家, 他需要研究的就是未知的事物. 一开始, 他们在代数中研究的是未知量 x 和 y. 虽然这些量是未知的, 但数学家让它们服从一些已知的运算 —— 加法、乘法, 等等. 回忆一下 B. 罗素的著名定义: 数学家从来不知道他正在讲的是什么, 也不知道他正在讲的是否为真; 但我们想着去做加法时, 至少确实知道自己正在做什么事. 不知是否为真的这一局限性, 看起来几乎肯定数学家无力去讨论充斥着未知的行为和运作的世界. 所以, 我们需要一种超级数学, 其中的运算跟被它所作用的未知量一样也是未知的, 而超级数学家在操作这些运算时并不知道是在做什么. 这种超级数学就是群的理论 (简称群论).

群论通常和最严格的逻辑推理联系在一起. 我怀疑, 迄今为止, 是否所有的人都全心全意地乐于把它从纯数学的严格背景里发掘出来 —— 这是一种亵渎行为. 但现在, 它正急迫地变为一种必需品, 跟物理学家的理解结合在了一起, 因为其一般概念和结果在量子理论的发展中正开始起着巨大的作用. 人们曾一直试图用各种数学工具挖掘物理学的基础, 目前群论这一工具似乎比任何其他工具都更强大. 所以, 我准备用粗略的论证和权宜的实例来亵渎严格神殿中的神灵.

不过, 我的目标必定会受到很大的限制. 一方面, 我们有能观察的现象, 它们以某种方式经由人们身体的神经传递到他们的知觉中; 另一方面, 我们有位于底层的物理实体 —— 电子、质子、波, 等等 —— 人们相信它们是那些现象的根源. 介乎两者之间, 我们有理论物理, 它今天几乎已完全数学化了. 就物理理论的完整性而言, 它要求给底层实体指定的性质 —— 从而实际上成为其定义 —— 应该达到这样的程度, 以致必然会导出种种〔物理〕定律, 我们能看到它们服从进入我们感官意识的现象. 若进一步说那些性质只是为达此目的而靠意愿确定的, 而且用可能是最含糊的形式叙述的, 那么我们可以持相反的观点, 说理论物理已经把可观察的现象世界分解为这些底层实体. 找出其中的联系是数学家的工作领域, 但这不是我们在这里讨论的要点. 我试图说明数学是如何首先掌控了本质上无法知道其性质和行为的底层实体的. 我们将考虑数学家用以创作的材料来自何方, 但对他们如何使用这些材料不作任何认真的讨论.

不幸, 这种限制只能让我描绘这一主题的微不足道的外貌. 我们用数学表示各种概念, 但在我们详细阐述它们时只能用非数学的语言. 这也是开篇的唯一办法. 我们想看看数学在哪儿发起进攻. 一旦数学进入自己的发展路线, 那些非技术型的作者和读者只能气喘吁吁地落在后面了. 对能读到本章末尾才开始气喘的读者, 我将不作任何道歉. 我的任务是说明一种始于微末但能促进发展的工具, 如何逐步获得动量并足以成为专家前行的火车头. 因此最后的一瞥, 我们将见到它正快速地消失在人烟稀少的旷野中.

II

在描述原子的行为时, 常会提及电子从一条轨道跳跃到另一条轨道. 我们设想原子由位于中心的较重的核和若干轻巧的、像行星绕太阳一样围着它转的电子组成. 在太阳系中, 行星轨道的任何变化都是逐渐发生的; 但在原子中, 电子只能靠跳跃改变其轨道. 这种从一条轨道跳跃到另一条全新轨道的跳跃发生在原子吸收或放射出辐射量子的时候.

你不必过分地从字面上理解这一设想. 这里的轨道跟在空间中的实际运动不能相提并论, 因为一般认为普通空间中的概念在原子内部不成立; 现今人们也没有愿望来强调 "跳跃" 这个词表达的突然或不连续的意愿. 人们还发现, 这种图像所暗指的方法并不能给电子定位. 简言之, 物理学家为原子草拟了一份详尽的计划, 接着又挑剔地依次删去每一个细节. 留下的是什么呢, 现代物理学的原子!

我要说明的是: 如果很仔细地执行这种删去的过程, 那么我们的原子概念不至于变成一片空白. 它虽不足以在人们的头脑中留下一幅图像; 但留下的东西能让数学家继续去工作. 为解释这是如何发生的, 我将自由地进行适当的简化; 但是当我能够向你说明在某个系统中的过程跟实际的原子的行为有些细微的相似之后, 我们就把所用的方法留给数学家去研究自然界中更复杂的状态.

为了确定起见, 我们假设原子里面有 9 条主要的道路, 即电子有 9 条可能的运行轨道. 所以, 有 9 条通道随时向电子开放着; 它可以跳跃到另 8 条轨道中的任何一条, 也可以仍留在它原来所在的轨道上. 这使我们想到另一位大家熟知的跳跃者 —— 国际象棋里的马. 它每走一步棋有 8 个可供它跳的方格, 或是留在原地不动. 既然能把原子设想为包含一个粒子和 9 条道路或轨道, 为什么我们不能把它设想为有马的棋盘呢? "你肯定不会用马和棋盘这样的字面意思来表示它!" 当然不会; 不过, 物理学家所指的粒子和轨道也不是按其字面意思来论的. 如果这种图像将被抹去, 那么它应该用某种而不是另一种方式来描绘就那么重要吗?

我的说法是根本行不通的. 无论如何, 我们通常给出的图像可以作为一种比喻, 其中包含了原子性状的基本真理, 而 "马 — 棋盘" 这种图像则不然. 我们必须用一种抽象的或数学的方法来确切地表达其特征, 使得我们抹去不真实的图像后仍能在数学家手里保有这些特征 —— 它使得轨道图像不会像马棋图像那么不靠谱. 上述两种图像的差异就在于: 当电子连续完成两次轨道跳跃到达的状态能靠单独的一次跳跃达到; 而马跳两步达到的方格却不能靠走一步棋就达到.

现在让我们试着用正规的符号方法来描述这一差异. 为描述不同的轨道跳跃, 我们必须发明一种符号或记号. 最简单的方法是用数字 1 到 9 来标记那些轨道, 并想象这些数字连续地摆成一个圆, 使得 9 之后再次回到 1. 于是, 从轨道 2 跳跃到轨道 5 将被描绘成移动 3 个位置, 从轨道 7 跳跃到轨道 2 描绘成移动 4 个位置. 我们称移动一个位置的跳跃或运算为 P_1, 移动两个位置的为 P_2, 依此类推. 于是我们有 9 种不同的运算符 P, 包括表示留在原地的符号, 或称为恒等运算符 P_0.

我们将用 A 表示无需明确规定的原子初始状态. 假设它经历了一次跳跃 P_2, 我们称该原子的新状态为 P_2A; 即是说处于新状态的原子乃是被描述为 A 的系统经运算 P_2 所得的结果. 当原子又进行了另一次跳跃 P_4, 产生其结果的原子将被描述为状态 P_4P_2A, 因为它表示运算 P_4 作用于被描述为 P_2A 的系统后的结果. 当我们不想指出特定的跳跃, 而只需描述从原始状态 A 经两次跳跃后的原子, 我们将相应地称之为 P_bP_aA; 其中 a 和 b 表示数字 $0,1,2,\cdots,8$ 中的两个数, 但不具体指明到底是哪两个.

我们已经知道, 连续两次轨道跳跃所达到的状态是能够通过一次跳跃就达到的. 若该状态是一次跳跃达到的, 我们应称这个原子处于状态 P_cA, 其中 c 是数字 $0,1,2,\cdots,8$ 中的一个. 于是, 我们得到轨道跳跃的一个特征性质, 即它们满足

$$P_bP_aA = P_cA.$$

由于该原子的初始状态无关紧要, 所以我们除了知道原子是运算 P 活动的舞台, 不必假装知道更多关于它的事情; 我们将用 A 遍除上述等式, 得到

$$P_bP_a = P_c.$$

用 A 所做的除法可以被看作是抹去图像的数学等价物.

关于象棋中马的类似跳动, 我们首先可以大致地把它们的走向区分为罗盘上的点 N. N. E, E. N. E, E. S. E, 等等, 并按这样的顺序用运算符 $Q_1, Q_2, \cdots Q_8$ 来表示.Q_0 用来表示留在原地不动. 于是, 由于马的两次跳动绝不可能等价于马的一次跳动, 我们的结论是[1)]

$$Q_bQ_a \neq Q_c \quad (\text{除非 } a, b, \text{ 或 } c = 0).$$

[1)]符号 $\neq$ 意为 “不等于”.

我们必须排除 $c=0$ 的情况, 因为两次跳动可能使马回到原来的位置.

这是我们作为超级数学家所做的事的第一个结果, 让我们花点时间来思考它. 那些 P 代表未知自然界里发生在一种实体 (称作原子) 中的未知其种类的活动. 实际情况是, 我们始于一幅原子的清晰图像, 电子从一条轨道跳跃到另一条轨道, 并说明等式 $P_bP_a = P_c$[2]是它的真实写照. 但我们现在抹去了这幅图; A 也从公式中消失了. 没有了图, 我们保留下的运算 P 就完全是一片未知天地了. 一名普通的数学家会去做某些确定的事情 —— 做乘法、开平方根、求导数, 等等. 他想要带有数字的图像, 使得他能够说, 比如电子跳跃到半径是原轨道半径的两倍或 n 倍的一条轨道上. 而我们的超级数学家则完全不同, 当我们在 A 前放上符号 P 时, 他们完全料想不到我们在对原子做些什么. 我们不知道我们是否正在拉伸它, 或是转动它, 或是装饰它. 总之, 我们通过等式 $P_bP_a = P_c$ 能表达关于原子行为的某种真理或假设. 有一个事实证明我们的这个等式不只是老生常谈: 当我们的马在棋盘上开始走动, 并作类似的删除, 我们得到的恰是相反的结果 $Q_bQ_a \neq Q_c$.

恰巧, 由 $P_bP_a = P_c$ 所表达的性质正是群论在定名时被赋予的性质. 若一个运算符的集合有如下性质就称其为一个群: 其中的任意两个运算符的乘积总是给出属于该集合的一个运算符. 马的跳动并不构成一个群. 我不打算把你们引入数学中对于群和子群的众多复杂的分析中. 讲一讲以下内容已足够了: 物理学在原子、或者在确实是用物理方法研究的任何其他实体中最终发现的是一组运算的结构. 我们能够描述一组运算的结构而不具体地去说明它所针对的事物; 于是, 组成这种结构的运算仍然可以是未知的. 每个运算的个体可以是任何东西; 我们关心的是它们的连结方式. 等式 $P_bP_a = P_c$ 是非常简单的一类连结的例子.

运算连结的模式 —— 不是它们的性质, 起因于最终进入我们意识的那些外部世界的现象. 按照我们现在的观点, 这是科学哲学的基本原理.

我绝不能误导你们以为物理学针对原子只能导出这一个等式, 或者说这是最重要的等式之一. 但在实际的 (高度困难的) 原子研究中导出的任何事物都是与此相同类型的知识, 即关于一组未知运算符的结构的知识.

---

[2]原文为 $P_aP_b = P_c$ —— 译注.

III

非常有用的一类运算符是选择运算符. 在我的学生时代, 有一则颇显傻气的谜语很流行 ——“你如何在沙漠中抓狮子? ” 答案是:“在沙漠里你有大量的沙子和少数几只狮子; 所以你拿一个筛子, 把沙子筛走, 留下狮子.” 我重提它的目的是, 它描述了我们想要在量子理论研究中得到任何结果所使用的最有用的方法之一.

令 Z 表示动物园, S_l 表示筛出或选择狮子的运算; 于是 $S_lZ = L$, 其中 L 表示狮子 —— 或者更形式化地说: L 表示具有狮子特征的一个纯正的整体. 这些纯正的选择运算符具有相当奇异的数学性质, 即

$$S_l^2 = S_l \tag{A}$$

由于 S_l^2(S_lS_l 的缩写) 表示: 已选择了所有的狮子后, 你又重复这种运算, 即从你已得到的东西中再选择所有的狮子. 第二次筛选跟第一次没有区别; 事实上, 重复筛选 n 次也一样, 你便有了 $S_l^n = S_l$. 由公式 (A) 表达的性质被称作幂等性.

现在, 令 S_t 是选择老虎的运算. 我们有

$$S_tS_l = 0 \tag{B}$$

因为当你第一次选择了所有的狮子, 接着要从它们中选老虎, 你只能一无所获.

现在假设: 将动物园中不同种类的动物在目录簿上从 1 到 n 编号, 并为每一种类的动物引入一个选择运算符; 于是有

$$S_1 + S_2 + S_3 + S_4 + \cdots + S_n = I \tag{C}$$

其中 I 是保持原状运算符. 由于你依次筛出了每一种动物, 并把结果加在一起, 你得到的仍是开始时的各类动物集合的混合体.

满足 (A)、(B) 和 (C) 的运算符的集合称作谱集, 因为它把每一种集合体分解为纯正的构成要素, 用的方法就像光通过棱镜或光栅被分解为不同的纯色而形成光谱一样. 这三个等式分别确保谱集的运算符是幂等的、不重叠的和可穷举的.

让我们将上述从动物园选狮子的方法, 跟从普通水中获取 "重水" 的方法作一个比较. 用电解法将水分解为氢和氧时, 由于某种原因, 重水的分解比普通水要慢许多. 结果, 当我们对大量的水进行电解时, 较大的部分转变成气体消失了, 剩余物中含有相对高比例的重水. 这种 "分馏" 的过程就是一组选择运作, 但它不是我们一直考虑的纯正的选择. 当我们对剩余物再次进行电解操作时, 将进一步浓缩重水. 分馏运算符 F 不是幂等的 ($F^2 \neq F$), 这使它区别于纯正选择运算符 S.

将事物分解为纯正的构成要素的思想, 以及区分纯正的整体和混合体的思想, 在现实的物理概念中显然起着重要的作用. 但要明确地描述我们所说的话是什么意思还真不容易. 我们认为的纯正的整体是由全都完全一样的若干个体组成的. 但动物园里的狮子并不是完全一样的; 它们只是在某种观点下的相像. 那么重水的分子都完全一样吗? 我们无法谈论它们内在的固有性质, 因为我们对此一无所知. 我们谈论的是它们跟另外能定义其物理性质的对象间的关系和相互作用; 在一个相互关联的世界中, 没有两件事物在它们所有的关系方面会完全相像. 于是, 我们只能说重水的分子在某些共有的特征方面相像. 但这不足以保证它们构成一个纯正的整体; 构成任何一类混合体的分子在一个共有的特征方面相像, 即它们是分子.

如果说我们在定义事物 —— 它们多多少少在我们心中有具体图像可循 —— 的纯正性时会遇到困难, 那么针对更深奥的物理量时困难会更多. 尽管如此, 有一点是清楚的: 区分纯正要素的整体和混合体的思想, 包含了重要真理的萌芽. 数学家的责任是从消融的图像中拯救这株幼芽; 办法是不要把注意力指向由运算得到的事物的性质, 而要指向选择运算本身的性质. 他要证明: 进入我们知觉的那些观察结果, 一般起因于我们正在讨论的像是个体的一个集合体, 可以更直接地经由某类一旦实施便能不差分毫地重复任意多次的运算推导出来. 所以, 他用运算符的有完美定义的数学性质, 即 $S_l^2 = S_l$, 来替代只有十分含糊定义的运算结果的性质, 即某种合在一起构成 L 的个体的类似性. 他因此让他的结论与各种无根据的假设脱钩 —— 这些假设可能是在试图为 L 的这种性质给出一幅图像时导出的.

在原子论出现的早期, 原子被定义为组成物质的不可分割的微粒. 到今天, 分割原子似乎成了物理学家的主要工作. 过去给出的定义包含基本真理; 只是它被错误地表达着. 它真正的含义是不可分割的微粒通常所显示的一种性质, 而不必局限于不可分割的微粒. 这是所有模型、图像和人们熟悉的描述的一种路数; 它们显示我们感兴趣的性质, 但它们又把这种性质跟不相干的性质联系在一起, 后者可能是错误的, 至少我们找不到其成立的正当理由. 你将看到, 这里所讨论的数学方法乃是更加简洁的一种假设. 它告诉我们的只是这样一种系统, 它具体以公式表达, 并提供理论物理与观察之间的比较. 在克服科学研究中的难点方面, 它关于物理世界的各种断言, 精确、系统地等价于作为其基础的各种观测结果. 我认为, 可以说, 旧有意义上的假设被赶出了这部分的物理科学, 而群的方法已涉足其间. 现代物理学家会犯错, 但不会去制造假设.

引入选择运算符的一个效果是它消除了运算符和运算对象之间的差别. 在考虑 "跳跃" 运算符 P 时, 我们必须引入一个运算对象 A, 以便运算符继续往下工作. 我们必须对 A 提供某种描述, 于是 A 堪称是跟这一描述相当的事物. 令 S_a 是一个选择运算, 选择与该描述相当的事物 A, 并令 U 表示天地万物组成的世界. 那么, 显然有 $A=S_aU$; 且我们可用 $P_bP_aS_aU$ 来替代 P_bP_aA. 于是, 跟运算符不同的特定的运算对象就不需要了. 我们有大量不同种类的运算符, 有些是用于选择的, 但运算对象只有一个 —— 在每个公式中都相同 —— 就是天地万物组成的世界.

这种用于描述我们所研究的所有事物的数学方法, 也许在不经意间, 把着重点放在了重要的物理真理方面. 通常, 当我们想要考虑一个有关氢原子的问题时, 我们会取一张空白的纸, 先标记质子, 然后是电子. 该问题中的一切东西就齐备了, 除非我们假设还会出现别的什么东西而做出标记. 于是, 原子本身呈现为一种创造的结果 —— 这种创造能在任一阶段停止. 当我们创造了我们的氢原子, 我们也许可能, 也许不可能继续创造一个以它为一部分的世界. 但我们在做实验时的真实的氢原子是从永存的世界中选择出来的某种东西; 它们经常是靠实验来选择或分离出来的, 但无论如何, 选择本身是在我们的思维里进行的. 我们正在意识到: 氢原子也许不是那样子的, 难道它不是在错综复杂的相互关系的迷宫 —— 我们称之为世界 —— 中进行的选择运算的结果吗.

在爱因斯坦的相对论中, 观察者是人, 他着手寻求真理的必备武器是量尺. 在量子理论中, 他着手的武装是筛.

IV

我现在要引入一组运算, 我们能用它们来完成更具雄心的任务. 它们作用于四样东西组成的集合上, 这四样东西分别用字母 A, B, C, D 表示. 我们以 8 种运算为起点; 在给每种运算 (使用符号) 命名并加以描述后, 给出它们作用于 ABCD 的结果:

S_α 第一和第二个字母交换, 第三和第四个字母也交换. BADC.

S_β 第一和第三个交换, 第二和第四个也交换. CDAB.

S_γ 第一和第四个交换, 第二和第三个也交换. DCBA.

S_δ 保持原状. ABCD.

D_α 第三和第四个字母翻转倒置. ABↃᗡ.

D_β 第二和第四个翻转倒置. AꓭCᗡ.

D_γ 第二和第三个翻转倒置. AꓭↃD.

D_δ 保持原状. ABCD.

我们也使用符号 “–” 表示一种运算符 —— 它的意思是 “将它们全部翻转倒置”.

我们可以相继运用两个或多个这种运算. 例如, $S_\alpha S_\beta$ 表示: 运用 S_β 得到 CDAB 后, 我们再对此结果运用 S_α, 即将其中的第一和第二个交换, 第三和第四个交换. 最后的结果是 DCBA. 这一结果和单一运用运算 S_γ 是一样的; 所以有

$$S_\alpha S_\beta = S_\gamma.$$

有时, 但非永远, 两种运算哪个先执行会得到不同的结果. 例如,

先执行运算 D_γ, 其结果为 AꓭↃD, 再对此结果执行运算 S_α, 我们得到 ꓭADↃ.

但若先执行运算 S_α, 其结果为 BADC, 再对它执行运算 D_γ, 我们得到 B∀ᗡC.

于是, 双运算 $S_\alpha D_\gamma$ 跟 $D_\gamma S_\alpha$ 是不同的. 然而, 它们之间存在一个简单的关系. ꓭADↃ可以通过将 B∀ᗡC 中的每个字母翻转倒置得到, 这就是说, 我们用符号 – 表示的运算即可. 亦即

$$S_\alpha D_\gamma = -D_\gamma S_\alpha.$$

与这种方式相关联的运算符称为是反交换的. 我们经检查发现: S_α、S_β 可交换, D_α、D_β 亦然; S_α、D_α 也如此. 所以, 这是带有不同下标 α、β、γ (不含 δ) 的 S 和 D 的组合中唯一的一个具有反交换性的组合.

我们可以组成 16 种形如 S_aD_b 的不同运算符, 其中 a 和 b 可表示四种下标 α、β、γ、δ 中的任意一个. 我们的主要兴趣恰好在于这些组合运算符. 我称它们为 E–运算符, 用 $E_1, E_2, E_3, \cdots, E_{16}$ 来表示. 它们构成一个群,(如我们已看到的) 这意味着相继执行该群的两个运算的结果, 可以用该群的单一运算得到. 不过, 我应该指出, 运算 – 在这里被无理由地添加了进来.[3] 我们可能无法通过单一的运算 E_c 使字母具有如 E_bE_a 作用下所给出的相同的排列; 但若不能, 我们也能通过将所有的字母翻转倒置来得到相同的排列. 因此, E–运算符的这一性质可用下式表示:

$$E_aE_b = \pm E_c.$$

现在, 我们挑出五种 E–运算符. 初看起来, 我们的选择似乎很奇怪, 因为它跟 S–运算符和 D–运算符的构造没有明显的联系. 它们是:

$E_1 = S_\alpha D_\delta$, 它给出 BADC.

$E_2 = S_\delta D_\beta$, 它给出 AᗺCᗡ.

$E_3 = S_\gamma D_\gamma$, 它给出 DↃᗺA.

$E_4 = S_\alpha D_\gamma$, 它给出 ᗺADↃ.

$E_5 = S_\gamma D_\beta$, 它给出 ᗡↃᗺA.

我们之所以选这五个, 是因为它们相互都是反交换的; 就是说, $E_1E_2 = -E_2E_1$, 这对它们的所有十对组合都成立. 你可以对四个字母一一来核实这一点, 当然, 尽管存在数学的妙计能更快地来核实它. 我们称上述集合为一个*五元组*.

我们的五元组有六种不同的选择方法, 可通过循环改变下标 α、β、γ 得到. 但是, 你不可能找出多于五种的 E–运算符, 使得其中的每一个跟所有其他的都是反交换的. 这是我们不得不止步于五元组的原因.

我们还必须考虑另一个重要的性质. 你立刻能看出: $E_1^2 = 1$; 因为 E_1 跟 S_α 一样, 由 S_α 表示的字母交换, 重复运用一次就回到了原来的字母排列方

[3]按照严格的定义来得到一个群, 我们应该要有 32 个运算符, 即除了上述 16 个外, 还有添加了前置符号 – 的 16 个.

式. 现在考虑 E_5^2. 我们先运用运算 E_5, 把第二和第四个字母翻转倒置后再交换字母的次序. 从而保留正常直立的字母到了第二和第四的位置, 结果是在重复该运算时它们也被翻转倒置了. 因此, 各字母虽然回到自己原来的位置, 但全部被翻转倒置了. 这等价于运算 $-$. 所以我们有 $E_5^2 = -1$. 用这种方法, 我们发现:

$$E_1^2 = E_2^2 = E_3^2 = 1, \quad E_4^2 = E_5^2 = -1.$$

五元组总是由三种平方为 1 和两种平方为 –1 的运算符组成.

关于符号 1 和 –1, 我要作如下解释: 这里的 1 代表留在原位的运算符. 由于它就是数 1 在算术中用作运算符 (乘数) 所起的作用, 采用这个记号是合适的.(我们也已用 S_δ 和 D_δ 表示留在原位, 所以 $S_\delta = D_\delta = 1$.) 由于运算符 1 不带来差异, 故运算符 "$-$" 和 "-1" 是一样的; 所以我们有时在 $-$ 本身显得孤单时加上 1. 重复一次运算 $-$, 将恢复事物的原状; 所以 $(-)^2$ 或 $(-1)^2$ 都等于 1. 我们在这里给出了它的定义; 尽管该符号此时跟 "减" 无关, 但它和 $-$ 和 -1 在代数中的性质相同.

我已告诉你们, 真正的超级数学家从不知道他正在做什么. 我们这些在较低层面上工作的数学家则知道我们一直在做什么. 我们一直在忙于重排四个字母. 但在我们中间有一位超级数学家, 他对我们一直在研究的东西一无所知. 当我们宣布: 我们已发现了一种由 16 种运算组成的一个群; 它们中的某些对运算是可交换的, 剩下的是反交换的; 反交换的中有些是 1 的平方根, 其他的则是 –1 的平方根. 此时他开始警觉, 开始注意. 因为他无须了解运算的性质, 只需参照它们连结的方式就能抓住这类运算群的结构. 他感兴趣的是这些运算符的排列将形成六种五元组. 这是他关于一组运算的理想的知识 —— 不同种类、结构的知识. E–运算符的许许多多其他性质已经被发现, 但我在这儿没有时间来详细地考察它们. 其中存在一对三元组, 使得同一三元组中的成员都是反交换的, 但每一个成员跟另一三元组中的三个成员都是交换的. 还有一些由三个可相互交换的运算符构成的反三元组 (anti-triad), 当我们计入保持原状运算符时, 它变为反四元组 (anti-tetrad).

所有这种关于结构的知识都不需要去明确规定运算的性质就能够被表达. 正是通过对这类结构的认识, 我们能获得外部世界的知识, 按通常的观点, 这种知识本质上是不可知的.

若干年前, 我成功地得到了跟狄拉克电子理论有关的算子群的结构. 之后, 我了解到我所写的大量内容也出现在一篇关于库默尔四次曲面的论文中. 在我的讲堂里, 恰好有库默尔四次曲面的一个模型, 有时我会好奇地望上它一眼, 琢磨它到底是什么东西. 进入我脑海的最后一件事是: 我已写好的一篇 (多少有点过时的) 关于其结构的文章. 也许, 当那篇论文的作者了解到他的文章也正好是在讨论电子的行为时会同样地惊讶. 所以, 你们瞧, 这些超级数学家绝不知道我们手头上正在做的是什么.

V

上述四个字母的游戏, 已经让我们能够来描述一种结构的体系, 它能脱离开这个游戏并给出其他的应用. 脱开游戏, 我们发现这同一个结构也出现在物理世界中. 我们马上会看到, 该体系的一小部分内容显示了它本身相当基本的东西; 它的另一部分内容被狄拉克在他的电子理论中揭露无遗; 通过进一步的搜寻, 整个结构就出现了, 它的每一部分在物理现象中占有恰当的份额.

在寻找符号化的运算符 E 的新的应用时, 我们不能预知这些 E 能呈现为那类运算; 它们曾在上述游戏中被确认过, 在物理世界中必须另行确认. 尽管我们在熟悉的观念领域已确认了它们, 但它们的最终性质仍是未知的; 因为外部世界的活动的性质超出了我们的理解力. 所以, 用我们超然且独立的结构体系武装起来, 我们就能以开放的心态接近物理世界, 弄清其运算将如何在我们的经验中清楚地显示它们自己.

我必须要提到一个初等的数学结果. 考虑 $(2E_1+3E_2)$ 的平方, 即一种运算, 它等价于两次执行运算 $(2E_1+3E_2)$. 我们之前还没有对我们的运算取过乘方数; 但这不会带来困难, 只要我们能这样来理解: 在这类的表达式中, 2 表示乘 2 次的运算, 3 表示乘 3 次的运算, 这跟普通代数里的表达是一样的. 我们有

$$(2E_1+3E_2)(2E_1+3E_2)=4E_1^2+6E_1E_2+6E_2E_1+9E_2^2.$$

我们一直关注的要点是, 哪些东西在普通的代数中不出现. 在代数中, 我们应该把两个中间项合并, 写成 $12E_1E_2$ 而不是 $6E_1E_2+6E_2E_1$. 但我们看到 (见前面), 施行运算 E_2 后再施行运算 E_1 不同于先做运算 E_1 再做运算 E_2; 事实上, 我们是刻意选择这些运算符, 使得 $E_2E_1=-E_1E_2$. 这样一来, 两个

中间项就相消了, 留下的是

$$(2E_1 + 3E_2)^2 = 4E_1^2 + 9E_2^2.$$

但我们也已经看到, $E_1^2 = 1$ 和 $E_2^2 = 1$. 于是有

$$(2E_1 + 3E_2)^2 = 4 + 9 = 13.$$

换言之, $(2E_1 + 3E_2)$ 是 13 的平方根, 或者说是 13 的一个平方根.

假设你向右位移 2 码的距离, 再向前位移 3 码. 根据毕达哥拉斯定理, 你的起止点间的距离为 $\sqrt{2^2+3^2}$ 或 $\sqrt{13}$ 码. 这表明, 当超级数学家 (不知道他正在做的是哪类运算) 说 $(2E_1 + 3E_2)$ 是 13 的平方根时, 他可能跟几何学家一样, 意指向右位移 2 码再向前位移 3 码, 起止点间的距离的码数为 13 的平方根. 实际上, 几何学家也不知道他正在做的是哪类运算; 他只知道熟悉故事讲述者对它们的描述. 他成为超级数学家就能使自已摆脱熟悉故事讲述者所想象的情景. 于是他会说:

熟悉故事讲述者所说的向右的位移是一种运算, 其内在的性质我不知道, 我用 E_1 表示它; 他所说的向前的位移是另一种未知的运算, 我记为 E_2. 这类我由经验熟知的关于位移的知识, 出现在诸如 "向右位移 2 码, 再向前位移 3 码, 起止点间距离的码数为 13 的平方根" 的陈述中. 用我的记号, 它变为 "$(2E_1 + 3E_2)$ 是 13 的平方根." 超级数学使我能够将这些论述简化为单纯的结论: 向右位移和向前位移是一组运算中的两种, 这组运算的群结构已在第 VI 节中讨论了.[4)]

类似地, 我们可以用 $(2E_1 + 3E_2 + 4E_3)$ 表示向右位移 2 个单位 (长), 再向前位移 3 个单位, 然后向上位移 4 个单位. 以同样的方式取该表达式的平方, 所得结果为 29, 这跟几何演算是一致的: 起止点间的距离是 $\sqrt{2^2+3^2+4^2} = \sqrt{29}$. 其奥秘在于: 超级数学家用他的运算符的*反交换性*来表示几何学家想象中的位移的*垂直性* (*正交性*). 这就是我们为什么在第 Ⅳ 节挑选出反交换运算符的五元组的原因, 我们是想预告它的一个直接的应用 —— 不使用传统的空间图像来描述互相垂直的方向这一性质. 它无需垂直的图像就能表达垂直这种性质.

[4)] 当然, 他将需要跟这些运算符中的两个相关的更多的知识, 以推断出整个集合的群结构. 在此阶段直接的推论是, 这一部分的群结构是由等式 $E_1^2 = E_2^2 = 1$ 和 $E_2E_1 = -E_1E_2$ 揭示的.

到此为止, 我们只触及到由 16 个 E-运算符组成的集合的结构的次要部分. 只有深入电子理论, 我才能使整个结构展现无遗. 现在我领你们往前走一小步. 假设你想向右位移两码, 向前 3 码, 向上 4 码, 再向跟所有这三个方向垂直的第四维方向位移 5 码. 这次, 你无疑已学会了那种技巧, 能轻而易举地用符号写出表示这些位移的运算符 $(2E_1+3E_2+4E_3+5E_4)$. 但这里有一处障碍. 麻烦在于我们已经用完了五元组中其平方为 1 的成员, 所以必须求助于其平方为 –1 的 E_4. 结果是

$$(2E_1+3E_2+4E_3+5E_4)^2=2^2+3^2+4^2-5^2=4.$$

于是, 我们的位移等于 4 的平方根, 而毕达哥拉斯定理要求它等于 $2^2+3^2+4^2+5^2$ 或 54 的平方根. 所以, 用 E-运算符表示垂直方向存在局限; 这只能靠在实际中不会出现这一失误来拯救, 因为在真实的世界里, 我们没有可能去考虑第四个垂直方向. 多么幸运!

可这不是幸运. 我们这里讨论的结构被要求是真实世界的结构, 是了解真实世界在我们经验中显现的一把钥匙. 但该结构没有为空间的第四维度做好准备, 所以用这种方式建立起来的世界不可能有第四维度. 我们的经验证实它是忠实于真实宇宙的.

如果我们想引入位移的第四个方向, 我们必须容忍用减号代替加号, 使得出现稍有不同特征的位移. 闵可夫斯基 (Minkowski) 在 1908 年发现,"后方向" 可以用如下的方式被当作跟普通空间的位移不同的第四个位移方向: 它的平方跟减号而不是加号结合在一起. 于是, 向右 2 码, 向前 3 码, 向上 4 码, 向后方向 5"码"[5], 可用运算符 $(2E_1+3E_2+4E_3+5E_4)$ 表示. 我们在上面已经计算出它等于 4 的平方根, 所以总计位移为 2 码. 在这里, 当我们同时在时间和空间内考虑位移时, 起止点间的距离被称为间隔. 在上述问题中, 按闵可夫斯基的公式, 该间隔的值为 2 码, 跟我们的结果一致. 闵可夫斯基在第四项中引入减号来代替加号, 以此表示时间和空间在数学上的差异; 我们导入它是因为我们不得不如此 —— 这是我们正在研究的群结构强加于我们的. 闵可夫斯基的间隔后来成为广义相对论的出发点.

由此, E-运算符的集合的结构已预言了空间和时间之间的区分, 空间只能有三维, 因为只有三个运算符能刻画相互垂直的位移间的必要关系. 第四

[5]时间的一 "码" 将被解释为光传播一码的距离所用的时间.

个位移可以被添加进来, 但它具有本质上不同于空间位移的特征. 它被称为时间位移, 跟它相联系的运算符的性质能够保证: 在相对论中假设的时间位移对空间位移的关系将是精确的.

我不是暗示说, 我们能完全靠先验的推理来预言第四维和其他三维的差异. 我们没有理由期待, 这种先验的在字母游戏中发现的结构体系, 能在物理世界中有任何的重要性. 这种一致性, 只有当我们以无偏见的理由相信 —— 世界的结构是基于这类特指的运算符构成的群时, 才会给人们留下深刻的印象. 因此, 我们必须回忆如下的情况: 在研究一个电子的狄拉克波动方程时, 首次发现了 E-运算符对物理学是必不可少的. 狄拉克导入这一结构的伟大功绩在于, 他由此使深奥的电子的性质 —— 观测所得的重要性质 —— 变得清晰明了, 此即大家知道的电子的 "自旋". 这个问题似乎离空间和时间的差异的起因相距甚远. 但我们可以说, 虽然我们不能在性质未知的世间里预言空间和时间的差异, 但对于其基本的粒子具有现代波动力学所描述的特性的世界是能够被预言的.

第 15 部分*

数学家

*原书第 XVIII 部分, 本部分由李文林翻译或校订.

编者评注*

G.H. 哈代

安德弗雷 · 哈罗德 · 哈代 (Godfrey Harold Hardy) 是一位纯粹数学家. 纯粹数学的范围无法精确定义, 但对哈代来说, "纯粹" 这个词用在数学上尽管是负面的, 其意义是清楚的. 哈代认为, 一个数学课题要称得上纯粹, 就必须是无用的; 如若无用, 那它不仅纯粹, 而且美. 如果有用 —— 这相当于说不纯粹 —— 它必是丑的, 并且越有用越丑, 这些意见并不总能被人接受. 著名化学家弗德里克 · 索第 (Frederick Soddy) 在评论我们下面所摘录的著作时就认为, 哈代对有用的数学甚或一切应用科学所表达的轻蔑是诽谤性的. 索第写道:"这种孤高的戏言让世人反感."[1] 哈代是一个与众不同的、谜一样的怪人. 他同时又是一位优秀的数学家和有吸引力的写作家.

G. H. 哈代 1877 年二月生于萨里 (Surrey), 双亲都是 "有数学头脑" 的教师. 他早年在温彻斯特接受教育 —— 他憎恨这段经历, 他一生大部分时光则是后来在剑桥教书. 从 1919 到 1931 年, 他出任牛津萨维利几何讲座教授; 1931 年他当选剑桥萨特勒纯粹数学讲座教授, 并恢复了他自 1898 至 1919 年担任过的三一学院成员资格.

哈代的研究领域主要是分析和算术. 在学生中他因其经典的教科书《纯粹数学教程》(A Course of *Pure Mathematics*) 而出名, 该书为英国数学教育设定了一个新的标准. 但哈代作为大不列颠纯粹数学领头人的声誉则来自其高水平的创造性研究. 他在级数收敛性与求和、不等式和解析数论等方面撰写了大量深刻精湛的论文. 数论中的问题往往很容易表述 (例如: 证明任意偶数都可表示成两个素数的和),"但它们的任何进展都需要使出分析的浑

*本编者评注及第 1 章由李文林译.

[1] *Nature*, Vol.147, January 4, 1941.——编注

身解数."[2]上面提到的问题以及其他一些类似外表简洁的问题, 至今都未能获得解决,"不过它们现在已不像 1910 年的时候那样不可触动了."[3]之所以能有这样的局面, 主要归功于哈代和英国数学家李特尔伍德的共同研究. 他们历时弥久、成果累累的合作, 堪称数学合作最卓越的范例. 哈代与自学成才的印度天才拉马努金 (Ramanujan) 之间也有过同样闪光但不幸相对短暂的合作. 很难想象教育和社会背景如此不同的两个人之间的合作, 而哈代竟是第一个看出拉马努金的 (用他的话说)"深刻而攻无不克的创造性". 同时拉马努金也 "激发了哈代的同等却又表现殊异的创造力". 哈代曾这样说过:"除了一个例外, 我欠他的比世界上任何其他人都多, 与他的相识合作是我一生中最浪漫的故事."[4]

20 世纪 30 年代初, 我曾在纽约哥伦比亚大学邻近的地铁入口处与哈代邂逅. 那是一个阴湿的冬日, 他却光着脑袋, 不穿大衣, 只穿一件高翻领的毛衣和一条宽松的网球裤. 我至今还记得他那清秀但又坚毅的容貌, 鲜明的肤色和散乱地落在前额的头发. 他英俊优雅, 即使是平常的穿着, 也会引人注目. 哈代发表意见往往偏执激烈; 有些意见很精辟, 有些则只能说是怪论, 我不禁觉得他乃故意为之. 在政治观点以及数学哲学方面, 他与伯特兰 · 罗素观点一致. 对战争的憎恨是他把应用数学 (例如弹道学或空气动力学) 看成"奇丑大愚"[5]的一个原因. 哈代 "总是把上帝说成是他的私敌. 这当然是开玩笑的说法, 但背后也隐藏着某种真实的思想 …… 他绝不会进教堂, 即使是遇逢选举新学院院长的场合"[6]. 为了使他能通过委托别人代理投票来履行某些职责, 学院甚至在内部章程中添加了特殊的例外条款, 否则就必须要求

---

[2] G.H. 哈代讣告, *Nature*, Vol.161, May 22, 1948, pp.797-98.——编注

[3] 同上.——编注

[4] 梯其玛希撰写的 Obituary of G. H. Hardy, *The Journal of the London Mathematical Society,* April 1950, pp.81-88. 有一篇哈代与拉马努金合作的论文值得一提."$p(n)$ 表示将正整数 n 表为整数之和的方法的个数. 例如,5 可以表成 $1+1+1+1+1$ 或 $1+1+1+2$ 或 $1+2+2$ 或 $1+1+3$ 或 $2+3$ 或 $1+4$ 或 5, 于是 $p(5)=7$. 显然, 当 n 增大时 $p(n)$ 随之迅速增大; $p(200)$ =3972999029388 (这是耗时一个月的计算结果). 哈代和拉马努金的成果是建立了 $p(n)$ 的显式公式, 其主项为:

$$\frac{1}{2\pi\sqrt{2}}\frac{d}{dn}\frac{\exp\left\{\frac{2\pi}{\sqrt{6}}\sqrt{\left(n-\frac{1}{24}\right)}\right\}}{\sqrt{\left(n-\frac{1}{24}\right)}}$$

此公式的 5 项给出了 $p(200)$ 的准确值.——编注

[5] Tichmarsh, *op.cit.*, p.84.—— 编注

[6] 同上, p.86.—— 编注

哈代进教堂了.

哈代热爱数学, 同时以几乎同样的热情喜爱球类运动, 包括板球、网球, 还有棒球[7]. 贾斯蒂斯 · 弗兰克福特 (Justice Frankfurter) 曾讲过一个这样的故事: 那是 1936 年, 哈代访问波士顿, 参加哈佛大学 300 周年校庆并开设了一个拉马努金讲座. 他的房东是一位著名律师, 后来成为美国参议员, 哈代怕跟他的房东话不投机, 而房东也有同样的担忧. 但结果却是皆大欢喜. 房东并没有准备与哈代讨论采他 (Zeta) 函数, 这位数学家也不打算对雪莱 (Shelley) 案件中的规则评头论足, 二者发现了他们对棒球的共同兴趣. 当时赫赫有名的红袜 (Red Sox) 球队正在其主赛场进行比赛, 哈代大概很难挤出时间来准备他的讲座了.

"我从未做过任何 '有用' 的事. 我的任何一项发现都没有也不可能给世界的康乐带来任何直接间接、或好或坏的些微影响." 这几行文字出现在哈代对自己作为一个纯粹数学家而虚度的一生的半挑战、半自嘲的辩白书中. 这样的说法是言不由衷的, 哈代本人, 我毫不怀疑, 也知道是言不由衷. 像他所做出的那些贡献肯定是有用的; 有时是出乎意料甚至令人痛苦地有用, 只要想想今天的世界就能明白这一点. 按哈代自己的标准来看, 更糟糕的是, 他曾经对遗传学有过一项贡献. 1908 年, 在写给《科学 (Science)》杂志的一封信中, 哈代讨论了一个关于混合种群中显性性状与隐性性状的遗传问题, 并建立了一条现今以哈代定律著称的原理. 后来发现, 这条定律 (虽然哈代自己并不看重)"对于 Rh 因子血型人群的研究和新生儿溶血症的治疗具有极其重要的意义."[8]

哈代荣获了许多学位和荣誉, 其中当然包括 1910 年当选皇家学会会员. 哈代逝世于 1947 年 12 月 1 日, 就在这一天, 皇家学会授予他最高奖 —— 科普利 (Copley) 奖章.

---

[7]哈代常常举板球运动的例子来使他关于数学哲学的讨论更为生动. 他有一篇题为 "极大定理及其函数论应用" (A maximal theorem with function theoretic applications) 的文章中有这样的话:"这个问题用板球语言来叙述将更容易理解. …… 假设有一个板球击球手, 在给定的赛季, 进行了给定场数的比赛." 这篇论文刊登在《数学学报》(*Acta Mathematica*, 54) 上,"读者是广大的欧洲数学家", 但对匈牙利人 (譬如说) 想必不会有多大帮助, 他们未必能欣赏这个例子最精彩之处.——编注

[8]Tichmarsh, *op.cit.*, p.83. J. B. S 哈尔丹举出另一个说明哈代的研究结果意外有用的例子. 为了寻求不大于一给定数的素数个数的表达式, 数学家发明了一种黎曼 -Zeta 函数并研究其性质. 哈代很喜欢这一研究课题. 然而其成果却在测高温学亦即火炉温度测量研究中获得了应用. *Everything Has a History*, London, 1951, p.240.——编注

注意所有那些全身心投入这门科学的数学头脑, 他们是多么孤独离索, 多么不谙世故.

R. 阿斯堪 (约 1550)[1)]

我承认, 数学科学是好东西. 然而全身心投入这门科学却是坏事情.

A. 赫胥利 (Interview, J.W.N. Sullivan)

---

1 一个数学家的辩白

G.H. 哈代

数学家跟画家或诗人一样, 也是造型家. 如果说数学家的造型比画家和诗人的造型更能经受时间的考验, 这是因为前者是由思想塑造的. 画家造型用形与色, 诗人则用语言. 一幅画可以表现一种 "思想", 但画意通常是老生常谈, 无足轻重; 相比之下, 诗意则重要得多. 然而, 诗意的重要性往往言过其实, 这是豪斯曼 (Housman) 所坚持的看法, 他说: "我无法使自己确信竟然存在诗意这样的东西 …… 诗歌不在于表述了什么, 而在于怎样表达."

倾大海之波涛
也洗不净帝王之膏香御气.

就字句而论还能有什么更好的呢? 就诗意而言, 还能有什么比之更平庸、更荒唐的呢? 意境的贫乏似乎并没有影响词语格律的优美. 另一方面, 数学家除了思想之外不与任何东西打交道, 因此数学家的造型可能更持久. 因为思想不会像语言那样快地变成陈词滥调.

数学家的造型与画家或诗人的造型一样, 必须美; 思想也像色彩或语言一样, 必须和谐一致. 美是首要的标准; 不美的数学在世界上是找不到永久

1) 罗杰 · 阿斯堪 (Roger Ascham) 为英国作家、学者. 此番话引自 E.G.R. *Taylor, The Mathematical Practitioners of Tudor and Stuart England.*——译注

容身之地的. 这里我必须提到至今仍然散布甚广的一种错误看法 (不过现在的情况可能比二十年前好多了), 这就是怀特黑德[2]所谓的 “书呆子”; 爱好数学和欣赏数学的美, 这 “在每一代都只是几个怪人的偏执狂”.

现在也许难以找到一个受过教育的人对数学美的魅力全然无动于衷. 数学的美可能很难定义, 但它的确是一种真实的美, 和任何其他的美一样; 什么是一首美丽的诗, 我们可能不很清楚, 但这并不妨碍我们去欣赏它. 霍格本 (Hogban)[3]教授总是力图贬低数学中美学因素的重要性, 即使是他, 也不敢否认数学美的真实性. 他说: “当然, 的确有那么一些个别的人, 数学对他们有一种一视同仁的诱惑力 …… 数学美的魅力对于这些极少数人来说可能是很实在的.” 可是他认为这种人是 “少数”, 他们感情 “冷漠” (而且实际上是相当可笑的人物,他们把自己禁锢在寒酸的大学城中, 不受外界风风雨雨的侵扰). 他这个看法只不过是在附和怀特黑德所指的 “书呆子” 说法而已.

实际上, 没有什么比数学更为 “普及” 的学科了. 大多数人都能欣赏一点数学, 正如多数人能欣赏一支令人愉快的曲调一样. 对数学真有兴趣的人很可能比对音乐有兴趣的人要多. 表面看来可能与此相反, 但这是很容易解释的. 音乐可用来激发群众的情绪, 而数学却不能; 音乐上缺乏才能是公认为不太体面的事 (这无疑是正确的), 而大多数人一听到数学就害怕, 所以他们随时都会由衷地夸大自己在数学上不高明.

稍加考虑就足以说明 “书呆子” 说法的荒唐. 在每个文明的国家都有众多下棋的人 (在俄国, 几乎所有受过教育的人都会下棋); 每个下棋的人都能识别并欣赏一个 “妙” 棋或布局. 然而布局问题只不过是纯粹数学的一个练习而已 (棋局不完全是数学,因为心理学也起作用); 如果你认为一个布局 “高明”, 你就是在赞赏数学的美, 纵然这是较低水平的美. 象棋布局问题就是数学的一种赞美小调.

桥牌的水平更低, 但却有更广泛的群众性, 或等而下之, 还有通俗报纸上的益智栏目, 我们都可以从中获得同样的教益. 这些游戏的盛行, 说明基本的数学原理引人入胜的力量. 创作智力游戏比较出色的人, 例如杜德尼

[2] A.N. Whitehead (1861—1947): 英国逻辑学家、数学家、哲学家, 与 B · 罗素合著《数学原理》(*Principia Mathematica*) 一书.——译注

[3] L. Hogban: 英国数学家、科学史家, 其通俗著作《大众数学》(*Mathematics for Million*) 流传甚广.—— 译注

(Dudeney), 或 "卡里班" ("Caliban"), 几乎就是只依靠这一点; 他们懂得自己的行业的秘诀: 群众需要的无非是一点儿智力上的 "刺激", 别的任何东西都没有数学那样的刺激性.

我再补充一点, 世上没有其他东西能像发现或重新发现一个真正的数学定理那样使知名人士 (以及曾用鄙夷的语言谈论过数学的人士) 感到高兴了. 斯宾塞[4]在他的自传中重新发表了他 20 岁的时候证明的关于圆的一个定理 (当时他不知道柏拉图在两千年前早已证明了). 索迪 (Soddy) 教授是最近一个更为突出的例子 (但他的定理确是他自己的).[5]

* * * * *

象棋布局问题是一种真正的数学, 但在某些方面, 又是 "不足称道的" 数学. 下棋的着数不论多么机智巧妙、错综复杂, 也不论多么独出心裁、出人意料, 总是缺少某些本质的东西. 象棋布局问题*无足轻重*, 而最好的数学既是美的, 同时又是*严肃的* (如果你愿意的话, 也可以说是 "重要的", 但这个词很含混, 用 "严肃" 这个词表达我的意思则恰当得多).

我不考虑数学的 "实用" 效果. 以后我还要谈到这一点. 现在我要说的只是: 如果象棋布局问题就直接意义而言是"无用" 的, 那么大多数最好的数学也是这样; 数学很少有实用价值, 而这有用的很小一部分却比较乏味. 数学定理的 "严肃性" 不在于它的实用效果 (实用效果通常无关紧要), 而在于它涉及的那些数学概念的*意义*. 可以粗略地说, 一个数学概念 "有意义", 如果它可以同大量形形色色的其他数学概念有一种自然而鲜明的联系. 因此, 一个严肃的数学定理, 即是把有意义的概念联系起来的定理, 很可能在数学本身甚或其他科学领域内产生重大进展. 象棋布局问题从未影响过科学思想的一般发展, 而毕达哥拉斯、牛顿、爱因斯坦却使当时科学的整个方向发生了变化.

当然, 一个定理的严肃性并不*在于*它的后果, 后果仅仅是定理严肃性的*证据*. 莎士比亚 (Shakespeare) 对英语的演变有巨大的影响, 奥特维 (Otway)[6]则几乎没有, 但这并不能说明莎士比亚作为诗人为什么比奥特维好.

---

[4] H. Spencer (1820—1903): 英国哲学家、社会学家. 早期的进化论者, 著《综合哲学》10 卷.——译注

[5] 见他关于六球链 (Hexlet) 的信件, Nature, 137-139 (1936—1937).

[6] Thomas Otway (1652—1685), 英国剧作家.——译注

莎士比亚是一个更好的诗人, 是因为他能写出更好的诗. 象棋布局问题之劣于数学, 正如奥特维的诗逊色于莎士比亚的诗一样, 问题不在于后果, 而在于内容.

还有一点, 我只打算稍微提一提就算了. 倒不是因为它不重要而是因为它太难, 也因为我没资格对美学问题作任何严肃的讨论. 数学定理的美很大程度上取决于它是否严肃, 正像诗行的美在某种程度上取决于诗意是否隽永. 前面我曾引用过两行莎士比亚的诗作为词语格律绝美的例子. 然而下面一句诗似乎更美:

结束了生命的热浪,

他安然地进入睡乡.

格调优美, 诗意隽永, 音调铿锵, 使我们的情绪深受感染. 既然在诗歌中, 意境对造型至关紧要, 那么在数学中自然更是如此. 可是, 我无法认真地探讨这个问题.

* * * * *

讲到这里已很清楚, 如果我们要作进一步的讨论, 我必须举些例子, 来说明什么是 "真正的" 数学定理, 也就是每位数学家都会承认是第一流的那些定理. 由于受到写作条件的限制, 这里有许多碍手之处: 一方面, 我的例子必须很简单, 并且没有专门数学知识的读者也能看懂; 不应该要求事先作详细解释; 定理的叙述和证明都必须使读者能够理解. 这些要求排除了数论中很多最优美的定理, 例如费马的 "二平方" 定理或二次互反律. 另一方面, 我所举的例子应取自 "真正的" 数学, 也就是现职数学家从事的数学; 这个要求排除了大量容易理解然而却涉及逻辑和数学哲学的例子.

我最好还是回到希腊人那里去. 我要叙述并证明希腊数学中两个著名的定理. 这两个定理都很 "简单", 在思想和演算上都很简单, 但毫无疑问它们是最高水平的定理. 每一个定理现在仍然像它们刚发现时那样生气勃勃而举足轻重 ——两千年来一直保持着它们的青春, 最终, 这两个定理的叙述和证明, 任何一个有理解能力的读者一个小时就可以掌握, 不管他的数学知识是多么薄弱.

1. 其中第一个例子是欧几里得[7]关于存在无限多个素数的证明.

[7]《几何原本》第 IX 章, 第二十节. 在《几何原本》中很多定理的真正作者是不清楚的. 但似乎没有特别的理由认为这一定理不是欧几里得本人的.

素数是指

$$2, 3, 5, 7, 11, 13, 17, 19, 23, 29, \cdots \tag{A}$$

这样一些不能分解成较小因子的整数[8]，例如 37 和 317 就是素数. 素数就是通过乘法得出一切整数的原料: 例如

$$666 = 2 \times 3 \times 3 \times 37.$$

本身不是素数的每个数至少可被一个 (当然, 通常被好几个) 素数整除. 我们要证明素数有无穷多个, 也就是说, 序列 (A) 没有止境.

让我们假设 (A) 有止境, 且

$$2, 3, 5, \cdots, P,$$

就是全部素数的序列 (数 P 是最大素数); 在这个基础上, 让我们来考虑由下式定义的数 Q:

$$Q = (2 \times 3 \times 5 \times \cdots \times P) + 1.$$

显然, Q 不能被 $2, 3, 5, \cdots, P$ 中任何一个整除, 因为用这些数中任何一个去除, 其余数为 1. 但是, 这个数如果本身不是素数, 就应被某个素数整除, 因此存在一个素数 (可能就是 Q 本身) 比上述素数中任何一个都大. 这与我们假设没有比 P 大的素数矛盾, 因此假设不真.

这个证明用的是归谬法 (*reductio ad absurdum*), 欧几里得特别喜欢归谬法, 这是数学家最好的武器之一[9]. 这一着比象棋中开局舍子的任何一种着数高明得多: 棋手可以舍掉一个卒子甚至别的大子, 而数学家舍掉的是整个一局.

*　*　*　*　*

2. 我的第二个例子是毕达哥拉斯关于 $\sqrt{2}$ 的 "无理性" 的证明[10].

"有理数" 是一个分数 $\dfrac{a}{b}$, 其中 a 和 b 是整数; 我们可以设 a 和 b 没有公因子, 因为如果有的话, 我们可以把它消掉. "$\sqrt{2}$ 是无理数", 换个说法不过就是 2 不能表作 $\left(\dfrac{a}{b}\right)^2$ 的形式, 这也就是说, 方程

$$a^2 = 2b^2 \tag{B}$$

---

8) 有一些技术上的原因不把 1 看作是素数.

9) 证明也可回避归谬法, 有些逻辑学派不喜欢用归谬法.

10) 传统上把这证明归于毕达哥拉斯, 但可以肯定这是他的学派的一个成果. 欧几里得提出这个定理时, 其形式更为一般 (《几何原本》第 X 章, 第九节).

不能被两个没有公因子的整数 a、b 所满足. 这是一个纯算术的定理, 不要求任何关于 "无理数" 的知识, 也不依赖于无理数性质的任何理论.

我们仍用归谬法. 假设 (B) 为真, a 和 b 是没有公因子的整数. 从 (B) 可知, a^2 是偶数 (因 $2b^2$ 可被 2 整除), 因此 a 是偶数 (因奇数的平方仍是奇数). 如果 a 是偶数, 那么存在某个整数 c, 使

$$a = 2c, \tag{C}$$

从而

$$2b^2 = a^2 = (2c)^2 = 4c^2$$

或

$$b^2 = 2c^2 \tag{D}$$

所以 b^2 是偶数, 因而 (理由同上) b 是偶数. 这就是说, a 和 b 都是偶数, 所以有公因子 2. 这与我们的假设矛盾, 因此假设不真.

从毕达哥拉斯定理可知, 一个正方形的对角线与边是不可公度的 (也就是说, 它们的比不是有理数, 或者说, 没有一个公共的单位, 使对角线和边都是它的整数倍). 因为, 如果我们取边长作为我们的长度单位, 对角线的长是 d, 那么根据也算是毕达哥拉斯的一个熟知的定理[11], 有

$$d^2 = 1^2 + 1^2 = 2$$

所以 d 不能是有理数.

数论中谁都能懂的漂亮的定理要多少有多少. 举例来说, 有一个所谓 "算术基本定理": 任何整数都可唯一分解成素数的乘积. 例如 $666 = 2 \times 3 \times 3 \times 37$, 再没有其他分解方式了; 例如不会有 $666 = 2 \times 11 \times 29 = 13 \times 89 = 17 \times 73$ (无须算出乘积就可以看出这点). 这个定理顾名思义, 是高等算术的基础; 它的证明虽不 "困难", 却需要一定的准备, 不搞数学的读者也许会感到厌烦.

另一个著名的漂亮定理是费马的 "二平方" 定理. 如果不管 2 这个特别的素数, 所有的素数可以分成两类: 一类是被 4 除余 1 的素数

$$5, 13, 17, 29, 37, 41, \cdots$$

另一类是被 4 除余 3 的素数

$$3, 7, 11, 19, 23, 31, \cdots$$

[11] 见欧几里得的《几何原本》, I, 47.

第一类中的所有素数都能表成两个整数的平方和, 而第二类中的素数则全然不能: 例如

$$5 = 1^2 + 2^2, \quad 13 = 2^2 + 3^2,$$
$$17 = 1^2 + 4^2, \quad 29 = 2^2 + 5^2;$$

但 3, 7, 11 和 19 不能这样表示 (读者只要试一下就知道了). 这就是费马定理, 可以十分公正地列为算术中最优秀的定理之一. 遗憾的是, 除了相当内行的数学家外, 没有一般人所能理解的证明.

"集合论" 中也有一些漂亮的定理, 例如康托尔 (Cantor) 关于连续统 "不可数" 的定理. 这里我们遇到相反的一种困难: 只要掌握了所使用的语言, 证明是很容易的, 但必须作相当多的说明才能把定理的意思讲清楚. 所以我不打算给出更多的例子了. 我已经举出的例子就是检验的例证, 一个读者如果连这些定理都不能欣赏, 也就不太可能欣赏数学中任何别的东西了.

我说过数学家是概念的造型家, 而美与严肃则是评价其造型的标准. 我不相信, 任何懂得了这两个定理的人会否认它们符合美与严肃的标准. 如果我们把这两个定理与杜德尼最精巧的智力游戏相比, 或者与象棋大师们编排的最妙的布局问题相比, 这两个定理在上述两个方面的优势是一目了然的: 水平上的差别泾渭分明; 我们的两个定理严肃得多, 也美得多. 我们能不能更确切地说明它们的优势究竟何在呢?

* * * * *

首先, 这两个数学定理在*严肃性*方面的优势是显然而绝对的. 象棋布局问题是把一些想法巧妙但却很有限度地交织而成的结果, 这些想法彼此之间没有根本的不同, 并且同棋局以外的事物没有相互作用.即使没有发明象棋, 我们也会产生同样的思想方法, 而欧几里得和毕达哥拉斯的定理即使在数学之外, 也对人们的思想产生了深刻的影响.

欧几里得定理对整个算术的结构至关重要. 素数是我们用以建立算术的原料, 欧几里得定理使我们确信有足够的原料来做这件事. 然而毕达哥拉斯定理有更广泛的应用, 并且提供了一个更好的课题.

我们应首先看到, 毕达哥拉斯的论证可以作深远的推广; 无需原则性的改变, 就可以用于非常广泛的许多类 "无理数". 我们可以同样证明 (泰特托

斯[12])似乎就是这样做的)

$$\sqrt{3}, \sqrt{5}, \sqrt{7}, \sqrt{11}, \sqrt{13}, \sqrt{17}$$

都是无理数, 或 (这已超过泰特托斯) $\sqrt[3]{2}$ 和 $\sqrt[3]{7}$ 是无理数[13]).

欧几里得定理告诉我们, 有足够多的材料对整数构造一个条理分明的算术体系. 毕达哥拉斯定理及其推广告诉我们, 即使我们构造出这种算术体系, 也不能满足我们的需要, 还会有许许多多的量要我们考虑, 而这些量是整数的算术无法度量的: 正方形的对角线不过是一个最明显的例子而已. 这个发现的深远意义立即就被希腊数学家们认识到了. 他们起初假定 (我想, 这也许是根据 "常识" 的 "自然" 启示), 同一类型的量都是可以公度的. 举例来说, 任何两个长度都是同一个单位的倍数, 并在这一假定基础上创造了一种比例理论. 毕达哥拉斯的发现揭示出这个基础不可靠, 从而使欧多克索斯[14])建立了更深刻得多的理论, 这在《几何原本》第五章中有详细叙述, 许多现代数学家认为这是希腊数学最杰出的成就. 这个理论非常惊人地有一种现代精神, 可以看作是无理数现代理论的一个开端, 这种理论彻底革新了数学分析并对现代哲学产生了很大影响.

这样, 这两个定理 "严肃性" 是不容置疑的. 因此, 值得指出的是, 这两个定理都没有丝毫的 "实用" 价值. 考虑实际应用问题时, 我们只关心相当小的数; 只有星体天文学和原子物理学才跟 "大" 数打交道, 眼前这两者并不比最抽象的纯数学有更多的实用价值. 我不知道究竟什么才是对工程师有用的最高精确度, 比如说是十位有效数字吧, 那就是非常之慷慨了. 那么

$$3.141\,592\,654$$

(π 精确到小数点后九位的值) 是两个十位数之比

$$\frac{3\,141\,592\,654}{1\,000\,000\,000}$$

比 1 000 000 000 小的素数有 50 847 478 个: 这对工程师是够多了, 即使没有别的素数, 他已很满意了. 对欧几里得定理我们就谈这么多; 至于毕达哥拉斯定理, 大家都知道, 无理数对工程师是没有意义的, 因为他只关心近似值,

---

[12]) Theaetetus (公元前 417—前 369): 古希腊数学家.—— 译注

[13]) 参见哈代和赖特 (Wright) 的 *Introduction to the Theory of Numbers* 的第 Ⅳ 章. 那里讨论了毕达哥拉斯论断的各种推广, 以及关于泰特托斯的一个历史悬案.

[14]) Eudoxus (公元前 4 世纪): 古希腊数学家.——译注

而所有的近似值都是有理数.

* * * * *

也许, 纯数学与应用数学的对比在几何上显得最为突出. 纯几何[15]这门科学, 包含各种各样的几何, 有射影几何、欧氏几何、非欧几何等等. 每一种几何都是一种模型, 即概念构成的造型, 应该按照各个独特造型的意义和美加以鉴别. 几何是一幅图像, 是许多方面的合成品, 即是数学实体的某个断面的片面而不完全的复本 (然而, 在其范围以内又是准确的复本). 在这里, 有一点对我们来说是很重要的, 至少有一件事是纯几何不能描写的, 这就是物理世界的时空现实. 的确, 纯几何显然不可能描写物理世界, 因为地震和日食不是数学概念.

对门外汉来说, 这话听起来也许疑信参半, 但对几何学家这却是不言而喻的; 我也许可举个例子把这件事说得更清楚一点. 假定我是在作报告, 讲某种几何体系, 例如通常的欧氏几何; 我在黑板上画了一些图, 是直线、圆或椭圆的草图, 使我的听众能够藉以想象. 首先, 很显然, 我所证明的定理是否真实, 绝不受我画的图是好是坏的影响. 它们的功能仅仅是把我的意思确切地传达给我的听众; 如果我能做到这一点, 即使请一位最高明的制图员来画, 也不会带来更多的好处. 它们只不过是教学的说明, 而不是这次讲演的真正主题.

现在让我们更进一步来看. 我进行讲演的房间当然是物理世界的一部分, 它本身有一定的造型. 研究这个房间的造型以及物理现实世界的一般造型, 这本身就是一门科学, 我们可以称它为 "物理几何". 现在假设把一部高功率的发电机或一个巨大的重物搬进这房间, 这时候物理学家告诉我们说房间的几何结构变了, 它的整个物理造型有了一个微小的但完全确定的畸变. 我证明了的那些定理是否就变得不对了呢? 当然, 如果认为我所给的证明受到什么影响, 这肯定是无稽之谈, 这就好比说读者把茶水溅在莎士比亚剧本的某一页上, 这出戏就发生了变化一样. 戏和它的一个具体的本子是没有关系的; 同样, "纯几何" 跟讲演的房间或物理世界的任何其他细节也没有关系.

这是一个纯数学家的观点. 应用数学家、数学物理学家自然持有不同

[15] 当然, 由于这里讨论的需要, 我们必须把数学家所谓的 "解析" 几何算作纯几何.

的观点, 因为他们已经有了关于物理世界本身的先入之见, 而物理世界也有它自己的结构或造型. 描写这种造型虽然不能像描写纯几何造型那样精确, 但总是可以说出点名堂来. 我们可以描写其某些组成部分之间的相互关系, 有时相当精确, 有时非常粗糙, 然后把这些关系同某种纯几何体系的组成部分之间的精确关系加以比较. 我们可能发现这两组关系之间的某种类似性, 于是这个纯几何体系就使物理学家感到有意义了: 就这种意义而言, 几何学给我们提供了物理世界的一幅 "符合实际" 的图像. 几何学家向物理学家提供了一整套可供选择的图像, 也许其中一幅图像会比其他图像更符合实际, 那么提供这样一幅图像的那种几何就成为对应用数学最重要的几何. 我还可以追补一句, 甚至纯数学家也会发现他自己对这个几何更为欣赏了, 因为没有一个数学家会纯到对物理世界完全不感兴趣的地步; 可是, 只要他抵挡不住这种诱惑, 他也就开始背弃他的纯数学的立场了.

* * * * *

作为结尾, 我要对我的结论作一个总结, 但主要从个人角度来谈. 一开始我就说过, 任何一个为他的学科辩护的人实际上也就是在为他自己辩护; 我对职业数学家生涯的辩护, 本质上必然是对我自己生涯的辩护. 因此, 结尾的这一节, 本质上将是我自传的一个片断.

除了想当数学家以外, 我不记得还想过要当别的什么人. 我一直觉得我的专长显然就在这一方面. 我从来没有想到过要去征求长辈们的意见. 我记不起来是否从小就对数学有过什么热情, 而且我可能有过的想当职业数学家的想法也远非高尚. 我总是从考试和学业成绩着眼来考虑数学: 我想要打败别的孩子, 而在我看来, 这是我肯定能打败他人的一条路子.

大约 15 岁时, (很奇怪) 我的抱负发生了急剧的转折. 有一本艾伦 · 圣 · 奥宾[16]写的书, 叫作《三一学院成员》(*A Fellow of Trinity*), 这是一套丛书中的一本, 据说讲的是剑桥的学院生活. 我觉得它可能比玛丽 · 科雷利 (Marie Corelli) 的大多数书都差劲; 但是, 一本书如果能激发一个聪明孩子的想象力, 就很难认为它一无是处. 书中有两个主要人物; 主角叫做弗劳尔斯 (Flowers), 几乎是十全十美的; 配角叫做布朗, 很有些女性的气质. 弗劳尔斯和布朗在大学生活中遇到了很多危险, 最大的危险是两位贝伦敦 (Bellenden) 小姐在

[16] Alan St. Aubyn, 即 Frances Marshall 夫人, Matthew Marshall 的妻子.

切斯特敦[17]主持的赌博沙龙. 这两位年轻女士都很迷人, 但却极端邪恶. 弗劳尔斯摆脱了所有的困境, 没有被搞垮, 获得了数学学位考试的第二名, 成了古典文学的优等生, 自然取得了学院成员资格 (我以为他当时本已如此). 布朗垮下来了, 使他双亲破了产, 自己开始酗酒, 在一次暴风雨中酒精中毒, 仅仅是由于初级部主事的求情才得以幸免, 好不容易才得到一个普通的学位, 最后成了一个传教士. 他们的友谊并没有因为这一切不幸的事情而遭到破坏; 当弗劳尔斯第一次在高级俱乐部中饮葡萄酒吃胡桃时, 他怀着真挚的怜悯, 回想起了布朗.

弗劳尔斯现在成了一个相当可敬的人物了 (就艾伦 · 圣 · 奥宾的描写能力而言), 可是即使是像我这样简单的头脑也不愿承认他是一个聪明的角色. 要是他都能做到这些, 我为何就不能呢? 特别是在高级俱乐部的最后一个场景完全把我吸引住了, 从那时起, 直到我得到学院成员资格时候止, 数学对我来说首先意味着 "三一学院" 成员资格.

我来到剑桥大学后, 立刻发现学位意味着 "独创的工作", 可是经过了很长时间我才对研究工作有一种明确的概念. 当然, 我就像每一个未来的数学家那样, 早在中学时就发现我的本领往往比我的老师们高出许多; 甚至在剑桥, 我仍发现, 我的本领有时比剑桥的讲师还好, 虽然这样的事自然要少得多了. 可是即使当我参加 Tripos 学位考试时, 对于后来我为之耗尽了毕生精力的这门学科实际上是相当无知的; 我仍然把数学看作本质上是一种 "竞争性" 项目. 第一个使我拨云见日的是洛夫 (Love) 教授, 他教过我几个学期, 使我对分析有了第一个严肃的概念. 洛夫教授毕竟主要是一位应用数学家, 他建议我去读若尔当的名著《分析教程》(*Coursd' Analyse*). 这使我获益匪浅. 我无法忘记我读这一杰作时的惊讶之情, 这是我这代许多数学家所受到的第一个启迪, 我读这本书才第一次知道了数学实际意味着什么. 从那时起, 我才自觉自愿地成了一名真正的数学家, 在数学上雄心勃勃, 对数学有了真正的热情.

此后的十年里, 我写过很多东西. 但很少有什么价值, 我还能怀着满意心情回想起来的论文不过就是四五篇罢了. 我的事业中真正的转折发生在十到十二年之后. 1911 年, 我开始与李特尔伍德长期合作, 1913 年, 我发现了拉马努金. 从那时起, 我最好的工作都与他们两位的工作有关; 显然, 我和

[17]实际上, 切斯特敦 (Chesterton) 缺少生动的特色.

他们两位的结识是我一生中一个决定性的事件. 当我感到沮丧或不得不听一些神气活现的人夸夸其谈时, 我就暗自说: “得了, 我曾经做过一件你们压根就没做过的事, 我与李特尔伍德和拉马努金这两个人平等合作搞出了点玩意儿.” 正是得益于他们, 我才能达到这种不寻常的大器晚成: 直到四十出头, 当了牛津大学的教授; 我才达到了一生中的顶点. 从那时以后, 我就开始一直走下坡路了, 这是年龄大的人, 特别是年龄大的数学家共同的命运. 一个数学家六十岁可能仍然还很有能力, 可是不能指望他有任何创造性的想法了.

显然, 我的一生, 不管价值如何, 已经到头, 还能做的事情绝不可能使其价值发生显著的增减了. 不偏不倚难以做到, 我认为不偏不倚也是一种 “成功”; 我所得到的报酬, 对于像我这样一种特级能力的人来说, 已经是超出本分, 而不是还嫌不足. 我保持着一系列舒适而 “尊贵” 的地位, 也很少有大学里乏味的例行事务的烦扰. 我不喜欢 “教书”, 可也得从事少量的教学, 我做的那些教学工作几乎完全是在指导研究; 我很喜欢演讲, 而且曾经给许多极有能力的班级作过演讲, 我总有很多空闲时间做研究, 研究工作一直是我一生中经久不衰的一大乐事. 我觉得与别人合作轻松自如, 我与两位出众的数学家有过广泛的合作, 这使我能够对数学作出的贡献大大超出了我本来的期望. 我跟别的数学家一样, 也有我不如意的时候, 但没有一次是过分严重, 或者使我特别扫兴. 要是我二十岁时能够得到一种既不比这好也不比这坏的另一种生活, 我也会毫不迟疑地接受的.

如果谁以为我本来可以 “干得更好”, 那也是荒唐的. 我没有语言和艺术的才能, 对实验科学极少兴趣. 我也许可以成为一名过得去的哲学家, 但不会是很有创见的一种哲学家. 我想我也许可以成为一名好的律师; 而新闻工作则是学术生涯之外我真正自信能获得好的机会的唯一职业. 毫无疑问, 我选择当数学家是对了, 如果以通常所谓的事业有成作为判断准则的话.

如果我当初的要求只是一个相对舒适和快活的生活, 那么我的选择是正确的. 可是律师、股票经纪人和书商也往往过着舒适和快乐的生活, 然而很难说世界会因为有了他们的存在而更加富有. 能否从某种意义上说, 我的生活不像他们那样无所裨益呢? 我觉得仍然只有一种可能的回答: 也许是这样; 可是如果是这样的话, 那只有一个理由.

我从未做过任何 “有用” 的事. 我的任何一项发现都没有也不可能给世

界的康乐带来直接间接、或好或坏的些微影响. 我也曾经培养过一些数学家, 但却是像我一样的那种数学家, 他们的工作, 至少是在我指引下所做的那些工作, 也像我自己的工作一样无用. 按照一切实用标准来衡量, 我的数学生涯的价值为零; 从数学之外来看, 其价值无论如何也是微不足道的. 我只有一个机会逃脱微不足道这一裁决, 那就是可以裁决我曾创造过一些值得创造的东西. 我曾经创造过一些东西, 这一点是不可否认的, 问题在其价值.

因此对我, 或对其他任何一个当过像我这样一个数学家的人, 其一生的情况是: 我曾经为知识领域添砖加瓦, 也曾帮别人添枝加叶; 这些东西的价值, 比起身后留下某种纪念物的大数学家或任何其他大大小小的艺术家们创造的价值, 只是程度上有所不同, 性质上并无差异.

编者评注

创造之不可捉摸*

数学是如何创造的? 什么样的大脑能够创建数学的命题和构造数学的系统? 如何来激发和培养数学思想? 与音乐家、诗人、画家、棋手及普通人相比, 几何学家或代数学家是如何从事脑力劳动的? 哪些是数学创造中的关键因素? 直觉吗? 对空间和时间的敏感吗? 计算机器的精确性吗? 超强的记忆力吗? 追寻复杂结果的卓越技巧吗? 高度集中的注意力吗?

心理学家已经在设法寻找答案, 但是他们的解释给人的印象并不深刻. 法国著名数学家雅克 · 阿达马 (Jacques Hadamard) 在他的小册子《数学领域中的创造心理学》(*The Psychology of Invention in the Mathematical Field*) 中考察了这一课题. 书中的论述令人满意但是不太具有启发性. 著名的颅相学家高尔 (Gall) 说, 数学能力是在脑部的特殊凸起上表现的, 并指出了凸起的具体位置. 心理学家苏里欧 (Souriau) 则主张, 创造往往是通过 "纯粹的机会" 产生的, 这是一个有价值的理论. 人们常常认为创造性的思想会在 "数学之梦" 中被唤起, 不过这个引人注目的假设还没有得到证实. 阿达马报告说, 数学家被问及 "噪音" 或 "气象环境" 是否有助于或者有碍于研究; 除了最专心致志者, 所有的人显然都会为突发事件所困扰, 而这些因素的建设性影响却是公认值得怀疑的. 克劳德 · 贝尔纳 (Claude Bernard) 是一位伟大的心理学家, 他说, 为了创造,"一个人必须侧面思考". 阿达马认为这是一个有深远意义的见解. 他也在考虑能否通过站着或坐着思考抑或是通过连续洗两次澡来改善科学创造. 赫姆霍茨 (Helmholtz) 和庞加莱总是坐在桌子前工作, 阿达马的经验是在房间里踱步 (正如埃米尔 · 安吉尔 (Emile Angier) 所说 "双腿是思维的轮子"), 化学家提坡 (J.Teeple) 是个洗两次澡的人. 唉, 名人的习惯很少使他们的弟子受益. 年轻的哲学家通过学习康德的守时未必获益, 生物学家从

*本编者评注及第 2 章由王昌译, 李文林校订.

培养达尔文的消化不良不会得到什么好处, 剧作家跟着萧伯纳吃素也很少获益.

下面的文章, 是本世纪 (20 世纪) 初在巴黎心理学会的一份讲稿, 同时也是描述数学家大脑如何工作的最不做作和最著名的尝试. 亨利 · 庞加莱是政治家的表亲, 他是承担该任务的最佳人选. 庞加莱是历史上所有时代最重要的数学家之一, 一位举世无双的分析学家和数学物理学家, 同时他也能对科学哲学作出无人能及的阐释. 我认为, 庞加莱这篇文章在解释数学创造的问题上是完全不成功的, 但是作为一份自传式的片段, 它告诉我们一个戏剧性的故事, 它是科学和文学的珍宝之一.

世界上的所有创造发明最先既不是由推理也不是由大脑发现的, 而被认为是那些幸运的人们通过错误或疏忽的启发而做出的.

萨缪尔 · 巴特勒 (Samuel Butler, 1612—1680)

---

2 数学的创造

亨利 · 庞加莱

数学创造的起源是一个使心理学家很感兴趣的问题. 它是一种活动, 在这种活动中, 人类思维似乎从外部世界汲取的最少; 在这种活动中, 人类思维发生作用或者似乎只是独自发生作用. 因此, 在研究几何学思想的过程中, 我们也许希望能够触及到人类思维最本质的东西.

长期以来, 这一点已经引起人们的关注, 一段时间前, 由莱桑 (Laisant) 和费尔 (Fehr) 编辑的《数学教学》(*L'enseignement mathématique*) 杂志开始对不同数学家工作的思维习惯和方法进行调查研究. 当这些调查结果被发表的时候, 我已经完成了这篇文章的主要框架, 所以说我几乎不可能利用他们的结果. 我只是想说明, 大多数的证据能够证实我的结论. 我没有说是全部, 因为在面对全体投票时, 是不可能希望意见会完全一致的.

最初的事实应该会使我们惊讶, 或者说, 如果我们对此还不习惯, 它就会使我们惊讶. 为什么会有人不能理解数学? 如果数学仅仅唤起正常的思维都能接受的逻辑法则; 如果数学的证明建立在除非是疯子否则没有人能否认的常识性原理的基础上, 那么为什么还会有这么多人不能掌握数学?

不是每个人都能创造数学, 这一点毫不奇怪. 不是每个人学习了某个定理以后都能运用它. 但是, 即使在对数学推理进行解释之后, 也并不是每个人都能领会它, 想到这一点就让人感到十分惊奇了. 而且就算能跟得上这种数学推理的人, 大多数也会感到很困难, 这一点无可否认, 相信每个当过中学老师的人对此都深有体会.

此外, 数学中怎么可能产生错误呢? 理智的思维不应当犯下逻辑的错误, 有一些非常聪明的人, 他们在日常生活中不会被简单推理难倒, 但是他们在效仿或重复较长的数学证明时却不可能不出错, 毕竟数学证明不完全类似于他们容易做出的简短推导的叠加. 我们是否应该补充一句, 数学家们自身并不是永不犯错的人?

对于我来说, 答案似乎是明显的. 想象一系列的三段论推理, 第一个的结论看成是下一个结论的前提, 我们将能够理解这些三段论推理中的每一步推理, 从前提到结论的过渡中, 我们的确没有处于犯错的危险之中. 但是, 在某一时刻我们第一次碰到一个命题, 它可以作为一个三段论式的结论, 过了一段时间后, 我们又重新遇到了它, 这时它是作为另一个三段论式的前提, 在这两个时刻之间, 这个推理链的几个环节会展现出来. 所以, 可能会发生这样的情况: 我们已经忘了它, 或者忘了它的含义, 我们用一个稍微不同的命题代替它, 或者在保持相同的陈述时, 我们赋予了它稍微不同的意义, 由此我们就暴露出了错误.

数学家经常运用一种法则, 他当然要从证明这个法则开始. 当这个证明在他的记忆中还很清晰时候, 他完全理解它的意义和它的关系, 这时他不会陷入改变它的危险之中. 但是随后, 他相信了他的记忆, 并且仅仅机械地运用它. 倘若他的记忆模糊了, 他可能会整个用错它. 举一个简单例子, 这就像我们在运算中有时出错, 是因为我们已经忘记了乘法表.

由此看来, 数学的特殊能力仅仅可以归因为十分确定的记忆或者惊人的注意力, 就像是玩惠斯特牌 (whist-player) 的人的能力, 这些玩牌的人记着玩的牌, 或者进一步说, 数学的特殊能力就像是棋手所具有的能力, 棋手能够设想很多的组合, 并把它们铭记在心. 每一个好的数学家都应该是一个好的棋手, 反之亦然; 好的数学家同样也应该是一个好的计算家. 当然, 有时情况确是如此, 高斯是一个天才的几何学家, 同时也是一个非常早熟的、精确的计算家.

但是也有例外, 或者宁愿是我弄错了; 如果例外只不过是常规, 就不能叫它们是例外. 相反, 高斯才是一个例外. 就我自己而言, 我必须承认, 即使是做加法我也不可能绝对不出错. 同样, 我应该是一个并不高明的棋手; 如果采用某种走法, 我觉察到自己将面临某种危险, 思索了其他几种走法, 因为一些原因我放弃了它们, 最终应该还是走了最初想的走法, 在这期间我已经忘记了之前预见到的那些危险.

总之, 我的记忆不是很差, 但是它还不足以使我成为一个好的棋手. 在一段困难的数学推导中, 大多数棋手都会迷失自己, 可是我为什么不会失败呢? 显然, 这是因为一般的推导过程引导着我. 数学证明并不是三段论式的简单并列, 而是以一定次序排列的三段论式, 这些元素的排列顺序比元素本身更为重要. 如果我具有对这种排列的感觉, 也可以说是对这种排列的直觉, 以便一眼就能觉察到作为一个整体的逻辑推理, 我就不必再担心我会忘记这些元素之一, 因为每一个都将安排在序列中的指定位置, 无需我劳神费心地去记忆.

在重复已经学过的推理时, 我好像曾经创造了它, 这往往仅是一种错觉. 但是即便是这样, 即使我自己没有创造它的天赋, 通过重复我也会重新创造它.

我们知道对数学次序的这种感觉、这种直觉, 使得我们可以预知隐含着的协调与关系, 但是并不是每一个人都具有这种感觉和直觉. 有些人要么没有这种微妙的难以定义的感觉, 要么没有超出常人的记忆力和注意力, 那么他们绝对不可能理解高等数学, 这样的人占大多数. 另一些人只是稍微有这种感觉, 但他们有不同寻常的记忆力和超强的注意力这样的天赋. 他们将逐个地用心学习细节, 他们能够理解数学, 有时也会应用, 但是他们不会创造. 最后, 还有一些人或多或少地具有所提到的特殊的直觉, 即使他们的记忆没有不同寻常之处, 他们不仅能够理解数学, 而且还可以变成创造者, 试图做一些创造, 他们所能取得的成就的多少要看这种直觉在他们身上得以发展的程度.

事实上, 什么是数学创造? 它不在于用已经知道的数学实体作出一些新的组合. 这是任何人都可以做到的, 而且这样作出的组合在数量上是无穷多的, 它们中的大多数绝对没有意义. 创造恰恰在于不作无用的组合, 而是作一些有用的并且极少的组合, 创造就是识别和选择.

我之前已经解释过如何来作这种选择. 值得研究的事实是这样的: 通过它们与其他事实的类比, 能够使我们理解数学定律, 就像实验事实能够使我们理解物理学定律一样. 它们是向我们揭示其他事实之间的未曾预料的关系的事实, 虽然早就知道, 但是我们却错误地认为它们彼此之间没有关联.

在选择出来的所有组合中, 最有成果的组合往往是从离得很远的领域中取来的元素所作成的组合. 我的意思并不是说, 把尽可能不同的对象聚集到一起就能作出创造, 这样作出来的大多数组合是没有成果的. 但是它们中某些非常稀有的组合却是所有组合中最有成果的.

我说过创造就是选择, 但是这句话可能不完全准确, 这使人想起采购员, 在他面前摆放着大量的货物样品, 为了作出选择, 他一个接一个地检查它们, 但是这里的货物样品多到耗尽一生的时间都无法查完. 实际情况并非如此, 没有成果的组合甚至不会出现在发明家的思维中. 除了他丢弃的一些组合, 虽然这些组合在某种程度上具有有用组合的特征, 在他有意识作出组合的范围内, 不会出现真正无用的东西. 所有这一切就好像创造者是一位复试的主考官, 他只询问已经通过初试的候选人.

但是, 迄今为止我所说的都是在认真阅读几何学家的著作中可以观察或者可以推断的东西.

是时候较深入地透视在数学家的心灵深处发生了些什么. 我相信, 就此而言通过我自己的回忆能做到最好. 但是, 我将只限于讲述我是如何写出关于富克斯 (Fuchsian) 函数的第一篇论文的. 我请求读者原谅, 我要使用一些专业的表述, 但是不必惧怕它们, 因为没有人强迫你去理解它们. 例如, 我将要说, 在那样的情况下我找到了这样一个定理的证明. 这个定理将有一个不规范的名字, 许多人都不知道它, 但是这并不重要, 心理学家的兴趣不在于定理本身而在于找到这个定理的环境.

我曾用了 15 天的时间努力证明不可能存在任何类似于我后来称之为富克斯函数的函数. 我当时什么也不知道, 每天一个人坐在办公桌前, 一坐就是一两个小时, 尝试了许多组合, 也没有得到什么结果. 一天傍晚, 我违反我的习惯, 喝了黑咖啡, 结果怎么也睡不着. 各种想法蜂涌而至; 我觉得它们互相冲突, 直到把它们结合起来, 可以说是作出了一个稳定的组合. 到第二天早上, 我已经建立了一类富克斯函数的存在性, 它们来源于超几何级数; 我只需写出结果, 这只用了几个小时.

接下来, 我想用两个级数的商把这些函数表示出来, 这个想法完全是有意识和深思熟虑的, 与椭圆函数的类比指引了我. 我问自己如果这些级数存在, 那么它们必须具有什么样的性质, 在毫不费力的情况下, 我成功地形成了所谓的 θ-富克斯级数.

刚好在这个时候我离开了当时居住的卡昂 (Caen), 参加了矿业学校赞助的地质考察旅行. 旅行使我忘记了自己的数学工作. 到达库唐塞 (Coutances) 后, 我要坐公共汽车去某个地方. 当我踏上汽车的那一刻, 脑海里就闪现出一个想法, 而在此之前我的思想好像没有什么准备. 这个想法就是: 我过去定义的富克斯函数的变换等价于非欧几何的变换. 我没有证明这一想法, 当时我没有时间, 因为我一坐上公共汽车的座位, 就开始并一直继续着跟别人的交谈, 但是我觉得这是一个完全可靠的想法. 回到卡昂, 为了无愧于心, 我在闲暇时间证明了这一结果.

然后, 我的注意力转向一些算术问题的研究, 似乎没有取得什么结果, 也没有察觉它们会与我之前的研究有什么联系. 因为失败而心烦, 我花了几天时间去海滨, 思考一些其他事情. 一天早上, 我在悬崖边散步时忽然想到: 不定三元二次型的算术变换等价于非欧几何的变换, 这个想法恰恰具有同样的简洁、突如其来和迅速确定的特征.

回到卡昂后, 我仔细思考了这个结果, 并且推导出一些结论. 二次型的例子向我表明, 存在着与对应于超几何级数的群不同的富克斯群. 我看到, 可以把 θ-富克斯级数理论应用到这些群上, 从而存在着一些富克斯函数, 它们不同于当时已知的、从超几何级数得到的函数. 很自然, 我决心自己构造所有这些函数, 并且开始系统地解决问题, 一个接一个地攻克了所有的外围壁垒. 然而, 有一个问题却了无进展, 而其成败却牵动全局. 我所有的努力最初只不过是更加显示出问题的困难, 某种实在的困难. 所有这些工作我都是完全有意识进行的.

随即, 我离开卡昂去了瓦莱里昂山 (Mont-Valérien), 在那里服兵役, 所以是做着完全不同的事情. 有一天, 正沿街走着, 那个曾经使我纠结的难题的答案突然浮现在我眼前. 我当时并没有立即深入探讨, 直到服完兵役, 我才重新开始研究这个问题. 我已经有了所有的元素, 只需要排列和整理它们即可. 于是一下子就写出了我最后的论文, 一点也没有感到困难.

我只举这样一个简单的例子, 多多举例也没用. 关于我的其他研究, 我会说出类似的情况, 其他数学家在《数学教学》中给出的意见也只会证实我的看法.

首先, 最令人震惊的是顿悟的出现, 这是之前长期无意识工作的明显征兆. 这种无意识工作在数学创造中的作用在我看来是无容置疑的, 并且在其他不太明显的情况下, 也可以找到无意识工作的痕迹. 通常, 当一个人思考一个很困难的问题时, 最初的工作不会得到什么好的结果. 于是, 或长或短地休息一下, 然后坐下来重新工作. 在刚开始的半小时里, 和以前一样, 没什么发现, 然后突然一个决定性的想法会浮现在脑海中. 可以这样说, 有意识的工作之所以富有成果, 是因为它曾被中断, 休息使人的思维恢复活力, 保持清新. 但是, 很有可能这种休息充满着无意识的工作, 这种工作的结果以后会向几何学家揭示出来, 情况正如我举的例子所说; 只是这种揭示不是发生在散步或旅行中, 而是发生在有意识的工作期间, 但又与这种有意识的工作无关, 有意识的工作最多起了兴奋剂的作用, 就像是一种刺激物, 激发了在休息期间已经达到的、但仍处于无意识状态的结果, 使其采取有意识的形式.

关于这种无意识工作的条件, 还要加上另一点评论: 无意识工作是可能发生的, 但确实只有当它一方面发生在一段有意识的工作之后, 另一方面又紧随着另一段有意识的工作, 才可能富有成果. 除非经过若干天有意的努力, 那些突如其来的灵感 (已经引用的例子证明了此种灵感的存在) 绝不会出现. 这种有意的努力看起来好像毫无成果, 从中得不到什么好东西, 这里似乎是完全误入歧途了. 然而这些努力也不是人们想象的那样一点用处都没有, 它们驱动着无意识的机器, 没有它们, 无意识的机器就不能运转, 更不会产生出任何东西.

有了灵感之后, 有意识工作的第二个阶段的必要性还是比较容易理解的. 必须要使得这一灵感的结果成形, 从它们中推导出直接的结果, 整理它们, 并用语言将证明表达出来, 但是最重要的是必须验证其必要性. 我已经说过伴随着灵感的绝对确信的感觉, 在所举的例子中, 这种感觉不会骗人, 而且通常也是不会骗人的. 但是不要觉得这个法则没有例外, 这种感觉有时在不是很迷蒙的情况下也会欺骗我们, 只有当我们试着证明它们时, 才会发现问题. 我特别注意到, 对于早晨或晚上躺在床上处于半睡眠状态时出现的想法, 往往会有这种情况.

这些都是事实, 现在来讨论我们不得不接受的想法. 无意识的自我, 或者如人们所说的, 潜意识的自我在数学创造中起着重要的作用, 这一点我们从以上所述已经有所认识. 但是, 通常潜意识的自我被看成是纯粹自动的. 现在, 我们已经看到, 数学工作不是简单的机械工作, 它不能用机器去完成, 无论多么完善的机器. 它不仅仅是一个运用法则的问题, 也不是一个根据某些固定法则作出尽可能多的组合的问题. 由此得到的组合数量会极多, 并且是无用的、难以下手的. 创造者真正的工作在于在这些组合中作出选择, 以便消去无用的组合或者毋宁说是避免处理它们的麻烦, 而且指导这一选择的法则必须非常精巧和微妙. 要精确地陈述这些组合几乎是不可能的, 它们是被感觉到而不是被陈述出来. 在这样一些条件下, 怎么能想象一个能机械地应用它们的筛子呢?

现在, 第一个假设呈现出来: 潜意识的自我绝不比有意识的自我低等, 它不是纯粹自动的, 它能够识别, 它机智、巧妙, 它知道如何选择, 如何预言. 我要强调什么呢? 它比有意识的自我更知道如何来推测预言, 因为在有意识的自我失败的地方, 它成功了. 总之, 潜意识的自我难道不是比有意识的自我优越吗? 你们充分认识这个问题的重要性. 布特鲁 (Boutroux) 在他最近的演讲中表明, 这个问题如何出现在不同的场合, 对它的肯定回答会得出什么结论.(也可去看相同作者的《科学与宗教》*Science et Religion*, pp.313ff)

这种肯定的回答是我刚刚已经给出的事实迫使我们作出的吗? 就我自己而言, 我承认我应该是讨厌接受它的. 那么重新审查一下那些事实, 看看它们是否适合于另一种解释.

可以肯定的是, 在无意识的工作延续一段时间后, 以一种顿悟出现在我们大脑中的组合通常是有用的、富有成果的, 这似乎是最初印象的结果. 能否由此得出结论说: 潜意识的自我仅仅形成了这些组合, 并通过微妙的直觉预言这些组合是有用的? 或者说它同时还形成了许多其他令人不感兴趣的、仍然处于无意识状态的组合呢?

在观察潜意识自我的第二种方式中, 所有组合的形成都是潜意识自我自动作用的结果, 不过只有有趣的组合才能进入有意识的领域. 但这仍然是非常神秘. 在我们无意识活动的成千产物中, 是什么原因使得有一些被召唤跨过了门槛, 而其他的依然留在门槛之外呢? 是一个简单的机会赋予了这种特权吗? 显然不是, 例如, 在我们能感觉到的所有刺激中, 只有最强烈的才能引起我们的注意, 除非因为其他原因转移了我们的注意力. 更一般地, 有特权的无意识现象, 即容许变成有意识的现象, 是那些最深刻的直接或间接地影响我们情感的现象.

看到呼唤数学证明意向的情感, 可能会觉得惊奇, 这些数学证明好像只能使理智感兴趣. 这也许是忘记了数学的美感, 数与形的和谐感, 几何学的优雅感. 这是一种所有真正的数学家都知道的审美感, 它确实也属于情感的范畴.

现在, 我们赋予了美和优雅这一特征并且能够形成一种审美情感的数学实体究竟是什么? 它们是这样的实体, 它们的元素恰当地配置在一起, 以至于我们的心智在了解其细节的同时就不难认识其整体. 这种和谐也是我们审美需要的一种满足, 是支持和指导我们心智的助手. 在我们的眼前放着一个井然有序的整体, 它使我们能够预见数学定律. 现在, 正如我们上面已经说的, 值得我们注意的并且有用的数学事实仅仅是那些能告诉我们数学定律的. 于是我们可以得出下面的结论: 有用的组合确实是最美的组合, 我指的是那些最能使所有数学家都知道的这种特殊情感着迷的组合, 而一般凡夫俗子则往往不屑一顾, 或者只是对之一笑了事.

接下来会发生什么呢? 在由潜意识自我盲目形成的大量组合中, 几乎所有的组合都是毫无意义和毫无用处的, 但是正是由于这个原因, 它们对审美感也没有什么影响. 意识将永远不会知道它们. 仅仅有某些组合是和谐的, 从而既是有用的又是优美的. 它们将能够触动我刚才所说的几何学家的特殊情感, 这种情感一旦被唤起, 就将引起我们的注意, 并获得变成自觉的意识的机会.

这仅仅是一种假设, 然而这里有能够证实它的观察材料: 当一个顿悟出现在数学家的思维中, 它往往不会欺骗数学家, 不过正如我说过的, 有时也会发生不能经受验证的情况. 不过, 我们几乎总是注意到, 倘若这种虚假的思想是真实的, 它就会满足我们对数学美的自然情感.

因此正是这种特殊的审美感, 它具有我说过的微妙的筛选作用, 这充分解释了为什么缺乏审美感的人无法成为一个真正的创造者.

可是, 所有的困难并没有消失. 有意识的自我受到严格限制, 至于潜意识的自我, 我们并不知道它的限制条件. 这就是为什么我们情愿假设, 潜意识的自我能够在短时间里作出比有意识的自我整个一生作出的还要多的不同组合. 但是, 对潜意识自我的限制还是存在的. 那么潜意识自我是否能够形成所有可能的组合, 其数目之多很难想象? 无论如何, 这似乎是必要的, 因为如果它仅仅是随机地产生少量这样的组合, 那么我们将罕有机会从它们中找到并选出好的组合.

也许我们应该从有意识工作的前期阶段寻求解释, 这一有意识工作时期总是出现在富有成果的无意识工作之前. 请允许我作一粗略的比较, 把我们组合中的未来元素想象为伊壁鸠鲁的带钩原子. 在思维完全休眠期间, 这些原子是不动的, 也可以说, 它们被钩在了墙壁上, 所以这种完全的休眠可以无限地延续下去, 而不会有原子的相遇, 从而在它们之间没有任何组合.

另一方面, 在表面休息和无意识工作期间, 它们中的某些原子脱离墙壁并开始运动. 这些原子通过它们所在的空间 (我打算说房间) 急速地向各个方向运动, 譬如好像是一群昆虫, 如果你比较喜欢学术比喻的话, 那就像气体运动学理论中的气体分子. 于是, 它们之间的相互碰撞可能产生新的组合.

初期的有意识工作具有什么作用? 显然, 它驱动某些原子, 将它们从墙壁上解开并开始摆动. 至此我们觉得我们并没有做出什么好的工作, 我们让这些元素以上千种不同的方式运动, 试图对它们进行组合, 但一直未能找到令人满意的组合. 不过, 通过我们的意志使这些原子进入运动之后, 它们将不会返回到它们原来的状态. 它们自由地继续它们的舞蹈.

现在, 我们的意志并非随机地进行选择, 而是要追求一个完全确定的目标. 被驱动的原子因而并非是任意的原子, 它们是一些从中我们可以合理地期望所求答案的原子. 于是, 这些运动的原子经受碰撞, 这种碰撞使得它们进入组合过程, 或者是这些运动原子自身的相互组合, 或者是它们与那些原来静止但受到其撞击的原子的组合. 在此我再次请求原谅, 我的比喻非常粗糙, 但是我几乎不知道如何用其他方法使我的想法能被理解.

不管情况如何, 有机会形成的组合仅仅是这样一些组合, 即其中至少一个元素是通过我们的意志自由选出的那些原子之一. 很显然, 现在可以在这些组合中找到我所谓的 "好的组合". 也许这是一种减少最初假设中的悖论的方法.

还有另外的观察. 无意识的工作绝不会为我们提供冗长的计算结果, 这些计算结果全部只是运用固定的规则而得到. 我们可能以为, 完全自动的潜意识自我特别适合于这种一定意义上纯机械的工作. 就好像我们晚上想着乘法的因数, 希望一觉醒来发现已经做好的乘积, 或者希望代数运算例如一个验证可以无意识地做出来. 正如观察所证明的, 根本就没有这样的事. 人们希望从这些灵感中得到的一切, 作为无意识工作的成果, 只是这样的运算的出发点. 至于运算本身, 它们必须在紧随灵感之后的有意识工作的第二阶段完成, 在此阶段人们验证灵感的结果并且推导它们的结论. 这些运算法则是严格的、复杂的. 它们要求规律、专注、意志, 从而要求自觉的意识. 相反, 在潜意识自我中, 占掌控地位的是我所称的自由, 如果我们用自由这个词来表示规律的缺乏和机会产生的混乱无序的话. 只是, 这种混乱无序本身却允许出乎意料的组合.

现在我来作最后的评论: 当我发表上述这些个人的观察时, 我说到一个激动的夜晚, 我在这个夜晚不由自主地工作. 这样的情况经常发生, 反常的大脑活动不必由我所提到的物质刺激引起. 在这样的情况中, 一个人深处无意识工作之中, 这些工作可以部分地被过于激动的意识所感知, 而这并不改变其无意识的性质. 于是, 我们隐约地理解了两种心理过程 (如果你愿意的话, 也可以说两种自我的工作方法) 的区别. 对我来说, 我能够作出的心理学考察似乎已概括地证实了我给出的观点.

的确, 这些观点需要证实, 因为它们是并且无论如何仍将是假设. 由于这些问题意义重大, 我不会后悔向读者提出自己的观点.

编者评注

偶然一用*

数学的观念起源于经验. 我怀疑这一真理被广泛承认, 或者数学家们总是准备着承认它暗示的亏欠. 学童被教导, 几何学作为一门经验科学的发轫之初, 就是在埃及发明一组土地测量的规则之时; 而且普遍认可, 我们用十进制是因为我们有十个指头, 尽管在严格的意义上这可能不是真的. 在更高级的数学中, 观念对于经验的关系就不那么明显. 抛开学生认为代数和微积分的发明就是为了虐待他的这种无价值的怀疑, 显然, 解释这两门学科来自哪里就不比解释算术的起源更容易. 但是, 数学史学家不难证明, 微积分始于作为测量由曲线和曲面界定的面积和体积的一种方法 (例如, 开普勒在积分上的最初尝试源于与酒桶测量的联系); 代数学具有 "很强的与经验的联系". 总之, 可以证明, 在数学和自然科学的发展之间有一种密切的关联.

当然, 不总是能给出数学植根于经验这样一个简单且令人信服的证明. 为了满足纯粹数学家中的最纯粹者, 这门学科的一些重要分支是如此极端的抽象而且不涉人事. 希尔伯特空间的研究与空间无涉, 尽管它不得不与名为希尔伯特的数学家发生联系; 西尔维斯特的有趣的论文《论处女问题, 以及复合划分的一般理论》(On the Problem of the Virgins, and the General Theory of Compound Partition) 联系到处女与划分是不明智的.富有才智的人能从最简单的材料创造出的东西是令人惊异的.

数学的一些特定的领域应完全脱离经验主义者和生活, 可以说, 脱离他们自己的生活, 这似乎是可行的, 但我认为人们不能避免这样的结论: 数学的所有分支最终导源于人类的经验之中. 任何其他观点必定退却, 并在最后诉诸神秘主义. 此外, 当数学的最抽象且 "无用" 的学科发展一段时间, 它们

*原文是 The Use of a Top Hat as a Water Bucket, 直译为把大礼帽作水桶用. 本编者评注由赵振江译.

经常被科学的其他部门作为实践工具而被掌握.我认为这不是偶然事件, 就像一个人为婚礼买了一顶大礼帽, 后来当火灾突然发生时, 他发现大礼帽能用作水桶. 冯 · 诺依曼 (Von Neumann) 给出微分几何学和群论的例子, 它们作为智力游戏被发明, 而且按照 "非应用" 的精神仍然被继续研究. "在一种情形是 10 年之后, 另一种情形是一个世纪之后, 它们在物理学上变得非常有用." 有这样的一些数学家, 他们认为这样使用他们心爱的学科是一种亵渎; 充其量, 他们认为在仅凭实验证明的科学中的应用是无关紧要的. 没有必要与这种观点争论. 重要的是, 如此抽象地想出的数学活动常常在世界的实践工作中起作用. 这暗示了——即使它实际上没有证明——一种深刻的联系.

在下面的论文中, 这些事项被有创见地考虑了. 约翰冯 · 诺依曼是我们时代最著名的数学家之一. 在扩大我们对任何问题的理解上, 无论问题如何复杂, 只要他专注于它, 他就从未失败过. 他的观察既有启发又有刺激. 在这篇论文中他提出了激动人心的建议: 判断数学成功的标准 "几乎完全是审美的". 这远离了数学是关于必不可少的和永恒的真理的学问这一概念. 数学作为品位之事是一个会引起许多人兴趣的概念, 至少是会引起对这一学科的更严格的形式没有品位的那些人的兴趣.

* * *

我增加关于冯 · 诺依曼的一个传记性注记. 他 1903 年生于匈牙利的布达佩斯, 在柏林大学、苏黎世工学院和布达佩斯大学接受教育.有段时间, 他在柏林大学执教, 从 1930 年到 1933 年, 他是普林斯顿大学的数学物理学教授. 在 1933 年, 他成为普林斯顿高等研究院的教授. 在几个数学分支, 他的工作是一流的: 数理逻辑、集论、连续群论、遍历理论、量子论、算子论和高速计算装置. 因为在二次大战和其后他作为美国陆军和美国海军以及美国原子能委员会的顾问的宝贵贡献, 他获得了功绩勋章, 杰出公民奖, 费米 (Fermi) 奖.他是美国科学院院士, 在 1954 年被任命为美国原子能委员会的成员[1].

[1]他于 1957 年卒于美国华盛顿.—— 译注.

他, 能借助几何量器测定啤酒罐的尺寸; ……

他, 能借助代数知识精确地预报每日的时刻.

S. 巴特勒 (17 世纪英国诗人) (*Hudibras*)

---

3 数学家*

约翰·冯·诺依曼

讨论智力活动的本质在任何领域里都是一项困难的任务, 即使是在像数学这样离我们共同的人类智力活动中心区域并不太远的领域里也不例外. 讨论任何智力活动的性质本质上都是困难的 —— 至少比仅仅练习该具体的智力活动困难. 理解飞机的机械装置及其提升和推进的力学理论, 比只是乘坐它、靠它升高和运输 ——甚至比驾驶它都更难. 一个人在以一种直觉和经验的方式消化吸收一个作用过程之前, 不需要预先通过操作和使用来深入熟悉就能理解它, 则是一种例外.

因此, 除非事先假定对该领域已有一个轻松的常规了解, 否则对任何领域中的智力活动进行任何讨论都是困难的. 在数学中, 如果想要把讨论保持在非数学的层面, 那么这种限制将是非常严格的. 此时, 这种讨论必将显示出某些非常糟糕的特征; 对于所给出的论点根本不能适当地证明, 而整个讨论也不可避免地流于肤浅.

我非常清楚自己要讲的话里的这些不足, 并为此先向大家道歉. 另外, 我将要表达的某些观点其他许多数学家可能不完全赞同 —— 你们听到的是本人不太系统的感想和阐释, 而且对于判断这些观点是否中肯, 我也不能给你们多少帮助.

然而, 尽管存在这些障碍, 我也必须承认尝试跟你们谈论数学中智力活动的本质是一项有趣而且富有挑战性的任务. 我只希望自己不会败得太惨.

*本章由王丽霞译.

在我看来, 关于数学最独特的事实是它与自然科学, 或者更一般地, 与不只限于在纯粹描述层面上解释经验的任何一门科学的特殊关系.

大部分数学家和其他人会同意, 数学不是一门经验科学, 或者至少它的练习方式在几个决定性的方面不同于经验科学技巧的练习. 然而, 它的发展与自然科学密切相关. 它的主要分支之一 —— 几何学, 实际上是作为一门自然的经验科学开始的. 现代数学的某些最好的灵感 (我认为是最好的一些) 无疑来自于自然科学. 数学方法渗透并统治着自然科学的 "理论" 分支. 在现代经验科学中, 是否容易使用数学方法或者接近数学的物理方法已经越来越成为衡量这门科学是否成功的一个重要标准. 事实上, 在自然科学中贯穿着一条由假晶现象[1]构成的、所有环节都指向数学、并且几乎等同于科学进步的概念本身的连续不断的链条, 这一点已经越来越明显了. 生物学日益被化学和物理学渗透, 化学日益被实验物理学和理论物理学渗透, 而物理学日益被理论物理高度数学化的形式所渗透.

在数学的本质中存在着一种非常特殊的二重性. 人们必须认识、接受这种二重性, 并将它吸收到关于这门学科的思考中来. 这种两面性就是数学的本来面目, 而且我不相信有可能不牺牲其精华而得到任何简化的、一元论的观点.

因此, 我不打算呈现给你们一种一元化的观点. 我将尽最大努力尝试描述数学本身所具有的复杂现象.

不可否认, 数学中在那些人们所能想象的最纯的纯数学部分, 一些最好的灵感来源于自然科学. 我们将列举两个最不朽的事实.

第一个例子当然应该是几何学. 几何学是古代数学的主要部分. 现在, 几何学与它的几个分支一起仍然是现代数学的重要组成部分. 毋庸置疑, 几何学在古代起源于实际经验, 而它开始成为一门学科的过程, 与今天的理论物理学没有什么不同. 除了其他所有证据之外, "几何学" 这一名称本身也表明了这一点. 欧几里得的公设化处理标志着几何学与经验主义分离的伟大一步, 但是要支持这种观点, 说这就是造成几何学与经验完全分离的决定性的最后一步则并非那么简单. 在这方面, 欧几里得的公理化在一些细枝末节上的确不符合绝对的公理严密性的现代要求, 这还是次要的. 更为本质的是:

[1] Pseudomorphosis, 译为假晶现象、伪形或假蜕变, 原为矿物学名词, 指一种岩石的熔岩注入他种岩石的缝隙和空洞中, 以致造成了一种混生的 "假晶", 即貌似乙种的岩石, 实际包裹的却是甲种岩石.——译注

其他那些无疑属于经验科学的学科, 比如力学和热力学, 常常或多或少地以公设化的处理给出. 而在某些作者的介绍中, 这种处理简直难以与欧几里得的程序相区别. 我们这个时代中理论物理学的经典著作 ——牛顿的《原理》(*Principia*), 无论是某些最关键部分的精髓还是行文风格都与欧几里得非常类似. 当然, 在所有这些例子中, 公设化表述的背后都有支持那些公设的物理学见解和佐证那些定理的实验证据. 但是人们也很可以辩称, 也有可能对欧几里得几何学作类似的解释, 尤其是根据几何学取得长达两千年的稳定和权威之前的古代的观点 —— 几何学的这种权威性在现代理论物理学的大厦里依然是明显缺乏的.

而且, 自欧几里得以来几何学的非经验化虽已逐步发展, 却从未变得十分完善, 甚至到了现代也还是这样. 非欧几何的讨论为这一点提供了很好的例证. 它也提供了数学思想矛盾冲突的一个例证. 由于该讨论大部分在高度抽象的层面上进行, 它涉及欧几里得 "第五公设" 究竟是否能由其他公设得到这样的纯逻辑问题; 而其形式上的冲突被克莱因 (F.Klein) 的纯数学例子消除了. 克莱因的例子说明了如何能通过在形式上重新定义某些基本概念而使一片欧氏平面成为非欧平面. 然而, 经验的刺激自始至终都是存在的. 在欧几里得的所有公设中, 只有第五公设被质疑的主要原因很显然是由于在这里而且只有在这里才涉及整个无限平面概念的非经验特性. 抛开数学逻辑方面的所有分析, 至少在某种重要的意义上, 也许必须以经验来决定赞成或者反对欧几里得几何学, 这种想法在最伟大的数学家高斯的头脑中肯定是存在的. 在波尔约 (Bolyai)、罗巴切夫斯基 (Lobatschefski)、黎曼和克莱因得到更加抽象的、我们今天认为是原始争论的正式解答之后, 经验或者更确切地说物理学, 却拥有最后的话语权. 广义相对论的发现也迫使我们在崭新的背景下, 随着纯数学重点的全新分布, 修正了我们关于几何关系的看法, 最后, 距离完成与以前的情况大不相同的如画美景还差一点儿. 最后这一步发展是在现代公理逻辑数学家手里完成的, 它与欧几里得公理方法的完全非经验化和抽象化发生在同一时代. 而这两种看似矛盾的观念, 在一个数学思想中完全相容[2]; 因此, 希尔伯特对于公理化几何学和广义相对论两者都作出了重要贡献.

[2]指欧氏几何与非欧几何统一在希尔伯特的公理化几何学中. 与欧几里得不同, 希尔伯特还要求他的公理满足完备性、独立性和相容性这三个逻辑要求. 希尔伯特公理化几何的代表作是《几何基础》. 庞加莱称希尔伯特开创了几何学史的第三个阶段.——译注

第二个例子是微积分, 或者更确切地说, 是在微积分基础上形成的全部分析学. 微积分是现代数学的第一个成就, 而且怎样评价它的重要性都不会过高. 我认为, 微积分比其他任何事物都更清楚地表明了现代数学的发端; 而且, 作为其逻辑发展的数学分析体系, 仍然构成了精密思维中最伟大的技术进展.

微积分明显地来源于经验. 开普勒在积分学方面的最早尝试是测量酒桶容积, 也就是表面为曲面的物体体积的 "量积术". 量积术是几何学, 但它是后欧几里得的, 并且在当时那个时代是非公理化的经验几何学. 对于这一点, 开普勒是完全清楚的. 牛顿和莱布尼茨的那些最重要的努力和最重要的发现有着明确的物理学起源. 牛顿发明 "流数" 运算本来是为了力学的目的——实际上, 微积分与力学这两门学科多少是被牛顿一起发展起来的. 关于微积分的最早的系统论述甚至在数学上并不严格. 在牛顿之后的一百五十多年里, 唯一有的只是一个不精确的、半物理的描述! 然而, 与这种不精确的、数学上不充分的背景形成对照的是, 数学分析中某些最重要的进展却发生在这段时期! 这一时期数学上的一些领军人物, 例如欧拉, 在学术上显然并不严密; 而其他人, 总的来说与高斯或雅可比 (Jacobi) 差不多. 当时数学分析发展的混乱与模糊无以复加, 并且它与经验的关系当然也不符合我们今天的 (或者欧几里得的) 抽象与严密的概念. 但是, 没有哪一位数学家会把它排除在数学发展的历史长卷之外这一时期产生的数学是曾经有过的第一流的数学! 而且甚至在严密性的统治地位基本上由柯西重新建立起来之后, 半物理学方法又随着黎曼的登场而异乎寻常地故态复萌了. 正如黎曼与魏尔斯特拉斯之间的争论一样, 黎曼的科学个性本身就是数学二重性最鲜明的例证, 但如果我深入具体细节, 那就会涉及太多的技术问题. 魏尔斯特拉斯之后, 数学分析似乎已经完全成为抽象、严密和非经验的了. 但就连这一点也并非是绝对正确的. 最近两代人之间发生的关于逻辑和数学 "基础" 的争论, 消除了这方面的许多错觉.

这就引出了与我的论断有关的第三个例子. 不过, 这个例子与其说是处理数学与自然科学的关系, 还不如说是处理数学与哲学或认识论的关系. 它以一种非常惊人的方式说明, "绝对的" 数学严密性这一特有概念并不是不可变的. 严密性概念的可变性表明, 除了数学抽象之外, 某些其他的东西必须进入数学的构造. 在分析关于 "基础" 的争论时, 我未能使自己确信, 结论必须有利于这个外加成分的经验性质. 至少对讨论的某些方面来说, 支持这种解释的情形是相当有力的. 但我并不认为它绝对无法反驳. 无论如何, 有两件事情是清楚的. 首先, 某种非数学的、多少与经验科学或哲学有关联的、或者与两者都有关联的事物, 的确在本质上进入了数学的结构, 而且只有假定哲学 (或者更明确地说认识论) 能够独立存在于经验之外, 才能保持它的非经验本质. (而且这个假定只是必要的, 但它本身并不是充分的.) 其次, 无论对 "基础" 争论的最佳解释是什么, 像我们前面给出的两个例子 (几何学与微积分) 一样的实例强有力地支持了数学的经验来源.

正如前面提到的, 在分析数学严密性概念的可变性时, 我想把重点放在关于 "基础" 的争论上. 不过, 我想先简单地考虑这件事情的一个次要方面. 这个方面同样加强了我的论据, 但我确实把它看作是第二位的. 因为与对 "基础" 争论的分析相比, 也许它的结论性不那么强. 我指的是数学 "风格" 的变化. 众所周知, 数学证明的书写风格经历了相当大的波动. 称之为波动比称之为趋势更合适, 因为在某些方面, 当代与 18 世纪或 19 世纪一些作者之间的差别, 比当代与欧几里得之间的差别更大. 而在其他方面, 又存在着显著的一致性. 在存在差别的领域, 他们的差别主要是表达方面的, 而这不必引进任何新的思想就可以消除. 但是在许多情形, 这些差别如此之大以至于人们开始怀疑: 采用如此大相径庭的方式 "描述问题" 的作者们, 是否已经能按风格、趣味和教育上的不同加以区分, 并且对于什么构成了数学的严密性, 他们究竟是否真有相同的想法. 最后, 在极端的情形 (例如在上面提到的 18 世纪后期分析方面的大部分工作里), 差别是实质性的, 而且如果要全部补救, 只有借助于花了一百年时间发展起来的新的深奥理论才能做到. 有些以在我们看来如此不严格的方式进行工作的数学家 (或者他们同时代的、批评他们的某些人), 已经清楚地意识到他们缺乏严密性. 或者更客观地说, 他们自己对于数学程序应该是什么样的要求, 比他们的行为更符合我们现在的观点. 但其他人 —— 例如近代最伟大的学者欧拉 —— 则似乎千真万确地按照自己的标准行事, 并且十分满足于他们自己的标准.

但是我不想再深谈这件事了. 我要转而谈另外一件完全清楚的案例, 这就是关于 "数学基础" 的争论. 在 19 世纪末和 20 世纪初, 抽象数学的一门新分支 —— G. 康托尔的集合论引出了困难. 这就是, 某些推理导出了矛盾; 而且尽管这些推理不在集合论的核心和 "有用" 部分中, 也总是容易凭借某些形式准则辨认出来, 但不清楚为什么要认为它们的集合论特征比这一理论的“成功”部分要少一些. 撇开它们确实引起了灾难这种事后的认识不谈, 人们并不清楚到底是一种什么样的先验动机, 其中有什么一致性的哲学, 会允许人们将这些推理从他们想要挽救的集合论的那些部分中分离出去. 关于这件事情的是非曲直的更周密的研究主要是由罗素和外尔 (Weyl) 着手进行、而由布劳威尔 (Brouwer) 结束的. 他们的研究表明, 不仅集合论而且大多数现代数学中使用“普适性”和“存在性”的概念, 在哲学上是不合适的. 布劳威尔制订了一个摆脱了这些令人不快的特性的数学体系 ——“直觉主义”. 在这个体系中, 集合论的困难与矛盾不再出现了. 但是, 现代数学里 —— 并且是在它的最重要的、直到当时还没有人怀疑过的部分中, 尤其是在分析中 —— 足足有百分之五十的内容受到了这种“清洗”的影响: 它们或者变成无效的, 或者必须用极为复杂的辅助考虑来证明. 而且在这后一过程中, 通常会明显丧失演绎推理的优美和普适性. 但是布劳威尔和外尔认为, 根据这些思想修正数学严密性的概念是必要的.

怎样评价这些事件的意义都不会过高. 在 20 世纪的第三个十年中, 两位数学家 —— 他们两人都是头等重要的数学家, 而且都无比深刻和充分地意识到数学是什么, 或者数学的目的是什么, 或者数学是关于什么的 —— 竟然提出应该改造数学严密性以及精确证明由什么构成的概念! 此后的发展也同样值得注意.

1. 只有非常少的数学家愿意为了自己日常应用的目的接受苛刻的新标准. 尽管有非常多的数学家承认, 初看起来外尔和布劳威尔是正确的, 但他们自己却继续违反直觉主义的原则, 也就是说, 他们仍然采用旧的、“容易的”方式进行自己的数学研究 —— 可能是希望别人或许能在某个时候找到对直觉主义的批评的抗辩, 从而*后验地*证明他们这样做是正确的.

2. 希尔伯特提出下列巧妙的想法为“古典”(即直觉主义以前的) 数学辩解: 即使在直觉主义系统中, 也有可能严格论证古典数学是如何运作的. 也就是说, 虽然不能证明古典系统工作的正确性, 但能说明古典系统是如何工作的. 因此, 也许有可能直观地证明古典途径绝不会导致矛盾、导致彼此的冲突. 很清楚, 这样一个证明会非常困难, 但有某些迹象提示该如何进行这种尝试. 假使这个方案行得通, 它可能已经在与直觉主义系统对立的基础上给出了古典数学正确性的最出色的证明! 至少, 在大多数数学家乐于接受的数学哲学体系中, 这种解释可能已经是合理的了.

3. 在试图贯彻这一方案大约十年之后, 哥德尔 (Gödel) 得出了一个最了不起的结果. 如果不使用一些条款并为防止误解作些说明, 就不能绝对精确地叙述这个结果; 而要在这里系统地阐述这些条款和附加说明又过于专门了. 不管怎样, 它的基本意思是这样的; 如果一个数学系统不会引出矛盾, 那么该系统无矛盾这一事实是不能由这个系统本身来论证的[3]. 哥德尔的证明满足了数学严密性最严格的标准 —— 直觉主义的标准. 它对希尔伯特方案的影响是引起了一些争议, 但其中的原因在这里谈又太专门了. 我个人和其他许多人的共同看法是, 哥德尔已经说明了希尔伯特的方案实质上毫无希望.

4. 按照希尔伯特或者布劳威尔和外尔的意思证明古典数学合理性的主要希望已经消逝, 但大多数数学家决定无论如何还是要使用这个系统. 毕竟, 古典数学正产生着既优美又实用的结果, 而且, 即使人们再也不能绝对相信它的可靠性, 但它至少是建立在如同电子的存在一样坚实的基础上的. 因此, 如果一个人愿意承认科学, 那他就会同样承认古典数学系统. 结果表明, 甚至连直觉主义系统的某些早期代表人物都能接受这种观点了. 现在, 关于 "基础" 的争论当然并没有结束, 不过似乎除了极少数几个人之外, 古典系统绝不会被任何人抛弃.

我之所以这么详细地谈这场争论, 是因为我觉得它对于太想当然地认为数学严密性固定不变是最好的警告. 这件事就发生在我们自己的有生之年, 而且我也知道我自己在这一事件中如何令人惭愧地轻易改变了自己关于绝对数学真理的观点, 并且如何接连改变了三次!

我希望上述三个例子能很充分地说明我的一半主题, 即许多最美妙的数学灵感来源于经验, 而且很难相信会有绝对的、一成不变的、脱离所有人类经验的数学严密性概念. 我试着在这件事情上采取一种非常浅陋的态度. 任何人无论在这方面可能抱有什么样的哲学或者认识论的偏好, 反正数学界对于其研究课题的实际经验并不支持存在先验的数学严密性概念这一假定. 然而, 我的主题还有另外一半, 我现在就要转入这一部分.

---

[3]这个结果通常称为 "哥德尔第二不完全性定理", 它与 "哥德尔第一不完全性定理" 合称 "哥德尔不完全性定理". "哥德尔第一不完全性定理" 是说: 任何一个数学系统如果是相容 (即无矛盾) 的, 则在该系统中一定存在一个不可判定的命题, 即存在某一命题 A 使 A 与 A 的否定在该系统中皆不可证.——译注

任何数学家都很难相信数学是纯粹的经验科学或者所有的数学思想都来源于经验学科. 我首先来考虑这句话的后半部分. 在现代数学中, 有许多重要部分的经验起源都难以追查, 或者即使可以查明也如此遥远, 以至于显然该学科脱离了它的经验之源后又经历了彻底的变形. 代数学的符号体系是为了数学本身的使用而发明的, 但也可以合情合理地断定它有牢固的经验纽带. 然而, 现代 "抽象" 代数学已经越来越朝着甚至与经验更少关联的方向发展. 拓扑学的情况也是如此. 在所有这些领域里, 数学家对于成功、对于他的努力是否值得的主观标准是非常自足的和美学的, 并且不受 (或者几乎不受) 经验的影响. (关于这一点, 我要再往下多说几句.) 这一点在集合论中更加清楚. 一个无穷集合的 "势" 和 "序", 可以看成是有穷数中概念的推广, 但在其无穷形式中, 它们 (尤其是 "势") 与现实世界几乎没有任何关系. 如果不想避免太过专门性, 我本可以引证集合论的大量例子, 如 "选择公理" 问题, 无穷 "势" 的 "可比较性", "连续统问题" 等等, 来说明这一点. 这些评论也同样适用于实变函数论和实点集理论的许多内容. 微分几何与群论给出了两个奇特的例子: 这两门学科无疑被认为是抽象的非应用学科, 并且也几乎一直是被数学家们以这种态度培育着的. 但结果表明, 原来它们在物理学中都是非常有用的 —— 其中一个是在它创立十年之后, 另一个则是在它创立一个世纪之后. 而数学家们却仍然主要以上面所指出的抽象和非应用的精神继续发展着这两门学科.

所有这些情况以及它们的各种形式的组合的事例层出不穷, 但我还是宁愿转到我在前面指出的第一点: 数学是一门经验科学吗? 或者更准确地说: 数学的实践方式是否确实与经验科学的实践方式相同? 或者更一般地说: 数学家与其研究课题的正常关系是什么? 他关于成功和值得的标准是什么? 什么样的影响, 什么样的考虑支配和指引着他的努力?

那么, 就让我们看一看, 数学家的正常工作方式究竟在哪些方面不同于自然科学的工作模式. 当我们从理论学科过渡到实验学科、再由实验学科过渡到描述学科时, 以这些自然科学为一方, 以数学为另一方, 它们之间的差别一直存在并且明显增加. 因此, 让我们把数学与最接近它的类别 —— 理论学科进行比较. 我们先在其中找出一门最接近数学的学科来. 如果我未能控制住对数学的骄傲并说: 这门学科就是理论物理学, 因为它是全部理论科学中发展程度最高的一门科学, 我希望你们不要太严厉地责怪我, 数学和理论物理学实际上有很多共同之处. 正如我前面已经指出的, 欧几里得几何体系是经典力学公理化表示的样板, 而且类似的处理方法既支配了麦克斯韦尔电动力学体系以及狭义相对论的某些方面, 也支配了唯象热力学 (phenomenological thermodynamics). 此外, 理论物理学并不解释现象, 而只是进行分类和建立联系, 这种观念今天已经被大多数理论物理学家所接受. 这就意味着, 判定这样一种理论成功与否的标准不过是看它是否能够通过简单优美的分类和关联方案涵盖大量如果没有这个方案就显得复杂和混乱的现象, 以及这个方案是否甚至还涵盖了在得到这个方案时尚未考虑或者根本不知道的那些现象. (当然, 后面这两点显示了理论的统一和预见能力.) 正如这里所阐明的, 现在这种标准显然在很大程度上具有一种美学的性质. 由于这个原因, 它非常类似于数学的成功标准, 而正如你们将要看到的, 后者几乎完全是美学的. 因此, 我们现在要把数学与跟它最接近的经验科学, 即我希望我已经说明过的、与数学有许多相似之处的理论物理学进行比较了. 尽管如此, 这两门学科的实际执行程序仍然有很大和很根本的差别. 理论物理学的目标主要来自于 "外部", 多数情况下来自于实验物理学的需要. 它们几乎总是起因于解决某种困难的需要; 而其预见性和统一性方面的成就通常是后来才出现的. 如果允许我们作一个比喻的话, 那么各种进展 (预见和统一) 都是在探索的过程中得到的, 而在此之前一定有过一场为克服先前存在的某些困难 (通常是现存体系中一个明显的矛盾) 而进行的战斗. 理论物理学家的一部分工作就是寻找这些有可能取得 "突破" 的障碍. 正如我提到过的, 这些困难通常来源于实验, 但有时是公认主流理论不同部分之间的矛盾. 当然, 这方面的例子有很多.

导致狭义相对论的迈克耳逊 (Michelson) 实验, 导致量子力学的某些电离势和某些光谱结构方面的困难, 是第一种情况的例证; 导致广义相对论的牛顿引力理论与狭义相对论之间的冲突, 是更稀少的第二种情况的例证. 总之, 理论物理学的问题是客观上提出来的; 而且虽然我前面已经指出, 衡量研究工作是否成功的标准主要是美学的, 但上面称之为独创性 "突破" 的问题的另一部分, 则是不容怀疑的客观事实. 相应地, 几乎在任何时候, 理论物理学的课题都是高度集中的; 几乎在任何时候, 所有理论物理学家的大部分努力都集中在不超过一两个界限非常鲜明的领域里 —— 20 世纪 20 年代和 20 世纪 30 年代初的量子理论, 20 世纪 30 年代中期以来的基本粒子和原子核结构, 都是这方面的例子.

数学的情况则完全不同. 数学分成了许多在特点、风格、目的和影响等方面都大不相同的分支. 这表明数学与极端集中的理论物理学恰好相反. 一个好的理论物理学家今天仍然可以掌握他的学科中一半以上正在使用的知识. 但我怀疑现在在世的数学家中有谁能与其研究学科中四分之一以上的知识有联系. 当数学的一个分支已经发展得相当深入之后, 如果它深深地陷入某种困境, 那就有可能出现 "客观上" 提出的 "重要" 问题. 但即使在那时, 数学家对于研究该问题或者放弃它转向别的问题基本上也是自由的; 然而, 理论物理学中的 "重要" 问题, 通常是 "必须" 解决的一个冲突, 一个矛盾. 数学家有大量领域可供选择, 对于在这些领域中做些什么也享有很大的自由. 我们来谈决定性的要点: 我认为, 数学家选择课题和判断成功的标准主要是美学的这种说法是正确的. 我知道这个断言会引起争议, 并且如果不分析大量具体和专门的事例就不可能 "证明" 或者充分证实它. 但这又需要作高度专门化的讨论, 而现在不是进行这种讨论的适当场合. 只要断定美学特征在数学中比在上述理论物理学的例子中更加突出就足够了. 人们希望一个数学定理或者数学理论, 不仅能用简单优美的方法对大量根据推测完全不同的个别情况加以描述并进行分类, 而且它的 "建筑" 和组织结构也是 "优美" 的. 陈述问题、把握和处理该问题的所有尝试中所遇到的巨大困难, 以及使该研究或该研究的某个部分变得容易起来的某些意想不到的转折, 等等, 都是轻松惬意的. 另外, 如果推演冗长或者复杂的话, 那就应该引入某种简单的一般原理, 用以 "解释" 各种复杂和曲折的情况, 把明显的随意性简化为几条简单的指导原则, 等等. 这些标准显然就是评判任何创造性艺术的标准, 某些潜在的、经验的、世俗的主题在那种背景 —— 往往是非常遥远的背景下的存在性, 由于审美的发展而过度发展并陷入大量扑朔迷离的变化之中 —— 所有这些, 都更类似于单纯的艺术氛围, 而不是经验科学的氛围.

你们会注意到, 我甚至没有提到数学与实验科学或者描述性科学的比较. 在这里, 方法以及整个氛围的差别太明显了.

虽然经验和数学思想之间的关系图有时又长又模糊, 但我想数学思想来源于经验这一点是比较接近事实真相的 —— 真相太复杂了, 对它除了说接近不能说别的. 但是, 数学思想一旦这样被构想出来, 这门学科就开始经历它本身所特有的生命, 而且把它比作一门创造性的、几乎完全被审美动机支配的学科, 比把它比作其他任何事物尤其是经验科学要更好一些. 然而, 我认为还有另外一个要点需要强调. 当一门数学学科远离其经验本源的时候, 或者更进一步, 如果它是仅仅间接地受到来自 “现实” 的思想启发的第二代和第三代学科, 那它就会受到严重危险的困扰. 它将变得越来越纯粹地美学化, 越来越纯粹地为*艺术而艺术*. 如果这个领域被其他与实践经验的关系仍然比较密切的相关学科所包围, 或者如果影响这个学科发展的人具有异常卓越的品位, 那这倒不一定是坏事. 但是这时仍然存在一种严重的危险, 那就是这门学科将沿着阻力最小的线路发展, 使远离源头的小溪又分成许多无足轻重的支流, 而这门学科则变成一大堆无组织的细节和错综复杂的事物. 换句话说, 在距离其经验之源很远的地方, 或者在多次 “抽象的” 近亲繁殖之后, 一门数学学科就有退化的危险. 起初, 数学学科的风格通常是古典式的; 一旦它显露出巴洛克[4)]式的迹象, 危险信号就出现了. 要举出例子来考查明确演化为巴洛克和高度巴洛克的情况是容易的, 但这还是过于专门了.

无论如何, 每当到了这个阶段, 在我看来唯一的补救措施就是为了恢复活力而返本求源, 也就是或多或少地注入直接经验思想. 我相信, 这是使该学科保持清新与活力的必要条件, 而且这在将来也仍然会是同样正确的.

[4)] Baroque, 指过分雕琢和怪诞的艺术风格. 建筑形式, 或者结构复杂, 形象奇特而模糊的文学作品形式等.——译注

第 16 部分*

数学机器 —— 机器能思考吗

*原书第 XIX 部分, 由李文林组织翻译.

编者评注*

自动计算机

自调节机器并不是新事物. 一个很早的例子是一种小型风车, 它被安装在一个大型风车的旁边并和大型风车的轮叶成直角, 用来兜住风从而使主结构旋转到合适的运行位置. [1] 对于使用蒸汽动力来说不可缺少的自动飞球调速器是詹姆斯 · 瓦特发明的. 目前已属平常的恒温器则是反馈原理的一个例子, 该原理是所有自调节机构的关键所在. 反馈就是利用一台机器的一部分输出来控制那台机器的动力源. 当输出增加到超过某个确定点时, 这一动力就受限从而减少; 当输出减少时, 该动力将增加. 因此这种机器是自整定的. 这一原理可以用一个简单的图示来说明, 它反映了室内温控器控制的"闭合程序":

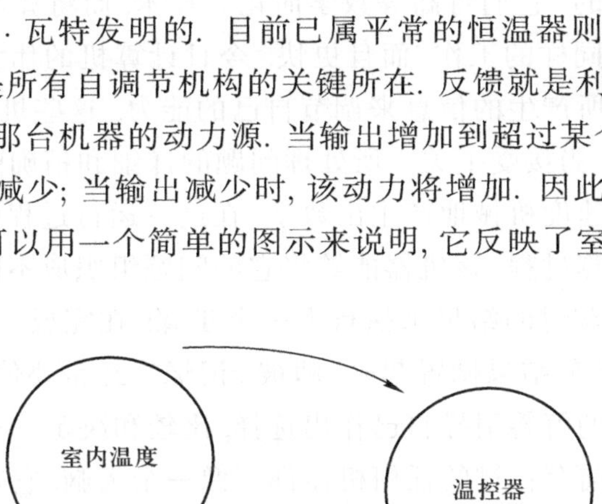

这种系统的要素可描述为相互依赖的: 例如, 室内温度是温度计读数的结果; 而后者又以火炉为中介成为室内温度的结果.

*本编者评注由程钊译.

[1] 参见阿诺德 · 塔斯廷 (Arnold Tustin) 的精彩文章 "反馈" (*Feedback*),《科学美国人》(*Scientific American*), 1952 年 9 月号, 48—55 页. 上面的插图也出自这篇文章. ——编注

反馈也是那些称为计算机或者友好地尊称为“电脑”的庞大计算机器的一个必不可少的构成要素. 自动计算机自 17 世纪起就已存在了. 帕斯卡建造了一台加法机, 他为此而非常自豪; 莱布尼茨则制造了一台能做乘法的机器. 但这两台计算机都不是自调节的. 它们都用到齿轮啮合, 使得一个轮转过若干个凹槽便引起下一个轮旋转一个单个凹槽; 乘法是通过一遍又一遍加相同的数完成的.[2] 在 19 世纪, 查尔斯 · 巴贝奇 —— 一位卓越的英国数学家, 他曾对街头手风琴师如此痛恨以至于要讨伐他们 —— 设想过一种精致的计算机, 据他讲, 它能够“吃到自己的尾巴”[3]. 遗憾的是, 这种机器远远超出了它的时代, 所以从来没有被建造完成; 不过它确实是现代数字计算机的先驱.

就它们的某些基本特性来说, 所有的计算机本质上与帕斯卡和莱布尼茨的发明是相同的. 它们将高等数学简化为算术, 而将算术简化为计数. 真空管做着和齿轮同样的工作, 而且更快. 今日计算机的伟大创新在于, 它们通过消化其自身所产生的信息来调节自己的能力. 这些机器不会产生质疑, 但它们能够响应. 当接受了关于所处理问题的详细和精确的指令后, 计算机便开始以惊人的速度机械地产生出数字. 在这一运行过程中, 它很多方面都是在模仿人的计算过程. 该机器能够将它的问题组织成不同的步骤; 它能够使用从一个步骤获得的结果来执行下一个步骤; 在完成一个中间步骤的过程中, 有时要把部分结果搁置起来, 即被“记忆”; 经常要使用试错法. 因此, 计算机由其自身的解答引导自己作出选择, 比较和决定. 它比变形虫更不像人; 然而, 它比以前存在过的任何机器都更像一个大脑. 它足以使人战栗.

数学家对计算机感兴趣是因为它们可以计算. 它们接管单调乏味的练习, 迅速解决占用人们很长时间并耗费他们巨大劳动的问题. 但从某种意义上讲, 这是计算机最不重要也最无趣的一面. 它们吸引更具独创性的数学家的注意力在于其他的原因. 诱人的问题是这种机器能够告诉我们多少关于人脑的事情. 例如, 关于信息的本质要向它们学习什么, 它是如何交流的, 如

[2] 参见布鲁诺夫斯基 (Bronowski), “机器能‘思考’吗?” (*Can Machines ‘Think’*),《观察者 (*Observer*) (伦敦), 1953 年 5 月 30 日. ——编注

[3] 关于此人及其发明的一篇有趣文章, 是菲利普和艾米莉 · 莫里森所写的“查尔斯 · 巴贝奇的奇特人生” (The Strange Life of Charles Babbage)《科学美国人》, 1952 年 4 月号, 66—73 页; 他的另一个伟大设想是称为“差分机”的一种计算器, 在花费了巴贝奇自己的 6 000 英镑和政府资助的 17 000 英镑后, 它部分地建成了. ——编注

何处理的? 自动计算机的自激活和自稳定性质与人类神经网络的类似性质之间有哪些相像之处? 通过其输入和输出与结构已知的计算机 (以及其他自调节机器) 的输入和输出之间并不全面的比较, 我们能够获得有关大脑结构的知识吗? 人们认为机器能够告诉我们有关我们自己的许多事情; 或许, 在适当的时候, 不仅回答我们所能提出的全部问题, 而且甚至会提出更好的问题.

当然, 在研究这一主题时数学家并不孤单; 与其联合的有物理学家、化学家、生物学家、生理学家、心理学家和其他涉足人类行为科学方面的专家. 这一领域的研究采取多种形式. 在欣欣向荣的实用方面, 工程师正在为数不清的特殊通信、工业和军事目的设计伺服机构: 用于引导炸弹、点火放炮、运转炼油厂、监控电话交换机, 控制机械工具等等的机器人. 电子生理学家和其他研究人员正在建造能够走出迷宫的机器; 能够对单纯的刺激 (光、热、声、物理击打) 作出响应, 能够识别它们自己或同类事物的机器; 能够接受教育, 经过一定次数的尝试后, 放弃引向歧途的线索, 在正确与错误的道路之间作出区分的机器. 如布鲁诺夫斯基所说, 这些新的创造物在受到掐捏时作出的反应远不只是跳跃. 应该提一下一个更让人惊奇的玩具. 英国精神病学家罗斯 · 阿什比 (Rose Ashby) 博士已经制造了一台称作同态调节器的机器, 它使自身适应变化以恢复其内部稳定性, 从而能在新环境下继续做在旧环境中所做的事情.[4] "这个东西, 可以称作睡觉机器, 就像是壁炉边的猫或狗, 只是在被打扰时才稍微动一动, 然后设法找一个舒服的姿势再继续睡觉."[5]

在研究一线, 纯粹数学家和逻辑学家正在深入研究自动机的组织结构与自然有机体在功能方面的相似. 读者将会在冯 · 诺依曼的作品中看到, 这

[4] "我曾经见过罗斯 · 阿什比博士从他的神奇机器移除配线, 省去一些并将剩下的随机相连. 该机器突然止步, 但仍在运转; 过了几分钟, 该机器的指示器重新跟踪起环境指示器." 布鲁诺夫斯基, 上引文. 关于阿什比的工作的全面论述, 参见 W. 罗斯 · 阿什比.《设计一个大脑》(*Design for a Brain*), 纽约, 1953. ——编注

[5] "存在着若干类似于动物脊髓中的反射弧的电子线路. 它们是用一些热离子管和继电器这样组合起来的, 使得该机器将会从 360 000 种可能的连接中自动找出导致动态的内部稳定状态的一种. 也就是说, 在几次试错过后, 该装置无需任何刺激或编程, 就将建立起这样的连接, 它趋向于中和试验者从外部所强加的改变." 正文以及本脚注中的引语摘自英国脑电图专家 W. 格雷 · 沃尔特 (W. Grey Walter) 的一本有趣的书《栩栩如生的大脑》(*The Living Brain*), 纽约, 1953, 123–124. 特别参见其关于自动机的一章:"图腾、玩具和工具" (*Totems, Toys and Tools*), 114—132. ——编注

篇文章的目的是要发展自动机的逻辑理论，并且，通过应用公理方法，从对其构成要素的研究作出关于大型复杂 (实质上不可理解的) 有机体的本质的结论. 这些要素被假定具有 "某种明确定义的外部功能特征"; 即把它们处理成 "黑箱", 对其我们无法观察, 但是通过对比进入它们的信号和从它们出来的信号, 以及通过假定明确定义的刺激总是引起明确定义的响应, 我们对于其内部可以了解很多.

机器能思维吗? 就此而言, 该问题本身不只是记者们的一个话题吗? 英国逻辑学家 A. M. 图灵 (Turing) [6]将其视为一个严肃的, 有意义的问题, 而且是一个目前可以回答的问题. 他认为机器能够思维. 他暗示它们能够学习, 它们可以被如此建造, 使得它们能做的比我们所知如何命令它们去做的还要多, 最终它们可以 "在所有的纯智力领域与人类竞争". 他在下面的精彩论述中的结论似乎是可信的. 来自克劳德 · 香农 (Claude Shannon) 的选文既没有支持也没有反驳图灵的期待. 它对一台能够下棋的电子计算机的设计作了描述. 香农不确定他的自动机是否可以算得上一位思考者. 该机器能够靠合理的技能参加一场完整的比赛; 它也能够解决涉及巨大数量的单个计算的问题. (作者说这种问题 "过于繁重而无法用手工来解决"; 他不看好问题解决者的疯狂执拗.) 克劳德 · 香农是通信理论的先驱. 作为一名供职于贝尔电话实验室的数学家, 他已经写出了关于开关和数理逻辑的重要论文, 并且已经对通信的工程方面和对信息本质的分析作出了基础性的贡献[7].

[6]图灵是最有天赋的现代数理逻辑学家之一, 他于 1954 年夏在一时的绝望中自杀. M. H. A. 纽曼 (Newman) 写的一篇讣告和一篇关于其科学论文的说明, 参见《皇家学会会员传记回忆录》(*Biographical Memoirs of Fellows of the Rayal* (*Society*), 第 1 卷, 伦敦, 1955. 特别有趣的是图灵 1937 年的论文, "论可计算数, 及对判定问题的一个应用" (On Computable Numbers, with an Application to the Entscheidungs-problem) (《伦敦数学会会报》(Proc. Lond. Math. Soc.) (2), 42, 230). 在这篇论文中, 他论证说一台 (他所描述的) 机器能被制造出来做一个人类计算者按照事先给他的明确指令所做的任何一件工作. 于是产生出一个问题: 该机器是否能够解决关于其自身能力的某个问题; 即, 给定某个指令带, 该机器是否有可能决定写在带子上的问题有一个确定的解? 实际上, 图灵的回答是说, 除非带子给出解决方法, 没有任何机器能够解决它; 而且, 没有任何带子能够给出这一方法. 因此该问题在 "一种绝对的, 无法避免的意义上" 是不可解的. "从这一基本的不可解问题不难推断, 对于初等数论的公理系统 Z, 寻求一个判定方法的希尔伯特计划也是不可能的". (参见本书中内格尔和纽曼的关于哥德尔的证明的选文.)

[7]参见克劳德 · E. 香农和沃伦 · 韦弗,《通信的数学理论》(*The Mathematical Theory of Communication*), 乌尔班纳 (伊利诺斯大学出版社), 1949.

人已经变成了他们的工具的工具.

梭罗 (Thoreau)

你顶礼膜拜的是你的熔炉,
如同往昔的偶像, 它们也不再粗俗,
它们已然熔化了你的底气,
满眼望去尽是制造机器的机器.

戈登 · 博顿利 (Gordon Bottomley) (1874) ("致铸铁工和其他人")

曾经有一个人说: "该死!
我感觉自己就是一辆机动车,
沿着命中注定的车辙行驶,
甚至算不上一辆巴士,
不过是一辆有轨电车."

莫里斯 · 埃文 · 黑尔 (Maurice Evan Hare) (1905)

---

1 自动机的一般理论和逻辑理论*

约翰 · 冯 · 诺伊曼

······ 自动机在自然科学中的作用一直在持续不断地增长, 到目前为止已经达到了相当可观的程度. 该过程经历了几十年. 就在这一时期的最后阶段, 自动机也开始侵入某些数学领域 —— 尤其是数学物理或应用数学, 但并不仅限于这些领域. 它们在数学中的作用对于自然中的组织的某些功能方面而言, 提供了一种有趣的对应物. 通常, 天然生物体比人造自动机更复杂也更精致, 因此在细节方面也更少得到人们的了解. 不过, 我们在前者的组织构造中观察到的某些规律性, 可能在我们思考和设计后者时具有相当大的启发性; 反之, 我们在研究人造自动机时的大量经验和困难, 在一定程度上会对我们解释天然生物体有所裨益.

*本章由程钊译.

初步的考虑

问题的二分法: 基元的性质, 对于其综合体的公理讨论. 在对生物体, 尤其是人类中枢神经系统这个最复杂的有机组织同人造自动机作比较时, 应该记住以下限制. 自然系统有着巨大的复杂性, 显然有必要将它们所表示的问题划分成若干部分. 在本文中尤其有意义的一种划分方法, 是将生物体看成由一些零部件组成, 在某种程度上可以视它们为独立的、基本的单元. 因此, 就这方面而言, 我们可以考察这些基本单元各自的结构和功能作为该问题的第一部分. 该问题的第二部分包括: 弄清楚这些基元是如何组织成一个整体的, 以及该整体的功能是如何用这些基元来表达的.

问题的第一部分目前在生理学的研究中居支配地位. 它与有机化学和物理化学中最困难的篇章密切相关, 在适当的时候, 有可能得到量子力学的极大帮助. 我几乎没有资格来讨论它, 因此这一部分并不是我在此所关心的.

另一方面, 对于我们当中那些具有数学家或逻辑学家的背景和品位的人来说, 第二部分很可能是有吸引力的. 基于这一看法, 我们想通过公理化过程除去问题的第一部分, 而集中讨论第二部分.

公理化过程. 对于基元行为的公理化是指: 我们假定基元具有某些定义明确的、外部的功能特征; 即把它们当作 "黑箱" 来对待. 它们被视为自动行为, 其内部结构不必公开, 但假定其通过某些明确限定的响应, 对某些明确限定的刺激作出反应.

理解了这一点, 我们就可以研究能够由这些基元构建的更大的生物体, 研究它们的结构, 它们的功能, 这些基元之间的联系, 以及上述生物体的复杂综合中可以查明的一般理论上的规律性.

我不必强调这一过程的局限性. 这种类型的研究者可以提供证据说明所用的公理系统是方便的, 至少同现实有类似的效果. 然而, 它们并不是确定公理的真实性的理想方法, 甚至很可能不是一种非常有效的方法. 这种确定真实性的方法主要属于该问题的第一部分. 的确, 它们实质上涉及对基元的本质和属性作恰当的生理学 (或化学或物理化学) 测定.

有效数量级. 然而, 尽管有这些局限性, 上面定义的 "第二部分" 却是重要的和困难的. 关于基元组成的合理定义无论是什么, 自然生物体都是这些基元的极其复杂的集合体. 人体中的细胞数大体上处于 10^{15} 或 10^{16} 个数量

级. 中枢神经系统的神经元数大约是 10^{10} 个数量级. 我们以往从来没有处理如此复杂程度的系统的经验. 所有人们曾经制作的人造自动机具有的零部件数目按照任何比较概略的计算是 10^3 到 10^6 个数量级. 而且, 那些功能上具有自然生物体那种逻辑灵活性和自主性的人造系统并没有处于这一尺度的顶端. 这些系统的原型是现代计算机器, 在此关于基元组成的一种合理定义将导致几倍于 10^3 或 10^4 的基元数目.

关于计算机器的某些相关特征的讨论

计算机器 —— 典型运算. 在泛泛地讲过以上这些话后, 我现在就来更明确地转而谈谈我要讲的那部分话题的特殊方面和技术细节. 正如我已经指出的, 它涉及人造自动机, 尤其是计算机器. 它们与中枢神经系统有某种类似之处, 或至少与该系统的某部分功能有相似性. 当然, 它们远没有那么复杂, 也就是说, 按其实际重要性来看是较小的. 然而, 从这些较小的人造自动机的观点出发, 去分析生物体和组织构造的问题, 并根据这一孔之见去将其与中枢神经系统作比较, 这无疑是有趣的.

我打算先来谈谈这种计算机器.

将一种自动机用于计算目的是相当新的观念. 尽管从它们达到的最终结果来看, 计算自动机并不是最复杂的人造自动机, 然而它们的确代表了最高度的复杂性, 这从它们所产生的彼此确定和追随的事件之链即可看出.

目前, 对于什么时候使用快速计算机器是合理的, 什么时候是不合理的, 存在着一系列相当明确的想法. 其判据通常是由数学问题中所包含的乘法来表示的. 如果计算任务依次涉及大约百万次或更多的乘法时, 则认为使用快速计算机器大体上是合理的.

这可以用更基本的逻辑术语来表达: 在相关领域中 (即在其中使用这种机器是恰当的那部分 [通常为应用] 数学中), 数学经验表明对于精确性的需求大约是十个小数位. 因此一个单个乘法似乎要包括至少 10×10 步 (数字乘法); 由是一个百万次乘法至少要相当于 10^8 次运算. 然而, 实际上, 将两个十进制数字相乘并不是一种基本运算. 有多种方式将其分解为这种运算, 所有这些都具有大致相同的复杂度. 估计这一复杂度的最简单方法, 不是去计算小数位, 而是去计算二进制记数法 (以 2 为基而不是以 10 为基) 中相同精度所需的位数. 一个十进制数字对应于大约三个二进制数字, 因而十个十进制数字对应于大约三十个二进制数字. 因此, 上面提到的乘法, 不是包含 10×10, 而是 30×30 个基本步骤, 即不是 10^2, 而是 10^3 步. (二进制数字是“全或无”的事情, 只能有 0 和 1 值. 因此, 它们的乘法确实是一种基本运算. 顺便说一下, 10 位十进制数的对应物是 33 位 [而不是 30 位] 二进制数 —— 但 33×33 也近似于 10^3.) 因而由此推断, 更合理的描述是上述意义下的一个百万次乘法相应于 10^9 次基本运算.

精确性和可靠性要求. 我不清楚有任何其他的人类成就领域, 其中任何人工制品的结果实际上依赖于一连串的十亿 (10^9) 个步骤, 而且, 具有以下特征, 即每个步骤实际上 —— 或至少很可能是以相当大的概率牵涉到的. 然而, 这对于计算机器而言确是如此 —— 这是它们最具体和最困难的特征.

的确, 在过去的二十年已经有了这样的自动机, 它们在得出结果之前确实要完成上亿个, 甚至数十亿个步骤. 然而, 这些自动机的操作过程是不连贯的. 大量步骤是由于这样的事实, 因为各种各样的原因, 要反复不断地去做相同的实验. 例如, 这种累积的、重复的步骤有可能增加结果的规模, 就是说 (这是重要的因素), 相对于污染它的 “噪声”, 增加有重要意义的结果, 即 “信号”. 因此, 在可用言辞解释的声音信号产生之前, 扩音器作出反应的次数适当地算一下则高达成千上万. 就电视来说, 类似的估计将是数千万; 而就雷达而言, 有可能是好几十亿. 然而, 如果这些自动机中的任何一个出错的话, 那么这些错误通常只与它们表示的步骤总数的小部分有关. (这在所有有关的例子中并不完全正确, 但它代表了比相反陈述时更好的定性情况.) 因此, 产生一个结果所需要的运算次数越大, 每个单个运算的有效贡献就越小.

在计算机器中, 这一法则是不成立的. 任何步骤都与 (或有可能与) 整个结果一样重要; 任何错误都能损害整个结果. (这一表述并非完全正确, 但很可能接近全部步骤的 30% 属于此类.) 因此计算机器是一种异乎寻常的人工制品. 它们不仅要在短时间内完成十多亿个步骤, 而且在该过程的某个重要部分 (这是事先严格指定的一个部分), 它们不允许出现一次错误. 事实上, 为了确保整台机器的运行, 并且没有任何潜在的退化性故障隐藏其中, 目前实践中通常要求在整个过程的任何一处都不应出错.

这一要求使得大规模、高复杂性的计算机器处于一种全新的环境. 尤其他使得计算机器与自然生物体行为之间的比较并非完全不合情理.

模拟原理. 所有的计算自动机在某种程度上都分属两大类, 这是显而易见的, 并且, 你们马上就会看到, 这也适用于生物体. 这一分类的结果产生了模拟机器和数字机器.

我们首先考虑模拟原理. 一台计算机器可以基于这样的原理, 即用某些物理量表示数. 例如, 这样的量我们可以用一股电流的强度, 一个电势的大小, 一个圆盘转过的弧的度数 (有可能连同所完成的全部转数), 等等. 像加法、乘法和积分运算则可以通过寻求按所期望的方式作用于这些量的各种自然过程来完成. 电流可以通过将它们反馈到测力计的两个磁铁来相乘, 这样便产生一个旋转. 接着, 这个旋转可以通过联结一个变阻器而转换成一个电阻; 最后, 该电阻可以通过将其与两个固定的 (并且不同的) 电势源相连而转换成一股电流. 于是, 整个集成装置就成为一个 "黑箱", 有两股电流流入, 而它则产生出等于它们之积的一股电流. 你们肯定熟悉许多其他的方式, 其中可以利用各种各样的自然过程来完成这样的和许多其他的数学运算.

迄今制造的第一台完全集成的大规模计算机器是一种模拟机器, 即 V. 布什 (Bush) 的微分分析机. 顺便指出, 这台机器并不用电流进行计算, 而是使用旋转圆盘. 我将不讨论把这些圆盘的旋转角度按照各种数学运算组合起来的机智技巧.

我也不打算列举、分类或者系统化能够用于计算的各种各样的模拟原理和机构. 它们多得令人困惑. 指导原则是全部 "通信理论" 的经典 ——"信噪比", 没有它我们不可能获得对于该情况的了解. 就是说, 对于每个模拟过程关键性的问题是: 相较于表达该机器用来做运算的数这类重要 "信号", 构成 "噪声" 的机制的不可控波动有多大? 任何模拟原理的有效性依赖于它能够让不可控波动的相对大小 ——"噪声电平" 保持多低.

换一种方式来说. 不存在任何真正形成两个数之积的模拟机器. 它将形成的是这一乘积连同一个小而未知的量, 后者代表的是所涉及的机制和物理过程的随机噪声. 全部问题就是要使这个量减少. 这一原理已经控制了全部有关的技术. 例如, 它已经导致采用表面上复杂和笨拙的机械装置, 而不是简单雅致的电动装置. (这种情况至少遍布过去二十年的大部分时间. 最近, 在某些只要求非常有限的精度的应用中, 电动装置再次崭露头角.) 在比较机械模拟过程和电动模拟过程时, 以下说法大致是正确的: 机械装置可以使这一噪声电平以差不多 $1:10^4$ 或 10^5 的比率低于 "最大信号电平". 在电动装置中, 这个比率几乎并不比 $1:10^2$ 更好. 当然, 这些比率表示的是计算的基本步骤中的误差, 而不是其最后结果中的误差. 后者显然实质上更大.

数字原理. 数字机器采取将数表示成数字集合的常用方法进行工作. 顺便指出, 这就是我们所有人在我们单独的、非机械计算中使用的程序, 在那里我们用十进制表示数. 严格地说, 数字计算不必是十进制的. 任何比一大的整数都可以用作数的一种数字记法的基底. 十进制 (基底为 10) 是最常见的一种, 而迄今建造的所有数字机器都使用这一数制工作. 然而, 很可能最终将证明二进制 (基底为 2) 似乎更可取, 目前正在建造使用该数制的若干台数字机器.

数字机器中的基本运算通常是以下四种算术运算: 加法、减法、乘法和除法. 我们最初可能会想, 在应用这些运算时, 数字机器 (相比于上面提到的模拟机器) 拥有绝对的精确性. 然而, 正如下面的讨论所表明的, 情况并非如此.

以乘法为例. 数字机器做两个 10 位数的乘法, 将得到它们的积, 一个 20 位数, 而不带有任何误差. 就此而言其精确性是绝对的, 即便该机器的算术器的电动部件或机械部件本身具有有限的精度. 只要某个零部件不出故障, 换句话说, 只要每个零部件的运行仅在预先允许的范围内波动, 该结果就是绝对正确的. 当然, 这是数字过程主要的和特有的优越之处. 事实是当正常运行而不仅 (像上面指出的那样) 因为某个明确故障造成事故时, 误差仍然以下列方式不知不觉地出现. 两个 10 位数绝对正确的乘积是一个 20 位数. 如果所建造的机器只能处理 10 位数, 那么它就必须要放弃这 20 位数的最后 10 位, 只处理前 10 位. (这里可以忽视由于舍入而对这些数字的可能修改所造成的小的改动, 尽管它非常实用.) 另一方面, 如果该机器能处理 20 位数, 则两个这种数的乘法将产生 40 位数字, 这又必须要削减到 20 位, 等等, 等等. (总之, 对于所建造的机器来说, 无论数位的最大数是多少, 在相继的乘法过程中这个最大数迟早会达到. 一旦它被达到, 下一个乘法就会产生额外的数位, 而这个积将不得不削减到其一半的数位 [适当舍入后的前一半]. 因此, 该情形对于最大 10 位的数来说是典型的, 我们最好用它来作例证.)

因此, 将一个 (精确的) 20 位乘积舍入成规定的 (最大) 10 位数的这种必要性, 在数字机器中定性地引出了如上面在模拟机器中看到的同样情形. 当求一个乘积时, 它产生的不是这个积本身, 而是这个积加上一个小附加

项 —— 舍入误差. 当然, 这个误差不像在模拟机器中的噪声那样是一个随机变量. 它在算术上完全是由每个特定的实例确定的. 然而其确定模式如此复杂, 而它随其在问题中出现的实例数的变化如此不规则, 以至于它通常能被高度近似地处理成一个随机变量.

(这些考虑适用于乘法. 对于除法来说该情况甚至更略微糟糕一点, 因为一般而言, 一个商无法绝对精确地表达为任何有限个数字. 因此在这里第一次运算后常常就已经必须要进行舍入. 另一方面, 对于加法和减法来说, 这一困难并不出现: 和或差具有与加数本身相同数目的数位 [假如没有增加规模以超出计划的最大数位的话]. 规模可能会引起这里所讨论的精确性困难附加的困难, 但我此时将不去探讨这些.)

数字过程在减少噪声电平中的作用. 上述数字机器和模拟机器的噪声电平之间的重要差别完全不是定性的; 它是定量的. 如上面指出的, 一台模拟机器的相对噪声电平从不低于 $\left(\frac{1}{10}\right)^5$, 在很多情形高达 $\left(\frac{1}{10}\right)^2$. 在上面提到的 10 位十进制数字机器中, 相对噪声电平 (由于舍入) 是 $\left(\frac{1}{10}\right)^{10}$. 因此, 数字过程的实际重要性在于其将计算噪声电平降低到任何别的 (模拟) 过程完全不可能获得的程度之能力. 此外, 在一个模拟机构中进一步降低噪声电平的难度会越来越大, 而在数字机构中则越来越容易. 在模拟机器中, $\left(\frac{1}{10}\right)^3$ 的精确度是容易达到的; $\left(\frac{1}{10}\right)^4$ 有些困难; $\left(\frac{1}{10}\right)^5$ 非常困难; 而 $\left(\frac{1}{10}\right)^6$ 在当前的技术状态下是不可能的. 在一个数字机器中, 上述精确度仅仅意味着人们分别建造 3、4、5 和 6 个十进制数位的机器. 在此从每个阶段向另一个阶段的转换实际上变得更加容易. 将 3 个数位的机器 (假如任何人打算建造这样一台机器的话) 增加到 4 个数位的机器, 增加了 33%; 从 4 个数位到 5 个数位, 增加了 25%; 从 5 个数位到 6 个数位, 增加了 20%. 从 10 个数位到 11 个数位, 仅增加了 10%. 从减少 "随机噪声" 的观点看, 从物理过程的角度出发, 这显然是一种完全不同的环境. 数字过程的重要性正在于此, 而不是在于它实际上无效用的绝对可靠性.

计算机器与生物体之间的比较

生物体的混合特征. 在考察中枢神经系统时, 可以辨认出数字和模拟两

个过程的基元.

神经元传输脉冲. 这似乎是它的主要功能, 即使关于这种功能及其排他的和非排他的特征的最终结果还完全没有定论. 神经脉冲似乎大体上是一种全或非的东西, 堪比二进制数字. 因此数字基元是明显存在的, 但同样明显的是这并非全部实情. 生物体中大量发生的事情并不是以这种方式促成的, 而是依赖于血液流或其他体液媒质的一般化学成分. 众所周知, 生物体中存在着各种各样的合成功能排序, 它们必须要经历从最初刺激到最终结果的种种步骤 —— 其中有些步骤是属于神经的, 即数字的, 另外一些是属于体液的, 即模拟的. 这样一种链条中的这些数字和模拟部分可以交替增加. 在这一类型的某些情形中, 该链条实际上可以反馈进它本身, 也就是说, 它的最终输出可以再刺激它的最初输入.

大家知道这种混合的 (部分神经的和部分体液的) 反馈链条可以产生非常重要的过程. 因此保持血压稳定的机制就属于这种混合类型. 感觉和报告血压的神经通过一个神经脉冲序列, 即以一种数字方式来做这件事. 该脉冲系统诱发的肌肉收缩仍可以被描述为许多数字脉冲的叠加. 然而, 这样一种收缩对于血液流的影响却是流体动力学的, 因而是模拟的. 这样产生的血压对于报告该压迫的神经的反作用将结束这一循环反馈, 此时模拟过程又转变为数字过程. 因此, 在这一点上, 生物体与计算机器之间的比较毫无疑问是有缺陷的. 生物体具有非常复杂的 —— 部分数字的和部分模拟的机制. 计算机器, 至少就我们这里讨论的其最近的形式来说, 是纯粹数字的. 因此, 我必须请你们接受对于该系统的过分简化. 尽管我很清楚生物体中的模拟部分, 而且否定其重要性将是荒谬的, 然而为了简化讨论, 我将忽视那一部分. 我将考虑生物体就好像它们是纯粹的数字自动机.

每个基元的混合特征. 除此之外, 人们可能会争辩说, 即便神经元也不完全是一个数字器件. 这一点已被人们多次提出和强调. 如果我们相当细致地考虑事物, 其中确实有大量的真实性. 在这方面, 相关的断言是, 能被赋予全或无特征的完全成熟的神经脉冲, 并不是一种基本现象, 而是高度复杂的. 它是构成神经元的电化学复合物的一种退化形态, 而就其完全的分析功能来说, 必须将它视为一台模拟机器. 的确, 有可能以这样一种方式刺激神经元, 使得释放神经刺激的故障将不会发生. 在这一 "阈下刺激" 区域, 我们首先 (即对于最弱的刺激) 发现正比于刺激的响应, 接着 (在较高的、但仍属于阈下的刺激水平上) 发现依赖于更复杂的非线性规律, 但仍然是连续可变而非故障类型的响应. 在阈下区域的内部和外部也存在其他的复杂现象: 疲劳, 求和, 某种形式的自激振荡, 等等.

尽管这些观察具有真实性, 但应该记住, 它们可能代表一种对于全或无器件概念的不正确的僵化批评. 机电继电器或真空管, 当在正常使用时毫无疑问是全或无器件. 的确, 它们是这种器件的原型. 然而它们两者实际上都具有复杂的模拟机制, 它们根据适当调节的刺激, 连续地、线性地或非线性地作出反应, 仅在非常特定的运行条件下才显示 "故障" 现象或 "全或无" 响应. 这一性能与上述神经元的性能相差无几. 稍微换一种说法. 这些中没一个是完全的全或无器件 (我们的技术和生理学经验几乎没有表明存在绝对的全或无器件); 然而, 这是不相干的. 就全或无器件而言, 我们应当指满足以下两个条件的事物. 其一, 它在某些合适的运行条件下以全或无的方式运行. 其二, 这些运行条件是它被正常使用时的运行条件; 它们表示的是它作为一个构成部分的大型生物体内部功能上的正常状态. 因而重要的事实并非一个器件是否必然地和在所有条件下具有全或无特征 —— 情况大概从来不是这样, 而是在其适当的背景中它是否主要地和看来倾向于主要地作为一个全或无器件发挥功用. 我认识到这个定义引来了相当不受欢迎的关于背景的 "恰当性"、关于 "外观" 和 "意图" 的判据. 然而, 我看不出我们如何能够避免使用它们, 以及我们如何能够在它们的应用中放弃依靠常识的运用. 因此, 我将在下文中使用神经元是一种全或无数字器件这一工作假设. 我认识到对此尚无定论, 但我希望以上关于该工作假设局限性的补充说明以及使用它的理由, 将使你消除疑虑. 我只是想要简化我的讨论; 我并不试图要臆断任何重要的未解决问题.

在同样意义上, 我认为可以将神经元作为电动器件来讨论. 神经元的刺激, 其脉冲的发展和进步, 以及该脉冲在突触的刺激效果都可以从电动方面加以描述. 为了理解神经细胞的内部功能, 相伴的化学过程和其他过程是重要的. 它们甚至比电现象更重要. 然而, 对于将一个神经元描述为一个 "黑箱", 一个全或无类型的器件来说, 它们似乎没什么必要. 再有, 这里的情形并不比例如真空管的情形更糟糕. 在这里, 纯粹的电现象还伴随有众多其他的固体物理学、热力学、力学现象. 所有这些对于了解真空管的结构都是重要的, 但是如果把真空管当成概要描述的 "黑箱", 那么最好将其排除在讨论之外.

转换器或继电器概念. 于是从以上讨论的方面看, 神经元和真空管是同一个一般实体的两个实例, 习惯上称其为 “转换器” 或 “继电器”. (当然, 机电继电器是另一个实例.) 这样的一个器件被定义为一个 “黑箱”, 它通过一种拥有能量的独立响应对特定的刺激或刺激组合作出反应. 也就是说, 该响应有望具有足够的能量以引起若干与启动它的刺激同样种类的刺激. 因此, 该响应的能量不可能由最初的刺激来提供. 它必须起源于一个不同的独立动力源. 该刺激仅仅引导、控制来自这个源的能量流.

(在神经元的情形, 这个源是神经元的新陈代谢. 在真空管的情形, 它是保持阴极板电势差的动力, 无论该真空管是否正在导电, 而在较小程度上它是使 “沸腾” 的电子离开阴极的灯丝功率. 在机电继电器的情形, 它是继电器正在开闭起通道的电流源.)

至少就我们这里讨论它们的程度而言, 生物体的基本转换器是神经元. 最近类型的计算机器的基本转换器是真空管; 在较早的类型中它们全部或部分是机电继电器. 很可能计算机器并不总是转换器的最初集合体, 但未来这样的发展还十分遥远. 也许更接近的一种发展是真空管在计算机器中的转换器作用有可能被取代. 然而, 这也有可能好几年仍不会发生. 因此, 我将仅从真空管转换器的集合体角度出发讨论计算机器.

大型计算机器与生物体规模之间的比较. 现存并且运行的有两台著名的超大型真空管计算机器. 两者都包括约 20 000 个转换器. 一台是纯粹的真空管机器. (它属于位于马里兰州阿伯丁的美国陆军军械部弹道研究实验室, 称作 “ENIAC”.) 另一台是混合型的 —— 部分真空管, 部分机电继电器. (它属于 IBM 公司, 位于纽约, 称作 “SSEC”.) 这些机器比未来几年里将出现和运行的真空管计算机器的可能规模要大很多. 很可能每台这种机器将包括 2 000 到 6 000 个转换器. (减少的理由在于对待 “存储” 的不同态度, 我在此将不作讨论.) 在以后的几年里, 机器规模将再次增加是有可能的, 但只要运用现有的工艺和原理, 就不大可能有超出 10 000 个 (或者也许几倍于 10 000 个) 转换器. 总之, 对于一台计算机器来说 10^4 个转换器似乎是合适的数量级.

与此相对照, 人们已经从多方面将中枢神经系统中的神经元数目估计为差不多 10^{10} 个数量级. 我不知道该数字有多可靠, 但大概其指数至少高低不超过一个单位. 因此非常引人注目的是, 中枢神经系统比我们目前能够谈论的最大人造自动机至少大到一百万倍. 探寻该情况为什么应该如此以及涉及什么原理问题是相当有趣的. 在我看来, 它的确牵涉到几个非常明确的原理问题.

基元有效规模之比的确定. 显然, 如我们所知, 与神经细胞相比, 真空管是巨大的. 它的物理体积差不多要大到十亿倍, 而它的能量耗散差不多也高达十亿倍. (当然, 我们不可能以无与伦比的正确性给出这些数字, 但上面的数字是典型的.) 另一方面, 对此有一些校正. 在除计算机器以外的应用中, 真空管可以被做成以极其高的速度工作, 但我们在此处不必关心这些. 在计算机器中, 这个最人值要低得多, 但它仍相当可观. 就目前的技术发展水平而言, 一般认为是每秒大约一百万次动作. 神经元的响应要比这慢很多, 大概是一秒的 $\frac{1}{2\,000}$, 而真正重要的, 亦即从刺激到完全恢复, 也可能到重新刺激所需的最小时间间隔仍比这要长 —— 最多接近于一秒的 $\frac{1}{200}$. 这得出了一个比 1:5 000, 然而, 这个结果对于真空管来说也许太好了点, 因为当真空管以每秒 1 000 000 步的速率被用作转换器时, 它实际上从没有以 100%的占空比运转. 因此, 像 1:2 000 的一个比似乎更合理. 这样, 真空管以差不多十亿倍的代价, 性能上比神经元超出 1 000 倍多点儿. 因此, 说它的效率要差上一百万的数量级是有些道理的.

基本的事实是, 无论从哪一方面来看, 神经元的规模与真空管相比都过小. 正如上面所指出, 这个比率大约是十亿. 这是由于什么原因呢?

对于超常规模之比的原因分析. 这种偏差源于基本控制器件, 或者更确切地说, 真空管与神经元相比的控制安排. 在真空管中, 关键的控制区域是阴极 (在那里产生出活性媒介物电子) 与栅极 (它控制电子流) 之间的空间. 这个空间纵深大约是一毫米. 神经元中的对应物是神经细胞壁, 即 "隔膜". 其厚度大约是一微米 ($\frac{1}{1\,000}$ 毫米), 或略少. 因此, 这时线性尺度方面有一个大概 1:1 000 的比. 顺便说一下, 这是主要的差别. 对于真空管和神经元而言, 存在于控制空间的电场大致相同. 能够可靠操控这些器件所需的电位差在一种情形是数十伏, 而在另一种情形是数十毫伏. 它们的比依旧大致是 1:1 000, 因此它们的梯度 (电场强度) 大致相同. 于是线性尺度方面 1:1 000 的比对应于体积方面 1:1 000 000 000 的比. 因此, 3 维尺度方面 (体积) 十亿的

偏差因子也应当对应于线性尺度方面 1 000 的偏差因子, 就是说, 对应于真空管的毫米极间空间纵深与神经元的微米隔膜厚度之间的差.

值得注意的是, 物体之间 (它们二者都是微小的并且都位于基本部件的内部) 的这种偏差是如何导致基于它们所建造的生物体之间令人印象深刻的宏观差异的, 尽管这并不令人吃惊. 毫米物体与微米物体之间的这种差异致使 ENIAC 重 30 吨并浪费 150 千瓦的能量, 而人类中枢神经系统 (从功能上讲它要大上约一百万倍) 所具有的是磅数量级的重量并且被容纳在人的头颅之中. 在评价上述 ENIAC 的重量和规模时, 我们还应该记住这个巨型装置需要用来处理 20 个数, 每个这样的数都具有 10 个十进制数字, 也就是说, 总共有 200 个十进制数字, 相当于大约 700 个二进制数字 —— 不过是 700 条同时出现的 "是 – 否" 信息!

对于这些原因的技术解释. 这些考虑事项应该清楚表明, 我们目前的技术在处理高速和高度复杂性的信息时仍很不完善. 由此产生的这个装置, 无论在物理结构上还是在其能量需求方面, 都是非常巨大的.

这一技术上的弱点很可能 (至少部分地) 在于所使用的材料. 我们目前的技术包括对于相当接近的空隙, 以及在仅由真空隔开的某些关键点使用金属制品. 这种媒介组合具有一种特有的机械不稳定性, 这对于生物界是完全陌生的. 在此我是指这样的简单事实, 假如一个生物体受到机械方面的伤害, 它就具有一种修复自身的强烈趋势. 另一方面, 如果我们用一个大锤击打一台人造机械装置, 显然不存在任何这样的复原趋势. 如果两片金属离得很近, 则小的振动和其他的机械扰动 (这在周围介质中总是存在的) 就会构成使它们接触的危险. 如果它们具有不同的电势, 那么短路后接下来也许发生的事则是它们可能电焊接在一起而变成永久接触. 届时, 将会出现真正的和永久性的故障. 当我们损伤神经细胞膜时, 则没有这样的事情发生. 相反, 在短暂的延迟后, 该隔膜通常会自己恢复.

正是我们的材料的这种机械不稳定性妨碍我们进一步减小规模. 这种不稳定性以及其他具有类似特征的现象, 使得我们的零部件的行为没有达到完全可靠, 甚至处在目前的规模也是如此. 因此, 与那些自然中使用的材料相比, 这是我们的材料的劣势, 它妨碍了我们达到高度的复杂性以及自然生物体已经获得的那种小尺度.

自动机的未来逻辑理论

对制约目前人造自动机规模之因素的进一步讨论. 我们已经强调过, 在人造自动机中是如何限制复杂化的, 也就是, 我们能够处理这一复杂化而并没有感到有极端的困难, 对此仍然能够期待自动机可靠地运行. 我们已经给出限制这种意义的复杂化的两个原因. 它们是我们必须意识到的零部件的大尺寸和有限可靠性, 两者都是由于这样的事实, 即我们正在使用的材料, 在较简单的应用方面似乎相当令人满意, 但在这种高度复杂的应用中却差强人意且劣于自然材料. 然而, 还存在着第三种限制因素, 我们现在应该把我们的注意力转向它. 这一因素具有智力方面的而非物理方面的特征.

由于缺乏自动机的逻辑理论所受的限制. 我们还远未拥有名副其实的自动机理论, 即一种适当的数学 - 逻辑理论. 在今天, 存在着一个非常精致的形式逻辑, 尤其是像在数学中所使用的逻辑系统. 这是一门有许多优点的学科, 但也有某些严重的不足之处. 这不是详述优点的时候, 当然我也并不有意去贬低它们. 然而, 关于不足, 可以这么说: 已经在形式逻辑领域工作的任何人都将证实, 它是数学在技术上最难驾驭的部分之一. 对此给出的理由是, 它涉及严格的全或无概念, 与连续的实数概念或复数概念很少联系, 也就是说, 与数学分析很少联系. 然而分析是数学在技术上最成功也最精致的部分. 因此, 形式逻辑 —— 由于其方法的本质 —— 已经脱离了数学的最高雅部分, 被迫进入数学领域的最困难部分, 成为组合学.

直到目前所讨论的全或无类型数字式自动机理论, 无疑是形式逻辑的一部分. 因此, 现在看来它将不得不分担形式逻辑的这一不讨人喜欢的特性. 从数学的观点看, 它将不得不是组合的而非分析的.

这种理论的可能特征. 现在在我看来, 事实上情况不会是这样. 在研究自动机的功能时, 显然有必要对以前从没有出现在形式逻辑中的某种情况予以注意.

在所有现代逻辑中, 唯一重要的事情就是一个结果是否能够在有限数目的基本步骤后获得. 另一方面, 形式逻辑几乎从不关心所需步骤数目的大小. 原则上, 任何正确步骤的有限序列都一样好. 无论该数目是小还是大, 抑或甚至大到在一个人的有生之年或者在我们所知的恒星宇宙据推测的生命周期内都没有可能完成这些步骤, 这是一个并不重要的问题. 在涉及自动机时, 必须对这一断言作出重大修正. 就自动机而言, 重要的事情不仅是它在有限数目的步骤后能否得到一个确定的结果, 而且还有需要多少这样的步骤. 这有两方面的原因. 首先, 建造自动机为的是要在某个预先指定的期限内, 或至少以预先指定的期限的数量级获得确定的结果. 其次, 所使用的零部件在进行每个单独运算时, 具有一个小的但是非零的故障概率. 在足够长的一系列运算中, 这些单独的故障概率累积的结果 (如果不加控制的话) 有可能达到 1 这个数量级 —— 此时它实际上展现出完全的不可靠性. 这里所涉及的概率水平很低, 但仍然与通常的技术经验领域相差不太远. 不难估计, 一台高速计算机器在处理一个典型问题时, 可能必须要进行 10^{12} 个之多的单独运算. 因此, 进行一个单独运算时可以容忍的错误概率相比于 10^{-12} 一定小. 我可以提一下, 一个机电继电器 (一个电话继电器) 如果在进行一个单独运算时的故障概率属于 10^{-8} 数量级, 那么它在目前就被认为是可接受的. 如果这一概率的数量级是 10^{-9}, 那么它则被认为是优良的. 因此, 高速计算机器所需的可靠性比构成某些现存工业领域中可靠实践的那种可靠性要高, 但不是过分地高. 然而, 实际可以获得的可靠性不可能为应对刚刚提到的最低要求而留有一个非常宽广的余地. 因此, 确实需要一种详尽的研究和一种有价值的理论.

因此, 自动机的逻辑在两个相关联的方面不同于现有的形式逻辑系统.

1. 必须考虑 "推理之链", 即运算之链的实际长度.

2. 逻辑运算 (三段论、合取、析取、否定, 等等, 使用自动机理论习惯的术语, 就是各种形式的开启、重合、反重合、阻塞等动作) 必须都要经过程序来处理, 这些程序允许具有较低但非零概率的例外 (故障). 所有这些将导致比过去和现在的形式逻辑更少严格地具有全或无性质的理论. 它们将具有更少的组合特征和更多的分析特征. 事实上, 有许多迹象使我们相信, 这一新形式的逻辑系统将更贴近过去曾很少与逻辑相联系的另一门学科. 这就是热力学, 主要是从玻尔兹曼 (Boltzmann) 那里获得的形式, 并且是理论物理中在某些方面最接近于处理和测量信息的那部分. 的确, 它的技术手段与其说是组合的不如说是分析的, 这再次说明了我在上面一直试图强调的观点. 然而, 此时此刻如要更详尽的探讨这一话题将会使我离题太远.

所有这些都再次强调了我在较早时候表明的结论, 即需要有一种详尽的、高度数学的、尤其更是分析的自动机和信息理论. 在目前我们仅仅拥有这样一种理论的端倪. 当评价我早先讨论的仅具有中等规模的人造自动机时, 尚有可能在没这种理论的前提下以一种粗糙的经验方式来进行. 然而我们有充分的理由相信, 对于更精致的自动机而言, 这将是不可能的.

自动机的逻辑理论之缺乏对于处理误差过程的影响. 因此, 这是最后的也是非常重要的限制因素. 如果没有掌握非常先进和精密的自动机和信息理论, 那么我们就不可能建造比现有自动机有着更高度复杂性的机器. 更不必说, 这对于拥有像人类中枢神经系统这种巨大复杂性的自动机而言是不可想象的.

这种智力上的不足确实阻碍了我们去获得比现在大得多的进步.

这一因素的一种简单表现形式就是我们目前与误差校验的关系. 在生物体中, 部件故障也会出现. 生物体显然有办法检测出它们并使其无害. 不难估计, 一个正常寿命中出现的神经脉冲数一定具有 10^{20} 数量级. 显然, 在没有显著的外部干预的条件下, 这一连串的事件中就绝不会出现生物体本身无法修正的故障. 因此, 该系统必须包含必要的安排, 以便当错误出现时诊断它们, 并重新调整生物体以使错误的影响最小, 从而最终修正或永久阻隔有缺陷的部件. 我们关于人造自动机中故障的处理方式是完全不同的. 该领域的所有专家都一致认为, 这里的实际操作有点儿像如下过程: 尽一切努力 (通过数学检验或自动检验) 去检验每个错误, 只要它出现. 然后尽力迅速可行地去隔离造成错误的零部件. 这可以部分地自动完成, 但无论如何, 这一诊断的一个重要部分必须通过外部干预来实施. 一旦辨认出有缺陷的零部件, 就立刻修正它或更换掉.

请注意这两种态度的差别. 处理自然中故障的基本原理是尽可能地使它们的影响不重要, 并从容地实施改正, 如果这么做完全有必要的话. 另一方面, 在我们处理人造自动机时, 我们需要一种即刻的诊断. 因此, 我们打算以这样一种方式来安排自动机使得错误尽可能明显, 紧接着立即进行干预和修正. 换句话说, 自然生物体的构造是使得错误尽可能不明显, 尽可能无害. 人造自动机的设计是使得错误尽可能明显, 尽可能严重. 这种差异的根本原因不难寻找. 自然生物体与生俱来就足够好到即便有内在缺陷也能够运行. 它们能够不顾缺陷进行工作, 而其随后的倾向就是去除这些缺陷. 一台人造自动机的确可以被设计成使其即便在某些有限部位出现有限个故障也能正常工作. 然而, 任何故障都代表一种不容忽视的风险, 即某种普遍退化过程已经内置于该机器. 因此, 有必要立即干预, 因为一台已经开始出故障的机器只有很少的恢复自身的倾向, 更可能的是变得越来越糟. 所有这一切都回到了一件事. 与自然操纵其生物体时的表现相比, 我们在操纵人造自动机时, 更多的是在对其全然无知的情况下进行的. 我们 (显然至少在目前不得不) 非常 "害怕" 某个孤立错误的出现和肯定在其后面的故障. 我们的行为显然是那种由于无知而导致的过分小心翼翼.

单一错误原理. 对此所作的一个次要的间接说明是, 几乎我们所有的错误诊断技术都基于该机器只包含一个故障零部件这一假设. 在此情形, 将机器反复细分为各个部分, 将使我们有可能确定哪部分包含故障. 一旦存在有该机器也许包含好几种故障的可能性, 这种 (相当有效力的) 分叉诊断方法就将失效. 于是错误诊断将成为一种越来越没有希望的命题. 使被诊断的错误数低至一个, 或无论如何尽可能低的高溢价, 再次说明了我们在这一领域里的无知, 并且是为什么必须使错误尽可能显著的主要原因之一, 这样做的目的就是, 要在它们出现时尽快地、也就是在进一步的错误有时间发展之前对其进行识别和了解.

数字化原理

连续量的数字化: 数字展开方法和计数方法. 现在考虑自然生物体的数字器件, 特别地, 考虑神经系统. 看来我们假定具有一种数字机制, 即它传输具有全或无特征的信号构成的信息确实是合理的. (也请参见先前每个基元的混合特征的讨论.) 换句话说, 每个基本信号, 每个脉冲, 仅仅是要么在那儿, 要么不在那儿, 而无任何寄生信号. 对于这一事实的一个特别贴切的说明, 是由其中深层问题具有相反特征, 即其中神经系统实际上被要求传输一种连续量的那些情形提供的. 因此, 要报告压力值的那种神经的情形是具有典型性的.

例如, 假定要传输一个压力 (显然是一个连续量). 大家都知道这件事情是如何做的. 做这件事情的神经所传输的仍不过是单个的全或无的脉冲. 那么它是如何用这些脉冲, 即数字表达压力的连续数值的呢? 换句话说, 它是如何将一个连续数编码成一个数字记法的呢? 确实它并不是靠把所讨论的数展开成通常意义的十进制 (或二进制, 或任何其他基底制的) 数字来做此事的. 似乎所发生的事情是, 它以某种频率传输脉冲, 而该频率是变化的, 并在一定限度内正比于所讨论的连续量, 而且通常是它的一个单调函数. 因此, 完成这一 "编码" 的机构本质上是一种频率调节系统.

人们对于细节是了解的. 神经具有有限的恢复时间. 换句话说, 在它已经被脉动一次后, 在另一次可能的刺激之前, 必须间隔的时间是有限的, 并依赖于接下来 (尝试的) 刺激的强度. 因此, 如果神经处于某种持续刺激 (如同这里考虑的压力一样, 始终均匀呈现的一种刺激) 的影响下, 那么神经将会周期性地响应, 两次相继刺激之间周期的长度则是以前曾提到的恢复时间, 即持续刺激 (目前情形中的压迫) 长度的一个函数. 因此, 在高的压力下, 神经或许每 8 毫秒能够响应一次, 也就是以每秒 125 次脉冲的速率传输; 而在较小压力的影响下, 它或许每 14 毫秒才能够重复一次, 也就是以每秒 71 次的速率传输. 很显然这是一种数字器件 —— 一种真正的是或否器件的行为. 然而, 非常具有启发意义的是, 它应用了一种 "计数" 方法而不是 "十进展开"(或 "二进展开" 等等) 方法.

两种方法的比较. 生物体对于计数方法的偏好. 现在比较这两种方法的优点和缺点. 计数方法确实不如展开方法有效. 为了通过计数表达大约一百万 (即具有一百万可辨认的分解步骤的一个物理量) 的一个数, 就必须传输一百万次脉冲. 为了通过展开表达同样大小的一个数, 需要 6 或 7 个十进制数字, 即大约 20 个二进制数字. 因而在这种情形中只需 20 次脉冲. 因此, 我们的展开方法比起自然所依靠的计数方法在记法上要更加经济. 另一方面, 计数方法具有高度的稳定性和规避错误的安全性. 如果你通过计数表达一个一百万数量级的数并漏掉一次计数, 那么结果只是不恰当地改变了. 如果你通过 (十进或二进) 展开去表达它, 那么单个数字的单个错误就有可能使全部结果无效. 因此我们的计算机器的这一令人讨厌的特点再次出现在我们的数字展开系统中, 事实上, 前者与后者有着深刻的联系, 并且部分地是后者的一个结果. 另一方面, 有机体的高度稳定性和近乎防错的特点, 反映在它们似乎用于该情形的计数方法中. 所有这一切都反映出一个一般规则. 通过降低记号的有效性, 或者正面地说, 允许记号的冗余性, 人们就可以增加避免错误的安全性. 显然, 通过冗余取得安全性的最简单形式, 就是使用本身相当不安全的数字展开记法, 但要重复每个这样的信息多次. 在所讨论的情形中, 自然明显地已经依靠某种更加冗余的和更加安全的系统.

当然, 为什么神经系统应用计数而不是数字展开或许存在其他的原因.

前者所需的编码 – 解码装置比后者所需的同样装置简单得多. 然而确实, 自然界在朝着复杂化的方向上愿意并且能够比我们, 或准确地说, 比我们的能力所及走得更远. 因此, 人们也许怀疑, 如果数字展开系统的唯一缺点是其较大的逻辑复杂性, 那么单凭这个原因, 自然界将不会拒绝它. 尽管如此, 我们确确实实在任何地方都没有找到自然生物体应用它的迹象. 很难讲人们应该在多大程度上给这一观察贴上 "终极" 真实性的标签. 无论如何, 这种观点是值得注意的, 并且应该在未来关于神经系统之功能的研究中接受它.

形式神经网络

形式神经网络的麦卡洛克 – 皮茨 (McCulloch-Pitts) 理论. 从逻辑的和组织的观点看, 关于这些事情还有更多的东西可讲, 但我在这里将不试图去论述它们. 接下来我将改为讨论有可能是公理方法到目前为止所获得的最重要结果. 我指的是麦卡洛克和皮茨关于逻辑与神经网络关系的非凡定理.

正如我已经说过的, 在这一讨论中我将采取严格的公理化观点. 因此, 我将视神经元为一个 "黑箱", 它具有一定数目的输入 (接受刺激) 和一个输出 (发出刺激). 具体地说, 我将假定这些中的每一个的输入连接可以是两种类型: 兴奋和抑制. 箱子本身也有两种类型: 阈值 1 和阈值 2. 这些概念由以下定义联系和界定. 为了刺激这样一个器件, 有必要使它同时接受至少与其阈值相对应的同样多的对其兴奋输入的刺激, 而不接受对其任何一个抑制输入的任何刺激. 如果它已经这样得到刺激, 那么在一定时间的延迟 (假定它总是相同的, 并且可以用于定义时间单位) 后, 它将发出一个输出脉冲. 这个脉冲可以通过适当连接到其他神经元的任何数目的输入 (也包括任何它自身的输入) 而获得, 并在这些神经元中的每一个产生上述同样类型的输入刺激.

当然, 我们明白这是对神经元的实际功能的一种过度简化. 我已经讨论过公理方法的特征、局限和优势. (参见前述*公理化过程和每个基元的混合特征*.) 它们都适用于此, 而以下讨论则是在这种意义上进行的.

麦卡洛克和皮茨已经使用这些单元来建立一些复杂的网络, 它们可以被称为 "形式神经网络". 这样一个系统是由任何数目的单元, 将其输入和输出以任意的复杂度适当地相互连接起来所构成的. 这一网络的 "功能" 可以通过挑选出整个系统的一些输入和一些输出, 然后描述对于前者的哪些个最初刺激注定要导致对于后者的哪些个最终刺激.

麦卡洛克–皮茨理论的主要结果. 麦卡洛克和皮茨的重要结果是, 在此意义上的任何功能, 如能用有限数目的词语逻辑地、严格地且明白地完全加以定义, 则它也能用这种形式神经网络来实现.

在此最好先稍停一下来考虑这意味着什么. 人们常说, 人类神经系统的活动和功能如此复杂, 以致任何通常的机构都不可能实施这些活动和功能. 人们也试图命名那些就其本质而言显示这种局限性的特定功能. 人们试图表明这种逻辑地、完整地描述的特定功能, 其本身不可能是机械的神经实现. 麦卡洛克–皮茨结果终结了这一点. 它证明了能够详尽地且明白地描述的任何事物, 能够用语言完整地且明白地表达的任何事物, 事实上都可以用一个适当的有限神经网络来实现. 由于反过来的陈述是显然的, 因此我们可以说, 在用语言完整地且明白地描述一个真实的或假想的行为模式的可能性, 与用一个有限的形式神经网络实现它的可能性之间没有任何区别. 这两个概念是同外延的. 在这样一个网络中, 体现任何行为模式的原理之困难, 只有当我们也不能完整地描述那种行为时才能存在.

于是就剩下了下面两个问题. 首先, 如果某种行为模式能够由有限神经网络产生, 那么该网络是否能在一个实际的规模内实现, 特别是, 它是否会符合所论有机体的生理限制的问题仍然存在. 其次, 将会产生每种现有行为模式是否真能完整地且明白地用语言表达的问题.

当然, 第一个问题是神经生理学的终极问题, 我在此将不打算进一步讨论. 第二个问题有着不同的特征, 并且具有有趣的逻辑内涵.

关于这一结果的解释. 毫无疑问, 任何可想到的行为模式的任何方面都能够用语言 "完整地且明白地" 加以描述. 这种描述也许是冗长的, 但它总是可能的. 否定它就等同于坚持某种形式的逻辑神秘主义, 而这肯定与我们中大多数人的想法相去甚远. 不过, 它是一个重要的限制, 即这仅分别适用于每个基元, 而它将如何适用于行为的整个综合表现还远非清楚. 更具体地说, 描述一个生物体如何有可能识别出现在视网膜上的任何两个直边三角形属于同一范畴的 "三角形" 并不困难. 除此之外, 为数众多的其他事物 (除了正常绘制的直边三角形) 也将被分类为或认定为三角形 —— 曲边三角形, 边没有被完全绘出的三角形, 仅由其内部或多或少均匀的阴影显示的三角

形, 等等同样并不困难. 我们试图对可以在这一名目下想象的每一事物描述得越完全, 该描述就会变得越长. 我们也许会有某种含糊的和不舒服的感觉, 即这样考虑的一个完整编目不仅出奇地长, 而且在其边界处也不可避免地是模糊的. 然而, 这也许是一种可行的操作.

不过, 所有这一切只是构成了相似几何实体的更一般的辨识概念的一小部分. 反过来, 这只是一般的相似概念的一个微小部分. 没有人愿意尝试在任何实际数量的空间内描述和定义支配我们对于视觉的解释的一般相似概念. 没有任何根据说这项事业是否需要数千或数百万或完全不切实际的数目的容量. 实际上, 要说明什么构成了一种视觉相似、最简单和唯一切实可行的方式, 在于给出视觉大脑连接的一种描述, 这在目前是完全可能的. 我们这里正在论述的是逻辑部分, 实际上我们对此不曾有过任何以往经验. 这里涉及的复杂度与我们曾经已知的任何事物的复杂程度完全不成比例. 我们无权假定过去使用的逻辑记法和步骤会适合这部分主题的内容. 无法完全确定的是, 在该领域中一个实际对象有可能不构成其本身的最简单描述, 即使用通常的文字和形式逻辑方法描述它的任何尝试也许导致不易掌控和更加复杂的某种东西. 事实上, 现代逻辑的某些结果将会表明, 当我们谈到真正复杂的实体时, 这样的现象是必在预料之中的. 因此, 寻求一种精确的逻辑概念, 即寻求关于 "视觉相似" 的一种精确的文字表述根本不可能是徒劳的. 有可能视觉大脑本身的连接模式是这一原理最简单的逻辑表达或定义.

显然, 麦卡洛克 – 皮茨结果在这一层面上并没有更多益处. 在这一点上, 它只是提供了早先概述之情形的又一例证. 逻辑原理与其在神经网络的具体化之间存在一种等价关系, 而尽管在更简单的情形中, 这些原理可能提供了一种关于网络的简化表达, 但是很有可能在极端复杂的情形中, 相反的情况是真实的.

所有这一切并没有改变我的信念, 即为了理解高度复杂的自动机, 尤其是中枢神经系统, 需要一种全新的、实质上是逻辑方面的理论. 然而, 也许在这一过程中, 逻辑将不得不经历一种比反方向程度更大的相对于神经学的假晶现象. 前述分析表明, 关于中枢神经系统理论我们现在能做的相关事情之一, 是指出真正的问题并不位于其中的那些方向.

复杂化概念; 自我复制

复杂化概念. 到目前为止的讨论已经表明, 高度复杂性在与自动机有关的任何理论成果中都扮演了一个重要的角色, 并且这个概念尽管表面看来具有定量特征, 但它其实可以表征某种定性的事物 —— 表示某个原则问题. 在我的讨论的其余部分, 我将考虑这个概念的一个更偏僻的含义, 它将使得其本性中的定性方面之一更加显明.

在自然界中, 关于"恶性循环"类型存在着一种非常明显的特点, 有关于此的最简单的表达就是非常复杂的生物体能够复制它们自身这个事实.

我们都倾向于以一种暧昧的方式怀疑"复杂化"概念的存在性. 这个概念及其假定的属性从来没有被清晰地系统表述过. 然而, 我们总是倾向于认定它们的这种状况也可接受. 当一个自动机进行某些操作时, 人们必然期望它们比该自动机本身具有更低的复杂度. 尤其是, 如果一个自动机具有构造出另一个自动机的能力, 那么我们一定会从母体到结构上感受到复杂性的降低. 就是说, 如果 A 能产生 B, 则 A 在某种意义上必定已经包含了关于 B 的完整描述. 为了使之有效, 就必须在 A 中存在进一步的各种安排, 以确保这一描述得到解释以及它所要求的构造性运算得以执行. 从这个意义上讲, 似乎必定要预见到某种退化趋势, 如一个自动机制造另一个自动机时在复杂性方面的一些降低.

虽然这对于它来说具有某种不确定的似然性, 但是它与自然界中发生的最明显的事情是显然矛盾的. 生物体复制它们自身, 也就是说, 它们造出的生物体在复杂性方面没有任何降低. 此外, 还存在长时期的进化, 期间复杂性同样在增加. 生物体是从其他具有较低复杂性的物体间接得来的.

因此存在着似然性与证据的一种明显冲突, 假如不是更糟的话. 有鉴于此, 似乎值得尝试来看看, 这里是否存在着任何能够严格地系统表述的复杂事物.

到目前为止, 我一直对此相当暧昧和使人困惑, 而且是有意为之. 否则在我看来, 对于这里存在的情形不可能给出一种公平的印象. 我现在就尝试变得明确起来.

图灵的计算自动机理论. 大约在 12 年前, 英国逻辑学家图灵曾着手解决过下面的问题.

他想对什么是计算自动机给出一个一般的定义. 这个形式定义的结果如下:

一个自动机是一个 "黑箱", 我们将不去详细描述它, 但期望它具有下列属性. 它具有有限个状态, 我们只需通过说出其数字, 比如说 n, 并相应地列举出它们: $1, 2, \ldots, n$ 从表面上刻画它们. 这个自动机必要的运行特性包括描述如何使它改变其状态, 即由一个状态 i 转到一个状态 j. 这一改变需要某种与外部世界的相互作用, 我们将以下列方式使之标准化. 就该机器而言, 设整个外部世界包括一条长纸带. 设这一纸带是, 比如 1 英寸宽, 并设它被划分成 1 英寸长的区域 (方格). 在这带子的每个区域中, 我们可以标上或不标上一个记号, 比如说一个小圆点, 并假定我们可以擦去, 也可以写入这样一个小圆点. 以小圆点标记的一个区域将称为一个 "1", 没用小圆点标记的一个区域将称为一个 "0". (我们可以允许更多的标记方式, 但图灵证明这是无关紧要的, 并不导致在一般性方面有任何本质的改进.) 在描述带子相对于自动机的位置时, 我们假定该带子的一个特定区域处于自动机的直接检阅位置, 而该自动机能够向前和向后移动带子, 比如说每次一个区域. 具体说来, 设该自动机处于状态 $i(=1, \ldots, n)$, 并设它注视带子上的一个 $e\ (=0, 1)$. 接着它将进入到状态 $j(=0, 1, \ldots, n)$, 将该带子移动经过 p 个区域 ($p=0, +1, -1$; $+1$ 表示一个向前移动, -1 表示一个向后移动), 并在它注视的新区域写入 $f(=0, 1$; 写 0 意思是擦去; 写 1 意思是加入一个小圆点). 然后指定 j、p、f 作为 i、e 的函数, 这就是这样一个自动机功能的完整定义.

图灵对于什么数学过程能被这类自动机实现进行了仔细分析. 在这方面他证明了涉及逻辑的经典 "判定问题" 的各种定理, 但我在这里将不探讨这些问题. 然而, 他的确还引入和分析了一种 "通用自动机" 的概念, 而这是与本文内容有关的部分主题.

数字 $e(=0, 1)$ 的一个无穷序列是数学中的基本实体之一. 如果视作一个二进展开, 那么它本质上等价于一个实数概念. 因此, 图灵将他的思考建立在这些序列的基础上.

他研究了关于哪些自动机能够构造哪些序列的问题. 亦即, 给定一个形成这种序列的明确法则, 他问哪些自动机能够根据该法则形成这个序列. "形成" 一个序列的过程以这种方式来解释. 一个自动机能 "形成" 某个序列, 就是假如有可能指定带子的一个有限长度, 并适当标记, 使得如果这条带子被输入进讨论中的自动机,则该自动机将因此在这条带子余下的 (无限) 空白部分写入此序列. 当然,这个写下无穷序列的过程是一个没完没了的不间断过程. 这意味着该自动机将保持无限期地运行,而倘若有足够长的时间,将写入该 (无限) 序列的任何想要的 (但当然是有限的) 部分. 这段有限的、事先标记的带子构成了用于这一问题的该自动机的 "指令".

一个自动机是 "通用的",如果能被任何一个自动机产生的任一序列也能由这个特定的自动机解决. 当然,为此目的一般来说会需要一个不同的指令.

图灵理论的主要结果. 我们可能先验地预期这是不可能的. 如何可能存在这样一个自动机,它至少和任何可以想到的自动机,比如规模和复杂度是其两倍的一个自动机一样有效呢?

然而,图灵证明了这是可能的. 尽管其构造相当复杂,但基本原理却很简单. 图灵注意到关于任何可以想到的自动机的一个完全一般的描述,可以 (在前述定义的意义上) 用有限个词语给出. 这一描述将包含某些空段 —— 涉及较早前提到的函数 (以 i、e 表示 j、p、f) 的那些段,它确定了该自动机的实际功能. 当这些空段被填满时,我们讨论的就是一个特定的自动机. 只要它们空着,这一模式表示的就是一般自动机的一般定义. 现在已有可能来描述有能力解释这样一种定义的一个自动机. 换句话说,当输入上述意义的函数来定义一个特定的自动机时,它将立即像所描述的对象一样运行. 做这件事的能力并不比阅读一本词典和一本语法然后遵循它们的使用说明和组词原则的能力更神秘. 这个自动机 —— 它被建造来读一段描述并模仿所描述的对象,就是图灵意义上的通用自动机. 为了使它复制任何其他自动机能够完成的任何运算,对其提供有关所论自动机的一段描述,以及该装置要进行的运算所需的指令就足够了.

处理产生自动机的自动机之程序扩展. 对于我在此关心的问题,即自动机的 "自我复制",图灵的程序只是就一个方面而言太过狭窄了. 他的自动机是纯粹的计算机器. 它们的输出是一段上面写有 0 和 1 的带子. 我所指的建造所需的是一个其输出为其他自动机的自动机. 不过,在涉及这一较广的概念和从它导出图灵结果的等价物方面,原则上没有任何困难.

基本定义. 正如前面的例子所表明,为了研究而给出一个自动机由什么构成的严格定义再次成为最重要的事情. 首先,我们必须制定所使用的初等

部分的一份完整清单. 这份清单必须不仅包含一个完整的枚举, 而且包含一个关于每个初等部分的完整操作定义. 制定这样一份清单, 即写出一份关于"机器部件"的目录, 它足够丰富从而允许构建这里所要求的各种各样的机构, 并且它具有这种考虑所需的公理严格性. 这个清单也不需要很长. 当然, 可以使它任意地长或任意地短. 可以通过在其中包括能用其他部件组合成的东西作为基本部件来加长. 可以通过赋予每个基本部件以多重属性和功能使其变短 —— 事实上, 可以使其由单独一个单元组成. 因此, 关于所需基本部件数目的任何说法都将表示某种常识性的妥协, 其中没有任何预期来自任何一个基本部件的非常复杂的东西, 也没有使任何基本部件去执行好几个明显不同的功能. 从这个意义上讲, 可以证明大约一打的基本部件就足够了. 自我复制的问题于是可以这样来陈述: 我们能以下面这种方式由这种元件建造一个集合体吗? 即如果将其放入一个储存器, 其中到处都散布着大量的这种元件, 那么它将开始建造其他的集合体, 每一个最终都将变成和最初的一个完全相像的另一个自动机. 这是可行的, 而它可以依据的原理与先前概述的图灵原理密切相关.

有关自我复制定理的推导之概要. 首先, 就这里讨论的意义而言, 对于一个自动机的任何事物, 我们有可能给出一个完整的描述. 这个描述将被想象成一个一般描述, 即它再次包含空间隔. 这些空间隔必须由描述一个自动机实际结构的函数来填充. 和以前一样, 这些填充的与未填充的间隔之间的区别, 就是关于特定自动机的描述与关于一般自动机的一般描述之间的区别. 在描述下列自动机方面没有任何原则性困难.

(a) 自动机 A, 当用适当的函数提供了关于任何其他自动机的描述后, 它将构造那个实体. 在此情形, 该描述不应像在图灵的情形那样以一条有标记的带子的形式给出, 因为我们通常不会选择一条带子作为一个结构元件. 然而, 要描述结构元件的组合是相当容易的, 它们有着一条能被标记的带子的全部符号属性. 我们将称在此意义上的一个描述为一个指令, 并用一个字母 I 表示.

"构造"是在与前面相同的意义上来理解的. 假设正在构造的自动机被放入一个储存器, 其中到处散布着大量的基本组件, 那么这将影响它在那个环境中的构造. 人们不必担心一个确定的这类自动机如何能产生比自身更大且更复杂的其他自动机. 在此情形, 要构造的这个对象的较大规模和较高复杂性将会反映在必须提供的指令 I 的很可能更大的规模上. 正如所指出的那样, 这些指令必须是基本器件的集合体. 的确, 就此意义而言, 一个实体将进入该过程, 其规模和复杂性是由要建造的对象之规模和复杂性确定的.

在下文中, 所有其构造过程要用到设备 A 的自动机都将与 A 分享这一属性. 它们全都有为指令 I 提供的位置, 即能嵌入这样一个指令的位置. 当这种自动机在被 (例如, 某个适当的指令) 描述时, 对于按照前述意义嵌入一个指令 I 的位置之具体说明. 则被认为构成了该描述的一部分. 因此, 我们可以谈论 "将一个给定的指令 I 嵌入一个给定的自动机", 而无需进一步的说明.

(b) 自动机 B, 它能复制提供给它的任何指令 I. 按照 (a) 中所概述的意义, I 是基本部件的一个集合体, 用以代替一条带子. 当 I 提供对另一个自动机的描述时, 将使用这个设备. 换句话说, 这个自动机并不比一个 "复制器"—— 能够读一条穿孔带并产生一条与第一条完全相同的第二条穿孔带的机器 —— 更精致. 我们也注意到这个自动机能够产生比其自身更大和更复杂的物体. 我们还注意到关于它不存在任何令人惊奇的东西. 因为它只能复制, 输出的一个具有确切规模和复杂性的物体必须作为输入提供给它.

在有了这些准备之后, 我们可以进入到决定性的一步.

(c) 将自动机 A 和 B 相互结合, 再与执行下列操作的控制机构 C 相结合. 设 A 接到了一个 (也具有 [a] 和 [b] 意义的) 指令 I. 则 C 将首先使 A 构造该指令 I 描述的自动机. 接下来 C 将使 B 复制上面提到的指令 I, 并把复制品嵌入上面提到的自动机, 它刚刚被 A 构造出来. 最后, C 将把这一构造物从系统 $A+B+C$ 分离, "使其松绑" 为一个独立实体.

(d) 用 D 代表整个集合体 $A+B+C$.

(e) 为了运行, 必须向集合体 $D=A+B+C$ 提供如上述那样的一个指令 I. 正如上面指出的, 必须将这一指令嵌入 A. 现在构造一个描述这个自动机 D 的指令 I_D, 并在 D 内将 I_D 嵌入 A. 称目前作为结果的集合体为 E.

E 显然是自我复制的. 我们注意到这里没有涉及任何恶性循环. 当构造了描述 D 的指令 I_D 并附加到 D 上时, 决定性的一步出现在 E 中. 当需要 I_D 的构造物 (复制品) 时, D 已经存在了, 并且它绝不会被 I_D 的构造所修改. I_D 只是被添加上以形成 E. 因此存在一个确定的年代和逻辑顺序, 依此必须形成 D 和 I_D, 而根据逻辑规则, 该过程是合法的和适当的.

对该结果及其直接推广的解释. 有关这个自动机 E 的描述还有一些吸引人的方面, 我此时不打算去详尽地探讨它们. 例如, 很清楚指令 I_D 大致履行着基因的功能. 也很清楚复制机构 B 完成的是基本的繁殖行为, 即遗传材料的复制, 这显然是活细胞繁殖中的基本活动. 还容易看出系统 E, 尤其是 I_D 的任意改变如何能展示出与细胞变异有关的某些典型特征, 这通常是致命的, 但随着特征的改变, 它们有可能继续繁殖. 当然, 同样清楚的是这种类比在何处失去效力. 天然基因很可能不包含对于存在刺激其构造的物体的完整描述. 它或许只包含一般指针, 一般提示. 在进行上述考虑的概述中, 我们并不尝试这一简化. 然而, 有一点是清楚的, 这一简化以及其他类似的作法就本身而言, 具有非常的和定性的重要性. 如果我们不试图去洞悉这样的简化原理, 那么我们就与对自然过程的任何真正理解相去甚远.

对于前述方案的微小改变也允许我们构造能够复制它们本身, 而且也能建造其他自动机的自动机. (更具体地说, 这样一种自动机履行的或许是某种 —— 假如不是这种的话 —— 典型的基因功能, 某些特殊的酶的自我复制加上产生 —— 或对产生的刺激.) 的确, 用一个描述自动机 D 加上另外给定的自动机 F 的指令 I_{D+F} 代替 I_D 就足够了. 设 D 连同在其内嵌入 A 的 I_{D+F} 被称为 E_F. 这个 E_F 显然具有已经描述的属性. 它将复制自己, 并且除此之外, 还构造了 F.

我们注意到 E_F 的一种 "变异" 并不是致命的, 它发生在 E_F 内 I_{D+F} 的 F- 部分. 假如用 F' 代替 F, 它将 E_F 变为 $E_{F'}$, 即这个 "变异物种" 仍然是自我复制的; 但是其副产品改变了 ——F' 代替了 F. 当然, 这是典型的非致命性变异物种.

所有这些都是朝着系统的自动机理论方向实施的非常粗浅的步骤. 此外, 它们仅表示一个特定的方向. 正如我先前指出的, 这是朝着形成关于什么构成了 "复杂化" 的一个严格定义之方向. 它们说明 "复杂化" 在较低层次上很可能是退化的. 就是说, 每个能产生其他自动机的自动机将只能产生较低复杂程度的自动机. 然而, 存在一个确定的最低水平, 在那里这一退化特征不再是普遍的. 在此能够复制其自身, 或者甚至能够构造更高级实体的自动机成为了可能. 这个事实 —— 即复杂化以及组织在一个确定的最低水平以下时是退化的, 而在超越那个水平时就变成自我支持的甚至是增加的 —— 无疑将在该学科的任何未来理论中起着重要的作用.

思考与知之相距甚远.

谚语

上帝让一个思想家降临这个星球时, 我们要清醒.

爱默生 (Emerson)

炮手要是给炮轰了, 倒是一件好玩的事.

莎士比亚 (哈姆雷特)

2 机器能思考吗? *

A. M. 图灵

1. 模 仿 游 戏

我打算考虑“机器能思考吗? ” 这个问题. 这应该从对术语“机器”和“思考”含义的定义开始. 这样的定义可能是大体意义上的, 尽可能地反映术语的通常用法, 但这种看法是危险的. 如果通过分析其常规用法来建立术语“机器”和“思考”的意义, 则难于摆脱对问题的意义和答案的结论: “机器能思考吗? ” 应该在盖洛普民意调查之类的统计中寻找. 但这是不合理的. 因此这一问题应该用与之紧密相关并且以相对明确的语言表述的另一个问题来代替, 从而不必试图去寻求上述的定义.

可以根据我们称为“模仿游戏”的一种游戏来描述这个问题的新的形式. 这是一种三人游戏: 男人 (A)、女人 (B)、以及性别可以任意的询问者 (C). 询问者待在与另外两个人相隔离的房间里. 对于询问者游戏的目的是确定其他两人中的哪一个为男士、哪一个为女士. 询问者以标记 X 和 Y 区别他们, 并且在游戏结束时, 询问者说出“X 为 A, Y 为 B”或“X 为 B, Y 为 A”. 允许询问者向 A 和 B 提出以下问题:

*本文由姚文杰翻译, 李文林校.

C: 请 X 告诉我他/她的头发的长度?

现在假想 X 实际上为 A, 然后 A 必须回答, 在游戏中 A 的目的是努力使 C 作出错误的辨认. 因此他的回答也许为:

“我的头发剪短了, 并且最长的发束为约九英寸长.”

为了不使声音的音色能帮助询问者, 答案应该手写, 打字更好. 理想的安排是有在两个房间之间进行沟通的电传打字机. 或者可以通过中间人重复问题和答案. 对于第三个参与者 (B), 游戏的目的是帮助询问者. 对于她最好的策略可能是说出真实的答案. 她可以在她的答案中补充如 “我是女士, 不要听他的” 这样的言辞, 但这将无济于事, 因为男士可以说出类似的言论.

现在我们问这样的问题:“当机器担任该游戏中的 A 角色的情况下将发生什么? ” 当如此进行游戏时询问者是否将如游戏在男士和女士之间进行时一样频繁地作错误的决定? 这些问题替代了我们的初始问题 “机器能思考吗? ”

2. 新问题的批判

除了问 “该新形式的问题的答案是什么? ”, 还可能会问 “这个新问题是值得研究的问题吗? ” 对后一问题我们不加深究, 以免无限制地追溯.

新问题的优点在于能在人类的体质和智力之间划出清晰的分界线. 没有工程师或化学家宣称能够造出与人类皮肤一模一样的材料. 也许有朝一日这会实现, 但是即使假设这样的发明能够实现, 我们也仍会感到, 想让 “思考机器” 穿上这样的人造皮肤而变得更像人, 这种努力几乎没有意义. 我们在阻止询问者看见或接触其他参与者, 或听到其声音的条件下提出问题的形式, 反映了这一事实. 所提出的准则的其他优点可以通过如下示范性问题及回答看出:

Q: 请给我写一首关于第四桥的十四行诗.

A: 这个就算了吧, 我从来不会写诗.

Q: 将 34 957 与 70 764 相加.

A: (停顿约 30 秒然后给出答案) 105 621.

Q: 你玩国际象棋吗?

A: 玩.

Q: 我在 K1 处有 K, 并且没有其他棋子. 你在 K6 处只有 K, 并且在 R1 处有 R. 该你走. 你该怎么下?

A:(15 秒的停顿之后)R 进 R8.

提出和回答问题的方式看来适于引入我们希望包括的几乎任何一个人类的活动领域. 我们并不想对由于不能在选美竞赛中出类拔萃而对机器进行处罚, 也不想对由于在与飞机赛跑中失败的人进行处罚. 我们游戏的条件使这些障碍变得无关紧要. 如果认为合理, "参与者" 可以尽最大意愿夸耀其魅力、力量或英雄品质, 但询问者不能要求提供实际证明.

该游戏可能因为过于偏惠机器而受到批评. 如果人尝试并假装为机器, 其表现显然将会非常糟糕. 他将由于在算术上的迟缓和不精确而马上遭到淘汰. 机器是否不能执行应该称为思考但与人的思考非常不同的一些事情? 这是一个严重的异议, 但是至少我们可以说: 尽管如此, 如果可以建造出一台机器圆满地完成模仿游戏, 我们就不必为这类异议困扰了.

或许迫切需要的事情是, 当进行 "模仿游戏" 时, 机器的最佳策略可能是做出除了模仿人的行为之外的一些行为. 有可能确实如此, 但我认为这类行为不大可能有重大的影响. 无论如何我不打算在这里来研究博弈理论, 可以认为, 最优的策略应该是努力提供人会自然地作出的回答.

3. 与游戏有关的机器

我们在 1. 中提出的问题将不是非常明确的, 除非我们能明确说明 "机器" 这个词是什么意思. 很自然, 我们应该希望允许每种工程技术都被用在我们的机器中. 我们还希望工程师或工程师的团队可以造出这样工作的机器, 但其制造者却不能充分地描述它们的操作方式, 因为他们使用的方法主要是实验性的. 最后, 我们希望在机器中排除正常出生的人. 给出同时满足这三个条件的定义是困难的. 例如也许有人坚持要求工程师的团队应该都属一种性别, 这实际上是不能满足的, 因为很有可能从 (比方说) 人的皮肤的单个细胞培育出完整的个体. 这样做将会是生物技术的值得最高赞颂的功绩, 但是我们将不会倾向于将其认为是 "构造一个会思考的机器" 的案例. 这促使我们放弃应该允许每种技术的要求. 鉴于当前对 "思考机器" 的兴趣主要是由特定种类的机器 (通常称为 "电子计算机" 或 "数字计算机") 引起的这一事实, 我们就更加准备这样做. 遵循这一提议, 我们将仅允许数字计算机参与我们的游戏.

乍看这似乎是非常极端的限制. 我将说明事实并非如此. 为此有必要简要介绍这些计算机的本质和特性.

也可以说数字计算机与机器的这种等同性, 与我们对 "思考" 的标准一样, 仅当结果说明数字计算机不能在游戏中做出良好表现时才不能令人满意 (这是违背我的信念的).

已经存在有大量正常工作的数字计算机, 并且人们也许会问: "为什么不直接进行试验呢? 数字计算机将容易满足游戏的条件. 可以使用多位询问者, 并且汇集统计数据以显示它们如何频繁地给出正确的辨认." 简单的回答是: 我们不是在问是否所有的数字计算机将在游戏中表现良好, 也不是在问当前可使用的计算机是否表现良好, 而是在问是否存在可想象的表现良好的计算机. 但这只是简单回答. 稍后我们将从不同角度来看待这个问题.

4. 数字计算机

数字计算机背后的想法可以这样来说明: 这些机器旨在执行人类计算机 (human computer) 可能完成的任何操作. 人类计算机应该遵循固定的规则; 并且没有在任何细节上违背固定规则的权利. 我们可以假设这些规则由一本书来提供, 而每当投入新的工作时, 书本内容会有所更改. 这个人类计算机还具有在其上完成计算的无限供应的纸张. 也可以在 "台式机器" 上完成其乘法和加法运算, 但这并不重要.

如果我们使用以上说明作为定义, 则我们将会陷入循环争论的危险之中. 我们通过概要地给出实现预期目标的方法来避免这种危险. 数字计算机通常被认为包括以下三部分:

(i) 存储器

(ii) 执行单元

(iii) 控制器

存储器即信息的存储器, 并且相当于人类计算机的纸张, 不论该纸张是其进行计算的纸张, 还是印有其书本规则的纸张. 至于人类计算机在其头脑中进行的计算, 存储器的一部分将对应于人类计算机的记忆.

执行单元为执行计算中涉及的各单项操作的部分. 至于这些单项操作

的具体内容, 机器与机器之间将有所不同. 通常可以完成相当长的操作, 例如 “3 540 675 445 乘以 7 076 345 687”, 但在一些机器中仅可以完成非常简单的操作, 例如 “写下 0”.

我们已经提到供给计算机的 “规则书” 在机器中是用部分存储器来代替, 因而将称其为 “指令表”. 控制器的任务是查看这些指令是否正确地并且以正确的顺序执行. 控制器的构造保证了上述任务必能完成.

存储器中的信息通常拆分为适当小的数据包. 例如, 在一部机器中的数据包可能包括十个十进制数字. 以某种系统的方式将数字分配给存储有各种信息的数据包的存储器部分. 典型的指令可以为:

“将存储在位置 6 809 中的数字与 4 302 中的相加, 并且将结果放到后一存储器位置上.”

不用说, 在机器中不能出现用英语表达的指令. 指令更可能会以例如 6 809 430 217 的方式编码. 这里 17 是说各种可能的操作中的哪一个将在这两个数字上执行. 在此情况下操作为以上所述, 即 “将数字与 …… 相加”. 需要注意的是指令占据了 10 位数位, 因此非常方便地形成信息的一个数据包. 控制器通常以指令存储的位置的顺序读取待执行的指令, 但偶尔可能遇到如下指令:

“现在执行存储在位置 5 606 的指令, 并从那里继续”

或者再次遇到这样的指令:

“如果位置 4 505 包含 0, 则下一步执行存储在 6 707 中的指令, 否则直接继续”

后一类型的指令是非常重要的, 因为它们可以使一系列操作一遍一遍重复直到满足一定条件为止, 但在如此执行中, 在每次重复中没有新的指令, 而是相同的指令一遍一遍重复. 可以打一个家庭事务的比方. 假设妈妈想要汤姆每天早晨在他上学的路上去鞋匠铺子看看她的鞋子是否已经修好, 她可以每天早晨重复此项要求. 或者她可以一次性地在客厅贴一张让汤姆取鞋的条子, 汤姆每天离家上学时必会看到, 而如果他已经拿到鞋, 则回到家就销毁这张条子.

读者必须接受的事实是: 可以根据我们已经描述的原则来构造并且确实已经构造出了数字计算机, 它们实际上可以非常接近地模拟人类计算机的活动.

前述人类计算机所使用的规则书当然是方便的假设. 实际上人类计算机会记得他们必须做什么. 如果某人想要使机器在某种复杂的操作上模拟人类计算机的行为, 他就必须问人类计算机是如何做的, 然后将答案转换为指令表的形式. 构建指令表通常称为"编程"."为机器编程以执行操作 A" 是指将合适的指令表输入到机器, 从而使其将执行 A.

数字计算机概念的一个有趣变型是 "具有随机要素的数字计算机". 这些计算机具有涉及掷骰子的指令或某个等同的电子程序指令, 例如 "掷骰子并将得到的数字输入存储器 1 000" 之类的指令. 这样的机器有时被形容为具有自由意志 (尽管我自己不会使用这个短语). 通过观察机器来确定其是否具有随机要素通常是不可能的, 因为可以通过根据 π 的十进位数字进行选择的装置来产生类似的效果.

大多数实际的数字计算机仅具有限量的存储. 具有无限存储的计算机概念不存在理论上的困难. 当然在任一时间只能使用有限的部分. 同样也只能构造有限量的存储, 但我们可以想象根据需要不断地添加. 这样的计算机具有特殊的理论价值, 并且将称之为无限容量计算机.

数字计算机的想法是一个古老的话题. 剑桥大学卢卡斯数学教授查尔斯 · 巴贝奇 (Charles Babbage) 早在 1828 年至 1839 年间就已筹划过这样的机器, 他称之为分析机, 但这部机器从未完成. 尽管巴贝奇具有全部的基本想法, 他的机器在当时并没有非常吸引人的前景. 可能获得的速度明显快于人类计算机, 但大约为曼彻斯特计算机的百分之一, 而曼彻斯特机器本身就是现代计算机中较慢的一种. 巴贝奇设想的存储器是纯机械的, 使用轮子和卡片.

巴贝奇的分析机是纯粹机械的事实将帮助我们摆脱一种迷信的认识. 现代数字计算机是电的, 神经系统也是电系统, 这一事实常常被认为十分重要. 由于巴贝奇的机器不是电的, 并且由于所有的数字计算机在某种意义上都是等价的, 因此我们看到使用电并不是理论的要点. 当然电的出现往往与快速信号相关, 所以我们在这两个领域都发现电就不奇怪. 在神经系统中, 化学现象至少与电一样重要. 在某些计算机中, 存储系统主要是声控的. 因而使用电这一特征只能被认为是非常表面的相似. 如果我们想探寻这样的相似性, 则我们更应该去探寻功能的数学类比.

5. 数字计算机的通用性

上一节中考虑的数字计算机可以归类为“离散状态机器”. 这类机器通过突然的跳跃或发出喀哒声来实现从一个非常确定的状态到另一个非常确定的状态的转移. 这些状态明显不同, 它们之间相互混淆的可能性因而可以忽略. 严格地说, 并不存在这样的机器. 一切事物的运动实际上都是连续的. 但是却存在多种可以实用地被认为是离散状态机器的机器. 例如考虑用于照明系统的开关, 方便的假设是每个开关必须确定地处于开启或关闭的状态. 一定存在中间位置, 但是对于大多数目的而言, 可以忽略中间位置. 作为离散状态机器的一个实例, 我们可以考虑这样的轮子: 该轮子每秒钟转动 120° 并咔嗒报响, 但是可以通过从外部的操作杆来停止; 同时有一盏灯, 每当轮子转到此种位置时就会亮起. 这个机器可以抽象地描述如下: 机器的内部状态 (可以通过轮子的位置描述) 可以为 q_1、q_2 或 q_3. 存在输入信号 i_0 或 i_1 (杆的位置). 任意时刻的内部状态由上一状态和输入信号根据下列表格来确定.

		上一状态		
		q_1	q_2	q_3
输入	i_0	q_2	q_3	q_1
	i_1	q_1	q_2	q_3

输出信号 —— 内部状态的仅有的外部可见指示 (光) 通过下表描述:

状态	q_1	q_2	q_3
输出	o_0	o_0	o_1

这是一个典型的离散状态机器的例子. 这类机器可以通过上述那样的表格来描述, 假定它们仅有有限个可能的状态.

给定了机器的初始状态并输入信号, 似乎总是可以预测所有的未来状态. 这让人回想起拉普拉斯的观点: 根据宇宙在某一时刻的整体状态 (由其所有粒子的位置和速度所描述), 应该可以预测所有的未来状态. 然而我们正考虑的预测比拉普拉斯考虑的预测更接近实际. “作为一个整体的宇宙”的系统是这样的: 初始条件中的非常小的误差可以在以后的时间中具有巨大的影响. 在某一时刻相差万亿分之一公分的单个电子的替换, 可能使一个人在一年后死于雪崩,也可能使其幸免于难,结果截然不同. 我们称为“离散状态机器”的机械系统的一个本质特性则是不会发生这种现象. 即使当代替理想机器而考虑实际的物理机器时, 从某一时刻状态的合理的精确知识也将能得知任意步骤后状态的合理的精确知识.

如上所述,数字计算机属于离散状态机器的范畴. 但是这样的机器所容许的状态的数量通常非常巨大. 例如, 对于目前在曼彻斯特工作的机器, 其数量约为 $2^{165\,000}$, 即约 $10^{50\,000}$. 将其与上述的具有三个状态的咔嗒作响的轮子的例子相比,不难发现状态的数量为什么会如此巨大. 计算机包括与人类计算机所使用的纸张相应的存储器. 一定可以将写在纸上的任意一组字符写入存储器. 为了简化起见, 将只使用从 0 到 9 的数字作为字符, 并忽略手写中的变化. 假设允许计算机有 100 页纸的存储空间, 每页包括 50 行而每行能容 30 个数字. 那么状态的数量就是 $10^{100\times50\times30}$, 亦即 $10^{150\,000}$. 这约为三台曼彻斯特机的状态数量的总和. 状态数量的以二为底的对数通常称为机器的“存储容量”. 因而曼彻斯特机具有约 165 000 的存储容量, 而我们的例子中轮子机器的存储容量为约 1.6. 如果将两台机器放到一起, 则必须将它们的容量加起来以得到组合机器的容量. 这使我们可以作如下的陈述:“曼彻斯特机器包括 64 个各有 2 560 容量的磁轨, 8 个各有 1 280 容量的电子管. 其他各种存储器共计约 300 容量, 加起来产生 174 380 的总容量”.

给出与离散状态机器对应的表格,就可以预测其将做什么. 没有任何理由不用数字计算机来执行这种计算. 只要运算得足够快, 数字计算机就能够模拟任何离散状态机器的行为. 现在模仿游戏可在所研究的机器 (作为 B) 和模仿数字计算机 (作为 A) 之间进行, 并且询问者将不能区分二者. 当然, 数字计算机必须具有足够的存储容量, 并能足够快速地运行. 此外, 对于要求模仿的每台新机器必须进行重新编程.

数字计算机能够模仿任何离散状态机器这一特性, 将以*通用机*这个名称来描述. 具有该特性的机器的存在性产生的重要结果是: 除了速度方面的考虑, 没必要设计各种新机器来完成各种计算程序. 所有计算可以用一台数字计算机来完成, 只需针对每种情况编制合适的程序. 由此我们将得出这样的结论: 在某种意义上说, 所有的数字计算机都是等价的.

我们现在可以重新考虑在第 3 节结尾处提出的问题. 暂时建议应该用“是否存在可想象的在模仿游戏中表现良好的计算机”来代替问题“机器能

思考吗? ". 如果愿意, 我们还可代之以表面上更一般的问题: "是否存在表现良好的离散状态机器? " 但是从通用性的角度来看, 这些问题中的任何一个都等价于如下问题: "让我们将注意力集中到一台具体的数字计算机 C 上. 通过调整该计算机, 使其具有足够的存储、适当增加其运行速度并且提供合适的程序, 是否真的可以使 C 在由人担任角色 B 的模仿游戏中圆满地完成角色 A 的任务呢? "

6. 对主要问题的反对意见

现在我们可以认为基础已经清楚, 我们准备就我们的问题 "机器能思考吗? " 以及在上一节末尾处提出的替代问题展开辩论. 我们不能完全放弃问题的初始形式, 因为关于替代的合适性将有不同意见, 我们至少必须听一听在这方面究竟有些什么看法.

如果首先介绍我自己在该问题上的见解, 这对读者来说将是避繁就简的事情. 首先考虑问题的更准确的形式. 我相信在约五十年的时间里将可以对存储容量为约 10^9 的计算机进行编程, 使之能如此出色地完成模仿游戏, 以致平均来说询问者将不会具有大于 70% 的机会, 能在五分钟的提问之后作出正确的辨认. 我相信初始问题 "机器能思考吗? " 并没有值得讨论的意义. 然而, 我相信本世纪末词汇的使用和一般受教育者的观念将会有很大的改变, 人们能够谈论机器思考而不致遭到反对. 我还相信掩盖这些信念毫无用处. 有一种普遍的观点, 认为科学家们孜孜不倦地从已确立的事实得出新确立的事实, 其间绝不会受任何未证明的猜想的影响. 这种认识是完全错误的. 如果能分清什么是已证明的事实和什么是猜想, 则不会导致这类有害的看法. 猜想由于能提出有用的研究路线而具有重大意义.

现在就来讨论反对我的观点的那些意见.

(1) 神学异议. "思维是人类不朽灵魂的功能. 上帝将一种不朽的灵魂赐予每一个男人和女人, 却没有赐予任何其他动物或机器. 因此动物或机器不能思考"[1)].

[1)]这可能是异教之说. 圣 · 托马斯 · 阿奎奈 (St.Thomas Aquinas) (*Summa Theologica*, 引自 B. 罗素:《西方哲学史》, *A History of Western Philosophy*, Simon and Schuster, New York, 1945, p.458): 宣称上帝不可能造出一个没有灵魂的人. 但这并不意味上帝威力的限制, 而只是由于人的灵魂是永恒的, 也就是不灭的这一事实.

我不能接受该神学异议中的任何部分, 但将试着用神学的语言来回应. 我应该发现, 如果将动物与人归为一类, 则论证将更令人信服, 因为在我看来, 典型的生命与非生命之间的差异比人类与其他动物之间的差异更大. 如果我们考察一下其他一些宗教的信徒对此如何看待, 那么正统观点的武断性就变得更为明显. 基督徒如何看待认为女人没有灵魂的穆斯林观点呢? 但是让我们将这一点放到一旁并回到主要的论据. 在我看来, 以上提出的论据意味着对全能上帝的万能性的严重制约. 必须承认确有上帝做不到的事情, 例如让一等于二, 但是我们难道不应该相信; 只要他觉得合适, 上帝完全有自由将灵魂赐予一头大象? 我们可以期望上帝在运用此种能力时总会伴随另一突变, 即为大象提供一付改进了的、能适应灵魂需要的大脑. 对于机器可以作出完全类似的论证. 但由于机器难于 "忍受" 而情况似乎有所不同. 不过这实际上只意味着, 我们认为上帝不太可能考虑适合赐予灵魂的环境. 我们将在本文的其他地方来讨论这里所说的环境. 在尝试构造这样的机器时, 我们应该不是在不敬地盗用上帝创造灵魂的能力, 充其量好比是在生育子女, 更确切地说, 在两种情况下, 我们只不过是在为上帝创造的灵魂提供居所, 是实现上帝意志的工具.

然而, 这仅仅是思辨而已. 我对他们用以支持自己的神学论据不是非常有印象. 这样的论据在过去常常被发现是不得人心的. 在伽利略时代,《圣经》经文"太阳在天空中停住, ······ 并不急速落山, 约有一日之久" ("约书亚记" x. 13) 和"上帝奠定了大地的根基, 永远不会移动" ("诗篇" cv.15) 被认为是对哥白尼理论的有力反驳. 以我们现在的知识看, 这样的论据显得徒劳. 而在尚未获得这样的知识时, 效果何其不同.

(2) "逃避现实" 异议, "机器如能思考的, 后果太可怕了. 我们还是希望并相信机器不可能思考吧."

该论点很少以上述形式公开地表达出来. 但却影响了我们中大多数认真思考过这一问题的人. 我们总喜欢相信, 人类在某种微妙的意义上优于其他造物. 如果能证明这种优越的*必然性*, 那就再好不过了, 因为这样就不存在丧失其统治地位的危险. 这种感觉显然与神学论点的流行有关. 这种观点在知识分子中可能相当强烈, 因为他们比其他人更看重思维的力量, 并且更倾向于将他们对人类优越性的信仰建立在此种能力基础之上.

我认为该论点并不值得反驳. 更合适的作法是安慰: 也许应该在灵魂的

轮回中去寻找问题的答案.

(3) 数学异议. 有大量的数理逻辑结果可以用于表明离散状态机器的能力存在的局限性. 这些结果中最著名的是哥德尔定理, 该定理证明, 在任何足够强大的逻辑系统中, 总可以构造出在该系统内既不能证明也不能否证的命题, 除非系统本身是不相容的. 丘奇 (*Church*)[2]、克林 (*Kleene*)、罗素 (*Russell*) 以及图灵 (*Turing*) 等得到了另一些在某些方面类似的结果. 后一结果由于直接涉及机器而最便于进行考虑, 而其他结果仅能用于相对间接的论证: 例如, 如果使用哥德尔定理, 就需要增加某些用机器术语来描述逻辑系统、以及用逻辑术语来描述机器的方法. 我们所研究的结果涉及本质上属于具有无限容量的数字计算机的一类机器. 该结果是说: 存在有这类机器不能做的某些事情. 如果这样的机器被装配来在模仿游戏中回答问题, 那么将存在一些问题, 对于这些问题机器或者将给出错误答案、或者无论允许多少时间都根本不能给出答案. 当然存在许多这样的问题, 而一个机器不能回答的问题, 另一个机器可能会圆满回答. 当然我们暂且假设这里的问题是属于适宜回答 "是" 或 "否" 的一类问题, 而非诸如 "你认为毕加索怎么样? " 之类的问题. 我们已知机器一定不能回答的是这一类问题: "考虑描述如下 …… 的机器, 该机器是否对任何问题永远回答 '是'? " 其中省略点号将用某一机器的标准形式的描述代替, 像在第 5 节中所使用的那样. 当所描述的机器与在询问下的机器具有某些相对简单的关联时, 可以证明答案要么是错误的, 要么未能出现. 这就是数学结论: 认为已证明了机器的无能, 而人类智能却无此限制.

对该论证的简短回答是: 尽管证明了任何具体机器的能力存在局限性, 但对于这样的局限性不适用于人类智能这一点, 却并没有任何类型的证明, 而仅仅是陈述事实而已. 不过我不认为该观点可以如此轻松地驳回. 每当有一台这样的机器被问到合适的关键问题, 并且给出明确的答案, 我们知道该答案一定是错误的, 这给了我们某种优越感. 这种感觉是错觉吗? 毫无疑问非常真实, 但我不认为应该赋予其太多的重要性. 我们自己经常对需要证明的问题给出错误的答案, 而对于机器方面出错的证据却兴高采烈. 此外, 我们只是在对一部机器赢得小胜这样的场合感觉到优越. 同时胜过所有机器应该没有问题. 那么简而言之, 可能存在比任何已知机器更聪明的人, 但然

[2]斜体标示的人名参见本文末的文献目录.

后可能存在更聪明的其他机器, 等等.

我想, 持有数学异议的人多数会愿意接受模仿游戏作为讨论的基础. 而前两种异议的持有者却可能对任何标准都不感兴趣.

(4) *意识方面的论点*. 该论点非常充分地表述在杰弗逊 (Jefferson) 教授的 1949 年讲义 (Lister Oration) 中, 以下是我从其中摘录的部分:"除非机器能因思想和情绪的感受而不是通过符号的随机拼凑写出十四行诗或创作出协奏曲, 我们能够同意说机器等同于大脑 —— 就是说, 不仅写而且知道已经写下这些作品. 没有任何机构能够感觉到 (不只是人工发送信号这样容易的发明) 成功时的快乐、电子管烧坏时的痛苦、被奉承所激昂、因错误而悲伤、因性而愉悦、当不能得到想要的东西时生气或失望."

该论点似乎是对我们试验的有效性的否定. 根据这一观点的最极端的形式, 可以确定机器能思考的唯一方式是成为这部机器, 并且感觉到自身的思考. 然后能够将这种感受描述给世界, 但是显然没有人当真对此作出证明. 同样根据这一观点, 知道一个人在思考的唯一方式是成为那个特定的人. 这实际是唯我论观点. 它可能是最合乎逻辑的观点, 但却使思想的交流变得困难. A 有可能相信 'A 思考但 B 没思考', 同时 B 相信 'B 思考但 A 没思考'. 为避免就此问题的无休止争论, 人们通常达成礼让的约定: 人人都在思考.

我相信杰弗逊教授不希望采用极端且唯我论的观点. 大概他将会非常愿意接受作为测试的模仿游戏. 该游戏 (省略参与者 B) 在实际中经常以 "口试 (viva voce)" 的名义用以发现某人是真正理解了某件事情还是鹦鹉式的学舌. 让我们听一段这样的口试:

询问者: 您的十四行诗的第一行读作 "我欲将你比作盛夏的一天", 将 "盛夏的一天" 换做 "春天的一天" 是否可以, 或者更好些?

证人: 那将不押韵.

询问者:"冬天的一天" 怎么样? 它将完全押韵.

证人: 是的, 但是没有人愿意被比作冬天的一天.

询问者: 您认为匹克威克 (Pickwick) 先生使您想起圣诞节了吗?

证人: 在某种程度上.

询问者: 但圣诞节是冬天的一天, 并且我不认为匹克威克先生会介意这个比喻.

证人: 我觉得您不够严谨. 这里所谓冬天的一天是指典型的冬天的一

天, 而不是像圣诞节那样特殊的一天.

诸如此类. 如果十四行诗写作的机器能够回答口试中的这类问题, 杰弗逊教授将如何说呢? 我不知道他是否将认为机器只是人工地发送这些回答, 但是如果回答像以上段落中一样满意和连贯, 我不认为他会将其描述为"容易的发明". 我认为"容易的发明"这个词意指这样一类装置: 包括将某人朗诵十四行诗的录音, 并带有能经常打开重播的合适的开关.

简言之, 我认为支持意识方面的论点的大多数人可以被说服, 并放弃自己的意见, 而不是迫使他们回到唯我论立场. 他们可能将乐意接受我们的测试.

我不希望给人留下这样的印象, 以为我否认有关于意识的秘密. 例如, 确实存在与尝试控制意识区域相关的一些悖论. 但我不认为在我们能够回答本文所关心的问题之前, 一定要解开这些秘密.

(5) *各种无能性的论点*. 这些论点采取以下形式: "我承认你能够制造出可以做你所提出的所有事情的机器, 但你将不能使它做 X". 这里关于特征 X 可以有大量的选择. 下面我提供一些选项:

和蔼, 足智多谋, 漂亮, 友善, 有进取心, 有幽默感, 明辨是非, 犯错误, 恋爱, 享受草莓和奶油, 使某人爱上它, 吸取经验教训, 言辞得体, 有主见, 像人一样具有行为多样性, 尝试新鲜事物. (本文下面会对这些无能选项中的一些给出具体的讨论.)

这些陈述通常并没有提供论据. 我相信其多数是建立在科学归纳法的原理上. 一个人在其一生中见过数以千计的机器. 从他所见到的机器中, 他会得出一些一般结论. 它们是简陋的, 每一台机器的设计只能用于非常有限的目的, 当面对略有不同的目的时, 它们就束手无策了, 它们中的任一台都缺少行为多样性, 等等. 自然而然他会得出结论, 认为这些是机器必然具有的一般特性. 这些局限中许多与大多数机器只有很小的存储容量相关.(我假设存储容量的概念已在某种意义上被延伸至离散状态机器以外的机器. 准确的定义无关紧要, 因为在目前的讨论中尚不要求数学的精确性). 几年前, 当只有很少人听说数字计算机时, 如果提及它们的特性而不描述它们的构造, 那有可能引起关于它们的大量怀疑. 这大概是由于科学归纳法原理的类似的应用. 这样应用科学归纳法原理当然是无意识的. 一个烧伤的孩子害怕火, 并且通过躲避火来表现对火的害怕, 我可以说他正在应用科学归纳法

(当然我也可以用许多其他方式来描述其行为). 人类的行为和习俗似乎不是应用科学归纳法的非常合适的素材. 如果想得到可靠的结果, 必须研究非常巨大的一部分时空. 否则我们可以 (像大多数英国小孩一样) 判断说: 每个人都说英语, 而学习法语是可笑的.

然而, 关于已经提及的无能性中有许多还有待具体说明. 读者可能会觉得不会享受草莓和奶油无关紧要. 也许可以造出能享受这种美味的机器, 但使机器这样做的任何尝试都将是愚蠢的. 关于无能性, 重要的是它是否能对其他一些无能性有所贡献, 例如, 在人与机器之间难以产生像白人与白人、或黑人与黑人之间同样的友善.

"机器不能犯错", 这似乎是很奇怪的断言, 使人不禁要反问: "还有比不犯错更糟的机器吗? " 但是让我们采取更为同情的态度, 并且试着看看其真正的意思是什么. 我认为对这种批评可以根据模仿游戏来说明. 有人声称, 询问者可以简单地通过设置大量的算术问题将机器与人区分开来. 机器将由于其极度的精确性而暴露自己. 对这种说法的回答是简单的. 机器 (为了参与游戏而经编程) 会尝试不给出算术问题的正确答案. 它会千方百计地故意引入错误来迷惑询问者. 一次机械故障将有可能使它对究竟在该算术问题中引入何种错误作出不合适的决定从而暴露自己. 即使对批评的这一解释还显得不够同情, 我们也不能花费篇幅来更深入地讨论了. 我认为这一批评似乎是基于两种错误间的混淆. 我们分别称这两种错误为 "功能性错误" 和 "结论性错误". 功能性错误是由于某些机械或电子的故障, 导致机器没有按设计的方式运行. 在哲学讨论中, 人们愿意忽视这种错误的可能性; 人们于是讨论所谓 "抽象机器". 这些抽象机器是数学虚构的而非物理实体. 根据定义, 抽象机器不可能出现功能性错误. 在这个意义上, 我们可以确实地说 "机器从来不会犯错". 结论性错误仅当在机器的输出信号上附加了另外一些意义时出现. 例如, 机器可能会打出数学方程或英语句子. 当打出错误命题时, 我们说机器已经犯了结论性错误. 显然根本没有理由说机器不能犯这类错误. 机器可以除了重复打出 "0=1" 之外可能不会不做任何事情. 举一个不那么绝对的例子, 可能有通过科学归纳法得出结论的某种方法. 我们必须预料这样的方法偶尔也会导致错误的结果.

"机器不能是其自身思考的主题", 对这一论点当然仅当我们能够证明机器确实具有关于某一题材的某种思考时方能予以回答. 尽管如此,"机器操作的题材" 似乎确实意味着什么, 至少对于与机器的人打交道是这样. 例如, 当机器试图寻找方程 $x^2-40x-11=0$ 的解时, 人们很自然会将这个方程描述为此刻机器的题材的一部分. 在这种意义上, 机器毫无疑问地可能为其自身的题材. 这就可以用来帮助机器建立其自己的程序, 或用来预测其自身结构改变的影响. 通过观察其自身行为的结果, 机器可以修改其自身的程序以更有效地实现某一目的. 这些在不久的将来是可能实现的, 而并非乌托邦式的梦想.

"机器不可能具有行为多样性" 这一批评只是机器不能具有大存储容量的另一种说法. 直到最近, 甚至一千个数位的存储容量仍然非常少见.

我们在这里考虑的批评往往是意识方面的论点的伪装形式. 如果有人坚持主张机器能够做这些事情中的一件, 并且描述机器使用方法的种类, 通常他将不会给人留下太多印象. 人们会认为所用的方法 (无论是什么方法, 必定是机械的) 实在是非常低级. 请比较前面 (4) 中所引用的杰弗逊的讲义摘录中括号里的话.

(6) 拉甫雷斯夫人 (Lady Lovelance) 的异议. 关于巴贝奇分析机的最详细的信息来源于拉甫雷斯夫人的论文集. 其中她写道: "分析机并不企图发明任何东西. 它可以做我们知道如何命令它执行的任何事情" (重复强调语是她所标). 该陈述被哈特里 (Hartree) 所引用, 但哈特里添加了如下内容: "这并不意味着不可能构造可以 '自主思考' 的电子装置、或者用生物学术语来说, 能够在其中设置作为 '学习' 的基础的一种条件反射的电子装置. 最近的一些进展说明, 原理上是否能做到这一点是一个具有刺激性并激励人心的问题. 但当时构造或规划的机器似乎并不具备这种性质"

我完全赞同哈特里的意见. 值得注意的是, 他并未断言所讨论的机器没有这种性质, 而只是说对拉甫雷斯夫人有利的证据没有鼓励她相信它们具有这种性质. 很可能所讨论的机器在某种意义上已具有这种性质. 因为我们假定某些离散状态机器是具有这种性质的. 而分析机是一种通用数字计算机, 所以, 如果有足够存储容量和速度, 通过合适的编程就可以使它模仿所讨论的机器. 伯爵夫人或巴贝奇大概都没有作出这样的论证. 无论如何, 他们并没有义务宣布所有可能被宣布的东西.

整个问题将在学习机器的标题下重新考虑.

拉甫雷斯夫人异议的一个变化的说法是: 机器 "从来不会做任何真正新

的事情". 这可以借谚语 "太阳底下无新事" 来暂时回避. 有谁可以肯定他所做的 "原创工作" 不是通过教导培植在他心中的种子直接生长而成, 或者是遵循众所周知的一般原则的结果. 该异议的更好的变化说法则是: 机器从来不会 "使我们感到意外". 这个断言是更直接的挑战并且可以直接面对. 机器经常使我感到意外, 这很大程度上是因为我没有做足够的计算来决定希望机器做什么, 或者不如说是因为虽然我做了计算, 但是太匆忙、大意, 我在冒险. 也许我对自己说, "我想这里的电压应该与那里的一样: 无论如何让我们假设是这样的". 自然我经常是错的, 而结果使我意外, 因为在做试验时, 这些假设已经被忘记了. 这些坦言使我的错误方式成为公开批评的话题, 但不能怀疑我证实自己的意外感受的诚信.

我并不指望这个回答会使我的批评者沉默. 他可能会这样说: 这样的意外是由于我自身方面的某种创造性心理作用, 并不反映机器的问题. 这导致我们回到意识方面的论点, 而远离了意外的概念. 这是我们必须密切关注的论证线索, 但是可能值得注意的是, 将某些事情理解为意外要求尽可能多的 "创造性心理作用", 不论意外事件是来源于人、书本、机器还是其他任何事物.

我相信, 机器不能使人感到意外的观点是由于哲学家和数学家尤其容易陷入的一种谬误. 这种谬误是这样假设: 一旦一个事实出现在我们的脑海, 则该事实引出的结果也同时随之涌入脑海. 这一假设在许多场合是非常有用的, 但是人们太容易忘记, 它实际上是错误的. 这样做的一个自然后果是, 人们可以因此假设: 只根据数据和一般原则努力获得的结果是劳而无功.

(7) *根据神经系统的连续性的异议*. 神经系统肯定不是一个离散状态的机器. 关于冲击神经元上的神经脉冲大小的信息的一个微小误差, 可能会造成输出脉冲大小的巨大差异. 也许有人会争辩: 如此来说, 人们就不能指望借助离散状态系统来模仿神经系统的行为了.

确实, 离散状态机器一定不同于连续性机器. 但是如果我们遵守模仿游戏的条件, 则询问者将不能利用这种不同而取得任何优势. 如果我们考虑其他一些更简单的连续性机器, 情况会更清楚. 微分分析机将扮演很好的角色 (微分分析机是用于某种计算的非离散状态型的一定种类的机器.). 有些微分分析机以打字方式提供其回答, 所以适合于参加游戏. 数字计算机不可能准确预测微分分析机对于问题将给出的回答, 但是它却容易能够给出正确种类的回答. 例如, 如果问题是给出 π 的值 (实际约为 3.141 6), 以 0.05、0.15、0.55、0.19、0.06(比方说) 的几率在值 3.12、3.13、3.14、3.15、3.16 之间随机地进行选择是合理的. 在这样的情况下, 询问者将非常难于区分微分分析机与数字计算机的差异.

(8) 与行为随意性有关的论据. 制定旨在描述一个人在每组可想象的情况下应该做什么这样一套准则是不可能的. 例如人们可以有一条红灯停、绿灯行的交通规则, 但是如果由于某种错误两者一起出现又会如何? 某人可能会决定停下是最安全的. 但是这样决定之后还可能引起某些另外的困难. 试图提供覆盖每种可能情况 (即使是由交通灯引起的) 的行动准则看起来是不可能的. 这我完全同意.

由此可以提出争辩说: 我们不能是机器. 我将试着重新陈述这一论点, 但恐怕很难做到公平. 大意大概是这样: "如果每个人均具有用于管理其生活的一套明确的行动准则, 则人应该不会比机器做得更好. 但是不存在这样的准则, 所以人不能是机器". 中词未周延是明显的. 我认为不能这样提出论证, 但尽管如此, 我相信这还算是有用的论证. 然而在 "行动准则" 与 "行为法则" 之间存在一定的混淆, 使问题变得模糊不清. 所谓 "行动准则", 我是指 "红灯停" 这样的告诫, 某人可以依据其行动. 而所谓 "行为规律", 我的意思是应用到人类身体的自然法则, 例如 "如果你掐他, 他将尖叫". 如果我们在引用的论证中用 "控制其生活的行为法则" 代替 "用来管理其生活的行动准则", 则没有周延的中词就不再是不可逾越. 因为我们相信: 不仅确实被行为法则控制意味着存在某类机器 (尽管不一定是离散状态机器), 而且反之亦然, 存在这样的机器意味着受这样的法规控制. 然而, 我们不能使自己像相信不存在完全的行动准则那样确信不存在完全的行为法则. 我们所知道的可用于发现这样的法则的唯一方式就是科学观察, 而我们当然知道, 任何情况下我们都不能说:"我们已经尽力寻找, 但没有这样的法则".

我们可以更有力地证明, 任何这样的説法都是没有充分根据的. 假定我们可以相信能找到这样的法则 (只要其存在). 然后提供一台离散状态机器, 那么应该相信它有可能通过观察来预测以后的行为, 并且可以在合理的时间范围, 比如说一千年内完成. 但实际情况似乎并非如此. 我曾经在曼彻斯特计算机上编制了一个仅使用 1 000 单位存储的小程序, 用此程序机器在两秒钟内回答了十六位数字的问题. 但我不认为任何人能从这样的回答学会用此程序对未试过的值去预测任何回答.

(9) 与超感官知觉有关的论据. 假设读者已熟悉超感官知觉 (Extra-Sensory Perception, E.S.P.) 的概念, 以及四项这类知觉 ——即心灵感应 (telepathy)、透视 (clairvoyance)、预知 (precognition) 以及念力 (psycho-kinesis)—— 的意义. 这些令人不安的现象似乎违背了我们所有的常规科学理念. 我们多么想推翻它们呀! 遗憾的是, 统计证据却是压倒性的 (至少对于心灵感应). 改变人们的想法以符合这些新事实是非常难的. 一旦人们接受了这些事实, 看来距相信鬼神也不远了. 首当其冲的观点是: 我们的身体只不过是根据已知的物理法则与尚未发现但相类似的其他一些法则来运动的.

在我看来, 这是一个非常强有力的论据. 人们可以回答说: 虽然与 E.S.P 有冲突, 但许多科学理论在实际中似乎仍是可行的; 事实上如果忘掉 E.S.P, 人们可以过得很好. 这毋宁说是阿 Q 式的安慰, 这些人恰恰害怕思维可能是与 E.S.P 特别相关的一种现象.

基于 E.S.P 的一种更特殊的论据可以陈述如下: "让我们这样来玩模仿游戏: 用一个善于接收心灵感应的人和一台数字计算机作为参与者. 询问者可以问这样的问题如: '我右手中的扑克牌属于什么花色? ' 心灵感应或透视者在 400 张扑克牌中给出 130 次正确答案. 机器则只能随机地猜测, 并且可能只答对 104 次, 所以询问者作出了正确的辨认." 这里展现出一种有趣的可能性. 假设数字计算机包括有随机数字生成器, 很自然就会用它来决定给出什么答案. 但这样随机数字生成器将受询问者的念力影响. 或许这种念力可能使机器比预期用概率计算更频繁地猜对, 以致询问者仍不能作出正确的辨认. 另一方面, 询问者可能能够通过透视而在未提问的情况下猜出正确的答案. 通过 E.S.P, 任何事都可能发生.

如果承认心灵感应, 我们的测试就必须更加严格. 情况可能相当于询问者自言自语, 而参与者之一隔墙有耳. 将两个参与者都放到一个 "抗心灵感应" 的房间里, 则一切要求都将满足.

7. 学 习 机

读者一定预见到, 我没有令人信服的正面证据来支持我的观点. 如果有, 我就不会这么麻烦地指出反对观点中的谬误. 只要我有这样的证据, 我现在就应该给出.

让我们暂时回到拉甫伦斯夫人的异议, 此异议认为, 机器只能做我们告诉它去做的事情. 人们可能说人可以将想法"灌输" 给机器, 而机器将在一定程度上给予回应, 然后归于沉默, 就像锤子击打的钢琴键. 另一个比喻是小于临界大小的原子堆: 灌输的想法对应于从外进入堆的中子. 每个这样的中子将引起一定的扰动最终逐渐消失. 然而, 如果原子堆的大小充分增加, 则这样进入的中子引起的扰动将非常可能不断发生并增强, 直到将整个原子堆毁坏. 人类思维是否存在着相应的现象, 对于机器是否也有相应的现象? 人类思维似乎确实存在相应的现象. 它们中的大多数似乎是 "次临界的", 例如, 相应于上述类比中的次临界尺寸原子堆. 呈递到这样的头脑的想法平均而言在答复中至多产生一个想法. 很小一部分比例的思维是超临界的. 呈递到这样的头脑的想法可能会产生出整个理论, 包括有二次、三次以及更远次的想法. 动物头脑似乎非常肯定是属于次临界的. 遵守这一类比, 我们的问题是,"能制造出超临界的机器吗? "

"洋葱皮" 的类比也是有帮助的. 在考虑大脑的思维功能时, 我们发现其某些操作可以用纯机械的术语来解释. 这里所说的并不对应于真实的思维: 如果我们想发现真实的思维, 则必须剥掉一层外皮. 但是然后我们发现其中仍有待剥掉的外皮, 如此继续. 以这样的方式进行下去, 我们究竟是否能发现真实的思维呢, 抑或我们最终达到的是一层其中没有任何内容的外皮? 在后一情况中, 整个思维是机械的.(然而不是离散状态机器, 我们已经讨论过这一点.)

以上两段文字不能被认为是充分的论据. 它们更应该描述为 "有助于产生信心的陈述".

对于在第 6 节开始处表达的看法, 唯一可以令人满意的支持要等待本世纪末才能提供, 并且要进一步进行所描述的实验来证实. 但是在这期间, 我们可以说些什么? 如果想使实验成功, 现在应该采取哪些步骤?

如我已经说明的, 问题主要是编程的问题. 同时必须进行工程方面的改进, 而工程上的进步似乎并非不可能满足这些要求. 人脑的存储容量估计在 10^{10} 至 10^{15} 二进制数之间. 我倾向于较低值, 并相信其中只有非常少的一部分用于较高级的思维. 大多数可能用于保持视觉印象. 如果说为了能满意地进行模仿游戏需要大于 10^9 的存储容量, 我会感到惊讶, 至少在对手是盲人的情况下如此. (注意 —— 第 11 版《大英百科全书》(*Encyclopaedia*

Britannica) 的容量为 2×10^9). 10^7 的存储容量即使通过现有技术也是非常可能实现的. 可能都根本不需要增加机器的运算速度. 可以认为能模拟神经细胞的现代机器的部件工作比神经细胞快约一千倍. 这将提供可包括由于各种原因引起的速度损失的 "安全界限". 然后我们的问题就是, 如何对这些机器编制程序以进行游戏. 以我目前的工作速度, 一天编制一千个数字的程序, 如果没有任何废功, 则六十个工人稳定工作五十年大致可能完成此项工作. 更高速的方法看来是需要的.

在努力模仿成年人思维的过程中, 我们必须认真思考导致其当前状态的过程. 我们可以注意到以下三个要素:

(a) 思维的初始状态, 比方说初生时

(b) 如何思维的教育

(c) 不用教育形态描述的其他思维经验.

与其努力制造模拟成年人思维的程序, 为什么不努力制造模拟儿童思维的程序? 如果使其经受合适的教育流程, 就可以得到成年人的头脑. 大概儿童大脑类似于从文具店买来的记事本. 相当少的机构, 以及许多的空白页. (从我们的观点来说机构和书写几乎同义). 我们希望在儿童大脑中存在如此少量的机构, 以至可以容易类似地编程. 我们可以假设这方面的教育工作量与对于人类儿童的教育几乎相同 (作为第一近似).

这样我们将我们的问题分成了两部分. 儿童编程和教育过程. 这两个部分保持着非常密切的联系. 我们不能期望首次尝试就能找到好的儿童机器. 必须通过实验教一台这样的机器, 看看它学习得如何. 然后可以试另一台机器, 并且看看是学得更好还是更差. 下列等式揭示了该过程与进化之间存在着明显的联系.

儿童机器的结构 = 遗传物质

儿童机器的改变 = 突变

自然选择 = 实验者的判断

然而人们也许希望这一过程将比进化更迅速. 适者生存是用于衡量优越性的缓慢的方法. 实验者通过智力练习应该能够使这一过程加速. 同等重要的是其不受制于随机突变的事实. 如果能够发现某些缺点的原因, 就有可能思索改掉缺点的突变类型.

给机器施加与正常儿童完全一样的教育过程将是不可能的. 例如不能

给机器安装腿, 所以不能让机器到外面去, 并将煤斗填满. 机器也可能没有眼睛. 但是不论聪明的工程师们将会如何克服这些缺陷, 如果这个机器不能使其他孩子从中获得极大的乐趣, 人们都不会将这个创造物送进学校. 肯定需要对其进行适当的讲授. 我们不必太担心腿、眼睛等这样一些事情. 海伦 · 科勒 (Helen Keller) 小姐的例子表明, 只要教师和学生之间通过某些方式产生双向交流, 则教育就可以进行.

我们通常将惩罚和奖励与教学过程相联系. 一些简单的儿童机器可以在此类原则基础上构造或编程. 机器必须这样构造, 使得在惩罚信号出现之前不久, 发生的事件不太可能重复, 而导致奖励信号出现的事件的重复几率却有所增加. 这些定义并未要求在机器的部件上有任何感觉. 我已经用一个这样的儿童机器完成了一些实验, 并成功地教会了它一些事情, 但是教学方法太不正规, 以致尚不能认为实验是真正成功的.

惩罚和奖励的使用最多只是教学过程的一部分. 粗略地说, 如果教师没有其他与学生交流的方法, 可以到达学生的信息量就不会超过所施加的奖励和惩罚的总数. 当一个儿童学习背诵 "Casabianca" 的时候, 如果课文只能通过 "二十个问题" 的方法来获知, 而凡遇到 "NO" 便给一拳, 则他肯定会感到非常痛苦. 因此有必要采取一些其他 "非情感" 的沟通渠道. 如果有这样的 "非情感" 的沟通渠道, 那就有可能通过惩罚和奖励来教会机器服从以某种语言 (例如, 符号语言) 给出的命令. 这些命令将通过 "非情感" 渠道进行转换. 这种语言的使用将极大地减少所需的惩罚和奖励的数量.

关于适合于儿童机器的复杂性问题, 意见可能会大相径庭. 人们可能会努力使其尽可能地简单, 并与基本原则协调一致. 另外有人则可能会允许 "内置"[3] 一个完整的逻辑推理系统. 在后一情况下, 存储器将很大程度上被定义和命题占用. 命题将采取各种不同的形态, 例如, 得到确认的事实、猜想、数学上已经证明的定理、权威人士给出的陈述、具有逻辑命题形式而非信仰价值的表述等等. 有些命题可以描述为 "指令". 机器的构造应该使得只要指令归类为 "已获确认", 它就会自动采取合适的动作. 为了说明这一点, 假设教师对机器说,"现在做你的家庭作业". 这可能使 "教师说 '现在做你的家庭作业"' 这一陈述包括在已获确认的事实之中. 另一个这样的事实可能为,"教

[3] 更恰当地说是 "插入程序", 因为我们的儿童机器将在数字计算机上编程, 但并不需要学会逻辑系统.

师说的一切都是事实". 将这些结合在一起, 最终将导致指令 "现在做你的家庭作业" 被包括在得到确认的事实之中. 并且这样构造机器将意味着家庭作业确实已开始做了, 而且效果非常令人满意. 机器使用的推理过程不需要像这样来满足最严格的逻辑学家. 例如可能不存在类型的层级. 但这并不意味着将发生类型谬误, 我们至多只是需要悬崖勒马而已. 合适的指令 (在系统内表述的、不形成系统的部分规则), 例如 "不要使用集合, 如果它不是教师已经提到过的集合的子集", 可以具有与 "不要靠边缘太近" 类似的效果.

机器可以服从的没有歧义的指令必然更具有智力特征, 如在以上给出的例子 (做家庭作业) 中看到的那样. 在这些指令中, 重要的将是管理执行顺序的指令, 这些指令运用了相关逻辑系统的规则. 因为在我们使用一个逻辑系统的每个阶段, 都存在非常大量的可选步骤, 任一步骤都允许被执行, 只要服从相关的逻辑系统的规则即可. 这些选择在聪明的推理者与笨拙的推理者之间产生差异, 而不是在可靠的推理者与不可靠的推理者之间产生差异. 导致这种类型的指令的命题, 例如可以是: "当提到苏格拉底时, 使用芭芭拉 (Barbara) 式三段论", 或 "如果已证明一个方法比另一个更快, 则不要使用较慢的方法". 这些指令中有些可能是 "由权威人士给出", 但其他均由机器自己产生, 例如通过科学归纳法产生.

学习机器的想法对一些读者来说可能显得荒谬的. 机器的操作规则怎么能改变呢? 无论其历史如何, 也无论其可能经受怎样的改变, 他们应该完全地描述机器将如何反应. 因而规则是不随时间变化的. 这当然没错. 对该悖论的解释是: 在学习过程中改变的规则是较不作假的类型, 仅宣称短暂的正确性. 读者不妨与美国宪法作一比较.

一台学习机器的重要特征是, 尽管教师可能在一定程度上仍能预测其学生的行为, 但他们对在学习机内部进行了些什么往往不甚了了. 这尤其适用于拥有屡试不爽的设计 (或程序) 的儿童机器引起的机器的后天教育. 这与使用机器进行计算的通常过程明显相反: 人们的目标于是变为在计算中的每一时刻掌握机器状态的清晰的心理图景. 该目标只能通过斗争来实现. 面对这一目标,"机器只能做我们已经知道如何命令它去做的事情"[4] 的观点似乎是奇怪的. 我们输入机器的大多数程序, 结果将是导致其做出我们根本不能了解或我们认为是完全随机的行为的一些事情. 所谓智能行为大概

[4]请比较拉甫雷斯夫人的陈述, 其中并未包含 "只能 (only)" 一词.

正在于其偏离了与计算相关的完全规矩的行为, 当然只是轻微的偏离, 不致引起随机行为或无意义的重复循环. 通过教和学的过程来设计我们的机器, 使其能担当模仿游戏的角色, 这方面的另一重要结果是, 可能会以一种相当自然的方式 (即无特殊的 "训练") 忽略 "人的易错性" (读者应该将这与前述 6. (5) 中的观点相协调). 学习的过程不产生百分百确定的结果, 如果是那样, 就不会有学不会的情况.

将随机元素纳入学习机器可能是明智的. 随机元素在我们寻求某一问题的解时是相当有用的. 假设我们在 50 和 200 之间找到等于其数字之和的平方的数, 我们可以从 51 开始, 接着尝试 52, 依次继续直到我们得到符合要求的数. 另一种方法是我们可以随机地选数, 直到我们得到合适的数. 后方法具有不需要逐个跟进已试过的值的优点, 缺点是有可能两次尝试同一个数, 但如果存在若干个解, 则该缺点就不是非常紧要的. 系统性方法的缺点是可能存在没有任何解的一大块区域, 而这个区域却必须先行查试. 现在, 我们可以将学习过程看作是寻找能满足教师 (或一些其他判断准则) 的一种行为方式. 由于可能存在许许多多满足条件的解, 所以随机方法似乎比系统方法更好. 应该注意的是, 随机方法也被用在类似的进化过程中. 但是在那里不可能使用系统方法. 人们怎么可能逐个跟循已经试过的不同基因组合来避免重复试验呢?

我们可能希望机器最终将在所有的纯智能领域中与人竞争. 但是最适合开始的是哪个领域呢? 即使这一点也很难决定. 许多人认为非常抽象的活动, 例如下象棋可能是最合适的. 也可以断言的是, 最好给机器提供金钱能买到的最好的感觉器官, 然后教会机器理解并说英语. 这一过程可以遵循正常的儿童教学, 指认并说出事物的名字, 等等. 我再一次不知道什么是正确的答案, 但我认为两种方法都应该尝试.

我们只能看到不远的前方, 但是我们能够看到那里有大量的工作等待我们去完成.

参考文献

Samuel Butler, *Erewohon,* London, 1865. Chapters 23, 24, 25, *The Book of the Machines.*

Alonzo Church, "An Unsolvable Problem of Elementary Number Theory," *Ameri-*

can J. of Math., 58 (1936), 345-363.

K. Gödel, "Über formal unentscheidbare Sätze der Principia Mathematica und verwandter Systeme, I," *Monatshefte für Math. und Phys*, (1931), 173-189.

D. R. Hartree, *Calculating Instruments and Machines*, New York, 1949.

S. C. Kleene, "General Recursive Functions of Natural Numbers," *American J. of Math.*, 57 (1935), 153-173 and 219-244.

G. Jefferson, "The Mind of Mechanical Man." Lister Oration for 1949. *British Medical Journal*, vol. i (1949), 1105-1121.

Countess of Lovelace, "Translator's notes to an article on Babbage's Analytical Engine," *Scientific Memoirs* (ed. by R. Taylor), vol. 3 (1842), 691-731.

Bertrand Russell, *History of Western Philosophy*, London, 1940.

A. M. Turing, "On Computable Numbers, with an Application to the Entscheidungsproblem," *Proc. London Math. Soc.* (2), 42 (1937), 230-265.

你不是人, 你是机器.

乔治 · 萧伯纳 (Geroge Bernard Shaw) (《武器与人》(*Arms and the Man*))

所以如此, 思想使然.

莎士比亚 (《哈姆雷特》(*Hamlet*))

人类居鞍下, 为物所奴役.

雷尔夫 · 瓦尔德 · 爱默生 (*Ralph Waldo Emerson*)

3　对弈机*

克劳德 · E. 香农

几百年以来, 哲学家和科学家一直在揣测人脑是否本质上是一台机器. 会 "思考" 的机器是否能够设计出来? 在过去的十年间, 已经建造了几台大型的电子计算机器, 它们可以做一些非常接近于推理过程之类的事情. 这些新型计算机最初纯粹是用来做数值计算的, 它们可以以每秒上千次的速率自动运行长序列的加法、乘法和其他算术运算. 然而, 这些机器的基本设计是如此的一般和灵活, 以至于它们也可以用来对代表词语、命题和其他概念对象的象征性元素进行运算.

其中的一个可能应用, 是用计算机将一门语言翻译成另一门语言, 这已经在多种场合进行过探讨. 其直接目的并非要得到一个完美的文学翻译, 而只是一个逐字逐句的翻译, 只求能够传达出足够多的信息来帮助理解. 计算机器也可以用来完成其他许多具有半记忆、半思考特征的任务, 例如设计滤波器和继电器回路, 以帮助繁忙的机场进行空中交通管理和在有限条中继线上高效地程控长途电话.

这方面的一些可能的应用例子是设计出一台可以与人对弈的计算机. 当然, 这个问题本身并不很重要, 但是人们却很认真地进行了研究, 目的是希望这种对弈机的研究可以发展出一些更有实用价值的技术.

*本文由林开亮翻译, 冯德兴校.

对弈机是一个理想的研究起始点, 这有以下几个原因. 首先, 这个问题的提法相当明确, 无论是其允许的运算 (下棋) 规则还是最终的目标 (将死对方). 其次, 它既不是简单到无聊, 也不至于困难到无法得到满意的解答. 最后, 这样一台机器可以与人对弈, 从而可以对机器的这一类推理能力给出一个恰当的评判.

有关对弈机的主题已经有大量参考文献. 在 18 世纪末和 19 世纪初, 一个名叫沃尔夫冈 · 冯 · 肯佩伦 (Wolfgang von Kempelen) 的匈牙利发明家制造了一台名为 Maezel 弈棋自动机 (Maezel Chess Automaton) 的装置而震惊欧洲, 该装置风靡欧洲大陆; 吸引了众多人的关注. 随后立即出现了许多设法解释其如何运行的文章, 包括诗人埃德加 · 阿伦 · 波 (Edgar Allan Poe) 的一篇分析文章. 大多数分析者相当正确地得出结论: 这台自动机是由藏里面的一个象棋大师操控的. 几年以后, 其操控的确切方式被揭露出来 (见图 1).

图 1　18 世纪的弈棋机实际上是由藏在机器内部一个人所操控.

1914 年, 西班牙发明家 L. 托里斯 · 克维多 (L. Torres y Quevedo) 在对弈机设计方面做了真正的尝试, 他构造了一台装置让王和车对阵王的游戏能取得完胜. 这台机器扮演的是王和车的角色, 不论其人类对手如何与之对弈, 机器总能在几步之内将对方将死. 因为在这样一个有结局的对弈中, 机器可以根据一组明确的规则下棋战胜对手, 所以这个问题相对来说很简单, 但其想法在那时却是相当超前的.

可以设计出用于完整对弈的电子计算机. 为解释对弈机的实际构造, 也许我们最好是从一台计算机及其操作的一般概念入手.

一台通用电子计算机是一个极其复杂的装置, 包含有上千个真空管、继电器和其他元件. 然而, 其所涉及的基本原理却非常简单. 计算机包括四个主要部分: (1) “运算器”, (2) 控制单元, (3) 数字存储器, (4) 程序存储器. (在某些设计中, 两种存储功能在同一个装置中执行.) 运算器的操作方式完全类似于人工在普通的台式计算机上实施一系列数值计算. 运算器对应于台式计算机, 控制单元对应于人工操作, 数字存储器对应于中间结果和最终结果的记录单, 而程序存储器则对应于刻画所实施的一系列操作的计算程序.

在一台电子计算机器中, 数字存储器由大量的 “盒子” 组成, 每个盒子存储一个数字. 为了用计算机求解一个问题, 必须对所有包含的数字量分配盒子数字, 然后构造一个程序告诉机器必须对这些数字执行什么样的算术运算, 并将结果存储在哪里. 该程序由一系列的 “命令” 构成, 每一条命令描述一个基本运算. 例如, 一个典型的命令可以写作 A 372,451,133. 其含义是: 将 372 号盒子中储存的数与 451 号盒子中的数相加, 并将其和存入 133 号盒子中. 另一类命令要求机器作出某种选择. 例如, 命令 C 291,118,345 告诉计算机要比较 291 号盒子与 118 号盒子中的数: 如果 291 号盒子中的数较大, 那么就执行程序中的下一条命令; 否则就执行 345 号盒子中的命令. 这种类型的命令使得计算机可以根据先前的计算结果在多种可选步骤中作出选择. 一台电子计算机的 “词汇” 可以有多达 30 种不同类型的命令.

在给计算机编程并将所需的原始数字放在数字存储器之后, 计算机就开始自动执行计算. 当然这样一台机器在处理有大量单个计算的问题时是最有效的, 因为这类问题如果用手工完成实在是太费劲了.

研制对弈机的问题可以分解为三个部分: 第一, 必须选择一种编码使得棋盘上的位置和棋子能用数字表示出来; 第二, 必须发现如何选择棋子移动的策略; 第三, 这种策略必须要翻译成一系列基本的计算机命令, 即一个程序.

棋盘和棋子的一种恰当的编码如图 2 所示. 棋盘上的每一个方格用一个二位数组成的数字代表, 第一位数字对应于水平行数, 第二位数字对应于垂直列数. 每一个不同的棋子也用一个数字代表: 兵用数字 1 代表, 士用 2 代表, 相用 3 代表, 车用 4 代表, 等等. 白子用正数表示, 黑子用负数表示. 因此, 棋盘上的所有棋子的位置可以用 64 个数字组成的序列来表示, 零表示空格. 于是任何棋子的位置可以记录为一系列数字并存放到一个计算机器的数字存储器中.

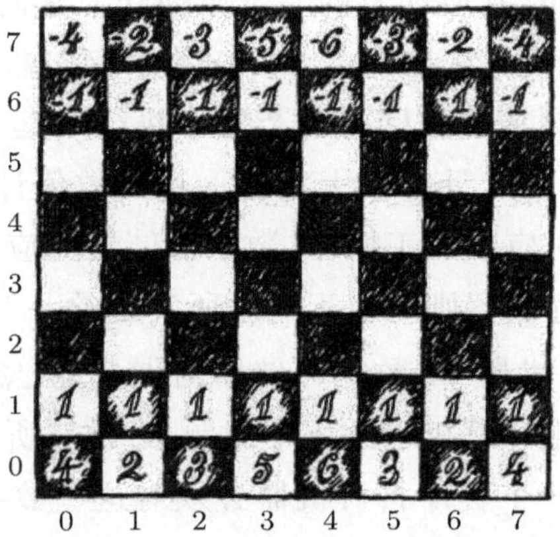

图 2　绘于棋盘上的对弈机的编码. 每一方格可以由二位数来代表, 一位数表示水平行, 另一位数表示垂直列. 棋子也用数字编码.

棋子的移动是通过指定棋子所在方格的数字及希望到达方格的数字. 通常这两个数字就足以描述一步棋了, 但考虑到兵卒晋升的特殊情形, 我们还需要第三个数字. 这个数字表示兵所转换的棋子. 在没有兵卒升级的情形下, 这第三个数字是 0. 因此, 士从方格 01 移动到 22 可以编码为 01, 22, 0. 兵从 62 移动到 72 并且晋升为后, 可以编码为 62, 72, 5.

第二个主要问题是决定对弈的策略. 对于任何一个给定棋局 (棋面局势), 必须找到一种简单的方法来算出一步合理巧妙的走法. 这是问题最困难的部分. 程序设计者在这里可以采用专业棋手所积累的正确下棋的原则. 这些经验原则是在象棋对弈中面对多种可能走法时引入某种次序的一种手段. 即便是高速电子计算机也无法通过计算所有可能的走法进行对弈来取得完胜. 对于一种典型的棋局, 大约有 32 种可能的走法与 32 种可能的应对 —— 这就是说有 1 024 种可能性. 大多数棋局要持续 40 多个回合. 因此, 平均一盘棋所有可能的走法的总数目大约是 10^{120}. 一个每百万分之一秒可算出一步走法的计算机为决定下好第一步棋将需要花费 10^{95} 年!

试图完胜对手的其他方法看来同样也是不切实际的; 因此, 我们退而求其次, 只要求计算机下棋时比较高明, 允许它时不常下出几步并非最优的棋. 当然, 这正是人类棋手所为: 没有人能够下完胜的棋.

在机器上构建一种策略时, 必须对任何给定的棋局建立一种数字评估方法. 棋手在观察盘面时, 可以对黑方或白方哪一方占优形成一个估计, 而且他的这个估计大致是定量的. 他可能会说, "白棋用一个相换一个车, 大概会有两个兵的优势"; 或者说 "黑棋可以牺牲一个兵而得到足够的灵活性." 这些判断是基于长期的经验, 并在国际象棋文献中总结成下棋原则. 例如, 人们发现一个后相当于 9 个兵, 一个车相当于 5 个兵, 而一个相或士大致相当于 3 个兵. 作为初步的粗略近似, 一个棋局可以通过简单地累加每一方的总子力 (所有棋子都换算成兵来衡量) 来估算. 然而, 还有众多别的因素必须考虑: 棋子的位置和灵活性, 王防守的弱点, 兵卒形态特征, 等等. 也可以对这些因素给予适当的权重后, 计入到估值中. 显然, 正是在这里, 需要借助于大师的知识与经验.

假定对每种棋局都制定了一种适合的估值方法, 那么该如何选择走子呢? 最简单的方法当然是考虑在给定的棋局中所有可能的走法, 并从中选出能够获取最佳估值的走法. 然而, 因为棋手通常要观察后边的几步棋, 他还必须考虑对手对其每一步棋的各种可能的应对. 假定对手的应对就是在其看来能够获取最佳估值的那一种走法, 那么我们也可以让计算机这样来选择一种走法, 使得棋局尽可能的好. 遗憾的是, 就目前的计算机速度而言, 计算机无法让各方提前两步去探究所有可能的走法, 因此按照人类的标准, 这样的策略是下不出好棋来的. 优秀的棋手通常会组合出四五步妙棋, 而世界冠军偶尔也能看出多达 20 步棋. 之所以可能, 是因为他们所考虑的棋局变化是经过精心选择的. 他们并不研究所有的走法, 而只考虑重要的走法.

荷兰象棋大师和心理学家德 · 格鲁特 (A. D. De Groot) 通过实验研究了许多象棋大师在各种可能的变局中选择的大量着法. 他为大师们展示出多种典型的棋局, 要求他们确定最佳走法, 并大声描述出他们对各种棋局的分析过程. 于是, 需要进行深入研究的走法的数目可以通过这个办法确定. 在一种典型的情形下, 一个大师会考虑 16 种走法, 从一步黑棋到 5 步黑棋和 4 步白棋不等. 所考虑的总的棋局数目是 44.

显然, 非常需要通过引进这样一个选择过程来改进计算机的策略. 当然沿着这个方向可以走很远. 在 40 步棋中研究一种特殊的对弈路径, 如同仅在两步棋中去研究所有可能的对弈路径是同样糟糕的事情. 最合适的折中办法是, 只考虑重要的走法 —— 即强攻、吃子和主要威胁 —— 并彻底研究这些可能的走法使得每走一步棋的后果能够清晰地呈现出来. 有可能制定一些大致的准则来选择重要的走法, 当然不会像大师那样有效, 但足以能显著减少应选走法的数目, 从而允许对这些实际考虑的走法作出更深入的研究.

最终的问题是, 将这个策略简化为一系列翻译成计算机语言的指令. 这是一个相对直接但是相当乏味的过程, 我们将仅仅指出其某些一般特点. 完整的计算机程序由九个子程序和一个主程序组成, 主程序将命令子程序按照需要运行. 实际操作中, 有六个子程序负责处理各棋子的走法, 实际上它们会告诉机器允许这些棋子如何走法. 另一个子程序会让机器走一步 "虚棋", 而实际上并不执行: 也就是说, 对于存放在数字存储器中的一种给定的棋局, 如果走了这一步就会出现这样的棋局. 第七个子程序可以让计算机对一个给定的棋局列出所有可能走法的清单, 最后一个子程序则对每种给定的棋局作出评估. 主程序协调和指挥执行子程序. 它在启动第七个子程序列出可能走法的清单的同时, 会要求此前的子程序确定各个棋子能移动的位置. 然后主程序调用第八个子程序来评估所得到的各种棋局, 并根据上面描述的方法比较各种结果. 在比较所有研究过的走法之后, 根据机器的计算结果, 给出最佳估值的那一步走法就被选定了. 这一步走法由机器翻译成标准的棋语并打印输出.

可以相信, 以这种方式编程的电子计算机能够以堪与人类相比的速度下一局相当不错的棋. 比起人类棋手, 计算机有几个显著的优势: (1) 它做单个计算的速度非常快; (2) 除了程序自身的缺陷以外, 它的运行不会出错, 而人类棋手经常会犯一些低级和明显的错误; (3) 它不会偷懒, 也就是说它不会在未对棋局作适当分析的情况下就凭感觉出招; (4) 它也不会犯 "神经病", 从而不会由于自负或灰心丧气而犯错. 然而, 相对于计算机的这些优点, 必须考虑到人脑的灵活性、想象力和学习能力.

在某些情况下, 计算机也有可能击败程序设计者. 在一定意义上讲, 设计者肯定可以击败他的计算机: 因为他知道机器所用的策略, 可以在一个更深层次的水平上 "以其人之道还治其人之身". 但他可能要花费好几个星期的时间才能计算一步棋, 而计算机却只需要几分钟时间. 在用时相同的前提下, 机器的速度、耐心和极致的精确性是对人性的极大挑战. 然而, 设计者一旦被激怒, 则他很容易通过降低研究深度、更改程序从而削弱计算机的对弈能力 (见图 3). 不久前《星期六晚邮报》(*The Saturday Evening Post*) 的一幅漫画就表达了这样的思想.

图 3 本图说明人对机器的天然优势. 上图: 一位棋手输给了机器. 中图: 被惹怒了的棋手在修改机器的程序. 下图: 棋手赢了.

根据到目前为止的描述, 计算机总是对相同的棋局作出相同的走法. 如果对手也作出相同的走法, 那么这就是说始终在下相同的棋. 一旦对手在一盘棋中取胜, 他就会利用机器在那盘棋中下的这一步臭棋, 在以后的每一次对弈中会采用相同的应对策略而取胜. 为改变机器的这种千篇一律的对弈方式, 可以考虑引入一种统计要素. 比如说, 凡是计算机算出两种或更多种几乎是同样好的走法时, 它就从中随机挑选一种. 因此, 如果第二次出现同样的棋局, 计算机就可以选择不同的走法.

另一种可以引入统计变招的地方是开局. 通常会有许多标准的开局招数 (可能有上百个) 存放在机器的存储器中. 最初的几步棋计算机是凭记忆下的, 直到对手不再采用标准的应对, 或者机器用尽了所有存储的开局招数. 这很难认定是作弊, 因为那正是大师的开局方式.

可以注意到, 这种类型的计算机在其能力范围内, 会下出一盘相当漂亮的棋. 为了获取后续盘面的优势甚至击败对手, 只要是在计算范围内出现制胜组合的步法, 机器会毫不犹豫地牺牲重要的棋子. 例如, 在图 4 所示的棋局中, 机器会迅速地发现三步棋内要牺牲的棋子:

白棋	黑棋
1. R-K8 Ch	R X R
2. Q-Kt4 Ch	Q X Q
3. Kt B6 Mate	

图 4　机器能出色解决的问题可以从这一棋局开始. 机器会牺牲一个车和一个后 (在盘面上最强的棋子), 然后再走一步就赢棋了.

在业余比赛中, 这种获胜组合步法经常会被疏漏.

计算机的主要缺点在于, 它不能从失误中学习. 提高其对弈能力的唯一方式是改进程序. 有些人已经开始思考如何设计程序, 使得机器可以随着对弈经验的增加而不断改进其自身的策略. 虽然这在理论看起来似乎是可行的, 但至今想到的各种方法似乎都并不是很实用. 一种可能的方法是设计一个程序, 它可以根据机器对弈过的结果来变更有关评估函数中的项目和权重系数. 可以在这里做一些小的改动, 以使所选择的评估值对应于最大的获胜百分比.

下面这个问题的提出比回答容易得多: 这种类型的对弈机器会 "思考" 吗? 回答完全取决于我们如何定义思考. 因为关于这个词的确切含义没有一个公认的约定, 因此这个问题不会有确定的答案. 从行为学的观点来看, 机器的行为好像在思考. 人们一直认为, 巧妙的对弈需要推理能力. 如果我们认为思考是外在行动的一种属性而非内在方法, 那么机器当然是在思考.

一些心理学家认为, 思维过程本质上可以由以下几个步骤刻划: 从心理上或表象上而非实际体验, 去尝试找出一个问题的各种可能的解决方案; 对这些方案给出心理评估, 并从中选出一个最佳的解决方案; 最后将以这种方式找到的解决方案付诸实施. 可以看出, 这几乎就是对弈机如何运作的精确描述, 我们只需要将 "从心理上" 替换为 "在机器内".

另一方面, 机器只不过做那些让它干的活. 它通过不断尝试并纠错而工作, 但这些尝试是程序设计员命令机器做的, 而这些错误的形成是因为评估函数对这些招数给出的估值比较低. 机器作出了选择, 但这些选择是在设计机器时就设想并提出的. 简而言之, 无论如何, 机器的能力不会超出对它的设计要求. 托里斯 · 克维多 (Torres y Quevedo) 在有关终局机器 (end-game machine) 的评论中说道: "思维的范畴需要认真地加以定义 ……, 自动机可以做许多通常被归入思维一类的事情."

《数学概览》(Panorama of Mathematics)

（主编: 严加安　季理真）

9 787040 351675 >
1. Klein 数学讲座 (2013)
(F. 克莱因　著 / 陈光还、徐佩　译)

9 787040 351828 >
2. Littlewood 数学随笔集 (2014)
(J. E. 李特尔伍德　著 , B. 博罗巴斯　编 / 李培廉　译)

9 787040 339956 >
3. 直观几何 (上册)(2013)
(D. 希尔伯特 , S. 康福森　著 / 王联芳　译 , 江泽涵　校)

9 787040 339949 >
4. 直观几何 (下册)　附亚历山德罗夫的《拓扑学基本概念》(2013)
(D. 希尔伯特 , S. 康福森　著 / 王联芳、齐民友　译)

9 787040 367591 >
5. 惠更斯与巴罗 , 牛顿与胡克 :
数学分析与突变理论的起步 , 从渐伸线到准晶体 (2013)
(В. И. 阿诺尔德　著 / 李培廉　译)

9 787040 351750 >
6. 生命 · 艺术 · 几何 (2014)
(M. 吉卡　著 / 盛立人　译 , 张小萍、刘建元　校)

9 787040 378207 >
7. 关于概率的哲学随笔 (2013)
(P.-S. 拉普拉斯　著 / 龚光鲁、钱敏平　译)

9 787040 393606 >
8. 代数基本概念 (2014)
(I. R. 沙法列维奇　著 / 李福安　译)

9 787040 416756 >
9. 圆与球 (2015)
(W. 布拉施克　著 / 苏步青　译)

9 787040 432374 >
10.1. 数学的世界 I (2015)
(J. R. 纽曼　编 / 王善平、李璐　译)

9 787040 446401 >
10.2. 数学的世界 II (2016)
(J. R. 纽曼　编 / 李文林　等译)

9 787040 436990 >
10.3. 数学的世界 III (2015)
(J. R. 纽曼　编 / 王耀东、李文林、袁向东、冯绪宁　译)

9 787040 498011 >
10.4. 数学的世界 IV (2018)
(J. R. 纽曼　编 / 王作勤、陈光还　译)

9 787040 493641 >
10.5. 数学的世界 V (2018)
(J. R. 纽曼　编 / 李培廉　译)

9 787040 499698 >
10.6 数学的世界 VI (2018)
(J. R. 纽曼　编 / 涂泓　译 ; 冯承天　译校)

9 787040 450705 >
11. 对称的观念在 19 世纪的演变 : Klein 和 Lie (2016)
(I. M. 亚格洛姆　著 / 赵振江　译)

9 787040 454949 >
12. 泛函分析史 (2016)
(J. 迪厄多内　著 / 曲安京、李亚亚　等译)

9 787040 467468 >
13.Milnor 眼中的数学和数学家 (2017)
(J. 米尔诺　著 / 赵学志、熊金城　译)

9 787040 502367 >
14. 数学简史 (2018)
(D. J. 斯特洛伊克　著 / 胡滨　译)

9 787040 477764 >
15. 数学欣赏 : 论数与形 (2017)
(H. 拉德马赫 , O. 特普利茨　著 / 左平　译)

9 787040 488074

16. 数学杂谈 (2018)
(高木贞治　著 / 高明芝　译)

9 787040 499292

17. Langlands 纲领和他的数学世界 (2018)
(R. 朗兰兹　著 / 季理真　选文 / 黎景辉　等译)

9 787040 516067

18. 数学与逻辑 (2020)
(M. 卡茨 , S. M. 乌拉姆　著 / 王涛、阎晨光　译)

9 787040 534023

19.1. Gromov 的数学世界 (上册) (2020)
(M. 格罗莫夫　著 / 季理真　选文 / 梅加强、赵恩涛、马辉　译)

9 787040 538854

19.2. Gromov 的数学世界 (下册) (2020)
(M. 格罗莫夫　著 / 季理真　选文 / 梅加强、赵恩涛、马辉　译)

9 787040 541601

20. 近世数学史谈 (2020)
(高木贞治　著 / 高明芝　译)

9 787040 549126

21. KAM 的故事：经典 Kolmogorov–Arnold–Moser 理论的历史之旅 (2020)
(H. S. 杜马斯　著 / 程健　译)

9 787040 557732

人生的地图 (2021)
(志村五郎　著 / 邵一陆、王弈阳　译)

9 787040 584035

22. 空间的思想：欧氏几何、非欧几何与相对论 (第二版)
(Jeremy Gray 著 / 刘建新、郭婵婵　译)

郑重声明